U0199877

《现代物理基础丛书》编委会

主　编　杨国桢

副主编　阎守胜　聂玉昕

编　委（按姓氏笔画排序）

王　牧　王鼎盛　朱邦芬　刘寄星

杜东生　邹振隆　宋菲君　张元仲

张守著　张海澜　张焕乔　张维岩

侯建国　侯晓远　夏建白　黄　涛

解思深

国家科学技术学术著作出版基金资助出版

现代物理基础丛书　67

自旋玻璃与消息传递

周海军　著

科学出版社

北京

内 容 简 介

自旋玻璃是统计物理学一个重要的研究领域，其理论研究成果近年来在计算机科学、信息科学和生命科学等研究领域已有一些引人注目的应用。本书以作者提出的配分函数展开方法为数学基础，从配分函数展开这一角度出发推导出自旋玻璃平均场理论，以及获得对于平均场理论的修正表达式；本书也包含作者在配分函数区域图展开方面的理论工作以及区域图消息传播方程；本书还包含自旋玻璃理论在组合优化、约束满足问题上的应用。

本书可供物理学专业和计算机科学专业研究人员参考，也可作为相关专业高年级本科生和研究生的自学参考用书。

图书在版编目(CIP)数据

自旋玻璃与消息传递/周海军著. —北京：科学出版社，2015.5

(现代物理基础丛书；67)

ISBN 978-7-03-044360-1

Ⅰ. ①自… Ⅱ. ①周… Ⅲ.①自旋玻璃-信息传递 Ⅳ. ①O571.22

中国版本图书馆 CIP 数据核字 (2015) 第 107522 号

责任编辑：牛宇锋 焦惠丛／责任校对：郭瑞芝

责任印制：吴兆东／封面设计：陈 敬

科学出版社 出版

北京东黄城根北街 16 号

邮政编码：100717

http://www.sciencep.com

北京厚诚则铭印刷科技有限公司印刷

科学出版社发行 各地新华书店经销

*

2015 年 5 月第 一 版 开本：720×1000 1/16

2024 年 9 月第五次印刷 印张：18 1/4

字数：319 000

定 价：150.00 元

(如有印装质量问题，我社负责调换)

前　言

自旋玻璃系统作为无序复杂系统的范例，是统计物理学的重要研究对象。自旋玻璃统计物理学经过四十年发展，已经取得了丰硕的研究成果，并且理论研究成果在计算机科学、信息科学和生命科学等相关领域已有一些成功应用。对“大数据”（big data）的整理和研究是当前的新兴研究领域，自旋玻璃统计物理学很可能也将在这一前沿方向发挥重要作用。

关于自旋玻璃理论的英文专著已经有好多，但中文书籍比较少。本书介绍自旋玻璃统计物理学的基础理论和方法，以及这些理论和方法在约束满足问题和组合优化问题上的应用。作为物理学专业和计算机科学专业高年级大学生和研究生的自学参考书，希望它能起到抛砖引玉的作用，帮助有兴趣的读者理解自旋玻璃平均场理论的精髓和消息传递计算方法的要点，为阅读最前沿的文献打下基础。

作者在跟随欧阳钟灿老师从事单分子生物聚合物结构相变研究期间接触到自旋玻璃理论，并在于渌老师的鼓励下从 2002 年开始系统学习这一理论。本书总结了作者十多年来钻研自旋玻璃统计物理的心得，它没有也不可能包含自旋玻璃统计物理领域的所有理论进展。作者主要从配分函数圈图展开的角度探讨自旋玻璃理论和方法，希望借此提供一条理解自旋玻璃统计物理学基础理论的途径。

阅读本书不需要深厚的统计物理学背景知识。作者假定读者学过高等数学分析和基础统计物理学，并且有一些概率论方面的基础知识。书中包含很多数学公式，为了方便读者自学，作者对部分公式的直观物理含义讨论较多，希望有经验的读者谅解由此带来的冗余。也由于书中公式很多，作者特意将最重要的一些公式罗列在正文前，以方便读者在研究特定自旋玻璃问题时参考。为了帮助初学读者更好地理解种群动力学模拟方法和消息传递算法，作者会陆续将书中用到的一些C++程序源代码放到如下网页以供参考：

http://power.itp.ac.cn/~zhouhj/Book2012.html.

全书共 7 章。第 1 章介绍自旋玻璃模型、自旋玻璃系统的主要统计物理性质，并列举自旋玻璃理论和方法在物理学、计算机科学、信息科学、生命科学等研究领域的一些应用。第 2 章回顾平衡统计物理学的一些基本概念并引进因素网络这种表示方法。作者在第 2 章还简要介绍 Bethe-Peierls 近似和 Kikuchi 团簇变分法的基本物理思想。这两种平均场处理方法在统计物理学的许多领域都有应用。

第 3 章和第 4 章包含本书的核心内容。第 3 章介绍一般概率图模型以及配分函数圈图展开，并推导出信念传播方程、自旋玻璃复本对称平均场理论及其圈图修正贡献表达式。本章还演示复本对称平均场理论在随机网络自旋玻璃系统上的应用。第 4 章讨论广义配分函数圈图展开并推导出概观传播方程、自旋玻璃一阶复本对称破缺平均场理论及其圈图修正贡献表达式。本章还讨论自旋玻璃相变，并演示一阶复本对称破缺平均场理论在随机网络自旋玻璃系统上的应用。

第 5~7 章分别讨论自旋玻璃平均场理论及消息传递算法在节点覆盖问题、K-满足问题、反馈节点集问题上的应用。这三个问题是很有代表性的组合优化问题和约束满足问题，它们的计算复杂性都属于 NP-完备类别。这三章彼此是独立的。

在此感谢 Erik Aurell、玉素甫 · 艾比布拉（Yusupjan Habibulla）、黄海平、刘洋彧、马惠、Victor Martin-Mayor、秦绍萌、王闯、Martin Weigt、吴璐璐、肖警庆、曾颖、张潘、赵金华、周杰等合作者，并感谢陈晓松、郝柏林、Reinhard Lipowsky、刘宗华、欧阳钟灿、孙昌璞、汤雷翰、汪秉宏、吴岳良、于渌、赵鸿、郑伟谋、邹冰松等老师的支持和鼓励。感谢赵金华、秦绍萌、王闯指出本书初稿的许多笔误。本书的大部分数值计算是在中国科学院理论物理研究所的 HPC 小型计算机集群上完成的，感谢金洪波博士和黎明博士为协助维护该集群正常运行所付出的长期努力。

本书的研究和写作得到国家重点基础研究发展计划（编号 2013CB 932804）、国家自然科学基金（编号 10774150、11121403、11225526）以及中国科学院新兴与交叉学科先导项目（编号 KJCX2-EW-J02）的经费支持，而出版则得到国家科学技术学术著作出版基金项目的资助。作者还要感谢家人和亲友的支持和鼓励。

周海军
北京中关村
2015 年 3 月
zhouhj@itp.ac.cn

数 学 符 号

书中用到的主要符号含义如下。

k_B：玻尔兹曼常数。在本书将其设为 $k_\mathrm{B}=1$，因而温度的量纲和能量的量纲相同。

T：环境温度。

β：系统在微观态层次的逆温度。$\beta\equiv\dfrac{1}{k_\mathrm{B}T}=1/T$（$k_\mathrm{B}=1$）。

y：Parisi 参数，亦即系统在宏观态层次的逆温度。

W、w、ⓦ：W 代表一个由变量节点、因素节点，以及变量节点与因素节点之间的边构成的因素网络；w 则代表因素网络 W 的一个子网络；ⓦ 代表因素网络 W 的一个不包含任何摇摆边的子网络。

$a,b,c,\cdots$：系统中的内部相互作用项。它们对应于因素网络中的因素节点，在因素网络中用方点表示。

$i,j,k,\cdots$：系统中的粒子或变量。它们对应于因素网络中的变量节点，在因素网络中用圆点表示。

∂a：表示相互作用 a 所涉及的粒子构成的集合。在因素网络中就是因素节点 a 的最近邻变量节点组成的集合。$|\partial a|$ 表示集合 ∂a 中包含元素的数目。记号 $\partial a\backslash i$ 表示将变量节点 i 从集合 ∂a 删除后剩下的子集合。

∂i：表示粒子 i 所参与到的内部相互作用项构成的集合。在因素网络中就是变量节点 i 的最近邻因素节点组成的集合。$|\partial i|$ 表示集合 ∂i 中包含元素的数目。记号 $\partial i\backslash a$ 表示将因素节点 a 从集合 ∂i 删除后剩下的子集合。在两体相互作用系统中，如果省略因素节点而只保留变量节点，那么 ∂i 就是指与粒子（变量节点）i 有直接相互作用的所有其他粒子（变量节点）构成的集合。对于后一情形，记号 $\partial i\backslash j$ 表示将变量节点 j 从集合 ∂i 删除后剩下的子集合。

$\underline{\sigma}$：系统的微观构型。$\underline{\sigma}=(\sigma_1,\sigma_2,\cdots,\sigma_N)$，其中 σ_i 是粒子（变量节点）i 的微观状态（系统共包含 N 个粒子或变量节点）。为论述方便起见，本书主要讨论每个粒子（变量节点）的微观状态为两分量状态的情形，例如，$\sigma_i\in\{-1,+1\}$。

$\underline{\sigma}_{\partial a}$：粒子（变量节点）集合 ∂a 的一组微观状态，$\underline{\sigma}_{\partial a}\equiv(\sigma_i:i\in\partial a)$。

$E(\underline{\sigma})$ 或 $E(\sigma_1,\sigma_2,\cdots,\sigma_N)$：微观构型 $\underline{\sigma}$ 的能量。

$E_a(\underline{\sigma}_{\partial a})$：由因素节点 a 所代表的内部相互作用的能量函数。

$\psi_a(\underline{\sigma}_{\partial a})$：因素节点 a 的玻尔兹曼权重因子，$\psi_a(\underline{\sigma}_{\partial a})\equiv\exp\left[-\beta E_a(\underline{\sigma}_{\partial a})\right]$。

$E_i(\sigma_i)$：变量节点 i 感受到的外部相互作用的能量函数。该能量函数只与变量节点 i 的状态 σ_i 有关。

$\psi_i(\sigma_i)$：变量节点 i 的玻尔兹曼权重因子，$\psi_i(\sigma_i) \equiv \exp[-\beta E_i(\sigma_i)]$。

$p_{a\to i}(\sigma)$：如果变量节点 i 只受到因素节点 a 影响，它的微观状态 σ_i 取值为 σ 的概率。

$P_{a\to i}[p]$：它是一个概率分布泛函，表示边 (i,a) 上的概率分布函数 $p_{a\to i}(\sigma)$ 在系统的某一宏观态中的函数形式为 $p_{a\to i}(\sigma)=p(\sigma)$ 的概率。

$p_{i\to a}(\sigma)$：如果变量节点 i 不受到因素节点 a 影响，它的微观状态 σ_i 取值为 σ 的概率。

$Q_{i\to a}[q]$：它是一个概率分布泛函，表示边 (i,a) 上的概率分布函数 $q_{i\to a}(\sigma)$ 在系统的某一宏观态中的函数形式为 $q_{i\to a}(\sigma)=q(\sigma)$ 的概率。

f_a、f_i、$f_{(i,a)}$：f_a 和 f_i 分别表示因素节点 a 和变量节点 i 的自由能贡献，而 $f_{(i,a)}$ 则表示因素网络中边 (i,a) 的自由能贡献。

g_a、g_i、$g_{(i,a)}$：g_a 和 g_i 分别表示因素节点 a 和变量节点 i 的广义自由能贡献，而 $g_{(i,a)}$ 则表示因素网络中边 (i,a) 的广义自由能贡献。

$f_{a+\partial a}$ 和 $f_{i+\partial i}$：$f_{a+\partial a}$ 表示因素节点 a 以及它的所有最近邻变量节点的自由能贡献之和；而 $f_{i+\partial i}$ 则表示变量节点 i 以及它的所有最近邻因素节点的自由能贡献之和。

$g_{a+\partial a}$ 和 $g_{i+\partial i}$：$g_{a+\partial a}$ 表示因素节点 a 以及它的所有最近邻变量节点的广义自由能贡献之和；而 $g_{i+\partial i}$ 则表示变量节点 i 以及它的所有最近邻因素节点的广义自由能贡献之和。

$P_B(\underline{\sigma})$：微观构型 $\underline{\sigma}$ 的平衡玻尔兹曼分布。

Z、F、S：Z 表示系统的配分函数，$Z\equiv\sum_{\underline{\sigma}}\exp[-\beta E(\underline{\sigma})]$；$F$ 表示系统的平衡自由能，$F\equiv-\frac{1}{\beta}\ln Z$；$S$ 为系统的熵。

Z_0、F_0 和 S_0：分别是配分函数 Z、自由能 F 和熵 S 在复本对称平均场理论下的近似值。

Ξ、G、Σ：Ξ 表示系统的广义配分函数，$\Xi\equiv\sum_{\alpha}\exp[-yF^{(\alpha)}]$，其中 $F^{(\alpha)}$ 表示宏观态 α 的自由能；G 表示系统的广义自由能，$G\equiv-\frac{1}{y}\ln\Xi$；$\Sigma$ 表示系统在宏观态层次的熵密度，即系统的复杂度。

Ξ_0 和 G_0：分别是广义配分函数 Ξ 和广义自由能 G 在一阶复本对称破缺平均场理论下的近似值。

J_{ij}：粒子（变量节点）i 和 j 之间的自旋两体相互作用耦合参数，假定为不随时间而改变的常数。

J_a^i：一个 K- 满足公式中，变量节点 i 一定能使约束节点 a 被满足的自旋取值。$J_a^i \in \{-1, +1\}$。

$P_v(k)$ 和 $P_f(k)$：因素网络中节点连通度的概率分布函数。$P_v(k)$ 是网络中随机选取的一个变量节点有 k 个最近邻因素节点的概率，而 $P_f(k)$ 则是网络中随机选取的一个因素节点有 k 个最近邻变量节点的概率。

e：数学常数，即自然对数函数的底数，$\mathrm{e} = 2.7182818\cdots$。

本书用到的主要数学函数及表达式的含义如下。

C_N^n 和 $\begin{pmatrix} N \\ n \end{pmatrix}$：二项式系数。对于任意两个满足 $0 \leqslant n \leqslant N$ 的整数 N 和 n，二项式系数 $C_N^n \equiv \begin{pmatrix} N \\ n \end{pmatrix} = \dfrac{N!}{n!(N-n)!}$。

$f(x) = O\big(g(x)\big)$：表示函数 $f(x)$ 和函数 $g(x)$ 处于同一量级。更准确地说，存在一个正实数 C 和一个实数 x_0，当自变量 $x > x_0$ 时，总有 $|f(x)| \leqslant C|g(x)|$。

$f(x) = o\big(g(x)\big)$：表示函数 $f(x)$ 的量级小于函数 $g(x)$ 的量级。更准确地说，对于任意正实数 ϵ，总存在一个实数 x_0，当自变量 $x > x_0$ 时，总有 $|f(x)| \leqslant \epsilon|g(x)|$。

$\lfloor x \rfloor$：不大于实数 x 的最大整数。例如，$\lfloor 0.3 \rfloor = 0$，$\lfloor 1 \rfloor = 1$，$\lfloor 3.7 \rfloor = 3$，$\lfloor -2.5 \rfloor = -3$。

$\min(a,b)$ 和 $\max(a,b)$：$c = \min(a,b)$ 表示实数 c 等于实数 a 和 b 中较小的那个；而 $c = \max(a,b)$ 则表示取 a 和 b 两个实数中数值较大的那个。

$c = \min(S)$：表示 c 是集合 S 中的最小元素。

δ_a^b 和 $\delta(a,b)$：克罗内克（Kronecker）符号。如果 $a = b$ 则 $\delta_a^b = \delta(a,b) = 1$；如果 $a \neq b$ 则 $\delta_a^b = \delta(a,b) = 0$。

$\delta(x)$：狄拉克（Dirac）尖峰函数。如果实数 $x \neq 0$，则 $\delta(x) = 0$；如果 $x = 0$，则 $\delta(x) = +\infty$。该函数的积分值 $\int_{-\infty}^{+\infty} \delta(x)\mathrm{d}x = 1$。

$\delta[f]$ 和 $\delta[f_1 - f_2]$：狄拉克尖峰泛函。$\delta[f] \equiv \prod\limits_{\sigma} \delta\big(f(\sigma)\big)$，其中 $f(\sigma)$ 是自变量取值为 σ 时函数 f 的值；类似地，$\delta[f_1 - f_2] \equiv \prod\limits_{\sigma} \delta\big(f_1(\sigma) - f_2(\sigma)\big)$。

$\Theta(x)$：赫维赛德（Heaviside）阶跃函数。若实数 $x \leqslant 0$，则 $\Theta(x) = 0$；若 $x > 0$，则 $\Theta(x) = 1$。

主要公式列表

为方便读者查阅，下面列出本书最主要的一些公式，但不作说明。

复本对称（replica symmetric, RS）**平均场理论**

包含两组概率分布函数 $\{p_{a\to i}, q_{i\to a}\}$

Bethe-Peierls 自由能 F_0：

$$F_0 = \sum_{i\in W} f_i + \sum_{a\in W} f_a - \sum_{(i,a)\in W} f_{(i,a)} ,$$

其中

$$f_i = -\frac{1}{\beta}\ln\Big[\sum_{\sigma_i}\psi_i(\sigma_i)\prod_{a\in\partial i} p_{a\to i}(\sigma_i)\Big] ,$$

$$f_a = -\frac{1}{\beta}\ln\Big[\sum_{\underline{\sigma}_{\partial a}}\psi_a(\underline{\sigma}_{\partial a})\prod_{i\in\partial a} q_{i\to a}(\sigma_i)\Big] ,$$

$$f_{(i,a)} = -\frac{1}{\beta}\ln\Big[\sum_{\sigma_i} q_{i\to a}(\sigma_i) p_{a\to i}(\sigma_i)\Big] .$$

信念传播（belief propagation，BP）方程：

$$q_{i\to a}(\sigma) = \frac{\psi_i(\sigma)\prod\limits_{b\in\partial i\backslash a} p_{b\to i}(\sigma)}{\sum\limits_{\sigma_i}\psi_i(\sigma_i)\prod\limits_{b\in\partial i\backslash a} p_{b\to i}(\sigma_i)} ,$$

$$p_{a\to i}(\sigma) = \frac{\sum\limits_{\underline{\sigma}_{\partial a}}\delta(\sigma_i,\sigma)\psi_a(\underline{\sigma}_{\partial a})\prod\limits_{j\in\partial a\backslash i} q_{j\to a}(\sigma_j)}{\sum\limits_{\underline{\sigma}_{\partial a}}\psi_a(\underline{\sigma}_{\partial a})\prod\limits_{j\in\partial a\backslash i} q_{j\to a}(\sigma_j)} .$$

只包含概率分布函数 $\{q_{i\to a}\}$

Bethe-Peierls 自由能 F_0：

$$F_0 = \sum_{i\in W} f_{i+\partial i} - \sum_{a\in W}\big(|\partial a|-1\big) f_a ,$$

其中

$$f_{i+\partial i} = -\frac{1}{\beta}\ln\Big[\sum_{\sigma_i}\psi_i(\sigma_i)\prod_{b\in\partial i}\sum_{\underline{\sigma}_{\partial b\backslash i}}\psi_b(\underline{\sigma}_{\partial b})\prod_{k\in\partial b\backslash i}q_{k\to b}(\sigma_k)\Big] ,$$

$$f_a = -\frac{1}{\beta}\ln\Big[\sum_{\underline{\sigma}_{\partial a}}\psi_a(\underline{\sigma}_{\partial a})\prod_{j\in\partial a}q_{j\to a}(\sigma_j)\Big] .$$

信念传播方程：

$$q_{i\to a}(\sigma) = \frac{\psi_i(\sigma)\prod\limits_{b\in\partial i\backslash a}\sum\limits_{\underline{\sigma}_{\partial b}}\delta(\sigma_i,\sigma)\psi_b(\underline{\sigma}_{\partial b})\prod\limits_{j\in\partial b\backslash i}q_{j\to b}(\sigma_j)}{\sum\limits_{\sigma_i}\psi_i(\sigma_i)\prod\limits_{b\in\partial i\backslash a}\sum\limits_{\underline{\sigma}_{\partial b\backslash i}}\psi_b(\underline{\sigma}_{\partial b})\prod\limits_{j\in\partial b\backslash i}q_{j\to b}(\sigma_j)} .$$

只包含概率分布函数 $\{p_{a\to i}\}$

Bethe-Peierls 自由能 F_0：

$$F_0 = \sum_{a\in W}f_{a+\partial a} - \sum_{i\in W}\big(|\partial i|-1\big)f_i ,$$

其中

$$f_{a+\partial a} = -\frac{1}{\beta}\ln\Big[\sum_{\underline{\sigma}_{\partial a}}\psi_a(\underline{\sigma}_{\partial a})\prod_{j\in\partial a}\psi_j(\sigma_j)\prod_{b\in\partial j\backslash a}p_{b\to j}(\sigma_j)\Big] ,$$

$$f_i = -\frac{1}{\beta}\ln\Big[\sum_{\sigma_i}\psi_i(\sigma_i)\prod_{b\in\partial i}p_{b\to i}(\sigma_i)\Big] .$$

信念传播方程：

$$p_{a\to i}(\sigma) = \frac{\sum\limits_{\underline{\sigma}_{\partial a}}\delta(\sigma_i,\sigma)\psi_a(\underline{\sigma}_{\partial a})\prod\limits_{j\in\partial a\backslash i}\psi_j(\sigma_j)\prod\limits_{b\in\partial j\backslash a}p_{b\to j}(\sigma_j)}{\sum\limits_{\underline{\sigma}_{\partial a}}\psi_a(\underline{\sigma}_{\partial a})\prod\limits_{j\in\partial a\backslash i}\psi_j(\sigma_j)\prod\limits_{b\in\partial j\backslash a}p_{b\to j}(\sigma_j)} .$$

一阶复本对称破缺（first-step replica symmetry breaking，1RSB）**平均场理论**

包含两组概率分布泛函 $\{P_{a\to i}[p], Q_{i\to a}[q]\}$

Monasson-Mézard-Parisi 自由能 G_0：

$$G_0 = \sum_{i\in W}g_i + \sum_{a\in W}g_a - \sum_{(i,a)\in W}g_{(i,a)} ,$$

其中

$$g_i = -\frac{1}{y}\ln\Big[\prod_{a\in\partial i}\int \mathcal{D}p_{a\to i}P_{a\to i}[p_{a\to i}]\Big(\sum_{\sigma_i}\psi_i(\sigma_i)\prod_{a\in\partial i}p_{a\to i}(\sigma_i)\Big)^{y/\beta}\Big],$$

$$g_a = -\frac{1}{y}\ln\Big[\prod_{i\in\partial a}\int \mathcal{D}q_{i\to a}Q_{i\to a}[q_{i\to a}]\Big(\sum_{\underline{\sigma}_{\partial a}}\psi_a(\underline{\sigma}_{\partial a})\prod_{i\in\partial a}q_{i\to a}(\sigma_i)\Big)^{y/\beta}\Big],$$

$$g_{(i,a)} = -\frac{1}{y}\ln\Big[\int \mathcal{D}p\int \mathcal{D}q P_{a\to i}[p]Q_{i\to a}[q]\Big(\sum_{\sigma_i}p(\sigma_i)q(\sigma_i)\Big)^{y/\beta}\Big].$$

概观传播（survey propagation，SP）方程:

$$P_{a\to i}[p] = \frac{\prod_{j\in\partial a\backslash i}\int \mathcal{D}q_{j\to a}Q_{j\to a}[q_{j\to a}]\mathrm{e}^{-yf_{a\to i}}\delta[p-A_{a\to i}]}{\prod_{j\in\partial a\backslash i}\int \mathcal{D}q_{j\to a}Q_{j\to a}[q_{j\to a}]\mathrm{e}^{-yf_{a\to i}}},$$

$$Q_{i\to a}[q] = \frac{\prod_{b\in\partial i\backslash a}\int \mathcal{D}p_{b\to i}P_{b\to i}[p_{b\to i}]\mathrm{e}^{-yf_{i\to a}}\delta[q-I_{i\to a}]}{\prod_{b\in\partial i\backslash a}\int \mathcal{D}p_{b\to i}P_{b\to i}[p_{b\to i}]\mathrm{e}^{-yf_{i\to a}}}.$$

其中

$$f_{a\to i} \equiv -\frac{1}{\beta}\ln\Big[\sum_{\underline{\sigma}_{\partial a}}\psi_a(\underline{\sigma}_{\partial a})\prod_{j\in\partial a\backslash i}q_{j\to a}(\sigma_j)\Big],$$

$$f_{i\to a} \equiv -\frac{1}{\beta}\ln\Big[\sum_{\sigma_i}\psi_i(\sigma_i)\prod_{b\in\partial i\backslash a}p_{b\to i}(\sigma_i)\Big];$$

$$A_{a\to i}(\sigma) \equiv \frac{\sum_{\underline{\sigma}_{\partial a}}\delta(\sigma_i,\sigma)\psi_a(\underline{\sigma}_{\partial a})\prod_{j\in\partial a\backslash i}q_{j\to a}(\sigma_j)}{\sum_{\underline{\sigma}_{\partial a}}\psi_a(\underline{\sigma}_{\partial a})\prod_{j\in\partial a\backslash i}q_{j\to a}(\sigma_j)},$$

$$I_{i\to a}(\sigma) \equiv \frac{\psi_i(\sigma)\prod_{b\in\partial i\backslash a}p_{b\to i}(\sigma)}{\sum_{\sigma_i}\psi_i(\sigma_i)\prod_{b\in\partial i\backslash a}p_{b\to i}(\sigma_i)}.$$

只包含概率分布泛函 $\{Q_{i\to a}[q]\}$

Monasson-Mézard-Parisi 自由能 G_0:

$$G_0 = \sum_{i \in W} g_{i+\partial i} - \sum_{a \in W} \big(|\partial a| - 1\big) g_a \ ,$$

其中

$$g_{i+\partial i} = -\frac{1}{y} \ln \biggl[\prod_{a \in \partial i} \prod_{j \in \partial a \backslash i} \int \mathcal{D} q_{j\to a} Q_{j\to a}[q_{j\to a}] \\ \times \Bigl(\sum_{\sigma_i} \psi_i(\sigma_i) \prod_{b \in \partial i} \sum_{\underline{\sigma}_{\partial b \backslash i}} \psi_b(\underline{\sigma}_{\partial b}) \prod_{k \in \partial b \backslash i} q_{k\to b}(\sigma_k) \Bigr)^{y/\beta} \biggr] \ ,$$

$$g_a = -\frac{1}{y} \ln \biggl[\prod_{i \in \partial a} \int \mathcal{D} q_{i\to a} Q_{i\to a}[q_{i\to a}] \Bigl(\sum_{\underline{\sigma}_{\partial a}} \psi_a(\underline{\sigma}_{\partial a}) \prod_{i \in \partial a} q_{i\to a}(\sigma_i) \Bigr)^{y/\beta} \biggr] \ .$$

概观传播方程:

$$Q_{i\to a}[q] = \frac{1}{C_{i\to a}} \prod_{b \in \partial i \backslash a} \prod_{j \in \partial b \backslash i} \int \mathcal{D} q_{j\to b} Q_{j\to b}[q_{j\to b}] \\ \times \Bigl(\sum_{\sigma_i} \psi_i(\sigma_i) \prod_{b \in \partial i \backslash a} \sum_{\underline{\sigma}_{\partial b \backslash i}} \psi_b(\underline{\sigma}_{\partial b}) \prod_{j \in \partial b \backslash i} q_{j\to b}(\sigma_j) \Bigr)^{y/\beta} \delta\bigl[q - \tilde{I}_{i\to a}\bigr] \ .$$

式中，归一化常数 $C_{i\to a}$ 为

$$C_{i\to a} = \prod_{b \in \partial i \backslash a} \prod_{j \in \partial b \backslash i} \int \mathcal{D} q_{j\to b} Q_{j\to b}[q_{j\to b}] \\ \times \Bigl(\sum_{\sigma_i} \psi_i(\sigma_i) \prod_{b \in \partial i \backslash a} \sum_{\underline{\sigma}_{\partial b \backslash i}} \psi_b(\underline{\sigma}_{\partial b}) \prod_{j \in \partial b \backslash i} q_{j\to b}(\sigma_j) \Bigr)^{y/\beta} \ ,$$

而函数 $\tilde{I}_{i\to a}(\sigma)$ 的表达式则为

$$\tilde{I}_{i\to a}(\sigma) = \frac{\psi_i(\sigma) \prod\limits_{b \in \partial i \backslash a} \sum\limits_{\underline{\sigma}_{\partial b}} \delta(\sigma_i, \sigma) \psi_b(\underline{\sigma}_{\partial b}) \prod\limits_{j \in \partial b \backslash i} q_{j\to b}(\sigma_j)}{\sum\limits_{\sigma_i} \psi_i(\sigma_i) \prod\limits_{b \in \partial i \backslash a} \sum\limits_{\underline{\sigma}_{\partial b \backslash i}} \psi_b(\underline{\sigma}_{\partial b}) \prod\limits_{j \in \partial b \backslash i} q_{j\to b}(\sigma_j)} \ .$$

只包含概率分布泛函 $\{P_{a\to i}[p]\}$

Monasson-Mézard-Parisi 自由能 G_0:

$$G_0 = \sum_{a \in W} g_{a+\partial a} - \sum_{i \in W} \big(|\partial i| - 1\big) g_i \ ,$$

其中

$$g_{a+\partial a} = -\frac{1}{y}\ln\bigg[\prod_{j\in\partial a}\prod_{b\in\partial j\setminus a}\int \mathcal{D}p_{b\to j}P_{b\to j}[p_{b\to j}]$$

$$\times\Big(\sum_{\underline{\sigma}_{\partial a}}\psi_a(\underline{\sigma}_{\partial a})\prod_{k\in\partial a}\psi_k(\sigma_k)\prod_{c\in\partial k\setminus a}p_{c\to k}(\sigma_k)\Big)^{y/\beta}\bigg],$$

$$g_i = -\frac{1}{y}\ln\bigg[\prod_{a\in\partial i}\int \mathcal{D}p_{a\to i}P_{a\to i}[p_{a\to i}]\Big(\sum_{\sigma_i}\psi_i(\sigma_i)\prod_{a\in\partial i}p_{a\to i}(\sigma_i)\Big)^{y/\beta}\bigg].$$

概观传播方程:

$$P_{a\to i}[p] = \frac{1}{C_{a\to i}}\prod_{j\in\partial a\setminus i}\prod_{b\in\partial j\setminus a}\int \mathcal{D}p_{b\to j}P_{b\to j}[p_{b\to j}]$$

$$\times\Big(\sum_{\underline{\sigma}_{\partial a}}\psi_a(\underline{\sigma}_{\partial a})\prod_{k\in\partial a\setminus i}\psi_k(\sigma_k)\prod_{c\in\partial k\setminus a}p_{c\to k}(\sigma_k)\Big)^{y/\beta}\delta\big[p-\tilde{A}_{a\to i}\big].$$

式中，归一化常数 $C_{a\to i}$ 为

$$C_{a\to i} = \prod_{j\in\partial a\setminus i}\prod_{b\in\partial j\setminus a}\int \mathcal{D}p_{b\to j}P_{b\to j}[p_{b\to j}]$$

$$\times\Big(\sum_{\underline{\sigma}_{\partial a}}\psi_a(\underline{\sigma}_{\partial a})\prod_{k\in\partial a\setminus i}\psi_k(\sigma_k)\prod_{c\in\partial k\setminus a}p_{c\to k}(\sigma_k)\Big)^{y/\beta},$$

而函数 $\tilde{A}_{a\to i}(\sigma)$ 的表达式则为

$$\tilde{A}_{a\to i}(\sigma) = \frac{\sum_{\underline{\sigma}_{\partial a}}\delta(\sigma_i,\sigma)\psi_a(\underline{\sigma}_{\partial a})\prod_{j\in\partial a\setminus i}\psi_j(\sigma_j)\prod_{b\in\partial j\setminus a}p_{b\to j}(\sigma_j)}{\sum_{\underline{\sigma}_{\partial a}}\psi_a(\underline{\sigma}_{\partial a})\prod_{j\in\partial a\setminus i}\psi_j(\sigma_j)\prod_{b\in\partial j\setminus a}p_{b\to j}(\sigma_j)}.$$

目　　录

第1章　自旋玻璃概述

1975 年，Edwards 和 Anderson[1] 构造了一个格点自旋相互作用模型，希望用它来理解无序磁性材料一些奇异的性质[2–5]。在 Edwards-Anderson (EA) 模型中，三维晶体的每一个晶格点上有微观状态，称为自旋（spin），它可以取向上和向下两个方向。相邻格点的自旋有相互作用，它们有的是铁磁的（希望相邻两个自旋取向相同），有的则是反铁磁的（希望两个自旋取向相反），铁磁和反铁磁相互作用杂乱无章地分布于三维晶体的所有近邻自旋之间。Edwards 和 Anderson 预言当环境温度足够低时，该模型系统的自旋微观构型将处于一种玻璃态。在这一低温玻璃态中，系统在宏观上不表现出自发的磁性（就是说系统中处于两种自旋状态的晶格点在数目上相当），但晶格中大部分格点都有取向偏好，有的喜欢自旋向上，有的喜欢自旋向下，导致格点具有或强或弱的微观自发磁性。

Edwards 和 Anderson 的理论工作激发了人们对自旋玻璃（spin glass）系统的研究兴趣。在四十年时间内，人们构建了许多自旋玻璃模型，提出了一些统计物理平均场理论（如复本对称破缺理论和液滴理论），并发展了高效数值计算方法（如模拟退火、模拟回火、复本交换蒙特卡罗等）[4–11]。理论和计算机模拟工作揭示了低温自旋玻璃相的自由能图景一些本质特性，例如，微观状态空间的各态历经破缺和热力学宏观态的激增等。

自旋玻璃研究领域的前沿课题和应用范围并不仅仅局限于无序磁性材料系统。就统计物理性质而言，人们发现结构玻璃和颗粒态物质在一些方面非常类似于多体相互作用自旋玻璃模型系统[12, 13]，由此引发了大量的理论和模拟工作。近年来自旋玻璃平均场理论已被推广并应用于过冷液体、结构玻璃、颗粒态物质的阻塞相变等问题的研究[13–16]，可以期待这方面会有更多的理论进展，促进对于玻璃系统和颗粒态物质系统的统计物理性质的全面和深入理解。

自旋玻璃理论的应用极为广泛。计算机科学中的组合优化问题和约束满足问题，信息科学中的纠错码编码解码问题、图像恢复问题和压缩传感问题，人工智能科学中的联想记忆（associative memory）和感知学习（perceptron learning）问题，复杂网络科学中的网络结构预测和重构、网络社区结构划分问题，生命科学中的蛋白质结构预测问题，社会和生物系统的博弈问题，等等，都可以转化成自旋玻璃系统进行研究[17–20]。这些应用研究有的已经取得丰硕成果，并且促进了统计物理、计算机科学、信息理论、复杂系统研究等学科的交叉与融合，对自旋玻璃理论本身的发展也起到了极大的推动作用。

对各种复杂系统进行实证和理论研究已成为统计物理学领域很有吸引力的一个新方向。人们期待能从各种复杂和多样性的数据（即“大数据”，big data）中发现复杂系统的一些内部规律和特征关系，从而对复杂系统获得更深和更定量的理解[21, 22]。自旋玻璃体系有极为复杂的自由能图景，表现出丰富的动力学行为，它们是复杂系统研究的重要范例。

本章介绍一些常见的自旋玻璃模型，概括自旋玻璃系统的一些主要性质，并列举自旋玻璃理论在信息科学领域一部分问题上的应用。本章还将求解两个简单模型，即随机能量模型和随机子集模型，以便读者直观地体验自旋玻璃平均场理论蕴涵的物理图像。

1.1　自旋玻璃模型举例

从拓扑类型而言，自旋玻璃模型可以分为有限维系统、随机有限连通系统、完全连通系统（图 1.1）；从相互作用类型而言，可以分为两体相互作用系统和多体相互作用系统。

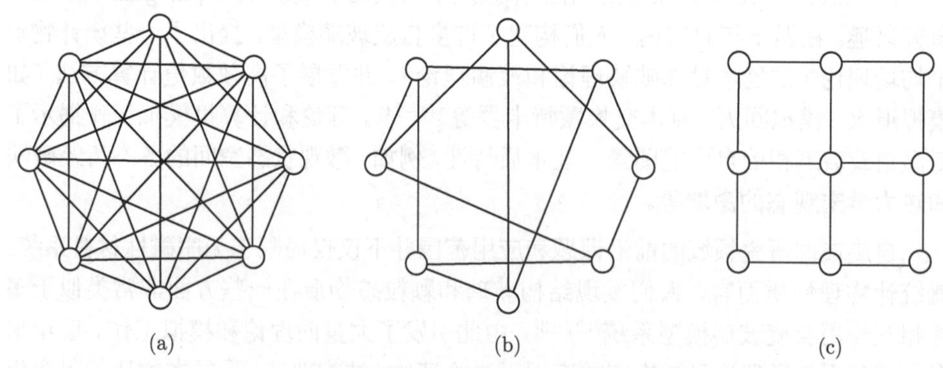

图 1.1　两体相互作用自旋玻璃模型的三种类型

(a) 完全连通网络；(b) 随机有限连通网络；(c) 规则晶格

1.1.1　有限维晶格体系

EA 模型[1] 是定义于有限维晶格上的两体相互作用自旋玻璃模型。该晶格体系的粒子（如原子或分子）周期性地排布于 D 维空间（$D=2,3$，但在理论研究中也考虑 $D\geqslant 4$ 的情形）；每一个粒子（$i=1,2,\cdots,N$，N 为格点总数目）都有一个自旋状态 σ_i，$\sigma_i=+1$ 表示自旋向上，$\sigma_i=-1$ 表示自旋向下。晶格中任意两个相邻粒子 i 和 j 之间存在自旋相互作用，其能量为 $-J_{ij}\sigma_i\sigma_j$，其中 J_{ij} 是耦合常数，不随时间改变。系统的微观构型总数为 2^N，每一个微观自旋构型记为 $(\sigma_1,\sigma_2,\cdots,\sigma_N)$，

它的总能量为

$$E(\sigma_1, \sigma_2, \cdots, \sigma_N) = -\sum_{(i,j)\in \mathrm{DL}} J_{ij}\sigma_i\sigma_j \ , \tag{1.1}$$

其中，求和局限于 D 维晶格（D-dimensional lattice, DL）全部最近邻粒子对 (i,j)。这种最近邻关系可以用晶格中的边来表示，见图 1.1（c）。

如果所有的耦合常数 J_{ij} 都是铁磁的（$J_{ij} > 0$，相邻自旋取向一致能量最小），那式（1.1）就是著名的铁磁伊辛模型。如果所有的耦合常数 J_{ij} 都是反铁磁的（$J_{ij} < 0$，相邻自旋取向相反能量最小），那式（1.1）就是反铁磁伊辛模型。在 D 维晶格体系中，反铁磁伊辛模型实际上等价于铁磁伊辛模型。这是因为整个晶格是两个子晶格相互嵌套而成，每个粒子的所有最近邻粒子都处于另外一个子晶格；可以将一个子晶格里所有粒子的自旋正向都定义为和另一个子晶格的粒子自旋正向相反，这样就将反铁磁伊辛模型转化成了铁磁伊辛模型。铁磁伊辛模型的统计物理性质已被研究得很透彻。可以用平均磁矩 m 作为序参量（order parameter）来描述系统的宏观性质，即

$$m \equiv \frac{1}{N}\sum_{i=1}^{N} m_i \ , \tag{1.2}$$

其中，m_i 是格点 i 自旋状态 σ_i 的统计平均值。在高温下系统的平均磁矩 $m = 0$，但当温度 T 低于某个临界值（即居里温度 T_c）时平均磁矩的绝对值不为零，即出现宏观磁矩[23, 24]，见示意图 1.2（a），这说明在低温时系统自发地形成了有序状态。系统的平均格点磁化率 χ 是所有格点磁化率 χ_i 的平均值[5]，

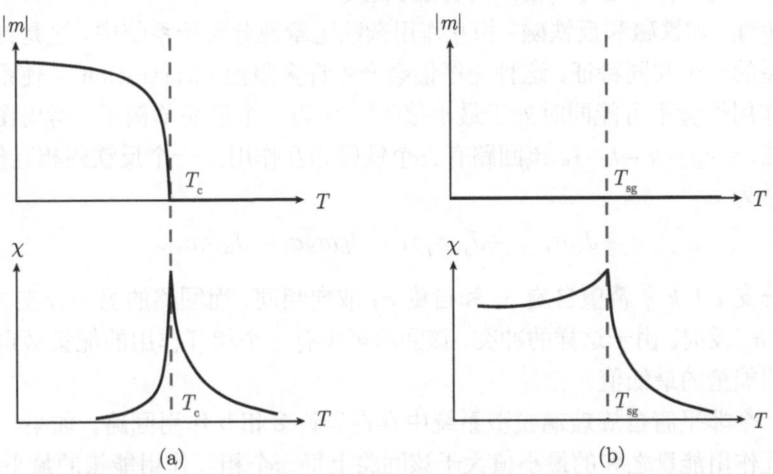

图 1.2 铁磁伊辛模型（a）和 Edwards-Anderson 自旋玻璃模型（b）的平均磁矩绝对值 $|m|$ 及平均格点磁化率 χ 随温度 T 的变化趋势示意图

T_c 代表铁磁相变温度；T_sg 代表自旋玻璃相变温度

$$\chi \equiv \frac{1}{N}\sum_{i=1}^{N}\chi_i = \frac{1}{N}\sum_{i=1}^{N}\frac{1-m_i^2}{k_{\rm B}T}, \tag{1.3}$$

它在居里温度 $T_{\rm c}$ 处达到极大值，说明系统对外界磁场的响应在 $T_{\rm c}$ 处最强。表达式（1.3）中的 $k_{\rm B}$ 是玻尔兹曼常数。在本书以后的讨论中，都将玻尔兹曼常数设为 $k_{\rm B}=1$，即温度 T 具有能量的量纲。因此以后所有的公式中都不会再出现玻尔兹曼常数 $k_{\rm B}$。

在 Edwards-Anderson 自旋玻璃模型中，式（1.1）中的一部分近邻对 (i,j) 之间的耦合常数 J_{ij} 是铁磁的（$J_{ij}>0$），而另一部分近邻对之间的耦合常数是反铁磁的（$J_{ij}<0$），且铁磁和反铁磁的耦合常数杂乱无章地分布于晶格中，没有任何规律性。在 D 维晶格中产生一个 EA 模型的样本（sample）很简单：先给定耦合常数 J_{ij} 的分布函数，通常是双峰（bimodal）分布

$$P(J_{ij}) = \frac{1}{2}\delta_{J_{ij}}^{+J} + \frac{1}{2}\delta_{J_{ij}}^{-J},$$

或高斯（Gaussian）分布

$$P(J_{ij}) = \frac{1}{\sqrt{2\pi}J}\exp\Big(-\frac{J_{ij}^2}{2J^2}\Big),$$

然后对晶格中的每一条边 (i,j) 按照这个分布函数独立地赋予一个自旋耦合参数 J_{ij}，这样就生成了模型（1.1）的一个样本。系统中所有的耦合参数在赋值后就不再改变取值，可变的只是每个格点的自旋状态。

竞争性（如铁磁和反铁磁）相互作用杂乱无章地分布于系统中，这是许多自旋玻璃模型的一个共同特征。这种无序性会产生许多阻挫（frustration），使系统的所有相互作用能量不可能同时处于最小值[25]。作为一个最简单例子，考虑图 1.3 所示的回路，$i-j-k-l-i$。该回路有三个铁磁相互作用和一个反铁磁相互作用，回路的能量为

$$-J_{ij}\sigma_i\sigma_j - J_{jk}\sigma_j\sigma_k - J_{kl}\sigma_k\sigma_l - J_{li}\sigma_l\sigma_i .$$

回路的分支 i–l–k–j 希望自旋 σ_i 和自旋 σ_j 取向相同，而回路的另一分支 i–j 却希望 σ_i 和 σ_j 反向。由于这样的冲突，该回路至少有一个相互作用的能量必定不是该相互作用能量的最低值。

在一个非平庸自旋玻璃模型系统中存在着许多相互作用回路。如果一个回路上的相互作用能量之和的最小值大于该回路上每一个相互作用能量的最小值之和，那么就称该回路处于阻挫状态[25]。由于存在着许多阻挫，能量函数（1.1）作为 N 维构型空间 $\{-1,+1\}^N$ 中的曲面是很崎岖不平的。这导致难以在理论上对系统的平衡统计物理性质和非平衡动力学性质进行精确描述。系统的基态能量构型可能

具有很大的简并度，但由于能量曲面存在许多局部极小，导致很难通过局部优化的方法获得模型（1.1）的最小能量（基态）构型（但如果维数 $D=1$，求解函数（1.1）的基态是很简单的；对于二维（$D=2$）情况，如果是开放边界条件，则可以将基态问题转化为网络配对问题求解，也可采用键传播算法，参见文献 [26]-[28]）。

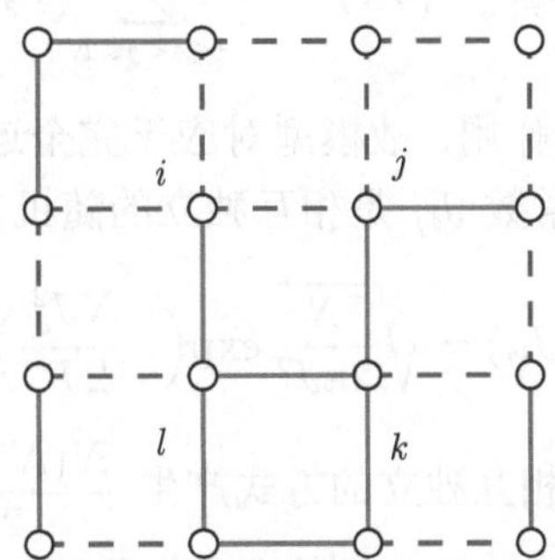

图 1.3 回路上的竞争性相互作用导致阻挫

图中实线表示铁磁自旋耦合（$J_{jk}>0$），虚线表示反铁磁自旋耦合（$J_{ij}<0$）。如果包含四条边的回路上有奇数条边的耦合参数为负，那该回路的四个相互作用能量不可能同时处于各自的最小值

与铁磁伊辛模型不同，Edwards-Anderson 自旋玻璃模型在任何非零温度都没有自发的宏观平均磁矩，即 $m\approx 0$，说明系统在宏观上总是处于无序状态。然而如果测量格点的平均磁化率 χ，人们却发现 χ 在某一临界温度 T_{sg} 处出现峰值，见示意图 1.2 (b)。当 $T>T_{\mathrm{sg}}$ 时，平均格点磁化率 χ 作为温度的函数为 $\chi=1/T$。与式（1.3）相比较，可以看出此时所有格点 i 的平均磁矩 $m_i=0$。当温度降低到 T_{sg} 时，平均格点磁化率 χ 达到最大，然后它随着温度的进一步降低而减少。Edwards 和 Anderson [1] 认为在 $T<T_{\mathrm{sg}}$ 时系统大多数格点 i 的平均磁矩都不为零，$m_i\neq 0$，且该平均磁矩的绝对值随温度降低而增大，这就能解释为什么平均格点磁化率 χ 不是 T 的单调函数；但不同格点的平均磁矩有正有负，在宏观上彼此抵消，这就解释了系统为何不表现出宏观磁性。温度 T_{sg} 就是一个自旋玻璃相变温度，在该温度处系统从宏观无序且微观也无序的状态改变为宏观无序但微观有序的状态，即自旋玻璃态。

有限维自旋玻璃模型对于定量描述无序磁性材料的低温性质很重要。但由于晶格中有很多短程回路，导致理论计算很不容易。对这类系统取得的进展主要来自计算机模拟，且当前文献对系统的低温本质特性和自旋玻璃相变有很多争议[29–34]。争议的焦点是系统处于低温自旋玻璃相时热力学宏观态的数目。一种观点认为只有两个热力学宏观态，它们之间存在自旋反演对称性（类似于铁磁伊辛模型的两个低温宏观态，只是自旋玻璃的低温宏观态在宏观上无序而已）；另一种观点是认为在热力学极限下，宏观态的数目随着系统粒子数 N 的增大而趋向于无穷多。

1.1.2 完全连通网络体系

Sherrington-Kirkpatrick（SK）模型[35] 是完全连通自旋玻璃模型的最著名例子。该模型的能量函数为

$$E(\sigma_1, \sigma_2, \cdots, \sigma_N) = -\sum_{1 \leqslant i < j \leqslant N} J_{ij} \sigma_i \sigma_j \ . \tag{1.4}$$

任意两个粒子之间都有相互作用，故模型对应于完全连通网络，见图 1.1 (a)。不同粒子对 (i,j) 之间的耦合常数 J_{ij} 是相互独立的随机参数，其概率分布函数为

$$P(J_{ij}) = \sqrt{\frac{N}{2\pi J^2}} \exp\Big(-\frac{N J_{ij}^2}{2J^2}\Big) \ . \tag{1.5}$$

按照概率分布函数（1.5）以相互独立的方式产生 $\dfrac{N(N-1)}{2}$ 个耦合常数 J_{ij}，就产生了 SK 模型的一个样本。这些耦合常数在赋初值后就一直固定不变，但 N 个粒子的自旋态 $\sigma_1, \sigma_2, \cdots, \sigma_N$ 是可以随时间改变的。由式（1.5）可知，耦合常数 J_{ij} 的量级为 $O\Big(\dfrac{J}{\sqrt{N}}\Big)$，即任意一对粒子之间的相互作用都很弱，但每个粒子都和所有其他粒子有这种弱自旋耦合作用。在 SK 模型中没有空间结构的概念，任意两个粒子都彼此为最近邻。之所以要求耦合常数 J_{ij} 为 $N^{-1/2}$ 的量级，是为了保证模型（1.4）所对应的自由能是广延量，参见第 1.3 节。在概率分布函数（1.7）中要求 $J_{i_1 i_2 \cdots i_p}$ 为 $N^{-(p-1)/2}$ 的量级也是基于同样的考虑。

p-自旋相互作用模型[12, 36] 是 SK 模型的自然推广。该模型包含多体相互作用，其能量函数为

$$E(\sigma_1, \sigma_2, \cdots, \sigma_N) = -\sum_{1 \leqslant i_1 < i_2 < \cdots < i_p \leqslant N} J_{i_1 i_2 \cdots i_p} \sigma_{i_1} \sigma_{i_2} \cdots \sigma_{i_p} \ . \tag{1.6}$$

模型中有 $\dfrac{N!}{p!(N-p)!}$ 个耦合常数 $J_{i_1 i_2 \cdots i_p}$，它们是彼此独立的随机参数，服从同样的概率分布

$$P(J_{i_1 i_2 \cdots i_p}) = \sqrt{\frac{N^{p-1}}{\pi p! J^2}} \exp\Big(-\frac{N^{p-1}}{p! J^2} J_{i_1 i_2 \cdots i_p}^2\Big) \ . \tag{1.7}$$

耦合常数 $J_{i_1 i_2 \cdots i_p}$ 的量级为 $O\Big(\dfrac{J}{N^{(p-1)/2}}\Big)$。由于多体相互作用的引入，$p$-自旋相互作用模型与 SK 模型相比，其统计物理性质有一些定性的不同[12, 36, 37]。这一模型对于理解结构玻璃的统计物理性质有重要意义[13, 15]。

SK 模型和 p-自旋相互作用模型在自旋玻璃平均场理论研究中发挥了重要的作用[4,5,35,38]。这一类完全连通网络模型由于不存在空间结构且粒子之间的相互作

用耦合强度随粒子数 N 的增加而呈现幂次减少的趋势，因而在理论处理上相对于有限维晶格模型要简单得多。

在 SK 模型中，每一个粒子 i 受到所有其他粒子的影响，这些影响的总效果对应于瞬时磁场 h_i，

$$h_i = \sum_{j \neq i} J_{ij} \sigma_j \ .$$

不同粒子 i 感受到的磁场 h_i 当然各不相同，而且 h_i 也将随时间改变。但由于 h_i 是 $(N-1)$ 个随机状态的求和，当 i 周围的粒子改变自旋状态时，有的自旋改变将使 h_i 升高，而有的改变将使 h_i 减少。根据中心极限定理可以期望当 $N \to \infty$ 时，使 h_i 升高的总因素将与使其减少的总因素抵消，从而使 h_i 只在一个典型值附近微小地涨落，任何一个最近邻粒子 j 的自旋态改变对于粒子 i 的磁场 h_i 都只有微乎其微的影响。因而在理论处理上就可以用磁场 h_i 的长时间平均值代替它的瞬时值，导致计算的极大简化。这种情况是与有限维自旋玻璃模型系统非常不一样的，参见示意图 1.4。在有限维 EA 模型中，每个粒子 i 的磁场 h_i 是由 i 的最近邻粒子贡献的，它是少数几个自旋态的求和，因而任意一个最近邻粒子自旋态的改变对 h_i 的影响都很大，导致 h_i 随时间涨落很大，难以用它的时间平均值代替它的瞬时值。

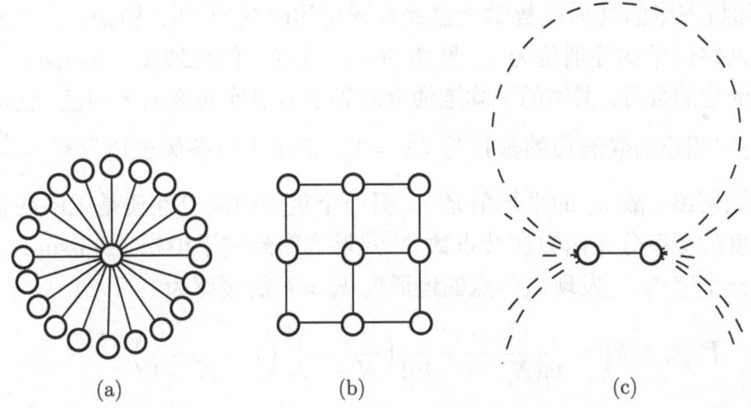

图 1.4 完全连通自旋玻璃模型中，每个节点都与所有其他节点相互作用，故每个节点对周围任意一个节点的状态改变不敏感，只感受到所有这些节点的平均场效果 (a)；有限维自旋玻璃模型中，任一节点与其周围节点的状态关联都很强，且短程回路的效果明显 (b)；随机有限连通自旋玻璃模型中，相邻节点主要受到短程关联的影响，系统中回路（虚线所示）的长度正比于 $\ln N$（N 是节点总数目），单个回路所导致的长程关联常常很弱 (c)

完全连通自旋玻璃模型作为一类复杂的随机系统，也是数学物理学以及应用数学的新兴研究课题。这方面已有突破性的研究进展，可以参考文献 [39]-[43]。另

外，利用场论的方法研究 SK 模型及其他完全连通自旋玻璃模型系统也有许多重要的进展，可参见专著 [44]。这方面的工作国内学者从 20 世纪 80 年代初期就开始了，见文献 [45]-[48]。

1.1.3 随机网络体系

在引入随机有限连通自旋玻璃模型前，先介绍随机网络的一些性质。在自旋玻璃研究中考虑的随机网络通常是 Erdös-Rényi（ER）随机网络[50−52] 和规整随机网络（regular random, RR）。

ER 随机网络其实最早由 Solomonoff 和 Rapoport 于 1951 年提出[50, 51]，几年之后 Erdös 和 Rényi 从演化这一角度对其性质独立进行了探讨[52]。在一个包含 N 个节点的网络中，候选边的数目为 $\dfrac{N(N-1)}{2}$。如果将所有这些候选边都添加到网络，就会形成一个完全连通网络。可以对每条候选边都独立产生一个均匀分布于区间 $[0,1)$ 的随机实数 r，若 $r \leqslant \dfrac{c}{N-1}$ 就将该候选边添加到网络，反之就舍弃该边。按这一方式将候选边遍历后就生成了一个 ER 随机网络，该网络中有大约 $\dfrac{c}{2}N$ 条边。该随机网络唯一的参数 c 是与节点数目 N 无关的常数。在随机网络中，任意两个随便选取的节点都可能是最近邻节点，故随机网络也没有空间维度的概念。

ER 随机网络的性质在数学上已经有透彻的研究[53, 54]。例如，一个显而易见的性质是网络的平均连通度为 c。网络中任一节点 i 的连通度（degree）k_i 是指该节点所连的边的数目。网络的平均连通度就等于节点连通度的平均值。任选一个节点 i，能与它相连的候选边的数目为 $(N-1)$，但由于每条候选边只有 $\dfrac{c}{N-1}$ 的概率被添加到网络，故 k_i 的平均值是 c。另一个重要的简单性质是 ER 随机网络中节点连通度的概率分布函数在节点数 N 足够大时趋向于泊松（Poisson）分布。任选网络的一个节点 i，发现该节点的连通度 $k_i = k$ 的概率为

$$P_v[k_i = k] = \frac{(N-1)!}{k!(N-1-k)!}\left(\frac{c}{N-1}\right)^k \left(1 - \frac{c}{N-1}\right)^{N-1-k}. \tag{1.8}$$

这是一个二项式（binomial）分布。当 N 足够大时，该二项式分布趋向于平均值为 c 的泊松分布：

$$P_v[k_i = k] \simeq \frac{c^k \mathrm{e}^{-c}}{k!}. \tag{1.9}$$

由于这一性质，ER 随机网络又被称为泊松随机网络。在 ER 随机网络中，绝大多数节点的连通度都位于平均值 c 附近；网络中存在一个节点其连通度 k 远远大于平均连通度 c 的概率随 k 的增加而指数式急剧衰减。

习题 1.1 利用斯特林 (Sterling) 公式 $n! \simeq \sqrt{2\pi n}n^n\mathrm{e}^{-n}$ 验证式 (1.9) 的正确性。

上面介绍的 ER 随机网络的参数是固定的平均连通度 c，其中包含的边的平均数为 $\frac{c}{2}N$。另一种在概率论的意义上与之等价的 ER 随机网络的参数是固定的边数 $M=\frac{c}{2}N$。它对应于从所有 $\frac{N(N-1)}{2}$ 条候选边中以完全随机的方式选择 M 条边而形成的网络（文献 [55] 探讨了生成这种随机网络的具体算法）。当节点数 N 足够大时，这两类随机网络的统计性质完全一样[53]。附录 A 讨论了 ER 随机网络的一些网络结构的相变性质。

另外一种应用很多的随机网络是规整随机网络，又称为 Bethe 晶格（Bethe lattice）。在规整随机网络中每一个节点的连通度都相同（$k_i \equiv K$），但边的连接则是完全随机的，没有任何结构，参见图 1.1（b）。

给定一个由节点和边构成的网络，它的一条路径（path）是指网络中的一个连通子网络，在该子网络中有两个节点的连通度为 1，而其他所有节点的连通度则为 2。而一条回路（loop）或环（cycle）是指网络中一个连通子网络，该子网络中所有节点的连通度都等于 2。随机网络有一个区分于有限维晶格系统的重要性质，即**网络中只有极少的短程回路**。为了理解这一性质，让我们来计算随机网络中包含 n 条边的回路的平均数目。选取网络中的 n 个节点一共有 $\frac{N!}{n!(N-n)!}$ 种不同方式；将这 n 个不同节点用长度为 n 的回路连起来，最多有 $\frac{(n-1)!}{2}$ 种可能的方式，每种方式对应于网络中真实存在的一条回路的概率是 $(\frac{c}{N-1})^n$；故网络中长度为 n 的回路的平均数目为

$$\frac{(n-1)!}{2}\frac{N!}{n!(N-n)!}\left(\frac{c}{N-1}\right)^n .$$

当 $n \ll N$ 时，这一数目近似为 $\frac{c^n}{2n}$。这一个计算结果表明，对于平均连通度 c 为常数但节点数 N 足够大的随机网络，网络中长度 $n=O(1)$ 的短程回路的数目与节点数 N 不成比例。就算 N 趋向于无穷大，随机网络中也只有有限条这样的短程回路。

随机网络中很少有短程回路。那么对网络中绝大多数节点 i 而言，如果考虑以 i 为中心且只包含与 i 的最短路径长度小于或等于常数 n（$\ll \ln N$）的所有节点构成的子网络，该子网络将不包含任何回路，而是呈树状结构。可用如下的方法粗略估计经过节点 i 的最短回路的长度。假设以节点 i 为中心且半径为 L 的子网络不包含回路。平均而言 i 有 c 条边，即有 c 个最近邻节点；它的每一个最近邻节点平均而言有 $(c+1)$ 个最近邻节点，故 i 的次近邻节点的平均数目为 c^2; 依此类推，可得节点 i 的第 L 阶近邻节点的平均数目为 c^L。那么在半径为 L 的子网络中，节点的总数目约为 c^{L+1}。当这一数目与网络中节点总数目 N 相当时，子网络中不同的

树状分支如果继续生长就必定会重叠起来。由此得出 $L \sim \ln N$，即经过节点 i 的最短回路的长度与 $\ln N$ 为同一量级。

随机网络的有限连通性（平均连通度 c 为常数，不随网络节点数 N 的增加而增加）以及局部为树状结构的性质，使其在自旋玻璃平均场理论中有广泛的应用。作为定义于随机网络上的自旋玻璃系统的例子，我们首先考虑 Viana-Bray 模型[56]，其能量函数为

$$E(\sigma_1, \sigma_2, \cdots, \sigma_N) = -\sum_{(i,j)\in\mathrm{RG}} J_{ij}\sigma_i\sigma_j \ . \tag{1.10}$$

这一表达式与式（1.1）有同样的形式，关键的不同是其中的求和局限于一个随机网络（random graph, RG）所有的边。与 EA 模型一样，在 Viana-Bray 模型中，每一条边 (i,j) 上的耦合常数 J_{ij} 都是相互独立的随机变量，服从双峰分布或高斯分布。

随机网络的概念稍作推广就是随机超网络（random hyper-graph, RHG）。在一个随机超网络中，一条边连接三个或甚至更多节点，称为超边（hyper-edge），见示意图 1.5。网络中超边的数目 M 与节点数目 N 为同一量级，$M = \alpha N$（α 为常数）。一个包含 M 条超边且每条超边连接三个节点的随机超网络可以通过如下方法生成：系统中候选超边的数目总共有 C_N^3 条，从中以完全随机的方式选出 M 条作为超网络的边而舍弃其余所有候选超边就得到了一个超网络[55]。随机超网络与随机网络一样，也具有有限平均连通度，并且网络的结构在局部为树状结构。定义于这一超网络上的自旋玻璃模型的例子是

$$E(\sigma_1, \sigma_2, \cdots, \sigma_N) = -\sum_{(i,j,k)\in\mathrm{RHG}} J_{ijk}\sigma_i\sigma_j\sigma_k \ , \tag{1.11}$$

其中，超边 (i,j,k) 上的耦合常数 J_{ijk} 是一个服从双峰分布或高斯分布的随机参数。

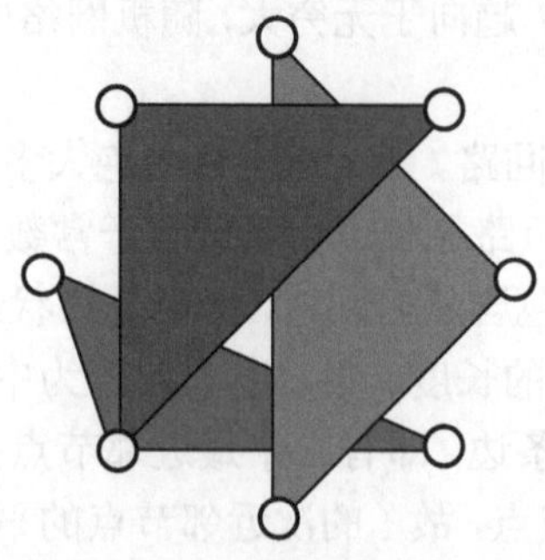

图 1.5　一个包含 $N = 8$ 个节点和 $M = 3$ 条超边的随机超网络

该网络中每条超边连接 3 个节点

随机网络自旋玻璃模型介于完全连通自旋玻璃模型与有限维晶格自旋玻璃模型之间，它们具有有限维模型的一些特征（每个节点只参与少数几个相互作用），但没有典型空间尺度（任意两个节点之间都可能存在相互作用）。相对于完全连通模型，我们可以期望在随机网络自旋玻璃模型上得到的理论结论更能推广到有限维晶格系统。

随机网络局部为树状结构的这一性质也带来理论处理的简化，参见示意图 1.4。考虑模型（1.10）中任意一条边 (i, j) 的两个节点 i 和 j。由于自旋两体相互作用，节点 i 和 j 的状态当然很强地关联在一起。但如果将边 (i, j) 从网络中切除，那么节点 i 和 j 之间的最短路径的长度就增加为 $\ln N$ 的量级。节点之间的关联通常随路径长度的增长而指数式衰减，因而可以期望当系统不是处于某些临界状态时，这些长路径对节点 i 和 j 之间的状态关联只有微小的贡献。这些微小贡献在 $N \to \infty$ 热力学极限下很可能完全可以被忽略。在这一物理图像的指引下就可以构造基于短程关联而忽略回路导致的长程关联的平均场理论。我们将在以后的章节详细介绍这类平均场理论的理论要点。

1.2 信息系统中的自旋玻璃问题举例

由于存在着非常多的竞争性相互作用和阻挫，自旋玻璃系统的能量函数通常不光滑，而是非常崎岖不平。拥有复杂的能量图景（以及自由能图景）是自旋玻璃系统最本质的特征。在计算机科学、信息理论、神经网络等研究领域中有许多问题同样具有复杂的能量图景和自由能图景，它们也可以作为自旋玻璃系统进行研究。在此给出少数几个例子。

1.2.1 约束满足和组合优化

约束满足（constraint satisfaction）问题是希望找到 N 个变量的一个或多个微观构型，使 M 个约束能够同时被满足。这一类问题的最著名例子是 K-满足问题（K-satisfiability，K-SAT），见示意图 1.6 (a)。一个 K-满足公式的能量函数可以定义为

$$E(\sigma_1, \sigma_2, \cdots, \sigma_N) = \sum_{a=1}^{M} \prod_{i \in \partial a} \frac{(1 - J_a^i \sigma_i)}{2} . \tag{1.12}$$

式中，右侧一共有 M 项能量，每项能量来自于一个约束 a，其能量或者为 0（对应于约束 a 被满足）或者为 1（对应于约束 a 没被满足）。∂a 表示约束 a 所直接涉及的变量的集合，对于 K-满足问题而言该集合包含 K 个元素，即 $|\partial a| = K$。在约束 a 的能量项中有 K 个参数，$\{J_a^i : i \in \partial a\}$，每个参数 J_a^i 都等于 1 或者 -1。如果 $J_a^i = 1$，就意味着约束 a 希望变量 i 取值为真（对应于自旋 $\sigma_i = +1$）；如果

$J_a^i = -1$，则意味着该约束希望变量 i 取值为假（对应于自旋 $\sigma_i = -1$）。在图 1.6(a) 中，在变量 i 和约束 a 之间连一条实边（虚边）用以表示变量 i 被 a 所限制且 a 希望 i 的自旋值 $\sigma_i = +1$（$\sigma_i = -1$）。只要参与到约束 a 的 K 个变量至少有一个变量的自旋取值与该约束希望的值相同，那么该约束的能量就为 0；如果所有这 K 个变量的自旋取值都与约束 a 希望的值相反，那么该约束就没有被满足，其能量就等于 1。给定一个自旋构型 $\underline{\sigma} = (\sigma_1, \sigma_2, \cdots, \sigma_N)$，能量函数（1.12）就等于该构型未能满足的约束数目。如果所有的约束都被该构型所满足，那么该构型的能量等于 0，这样的构型称为该 K-满足公式的解。

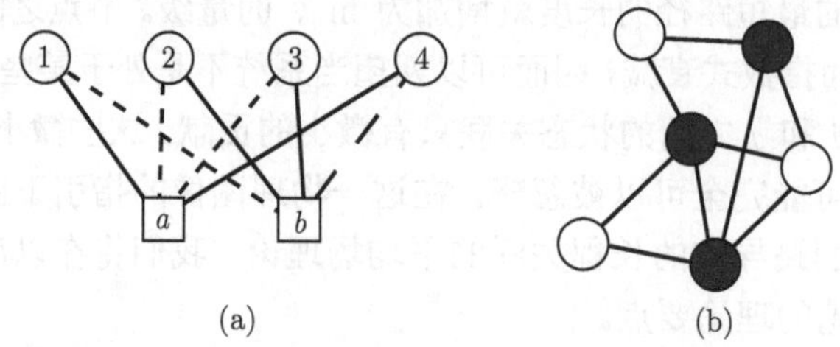

(a) (b)

图 1.6 约束满足问题和组合优化问题举例

（a）代表一个包含 $N = 4$ 个变量和 $M = 2$ 个约束的 4- 满足公式，每个变量有 ± 1 两种状态，但构型 $(-1, 1, 1, -1)$ 是不被约束 a 所允许的，而构型 $(1, -1, -1, 1)$ 则不被约束 b 所允许；（b）显示了一个包含 $N = 6$ 个节点的网络的最小节点覆盖构型；该网络的每一条边带来一个约束，它要求所连的两个节点中至少一个节点处于被覆盖状态

给定一个 K-满足公式及其能量函数（1.12），原则上总是可以通过枚举所有 2^N 个自旋构型来判断该公式是否有解。然而当 N 很大时，穷举方式将非常耗时，实际上变得不可行①。是否存在效率很高的算法，使判断是否有解的计算时间随 N 只是幂次增长而非指数式增长？对于 2-满足问题的确存在非常高效的算法。但一般的 K-满足问题（$K \geqslant 3$）是 NP-完备类型的约束满足问题②，极有可能不存在这样的高效算法能处理所有由式（1.12）所表示的问题实例[58]。

能量函数（1.12）实际上就是一个多体相互作用自旋玻璃模型。对该问题的统

①给定一个自旋构型 $\underline{\sigma}$，要通过计算机判断它是否使能量函数（1.12）的值为零是很容易的，假设只需 10ns，即 10^{-8}s。判断所有构型的总耗时则为 $2^N \times 10^{-8}$s。当 $N = 50$ 时，这个时间为 130 天；当 $N = 60$ 时，为 13 万天!

②NP 是“non-deterministic polynomial”的缩写，它包含一大类计算问题。NP-完备（NP–complete）问题是 NP 问题集合的子集。NP-完备问题是否存在多项式算法是数学界最著名的未解难题之一。一个问题如果属于 NP-完备问题，粗略地说，就是指构造该问题的一个解可能非常困难，但要验证一个候选解是否为真正的解却很容易。而如果一个问题属于 NP-困难（NP-hard）问题，那么除了构造一个真正的解非常困难外，连验证一个候选解是否为真正的解也是非常困难的。关于 NP-完备和 NP-困难问题更精确的定义，请参阅文献 [18]、[58]-[60]。

计物理学研究近年来取得了丰硕成果并推动了自旋玻璃理论在约束满足和组合优化问题上的广泛应用[57,61–63]。我们将在第 6 章研究随机 K-满足问题的统计物理性质，并介绍以统计物理平均场理论为基础的高效消息传递算法。当一个 K-满足公式不存在能量为零的构型时，一个重要的问题是确定能量函数（1.12）的全局极小值，即最大 K-满足（MAX-K-SAT）问题。这是一个组合优化问题，其计算复杂性属于 NP-困难类别，因而极有可能没有通用的高效算法。但利用统计物理启发的消息传递算法可以构造出非常接近于最优解的微观自旋构型。

网络的着色问题（graph coloring）是另一个很有代表性的约束满足问题。该问题的输入是一个包含 N 个节点和 M 条边的网络，记为 W。网络 W 中每一条边连接两个不同节点，且网络中任意两个节点之间最多有一条边相连，不存在多重边。每个节点 i 的状态用一个颜色 c_i 来表征，它可以从 Q 种不同颜色中取值，即 $c_i \in \{1, 2, \cdots, Q\}$。需要找到网络 W 的一种涂色方案 $(c_1, c_2, \cdots, c_N)$，使网络中每一条边所连的两个节点颜色不一样。这个问题对应于如下的能量函数：

$$E(c_1, c_2, \cdots, c_N) = \sum_{(i,j)\in W} \delta(c_i, c_j)\,. \tag{1.13}$$

式中，$\delta(c_i, c_j)$ 是克罗内克（Kronecker）符号，当 $c_i = c_j$ 时 $\delta(c_i, c_j) = 1$；而所有其他情况则 $\delta(c_i, c_j) = 0$。对一个给定微观颜色构型 $(c_1, c_2, \cdots, c_N)$，其能量就等于网络 W 中不满足约束的边（其所连的两个节点颜色相同）的总数目。如果能量表达式（1.13）的最小值为零，就意味着网络 W 可以用 Q 种不同颜色着色。

对于平面网络而言，数学家们借助计算机已经证明当 $Q \geqslant 4$ 时任意一个平面网络都可以着色，这就是著名的四色定理[64,65]。但一般而言，判断一个任意给定的网络是否能用 Q 种颜色着色是 NP-完备问题。统计物理学理论近年来已经被成功应用于随机有限连通网络着色问题，见文献 [67]-[69]。

组合优化（combinatorial optimization）问题与约束满足问题很类似，它的目标是选取 N 个变量的一组赋值方案，使 M 个约束有尽可能多的约束被满足。前面提到的最大 K-满足问题就是一个组合优化问题。另一个非常基本的组合优化问题是节点覆盖问题（vertex covering），它的目标是将一个由节点和边构成的网络 W 以最少数目的标记来覆盖，使每一条边的两个端点至少有一个端点处于被覆盖的状态，见示意图 1.6（b）。每个节点 i 的覆盖状态为 $c_i \in \{0, 1\}$：$c_i = 0$ 表示节点 i 未被覆盖，$c_i = 1$ 表示 i 已被覆盖。每一条边 (i, j) 带来一个约束 $c_i + c_j \geqslant 1$。一个满足所有约束的覆盖构型 $(c_1, c_2, \cdots, c_N)$ 的能量就是节点覆盖状态之和，即处于被覆盖状态的节点总数目。最小节点覆盖问题就是要寻找能量最低的覆盖构型，它也是一个 NP-困难类型的组合优化问题。关于节点覆盖问题的统计物理研究有许多文献，如文献 [18]、[70]-[76]。第 5 章将详细介绍自旋玻璃理论在随机网络节点覆盖问题上的应用。

节点匹配（vertex matching）问题的定义与节点覆盖问题有些类似，它的目标是将网络 W 的节点尽可能多地两两配对，但任一节点不允许参与两个或多个配对。节点匹配问题与节点覆盖问题虽然看上去很类似，但在计算复杂性上却有本质的区别：构造最大节点匹配构型是一简单优化问题，存在很多高效算法。可以利用自旋玻璃理论计算随机网络节点匹配问题的基态能量密度[77] 及最大节点匹配问题的熵密度[78]。网络的可控制性（controllability）问题的目标是寻找一组数目最小的目标节点，通过调控这些目标节点的动力学状态来达到对整个网络动力学状态的控制[79]。这一问题可以转化为有向网络上的节点匹配问题进行研究，故自旋玻璃的理论方法近来也被用于讨论随机网络的可控制性问题[79]。节点匹配问题可以看成是一个资源最佳匹配的问题，它在经济学领域也有广泛的应用。

网络的划分（network or graph partitioning）问题是将一个网络 W 的 N 个节点分成两个子集，要求每个子集包含 $\frac{N}{2}$ 个节点（假设 N 为偶数）且每个节点只能属于一个子集，且要求连接两个子集的边的数目为最少。另一个有重要应用意义的问题是复杂网络社区结构（community structure）问题，它的目标是将给定网络 W 的节点分配到不同的模块，使同一模块内部的连接密度远大于不同模块之间的连接密度[80, 81]。网络的划分问题和网络社区结构问题都可以看成自旋玻璃问题进行研究[82–85]。另一个著名的组合优化问题是旅行推销员（traveling salesman）问题，它的目标是找到网络 W 的一条最短路径，使该路径经过网络的每个节点一次且仅仅一次。当前用统计物理学的方法处理旅行推销员问题还不是很成功。

在本书第 7 章将讨论网络反馈节点集（feedback vertex set）问题。这也是一个有广泛应用背景的组合优化问题。网络的一个反馈节点集 Γ 包含网络的一部分节点，其中每个节点都属于网络的一条或多条回路。当集合 Γ 中的节点以及它们所连的边从网络中被删除以后，剩下的子网络中不存在任何回路。反馈节点集问题的目标是在保证剩下的子网络不存在回路的条件下尽可能少地从网络中删除节点（即让集合 Γ 包含的节点数尽可能少）。该问题也是一个 NP-完备类型组合优化问题，它与节点覆盖等组合优化问题的一个关键不同之处体现于回路的存在与否是网络的全局性质，因而反馈节点集问题是一个含有全局约束的组合优化问题。我们将通过研究这一问题演示如何用自旋玻璃统计物理方法处理全局约束问题。

1.2.2 低密度奇偶校验码

在信息科学中数据通常表示为二进制形式，基本的字符可记为 0 和 1，任何数据都可以转化为由 0 和 1 组成的字符序列。信息的储存和传输都不可避免会受到各种噪声的影响，导致数据失真，最简单的情形是字符序列有些字符由 0 变为 1，而另外一些字符则由 1 变为 0。为了能够消除噪声对数据的影响就必须对字符序列添加冗余，以便当序列出现错误时还能够利用冗余还原其中蕴涵的全部信息。

添加冗余最为简单的方式是将序列的每个字符都重复多次。例如，在数据传输过程中为了将一个字符（0 或 1）从发送端传递到接收端，可以将该字符重复发送 k 次（k 为奇数）。然后在接收端对收到的这 k 个字符进行处理，如果其中有超过一半为 1，则认为发送端的信号为 1，反之则认为发送端的信号为 0。这种编码方式称为复制编码（repetition coding）。假设传输线路每传送一个信号都有 p 的概率出错，那么这种编码方式的出错率（error rate）为

$$P_E = \sum_{r=0}^{\lfloor k/2 \rfloor} \binom{k}{r} (1-p)^r p^{k-r} .$$

由上式可以看出，只要传输线路的噪声参数 $p > 0$，那么当 k 有限时出错率 P_E 总是大于零。为了无错传输就需要将每个字符复制 $k \to \infty$ 次，但这时传输效率将变得非常低。

有没有可能在不牺牲信号传输效率的情况下，通过其他更为精妙的方式添加冗余以达到完全无错的数据传输？ Claude Shannon 在 1948 年发表的经典工作[86,87] 对这个问题在理论上给出了肯定的回答。十五年之后，Robert Gallager 在其博士学位论文中提出了具体的纠错编码方案，即低密度奇偶校验码（low-density parity-check code，LDPC）[88, 89]。近年来这一纠错编码思想在信息科学已被广泛应用。

长度为 n 的二进制字符序列 $(s_1, s_2, \cdots, s_n)$ 一共有 2^n 个。对每个这样的字符序列都添加 M 位冗余字符，这样就形成了长度 $N = n + M$ 的一个新字符序列：

$$(s_1, \cdots, s_n) \to (s_1, \cdots, s_n, s_{n+1}, \cdots, s_N) .$$

冗余字符序列 $(s_{n+1}, s_{n+2}, \cdots, s_N)$ 并不是任意给定而是通过一个编码算法来确定的。该算法的核心是要求添加了冗余的字符序列 $(s_1, s_2, \cdots, s_N)$ 满足如下形式的 M 个线性约束：

$$\sum_{i=1}^{N} J_a^i s_i = 0 \qquad (\text{mod } 2) , \qquad \forall a = 1, 2, \cdots, M . \tag{1.14}$$

式中，系数 J_a^i 是约束 a 的参数，它是常数且值域属于集合 $\{0,1\}$。所有这些参数构成一个 $M \times N$ 维的矩阵 $\mathcal{J}$，该矩阵就定义了一种 LDPC 码，见示例图 1.7。由于矩阵 $\mathcal{J}$ 中所有的矩阵元只能取值为 0 或 1，每一个约束（1.14）实际上是要求序列 $(s_1, s_2, \cdots, s_N)$ 的一部分字符之和为偶数。

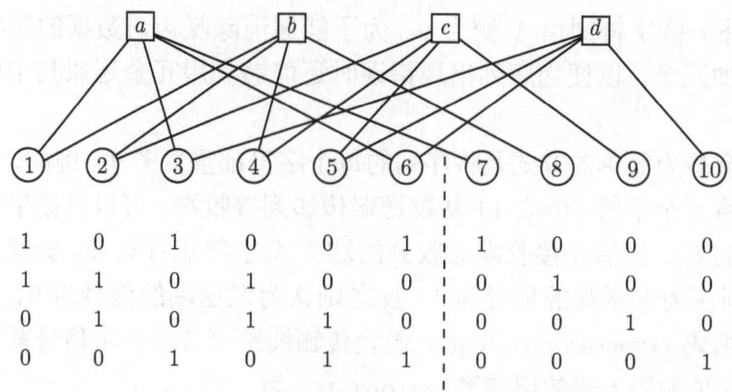

图 1.7　低密度奇偶校验（LDPC）码示例

长度 $N=10$ 的字符序列用标号为 $1\sim 10$ 的圆圈表示，其中前 6 个圆圈代表的子序列是信息位，而后 4 个圆圈所代表的子序列为奇偶校验位。4 个奇偶校验约束用 4 个方框表示，每一个约束对应于奇偶校验矩阵的一行

LDPC 矩阵 $\mathcal{J}$ 的前 n 列构成一个 $M\times n$ 维的子矩阵 $\mathcal{S}$，而后 M 列则构成另一个 $M\times M$ 维的方阵 $\mathcal{P}$。例如，图 1.7 虚线右侧的方阵 $\mathcal{P}$ 是一个对角矩阵。一般情况下由于编码的需要，必须保证矩阵 $\mathcal{P}$ 是满秩的，即它的所有本征值都不为零。这样，对于任意给定信息字符序列 $(s_1,s_2,\cdots,s_n)$，冗余奇偶校验子序列 $(s_{n+1},s_{n+2},\cdots,s_{n+M})$ 都可以由如下线性方程组唯一地定出来[90]：

$$\mathcal{P}\begin{pmatrix} s_{n+1} \\ \vdots \\ s_{n+M} \end{pmatrix} = \mathcal{S}\begin{pmatrix} s_1 \\ s_2 \\ \vdots \\ s_{n-1} \\ s_n \end{pmatrix} \pmod 2. \tag{1.15}$$

LDPC 码的核心实际上是一个由 N 个变量和 M 个约束组成的随机异或满足（random exclusive-OR satisfiability）问题的能量函数：

$$E(s_1,s_2,\cdots,s_N)=\sum_{i=1}^{M}\frac{1-\prod_{j\in\partial a}(1-2s_j)}{2}. \tag{1.16}$$

式中，∂a 表示约束 a 所涉及的所有字符的位置，即 $\partial a\equiv\{j:J_a^j=1\}$。随机异或满足问题的能量函数对应于一个多体相互作用自旋玻璃模型，该模型的自旋 $\sigma=+1$ 对应于 $s=0$，而自旋 $\sigma=-1$ 则对应于 $s=1$。该自旋玻璃模型的统计物理性质已被研究得很透彻[91−96]。

如果字符序列 $(s_1,s_2,\cdots,s_N)$ 从发送端传输到接收端的过程中没有出现任何错误，那么其能量 $E(s_1,s_2,\cdots,s_N)$ 必定等于零，我们读取该字符序列的前 n 位，就获得了该序列所蕴涵的信息。如果 $E(s_1, s_2, \cdots, s_N) > 0$，那么序列在传输过程中必定出现了错误。在这种情况下面临的任务是根据接收到的序列来构造一个与之最相似的新序列 $(s'_1, s'_2, \cdots, s'_N)$，使其能量 $E(s'_1, s'_2, \cdots, s'_N) = 0$。这一解码问题可以通过本书将要介绍的消息传递算法高效地解决。

另外一个与随机异或满足问题密切相关的编码方式是 Sourlas 纠错码[97, 98]。在手机等无线通信中还经常用到另外一种纠错编码方式，即 CDMA 码（code division multiple access）[99]。CDMA 编码问题与自旋玻璃统计物理也有非常密切的联系[100]。

1.2.3 逆伊辛问题

神经元细胞（neuron）是神经系统进行信息处理的基本单元[101]。粗略地说，单个神经元通过树突（dendrite）收集从其他神经元细胞传递来的电信号并对信号进行整合，当整合后的电信号达到某个阈值时，该神经元将产生一个或多个称为动作电位（action potential）的电脉冲，并通过轴突（axon）将该脉冲信号传递给其他神经元。多个神经元细胞的树突和轴突相互接触就形成一个神经网络。这是一个有向网络，且神经元 i 对另一个神经元 j 的影响有两类，或者是兴奋性的（excitatory），或者是抑制性的（inhibitory），取决于轴突与树突之间传递电化学信号的神经递质种类。

如果将神经元 i 的状态粗粒化描述，在一个给定的时间窗口 τ 内（如 20 ms），可以将其分为静息态（没有激发动作电位，用自旋 $\sigma_i = -1$ 代表）和激活状态（激发了一个或多个动作电位，用 $\sigma_i = +1$ 代表）。通过记录一段时间内神经元 i 的电活动情况并将其粗粒化处理，就会得到该神经元的一个状态序列：$(\sigma_i(0), \sigma_i(1), \sigma_i(2), \cdots)$，其中 $\sigma_i(n)$ 表示神经元 i 在时间区间 $[n\tau, (n+1)\tau)$ 的粗粒化状态，见示意图 1.8。

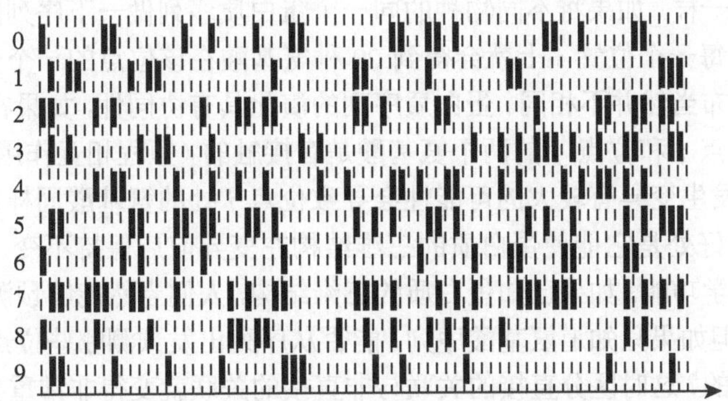

图 1.8 神经元状态随时间演化示意图

图中每一行是一个神经元状态的时间序列（一共有 10 个不同神经元）。每一条竖直虚线标示一个宽度为 τ 的时间窗口，若在一个时间窗口内神经元处于激活状态就用一根小竖棒标记。箭头表示时间增长的方向

在实验上可以做到同时测量上百个神经元的电活动情况[102, 103]。人们希望根据这些测量数据推测神经网络的内部连接方式，但这在目前还是非常困难的任务。作为第一步，人们希望构建简单的唯象模型来描述神经元状态之间的关联。假定 N 个神经元的电活动可以用一个两体相互作用模型来描述，即

$$P(\sigma_1, \sigma_2, \cdots, \sigma_N) \propto \exp\Big(\sum_{1 \leqslant i < j \leqslant N} J_{ij} \sigma_i \sigma_j + \sum_{i=1}^{N} h_i \sigma_i \Big). \tag{1.17}$$

如何从类似图 1.8 的观测数据出发来确定该模型的耦合参数 J_{ij} 及偏向磁场 h_i? 这个问题称为逆伊辛（inverse Ising）问题，即从系统的微观状态出发得出系统的相互作用参数。求解逆伊辛问题的算法在近几年的文献中有很多讨论，这些方案大多与自旋玻璃平均场理论有关，见文献 [102]、[104]-[107]。

在一个相互作用系统中不同变量之间存在关联。这种关联有可能是直接的关联，例如，节点 i 和节点 j 有自旋耦合相互作用，故它们的自旋 σ_i 和 σ_j 是关联在一起的；关联也可能是非直接的相互作用导致的，例如，两个自旋 σ_i 和 σ_k 如果都和自旋 σ_j 发生相互作用，那么在自旋 σ_j 的媒介下，就算 σ_i 和 σ_k 之间没有直接相互作用，它们的状态也会关联在一起。在不知道系统的微观相互作用机理的情况下，通过观察系统表现出来的状态，将变量之间的直接关联和非直接关联区分开来，这是一个很有挑战性的任务，同时也有非常重要的应用价值。下面以蛋白质序列和蛋白质结构预测为例。

蛋白质是由 20 种氨基酸构成的一条线性长链，其中包含的氨基酸单元的数目从几十个到几千个不等。在细胞体内，蛋白质链内的氨基酸单元会发生相互作用，使链条折叠成特定的三维构型，从而实现其生物学功能。蛋白质的氨基酸序列是会发生变异的，不同物种的同一种蛋白质虽然实现同一种生物学功能，但其氨基酸序列却并非完全一样。如果将不同物种的同一个蛋白质序列做一下序列匹配，那么在氨基酸序列的每一个位置 i 上就会得到 20 种氨基酸在该位点的一个分布，不同位点的氨基酸分布当然并不相同。蛋白质序列的演化具有协同性，如果在该蛋白质的三维结构中位点 i 和位点 j 的两个氨基酸是有接触的（短程相互作用），那么位点 i 处的氨基酸发生变异有较大的可能性会导致位点 j 处的氨基酸同样发生变异。协同变异的一个好处是它能使蛋白质的三维结构在变异前后保持不变，从而使其保持同样的生物学功能。如果已知蛋白质的三维结构，人们当然能够预测出不同位点的关联情况。但如果只知道氨基酸序列，能否从序列出发预测哪些位点在三维结构中是距离很近的？这时区分直接的关联与非直接的关联就变得非常重要。两个位点 i 和 j 的氨基酸关联较强并不一定意味着它们就是距离很近的，因为它们之间的关联也可能是由于非直接相互作用导致的。近年来人们将与自旋玻璃有密切联系的消息传递算法用于蛋白质结构预测取得了一定的进展，参见文献 [108]-[110]。

1.2.4 矩阵计算与压缩传感

压缩传感（compressive sensing）是稀疏信号处理研究领域一个新兴方法[111]。考虑到信号的稀疏性，压缩传感的基本思想是将信号的获取与处理同时进行。我们在此不详细介绍压缩传感的理论，仅通过一个简单例子来引入关键的计算问题。

互联网包含很多节点，每个节点都有一个 IP 地址。任意两个节点之间如果可以直接进行数据交换，那它们之间就一定有数据线（边）直接相连，即为最近邻节点。因为一个节点通常只和少数其他节点有边直接相连，导致数据包从互联网的一个节点 i 传递到一个目标节点 j 常常要经过一些中间节点 $k, l, \cdots$。数据包从节点 i 传递到相邻节点 k 会有延时。记互联网的一条边为 e（$e = 1, 2, \cdots, M$，M 是一个很大的数），在该条边上数据包的延时为 x_e，那么所有边的延时就可用一个矢量 $\boldsymbol{x} = (x_1, x_2, \cdots, x_M)$ 来描述。

我们希望能够测量出所有边的延时从而得到延时矢量 $\boldsymbol{x}$。一种直接的方法是对每一条边分别进行测量，这就需要做 M 次独立的局部测量。但这种方法在网络很大时不容易实现，因为它需要在网络的每条边都做同样的操作。另一种方式是预先设计 m 条路径，每条路径选定一个起点 i 和一个终点 j 以及一些连接 i 和 j 的中间节点，然后对每条设计好的路径测量数据包从起点传递到终点所用的时间 y_m，它是该路径上的所有延时之和。那么就有如下的关系：

$$\begin{pmatrix} y_1 \\ y_2 \\ \vdots \\ y_m \end{pmatrix} = \begin{pmatrix} a_{11} & a_{12} & \cdots & a_{1M} \\ a_{21} & a_{22} & \cdots & a_{2M} \\ \vdots & \vdots & & \vdots \\ a_{m1} & a_{m2} & \cdots & a_{mM} \end{pmatrix} \begin{pmatrix} x_1 \\ x_2 \\ x_3 \\ \vdots \\ x_M \end{pmatrix}. \tag{1.18}$$

式中，a_{ne} 表示第 n 条探测路径是否经过网络的第 e 条边，如果经过，那么 $a_{ne} = 1$，反之则有 $a_{ne} = 0$。一般而言，为了从测量矢量 $\boldsymbol{y} = (y_1, y_2, \cdots, y_m)$ 获得延时矢量 $\boldsymbol{x}$，需要矢量 $\boldsymbol{y}$ 的维数至少是 M，即至少需要做 M 次测量。但是，如果延时矢量 $\boldsymbol{x}$ 的许多元素 x_e 都非常小可以忽略不计，只有少部分边上的延时很严重，那么 $\boldsymbol{x}$ 就是一个稀疏矢量。在这种情况下能否只进行 $m \ll M$ 次测量就能重构出该稀疏矢量 $\boldsymbol{x}$? 这就是一个典型的压缩传感问题。

一般而言，压缩传感问题的核心是求解如下形式的线性方程

$$\boldsymbol{y} = \boldsymbol{\mathcal{A}} \boldsymbol{x}\,, \tag{1.19}$$

其中，$\boldsymbol{x}$ 是 M 维列矢量，$\boldsymbol{y}$ 是 m 维列矢量，而 $\boldsymbol{\mathcal{A}}$ 是 $m \times M$ 维测量矩阵。列矢量 $\boldsymbol{x}$ 是稀疏的，它只有 ρM 个元素不为零而其他元素都等于零（$0 < \rho < 1$）。我们需要由测量结果 $\boldsymbol{y}$ 确定矢量 $\boldsymbol{x}$ 的所有非零元素及其取值。

如果矩阵 $\boldsymbol{\mathcal{A}}$ 的所有 m 行是线性不相关的，因而 $\boldsymbol{\mathcal{A}}$ 是满秩矩阵，并且行数 $m > \rho M$，那么由方程（1.19）一定可以唯一确定 $\boldsymbol{x}$。这一问题相当于寻找满足条件（1.19）的 M 维矢量 $\boldsymbol{x}$，同时要求 $\boldsymbol{x}$ 中的非零元素为最少。这个优化问题属于 NP-困难类型。常用的另一种途径是寻找满足条件（1.19）的矢量 $\boldsymbol{x}$，使 $\sum_{i=1}^{M}|x_i|$ 达到最小。文献 [112] 对这一优化问题用消息传递的方法进行了研究。

设计测量矩阵 $\mathcal{A}$ 也是压缩传感研究中非常重要的议题。对于同一个稀疏信号矢量，不同的测量矩阵所需的测量数是不相同的。文献 [113] 对此问题进行了一些探索，并且发现带有空间结构的测量矩阵 $\mathcal{A}$ 的效果相较于无结构的随机测量矩阵有很大的优越性。

1.3　自旋玻璃相变的定性描述

在自旋玻璃模型中有许多结构参数和相互作用参数，例如，三维 EA 模型的自旋耦合常数，着色问题的网络连接方式，等等。当某一自旋玻璃模型的所有参数值都一一指定后，该模型的一个样本就确定了。同一模型系统的不同样本，由于模型参数取值的不同，所表现出来的宏观和微观统计物理性质会有一定程度的差异。自旋玻璃理论研究的任务，就是要发展理论框架和计算方案，尽可能精确地描述某一自旋玻璃模型系统的**共性**，以及与样本有关的**特性**。这方面最主要的进展是复本对称破缺（replica-symmetry breaking，RSB）平均场理论[6]。这一节定性介绍复本对称破缺平均场理论的物理图像。

1.3.1　样本系综的平均性质

自旋玻璃系统的宏观性质通常只需少数一些强度量就可以表征，如系统的平均能量密度、自由能密度、粒子的平均磁矩等。这些强度量原则上与样本所有参数的细节有关，但对于包含粒子数很多的系统而言，当样本参数改变后，这些强度量的值只有微不足道的涨落，可以认为与特定样本无关而只与模型参数的统计性质有关。研究某一自旋玻璃模型的共性，涉及根据模型参数的统计性质来定性和定量地预言这些宏观物理学量的特征以及它们对温度或其他环境参数的响应关系。

以 EA 模型（1.1）的自由能为例。系统的平衡自由能与微观构型之间的关系为[23, 24]

$$F_J = -\frac{1}{\beta}\ln\Big[\sum_{\sigma_1,\sigma_2,\cdots,\sigma_N}\exp\big(-\beta E_J(\sigma_1,\cdots,\sigma_N)\big)\Big], \tag{1.20}$$

其中，$\beta \equiv 1/(k_{\mathrm{B}}T)$ 常被称为逆温度（inverse temperature）。在式（1.20）中，用下标 J 来暗示微观构型的总能量 E_J 以及系统的总自由能 F_J 都含有样本的所有耦合常

数 $\{J_{ij}\}$ 作为参数。考虑由模型（1.1）的所有样本构成的一个系综（ensemble），其中样本的耦合常数 $\{J_{ij}\}$ 是根据某一特定概率分布函数 $P(\{J_{ij}\})$ 来生成的，那么样本自由能 F_J 就是该概率分布下的随机变量。这一随机变量的系综平均值（ensemble average）为

$$\overline{F} = \sum_{\{J_{ij}\}} P(\{J_{ij}\}) F_J \tag{1.21a}$$

$$= Nf + O(N). \tag{1.21b}$$

平均自由能与系统粒子数 N 的标度关系是线性的，该线性系数 f 即为系综中样本的平均自由能密度。另一方面，F_J 在不同样本间的涨落大小可从方差看出，即

$$\mathrm{Var}(F_J) = \sum_{\{J_{ij}\}} P(\{J_{ij}\}) (F_J - \overline{F})^2 \tag{1.22a}$$

$$= cN^{\alpha} + O(N^{\alpha}), \tag{1.22b}$$

其中，c 为常数；α 为标度指数。系统中包含的粒子数 N 越多，自由能 F_J 的涨落也越大；当 N 足够大时，二者之间存在标度关系 $\mathrm{Var}(F_J) \sim N^{\alpha}$，即自由能 F_J 在不同样本间的变化幅度为 $O(N^{\frac{\alpha}{2}})$ 的量级。对大多数系统而言，标度指数 $\alpha < 2$。这样自由能的涨落相比于平均自由能而言量级为 $O(N^{-1+\frac{\alpha}{2}})$，也即系统越大，自由能的涨落相对于平均值而言就越不重要。从样本系综中完全随机地选择一个样本，该样本在概率论的意义下都会是一个典型样本，其自由能密度和其他宏观物理学量的强度值与系综平均值只有微不足道的差别，反映出系综中样本的共性。由于这样的原因，人们常常只关心自由能等广延物理学量的密度的系综平均值。然而要计算自由能的样本系综平均值需要对一个随机函数的对数进行平均，直接计算常常很不容易。

统计物理学有两种主要方法处理这一计算困难，即空腔方法（cavity method）和复本方法（replica method）。本书将详细介绍空腔方法以及它所对应的消息传递算法，但不会讨论复本方法。为使初学读者获得一点关于复本方法的印象，我们简单地描述复本方法的核心思想。

复本方法的出发点是将对随机函数的对数求平均转变为求随机函数平均值的对数。假设 x 是一个随机变量，服从某个概率分布 $P(x)$，而 $Z(x)$ 是随机变量 x 的某个正值函数。很容易证明如下表达式是成立的：

$$\sum_x P(x) \ln Z(x) = \lim_{n \to 0} \frac{1}{n} \ln \Big[\sum_x P(x) Z^n(x) \Big], \tag{1.23}$$

其中，n 称为复本数（number of replicas），它是非负实数。根据式（1.23）可将自由

能密度的系综平均表达式（1.21）改写为

$$f = -\lim_{n\to 0}\frac{1}{nN\beta}\ln\Big\{\sum_{\underline{\sigma}^1,\cdots,\underline{\sigma}^n}\sum_{\{J_{ij}\}}P\big(\{J_{ij}\}\big)\exp\big(-\beta\sum_{s=1}^{n}E_J(\underline{\sigma}^s)\big)\Big\} \tag{1.24a}$$

$$= -\lim_{n\to 0}\frac{1}{nN\beta}\ln\Big\{\sum_{\underline{\sigma}^1,\cdots,\underline{\sigma}^n}\exp\big(-\beta E^{(n)}(\underline{\sigma}^1,\cdots,\underline{\sigma}^n;\beta)\big)\Big\}. \tag{1.24b}$$

式中，假设复本数 n 为整数，并用 $\underline{\sigma}^s \equiv (\sigma_1^s,\sigma_2^s,\cdots,\sigma_N^s)$ 表示序号为 s 的复本的微观构型，其中 $\sigma_i^s \in \pm 1$。这 n 个复本的微观构型是彼此完全独立的，但由于它们都受到同一组随机耦合常数 $\{J_{ij}\}$ 的影响，当耦合常数的系综平均完成后，这些微观构型将变得彼此关联起来。这些关联通过有效能量函数（effective energy function）$E^{(n)}(\underline{\sigma}^1,\underline{\sigma}^2,\cdots,\underline{\sigma}^n;\beta)$ 来体现。有效能量函数$E^{(n)}$ 一般而言与逆温度 β 有关，而且它作为复本微观构型 $\underline{\sigma}^1,\underline{\sigma}^2,\cdots,\underline{\sigma}^n$ 的函数可能具有很复杂的形式，但它有一个基本特点，即它是这 n 个复本构型的对称函数，将任意两个复本的序号交换不会改变该函数的形式。

方程（1.24b）右侧大括号内部的表达式实际上是一个统计系统的配分函数，该系统包含 N 个粒子，每个粒子 i 有矢量状态 $\underline{\sigma}_i \equiv (\sigma_i^1,\sigma_i^2,\cdots,\sigma_i^n)$。由于有效能量$E^{(n)}$ 是复本构型的对称函数，我们自然期望粒子 i 的矢量状态 $\underline{\sigma}_i$ 的平衡概率分布也应该是自旋 $\sigma_i^1,\sigma_i^2,\cdots,\sigma_i^n$ 的对称函数。然而实际情况却常常并非这样。这种情况称为复本对称破缺，它所对应的物理图像将在下一小节中介绍。

对于一个给定的自旋玻璃模型，复本方法首先要计算平均自由能（1.24b）在不同整复本数 n 处的值，从而获得平均自由能作为整数 n 的函数；在此基础上将该函数解析延拓到非整数 n 值，包括 $0<n<1$ 的区域；最后求延拓后的函数在 $n\to 0$ 的极限，从而获得系统的平均自由能密度 f。在这一计算过程中需要引进一些序参量以描述复本之间的对称性，其中最重要的序参量是两个复本之间的相似度。

复本方法的计算过程是较为繁杂的，只在少数一些完全连通自旋玻璃模型上能够解析地进行，最著名的是 Giorgio Parisi 所获得的 SK 模型（1.4）无穷阶复本对称破缺解[6]。该方法的数学基础当前还不是特别牢固，例如，复本数，n 从整数解析延拓到 $0<n<1$ 区间的方式很可能不是唯一的，在数学上还值得更深入地研究。对于复本方法的细节，有兴趣的读者请参阅综述文献 [5]、[6]、[38]、[42]。

1.3.2　单个样本的统计性质

自旋玻璃系统的系综平均性质不能反映系综中单个样本的特异性，但这种特异性在很多情形下是非常重要的。以 K-满足问题为例，人们希望能够判断一个给定的 K-满足能量函数（1.12）是否存在能量为零的微观构型，也希望能够获得每一个自旋变量的边际概率分布并利用这些信息来构造满足所有约束的微观构型。基于恒等式（1.23）的复本方法由于要对样本进行系综平均，不太适合于研究与单个样本有关的统计物理性质，例如，少量指定粒子的微观状态边际概率分布，或者是粒子状态之间的局部关联等。

统计物理学研究领域和信息科学研究领域都独立发展出定量研究单个系统统计性质的近似方法。在信息科学领域中，代表性的进展是信念传播（belief propagation）算法及其推广[88, 114, 115]，在统计物理学中则是自旋玻璃复本对称破缺空腔方法以及与之相对应的一阶复本对称破缺（first-step replica symmetry-breaking，1RSB）消息传递算法[6, 57, 116]。我们将在本书的第 3 章及第 4 章从配分函数圈图展开的角度来建立复本对称破缺平均场理论，推导出信念传播方程及 1RSB 消息传播方程。

空腔方法用到的最核心近似是 Bethe-Peierls 近似。我们将在第 2 章介绍这一近似的物理思想。空腔方法除了可以研究单个自旋玻璃样本的统计物理性质以外，也可以研究样本系综的系综平均性质，这通过种群动力学模拟得以实现，详见第 3 章和第 4 章的描述。

1.3.3 自旋玻璃相变

复本对称破缺平均场理论的一个重要序参量是系统任意两个平衡微观构型之间的相似程度。考虑给定自旋玻璃系统的一个样本。在温度 T 下，随机选取该样本的两个平衡微观构型 $\underline{\sigma}^a$ 和 $\underline{\sigma}^b$。这两个构型的交叠度（overlap）定义为

$$q_{ab} \equiv \frac{1}{N}\sum_{i=1}^{N} \sigma_i^a \sigma_i^b \,, \tag{1.25}$$

它定量表征两个构型的相似程度。例如，如果构型 $\underline{\sigma}^a$ 和 $\underline{\sigma}^b$ 完全相同，那么 $q_{ab}=1$；如果完全相反，则 $q_{ab}=-1$；如果这两个构型有接近一半粒子的自旋相同而其余粒子的自旋相反，则 $q_{ab}\approx 0$。

系统的平均能量密度u是环境温度T的递增函数，若温度T降低，平均能量密度$u(T)$也将减少。在给定温度 T 处，决定系统平衡统计物理性质的微观构型的能量相对于能量面$E=Nu(T)$只有微弱的涨落，这一涨落在热力学极限$N\to\infty$下可以忽略不计。该能量面上任意两个微观构型之间的交叠度q_{ab} 都可以根据式（1.25）来计算。记 $\mathcal{N}\big(q;u(T)\big)$ 为该平衡能量面上交叠度等于特定值 q 的微观构型对的总数目，即

$$\mathcal{N}\big(q;u(T)\big) \equiv \frac{1}{2}\sum_{\underline{\sigma}^a}{}' \sum_{\underline{\sigma}^b}{}' \delta\Big(q - \frac{1}{N}\sum_{i=1}^{N} \sigma_i^a \sigma_i^b\Big) \,. \tag{1.26}$$

式中，$\delta(x)$ 是狄拉克（Dirac）尖峰函数（在 $x=0$ 处该函数的值趋向于无穷大，但在 $x\neq 0$ 处函数的值为零），而求和符号上的“$'$”意味着求和局限于能量密度等于

$u(T)$ 的那些微观构型。由构型对数目可以相应定义构型对的熵密度为

$$s\big(q;u(T)\big) \equiv \frac{1}{N} \ln\Big[\mathcal{N}\big(q;u(T)\big)\Big] , \tag{1.27}$$

它定量表征交叠度等于 q 的构型对的丰富程度。

能量密度为 $u(T)$ 的所有微观构型之间交叠度的概率分布函数记为 $P\big(q;u(t)\big)$，它与熵密度的关系为

$$P\big(q;u(t)\big) = \frac{\mathrm{e}^{Ns(q;u(t))}}{\sum\limits_{q'} \mathrm{e}^{Ns(q';u(t))}} . \tag{1.28}$$

为讨论方便起见，将温度 T 固定时构型对熵密度$s\big(q;u(T)\big)$ 作为交叠度q 的函数记为 $s_T(q)$。与之相应，将概率分布函数 $P\big(q;u(T)\big)$ 记为 $P_T(q)$。随着温度 T 的改变，系统平衡构型空间的性质将发生改变，导致熵函数 $s_T(q)$ 的形状可能会发生定性的变化，最主要的是凹凸性的改变，以及函数极值点数目的改变。

1. 社区涌现相变

在温度 T 足够高时，决定系统平衡性质的所有微观构型所处的能量面的能量密度 $u(T)$ 也很高，该能量面上的微观构型非常多，几乎是完全均匀地分布于整个能量面上。这时熵密度$s_T(q)$ 是交叠度q 的凹（concave）函数，只有一个极大值（对应于 $q = q_0$，见示意图 1.9）。在这种高温情况下，系统只有一个热力学宏观态，它包含能量密度为 $u(T)$ 的几乎全部微观构型。当粒子数 N 足够多时，由表达式（1.28）可以看出，交叠度分布函数$P_T(q)$ 趋向于狄拉克尖峰函数，即

$$P_T(q) = \delta(q - q_0) . \tag{1.29}$$

任选该热力学宏观态的两个微观构型，它们之间的交叠度有接近 100% 的概率等于 q_0。这种情况在平均场理论中称为复本对称（replica symmetric）。对于 EA 模型（1.1）和 SK 模型（1.4）等，复本对称情形就是系统处于顺磁态，每一个粒子的自旋平均值都等于零，而平衡构型之间的平均交叠度$q_0 = 0$。

随着温度 T 的降低，决定系统平衡性质的微观构型所处的能量面的能量密度 $u(T)$ 也降低，且这些微观构型的总数目也随之减少。当 T 降低到某个临界值 $T = T_{\mathrm{cm}}$ 时，熵密度$s_T(q)$ 虽然仍只有一个极值点，但它的凹凸性却发生改变，不再在整个 $-1 \leqslant q \leqslant 1$ 区间都是凹函数（图 1.9）。造成熵函数凹凸性改变的原因是平衡微观构型不再是均匀分布于能量密度为 $u(T)$ 的能量面，而是较为密集地分布于很多局部区域。直观上可以将平衡能量面划分为很多社区（community），每一个社区对应于能量面上微观构型比较密集的一个区域，它包含很多微观构型，这些构型彼此比较相似，有较大的交叠度；而不同社区的微观构型之间的交叠度则较小。不同的社区在边缘会有较多重叠，因而系统仍然只有一个热力学宏观态。

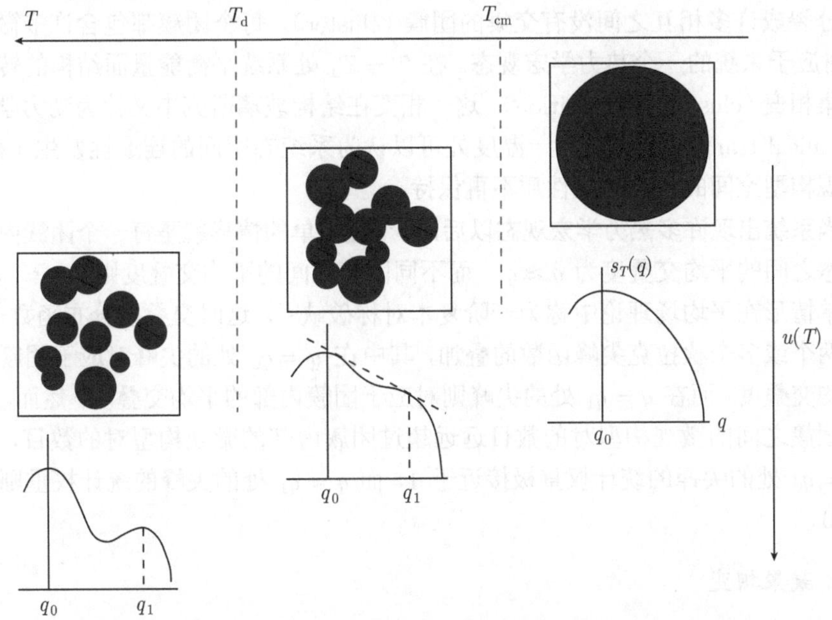

图 1.9 平衡微观构型所处能量面的社区涌现相变与簇集相变

平衡能量面的能量密度 $u(T)$ 随着温度 T 的降低（从右至左）而递减（从上到下）。在临界温度 $T_{\rm cm}$ 处，平衡微观构型不再均匀分布于整个能量面，而是形成许多局部密集的区域（社区），这导致构型对熵密度 $s_T(q)$ 的凹凸性发生改变。在更低的临界温度 $T_{\rm d}$ 处，平衡能量面最终分裂为许多团簇（每一团簇对应于一个热力学宏观态），q_1 是团簇内部微观构型之间的平均交叠度，而 q_0 是不同团簇微观构型之间的平均交叠度

在温度 $T_{\rm cm}$ 处系统的平衡能量面微观构型的局部密度发生了由均匀到不均匀的转变。在该温度 $T_{\rm cm}$ 处发生的相变可称为系统的社区涌现相变（community emerging transition）或非均匀相变（heterogeneity transition）[117]。能量面统计性质的这一定性改变是系统出现多个热力学宏观态的前奏。由于熵密度$s_T(q)$ 仍然只有一个极大值，故交叠度分布函数$P_T(q)$ 仍然是方程（1.29）的形式。

2. 簇集相变

随着温度 T 以及平衡能量面能量密度 $u(T)$ 的进一步降低，能量面微观构型局部密度的非均匀性进一步明显，以致当温度降到另一个临界值 $T = T_{\rm d}$ 时，熵密度$s_T(q)$ 的极大点不再是唯一的，除了 $q = q_0$ 是一个极大点以外，至少还存在另外一个特定交叠度值 $q = q_1 > q_0$，在该处 $s_T(q)$ 也达到极大（图 1.9）。熵函数出现多个极大值的原因是平衡能量面上的不同微观构型社区之间的重叠区域的微观态密度越来越小，以致这些微观状态的统计权重可以忽略不计，因而平衡能量面可以认

为是分裂成许多相互之间没有交集的团簇（cluster），每个团簇都包含许多微观构型，对应于系统的一个热力学宏观态。在 $T = T_{\mathrm{d}}$ 处系统平衡能量面结构的转变称为簇集相变（clustering transition），这一相变在结构玻璃研究中又称为动力学相变（dynamical transition）。在这一温度处可以认为系统态空间的连通性发生了破缺，即微观构型空间的各态历经性质不再保持。

当系统出现许多热力学宏观态以后，一个最简单的情形就是每一个团簇内部的微观态之间的平均交叠度为 $q \approx q_1$，而不同团簇之间的平均交叠度则为 $q \approx q_0$。这一简单情形在平均场理论中称为一阶复本对称破缺①。这时交叠度分布函数$P_T(q)$将是两个或多个狄拉克尖峰函数的叠加，其中在 $q = q_0$ 处的尖峰对应于团簇之间的平均交叠度，而在 $q = q_1$ 处的尖峰则对应于团簇内部的平均交叠度。然而，由于不同团簇之间的微观构型对的数目远远超过团簇内部的微观构型对的数目，导致在 $q = q_0$ 处的尖锋的统计权重极接近于 1，而 $q = q_1$ 处的尖峰的统计权重则极接近于 0。

3. 凝聚相变

当温度 T 低于簇集相变温度 T_{d} 后，由于系统出现了许多不同的热力学宏观态，这时一个热力学宏观态 α 对系统平衡性质的统计权重就依赖于该宏观态的自由能密度

$$f_\alpha \equiv u_\alpha(T) - T s_\alpha(T),$$

其中，u_α 是该宏观态在温度 T 处的平均能量密度，而 $s_\alpha(T)$ 则是它的熵密度。一般而言，只有为数不多的热力学宏观态具有最低的自由能密度 $f^{\min}(T)$，而自由能密度高于 $f^{\min}(T)$ 的热力学宏观态在数目上则可能远远超出。由于这种热力学宏观态层次的熵和自由能之间的竞争，导致在温度 T 高于临界值 T_{c} 时，数目上占优势的热力学宏观态决定系统的平衡自由能密度 $f(T)$，它的值高于最小自由能密度 $f^{\min}(T)$；但当 $T < T_{\mathrm{c}}$ 时，自由能密度为最小值的那些少数热力学宏观态胜出，从而系统的平衡自由能密度 $f(T) = f^{\min}(T)$。

因此在 T_{c} 处系统的状态空间发生了一个凝聚相变（condensation transition），即系统的平衡统计物理性质开始由少数一些自由能密度最低的热力学宏观态所决定。这种情况在物理上类似于玻色气体的玻色 - 爱因斯坦凝聚相变[23, 24]。在 $T < T_{\mathrm{c}}$ 后系统的平衡热力学态通常称为理想玻璃态（ideal glass）。实际上系统非常难以在

① 更为复杂的情形是不同团簇之间的平均交叠度有不同的值。这种情况在平均场理论中称为高阶复本对称破缺。为了不使本节的定性讨论变得过分复杂，假设一阶复本对称破缺是一个很好的近似。值得注意的一点是，如果自旋玻璃系统的能量函数具有整体的反演对称性，即微观构型 $(\sigma_1, \sigma_2, \cdots, \sigma_N)$ 与 $(-\sigma_1, -\sigma_2, \cdots, -\sigma_N)$ 有完全相同的能量，那么就算在一阶复本对称破缺近似中也会有三个平均交叠度值，分别是 $\pm q_1$ 和 q_0，而且一定有 $q_0 = 0$。

$T < T_c$ 时达到热力学平衡。

有一些自旋玻璃系统（如 EA 模型和 SK 模型）的凝聚相变温度 T_c 等于簇集相变温度 T_d。但多体相互作用自旋玻璃系统的凝聚相变温度 T_c 常常低于簇集相变温度 T_d。

我们将通过两个严格可解模型来进一步演示自旋玻璃状态空间的演化。这两个模型是随机能量模型及随机子集模型。

1.4 随机能量模型

随机能量模型（random energy model，REM）是 Benard Derrida 在 1980 年引入的[118]。该模型非常简单，能够通过解析方法严格求解，但它体现出自旋玻璃系统的很多特征，并且对于定性理解结构玻璃动力学行为也发挥了重要作用[119]。

考虑一个包含 N 个伊辛自旋的系统，它的微观构型数目总数为 2^N。系统的每一个微观构型 $\underline{\sigma} = (\sigma_1, \sigma_2, \cdots, \sigma_N)$ 有一个能量 E，但该能量与微观构型 $\underline{\sigma}$ 实际上没有任何关系，而是一个随机实数，服从高斯分布

$$P(E) = \frac{1}{\sqrt{\pi N e_0^2}} \exp\Big(-\frac{E^2}{N e_0^2}\Big), \tag{1.30}$$

式中，e_0 代表单位能量。随机能量模型的一个样本就对应于 2^N 个彼此独立且服从相同高斯分布的随机能量 $\{E_1, E_2, \cdots, E_{2^N}\}$。这些能量值一经给定就不允许再改变。

这一模型系统的给定样本在温度 T 处的平均能量为

$$\langle E \rangle_T = \frac{\displaystyle\sum_{\alpha=1}^{2^N} E_\alpha \mathrm{e}^{-\beta E_\alpha}}{\displaystyle\sum_{\alpha=1}^{2^N} \mathrm{e}^{-\beta E_\alpha}} . \tag{1.31}$$

而样本的自由能则为

$$F = -\frac{1}{\beta} \ln\Big[\sum_{\alpha=1}^{2^N} \mathrm{e}^{-\beta E_\alpha}\Big] . \tag{1.32}$$

注意到平均能量和自由能都是 2^N 个随机能量的函数，故它们本身也是随机数。

由于样本的微观构型能量是服从概率分布（1.30）的独立随机数，那么样本的 2^N 个微观构型中，能量密度等于 u 的微观构型的数目的统计期望值就正比于

$$2^N P(Nu) \propto \mathrm{e}^{N(\ln 2 - (u/e_0)^2)} . \tag{1.33}$$

如果 $|u| < \sqrt{\ln 2}e_0$，那么样本中能量密度为 u 的微观构型的数目就是 $\mathrm{e}^{Ns(u)}$ 的量级（这是一个远远大于 1 的数），其中，$s(u)$ 是能量密度为 u 的微观构型的熵密度：

$$s(u) = \ln 2 - (u/e_0)^2 . \tag{1.34}$$

由概率论的大数定律可知，$s(u)$ 也是单个样本中能量密度为 u 的所有微观构型的熵密度。但当 $|u| > \sqrt{\ln 2}e_0$ 时，由式（1.33）可知系统中能量密度 $|u| > \sqrt{\ln 2}$ 的微观构型的数目的统计期望值等于零。那么在一个典型样本中，就不存在任何微观构型具有能量密度 $u > \sqrt{\ln 2}e_0$ 或 $u < -\sqrt{\ln 2}e_0$。样本的微观构型能量密度处于 $-\sqrt{\ln 2}e_0 < u < \sqrt{\ln 2}e_0$ 的区间。

在温度 T 处，能量密度为 u 的所有微观构型的总权重为

$$\mathrm{e}^{Ns(u)}\mathrm{e}^{-\beta Nu} = \mathrm{e}^{N(\ln 2-(u/e_0)^2-\beta u)} , \quad |u| < \sqrt{\ln 2e_0} . \tag{1.35}$$

如果 $T > T_{\mathrm{c}} \equiv \dfrac{e_0}{2\sqrt{\ln 2}}$，那么上述权重的最大值对应于能量密度 $u = -\beta e_0^2/2$，这也是单个样本的平均能量密度。随着温度的降低，统计权重（1.35）的最大值对应的平均能量密度逐渐降低。当 T 降到 T_{c} 时，统计权重的最大值对应于 $u = -\sqrt{\ln 2}e_0$，在该能量密度处样本的熵密度降低到零。当温度进一步降低到 $T < T_{\mathrm{c}}$ 时，由于样本中不存在能量密度更低的微观态，故样本的平均能量密度保持在 $u = -\sqrt{\ln 2}e_0$ 处，且系统平衡性质所对应的微观构型也不再改变。

由上述分析，可将随机能量模型的自由能密度、平均能量密度及熵密度作为温度的函数分别写为

$$\begin{aligned}
&f(T) = -\frac{e_0^2}{4T} - T\ln 2 , & & f(T) = -\sqrt{\ln 2}e_0 , & \\
&u(T) = -\frac{e_0^2}{2T} , & T \geqslant T_{\mathrm{c}} , \quad & u(T) = -\sqrt{\ln 2}e_0 , & T < T_{\mathrm{c}} . \\
&s(T) = \ln 2 - \frac{e_0^2}{4T^2} , & & s(T) = 0 , &
\end{aligned} \tag{1.36}$$

这些函数在临界温度 T_{c} 处连续但其一阶导数不连续。

随机能量模型的单个样本在临界温度 T_{c} 处发生凝聚相变，决定系统平衡统计性质的微观状态的数目由正比于粒子数 N 的指数变为只有有限个。在温度 $T < T_{\mathrm{c}}$ 的区间，系统的性质就由最低能量密度面上的那些少数微观构型决定了，这些少数构型的每一个都是随机微观构型。

1.5　随机子集模型

随机子集模型（random subcube model）是 Dimitris Achlioptas 为理解随机约

束满足问题的解空间结构演化而构造的一个玩具模型[19, 120, 121]。这一严格可解模型对于理解自旋玻璃构型空间的相变也很有启发意义。在此简要回顾该模型的要点。

考虑包含 N 个节点的系统，其中每个节点 i 有伊辛自旋状态 $\sigma_i \in \pm 1$。系统一共有 2^N 个微观构型，但假设系统受到某些约束，以致只有处于一些子集内的微观构型才是被容许的。这些微观构型子集的数目为

$$\mathcal{M} = 2^{N(1-\alpha)} ,$$

其中，$\alpha \in (0,1)$ 是控制参数。每一个子集 $r \in \{1, 2, \cdots, \mathcal{M}\}$ 都包含很多微观构型，这些微观构型 $\underline{\sigma} \equiv (\sigma_1, \sigma_2, \cdots, \sigma_N)$ 的特性是：① 不同节点 i 和 j 的自旋是完全独立不相关的；② 任意节点 i 的自旋 σ_i 有 $(1-p)$ 的概率在子集 r 中是凝固的（它在 r 的所有微观构型中都取同一个值），且 σ_i 凝固为 $+1$ 态的概率等于它凝固为 -1 态的概率；③ 任意节点 i 的自旋 σ_i 有 p 的概率在子集 r 中是完全自由的，即如果 $\underline{\sigma}$ 属于子集 r，那么将该构型中节点 i 的自旋改变符号后的微观构型也属于 r。概率 p 是随机子集模型的另外一个控制参量。自旋态可自由取值的节点称为子集 r 的自由节点。

假设有 $N\rho_0$ 个节点的自旋态在子集 r 中自由的，那么该子集包含的微观构型总数就是 $2^{N\rho_0}$，因而子集 r 的熵密度为 $\rho_0 \ln 2$，即自由节点密度 ρ_0 完全决定子集的大小。在本节以后的讨论中，将自由节点密度为 ρ_0 的随机子集称为 ρ_0-子集。从 $\mathcal{M}$ 个子集中完全随机挑选一个，该子集的自由节点密度为 ρ_0 的概率根据二项式分布为

$$\begin{pmatrix} N \\ N\rho_0 \end{pmatrix} p^{N\rho_0}(1-p)^{N(1-\rho_0)} \approx \left(\frac{p}{\rho_0}\right)^{N\rho_0}\left(\frac{1-p}{1-\rho_0}\right)^{N(1-\rho_0)} .$$

系统中 ρ_0-子集的平均数目 $\mathcal{M}_{\rho_0}$ 为

$$\mathcal{M}_{\rho_0} \approx 2^{N(1-\alpha)}\left(\frac{p}{\rho_0}\right)^{N\rho_0}\left(\frac{1-p}{1-\rho_0}\right)^{N(1-\rho_0)} = \mathrm{e}^{N\Sigma(\rho_0)} , \tag{1.37}$$

其中，$\Sigma(\rho_0)$ 是子集层次的熵密度，它定量表征系统中 ρ_0-子集的丰富程度，表达式为

$$\Sigma(\rho_0) = (1-\alpha)\ln 2 + \rho_0 \ln(p/\rho_0) + (1-\rho_0)\ln[(1-p)/(1-\rho_0)] . \tag{1.38}$$

函数 $\Sigma(\rho_0)$ 在自旋玻璃文献中通常称为系统的复杂度（complexity）[116, 122]，在结构玻璃研究领域又称为结构熵（structural entropy）。

图 1.10 显示了 $\Sigma(\rho_0)$ 函数的形状。复杂度$\Sigma(\rho_0)$ 在 $\rho_0 = p$ 处有唯一的极大值。方程 $\Sigma(\rho_0) = 0$ 有两个根，分别为 $\rho_0 = \rho_0^{(\min)}$ 和 $\rho_0 = \rho_0^{(\max)}$。复杂度$\Sigma(\rho_0)$

在 $\rho_0^{(\min)} < \rho_0 < \rho_0^{(\max)}$ 区间为正，但当 $\rho_0 > \rho_0^{(\max)}$ 或当 $\rho_0 < \rho_0^{(\min)}$ 时为负，说明在 $N \to \infty$ 的极限情况下，所有随机子集的自由节点密度 $\rho_0 \in [\rho_0^{(\min)}, \rho_0^{(\max)}]$。随机子集的总数目 $\mathcal{M}$ 随参数 α 的增加而减少，复杂度函数 $\Sigma(\rho_0)$ 也相应地向下平移，从而区间 $[\rho_0^{(\min)}, \rho_0^{(\max)}]$ 变小，以致当 $\alpha = 1$ 时该区间收缩为一个点，即 $\rho_0^{(\min)} = \rho_0^{(\max)} = p$。

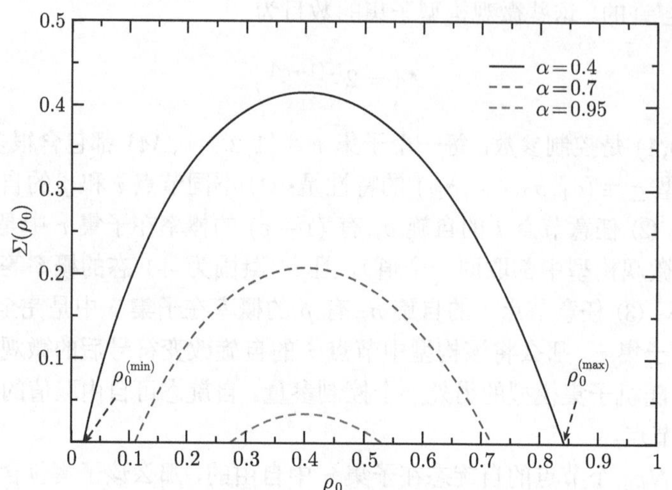

图 1.10　复杂度 $\Sigma(\rho_0)$ 作为自由节点密度 ρ_0 的函数（参数 $p = 0.4$，对应有 $\alpha_{\mathrm{d}} = 0.485427$ 及 $\alpha_{\mathrm{c}} = 0.913998$）。$\Sigma(\rho_0)$ 的极大值在 $\rho_0 = p$ 处，而当 $\rho_0 < \rho_0^{(\min)}$ 或 $\rho_0 > \rho_0^{(\max)}$ 时其值为负，意味着绝大部分随机子集的自由节点密度 $\rho_0 = p$，且系统中不存在 $\rho_0 < \rho_0^{(\min)}$ 或 $\rho_0 > \rho_0^{(\max)}$ 的随机子集。当参数 α 增加时，函数 $\Sigma(\rho_0)$ 整体向下移动但形状保持不变，导致 $\rho_0^{(\max)} - \rho_0^{(\min)}$ 变小

1.5.1　各态历经破缺以及典型随机子集

是否任意一个微观构型都属于至少一个子集？考虑完全随机产生的一个微观构型 $\underline{\sigma} = (\sigma_1, \sigma_2, \cdots, \sigma_N)$，它属于某一子集 r 的概率为

$$\left(p + \frac{1-p}{2}\right)^N = \left(\frac{1+p}{2}\right)^N. \tag{1.39}$$

因而含有构型 $\underline{\sigma}$ 的子集的平均数目为

$$2^{N(1-\alpha)}\left(\frac{1+p}{2}\right)^N = \mathrm{e}^{N\left((1-\alpha)\ln 2 + \ln\frac{1+p}{2}\right)}. \tag{1.40}$$

当 $\alpha < \alpha_{\mathrm{d}} \equiv \dfrac{\ln(1+p)}{\ln 2}$ 时，这是一个巨大的数目，即任意一个微观构型都同时属于指数多的子集，所有子集组成的并集包含系统的所有微观构型。然而，当 $\alpha > \alpha_{\mathrm{d}}$

以后，随机产生的一个微观构型 $\underline{\sigma}$ 有趋向于 1 的概率不属于任何子集，这样由所有子集构成的并集中包含的微观构型数目的总数目就远远小于 2^N。

当参数 $\alpha > \alpha_{\rm d}$ 时，进一步考虑一个属于某子集 r 的微观构型 $\underline{\sigma}$。这个构型也属于另外一个子集 r' 的概率也等于表达式（1.39），因而包含该构型的其他子集的平均数目同样由式（1.40）给出。这一平均数目远远小于 1，意味着子集 r 中绝大多数微观构型只属于 r，只有比例约为 $2^{-N(\alpha-\alpha_{\rm d})}$ 的微观构型还同时属于一个（甚至多个）其他子集。由于比例 $2^{-N(\alpha-\alpha_{\rm d})}$ 非常接近于零，两个随机子集 r 和 r' 就算有交集，交集中包含的微观构型数目也远远小于子集中微观构型的总数目，因而完全可以忽略不计。因而当 $\alpha > \alpha_{\rm d}$ 时，每一个子集的几乎所有微观构型都处于子集内部（不再属于其他子集），只有比例极小的微观构型处于子集的边界（边界的构型同时属于另外一个或多个子集）。由于子集的边界包含的微观构型数目远远少于子集内部微观构型的数目，从熵的角度可以认为每一个子集 r 都代表一个热力学宏观态，具有特定的熵密度$s_r = \rho_0 \ln 2$。由所有子集的并集构成的微观构型空间从熵的角度而言可以认为不再是各态历经的。故 $\alpha = \alpha_{\rm d}$ 处对应于系统构型空间发生各态历经破缺（ergodicity breaking）。

给定 $\alpha > \alpha_{\rm d}$，系统构型空间一共包含多少微观构型？在忽略子集之间的交集后，微观构型的总数目 $\mathcal{N}$ 的表达式为

$$\mathcal{N} = \int_{\rho_0^{(\min)}}^{\rho_0^{(\max)}} {\rm d}\rho_0 \mathcal{M}_{\rho_0} 2^{N\rho_0} = \int_{\rho_0^{(\min)}}^{\rho_0^{(\max)}} {\rm d}\rho_0 {\rm e}^{N\left(\Sigma(\rho_0)+\rho_0 \ln 2\right)} . \tag{1.41}$$

在 $N \to \infty$ 的热力学极限，微观构型总数目 $\mathcal{N}$ 几乎全部由自由节点密度 $\rho_0 \approx \rho_0^*$ 的那些随机子集所贡献，其中 ρ_0^* 对应于式（1.41）中指数系数的最大值，即

$$\rho_0^* = \underset{\rho_0^{(\min)} \leqslant \rho_0 \leqslant \rho_0^{(\max)}}{\rm argmax} \left[\Sigma(\rho_0) + \rho_0 \ln 2\right] \tag{1.42a}$$

$$= \min\left(\frac{2p}{1+p}, \rho_0^{(\max)}\right) . \tag{1.42b}$$

系统构型空间的熵密度s 为

$$s \equiv \frac{1}{N} \ln \mathcal{N} = \max_{\rho_0^{(\min)} \leqslant \rho_0 \leqslant \rho_0^{(\max)}} \left[\Sigma(\rho_0) + \rho_0 \ln 2\right] \tag{1.43a}$$

$$= \begin{cases} \Sigma(\rho_0^*) + \rho_0^* \ln 2, & \rho_0^* < \rho_0^{(\max)}, \\ \rho_0^{(\max)} \ln 2, & \rho_0^* = \rho_0^{(\max)} . \end{cases} \tag{1.43b}$$

自由节点密度为 ρ_0^* 的随机子集称为系统的典型（typical）随机子集，因为系统的熵密度完全由这些随机子集构成的并集决定。

当 $\alpha < \alpha_c \equiv \dfrac{1-p}{1+p} + \dfrac{\ln(1+p)}{\ln 2}$ 时，$\rho_0^* < \rho_0^{(\max)}$。这时系统的绝大多数微观构型都包含于自由节点密度为 ρ_0^* 的随机子集内，这些随机子集的数目是 N 的指数函数（$\approx e^{N\Sigma(\rho_0^*)}$）。随着 α 的增加，$\rho_0^{(\max)}$ 变得越来越小，以致在 $\alpha = \alpha_c$ 处 ρ_0^* 和 $\rho_0^{(\max)}$ 相互重合。在 $\alpha \geqslant \alpha_c$ 的区间，对系统熵密度有贡献的随机子集是那些自由节点密度最大的子集，而这些随机子集的数目并不多（$\Sigma(\rho_0^{(\max)}) = 0$）。在临界参数 α_c 处系统的微观构型空间发生了一个凝聚相变，构型空间的统计权重开始集中于少数一些最大随机子集。

1.5.2 构型空间的连通性

考虑一个自由节点密度为 ρ_0 的子集 r。随机选取另一个自由节点密度为 ρ_0' 的子集 r'，它与 r 的交集不是空集的概率为

$$P_\cap(\rho_0, \rho_0') = \frac{\sum\limits_{m=m_1}^{m_2} C_{N\rho_0}^{m} C_{N(1-\rho_0)}^{N\rho_0'-m} \left(\frac{1}{2}\right)^{N(1-\rho_0-\rho_0')+m}}{\sum\limits_{m=m_1}^{m_2} C_{N\rho_0}^{m} C_{N(1-\rho_0)}^{N\rho_0'-m}} . \tag{1.44}$$

式中，m 是同时属于子集 r 和子集 r' 的自由节点的数目；$m_1 = \max[0, N(\rho_0+\rho_0'-1)]$ 和 $m_2 = \min(N\rho_0, N\rho_0')$ 分别是该数目的下限及上限。当 N 足够大时，式 (1.44) 可以近似写为

$$P_\cap(\rho_0, \rho_0') \approx \exp\left[N(\phi_1 - \phi_2)\right], \tag{1.45}$$

系数 ϕ_1 和 ϕ_2 是如下长式的简记：

$$\begin{aligned}
\phi_1 = &\rho_0 \ln \rho_0 + (1-\rho_0)\ln(1-\rho_0) - (1-\rho_0-\rho_0')\ln 2 \\
&- \min_{x_1 \leqslant x \leqslant x_2}\Big[x\ln 2 + x\ln x + (1-\rho_0-\rho_0'+x)\ln(1-\rho_0-\rho_0'+x) \\
&+(\rho_0 - x)\ln(\rho_0 - x) + (\rho_0' - x)\ln(\rho_0' - x)\Big] \\
= &\rho_0 \ln \rho_0 + (1-\rho_0)\ln(1-\rho_0) - \frac{2-\rho_0-\rho_0'}{2}\ln 2 \\
&- \ln\Big[\frac{2\rho_0\rho_0'}{Q-2+\rho_0+\rho_0'} - 1\Big] - \frac{\rho_0+\rho_0'}{2}\ln\Big[\frac{Q+\rho_0+\rho_0'-2}{Q-\rho_0-\rho_0'}\Big] \\
&- \frac{\rho_0-\rho_0'}{2}\ln\Big[\frac{2-Q+\rho_0-\rho_0'}{2-Q-\rho_0+\rho_0'}\Big],
\end{aligned} \tag{1.46}$$

$$\begin{aligned}\phi_2 &= \rho_0 \ln \rho_0 + (1-\rho_0)\ln(1-\rho_0) \\ &\quad - \min_{x_1 \leqslant x \leqslant x_2} \Big[x \ln x + (1-\rho_0-\rho_0'+x)\ln(1-\rho_0-\rho_0'+x) \\ &\quad + (\rho_0 - x)\ln(\rho_0 - x) + (\rho_0' - x)\ln(\rho_0' - x) \Big] \\ &= -\rho_0' \ln \rho_0' - (1-\rho_0')\ln(1-\rho_0'),\end{aligned} \tag{1.47}$$

其中，$x_1 = m_1/N = \max(0, \rho_0 + \rho_0' - 1)$，$x_2 = m_2/N = \min(\rho_0, \rho_0')$，而 $Q = \sqrt{(2-\rho_0-\rho_0')^2 + 4\rho_0\rho_0'}$。

自由节点密度为 ρ_0' 的随机子集数目 $\mathcal{M}_{\rho_0'} \approx \mathrm{e}^{N\Sigma(\rho_0')}$，故自由节点密度为 ρ_0' 且与子集 r 的交集为非空集合的子集的平均数目为

$$\mathcal{M}_{\rho_0'} P_{\cap}(\rho_0, \rho_0') \approx \mathrm{e}^{N\Sigma_{\rho_0}(\rho_0')}, \tag{1.48}$$

其中

$$\Sigma_{\rho_0}(\rho_0') = \phi_1 - \phi_2 + \Sigma(\rho_0'). \tag{1.49}$$

熵密度$\Sigma_{\rho_0}(\rho_0')$ 定量表征自由节点密度为 ρ_0' 且与一个 ρ_0-子集的交集非空的随机子集的丰富程度。如果 $\Sigma_{\rho_0}(\rho_0') > 0$，说明几乎每一个 ρ_0-子集都和非常多的 ρ_0'-子集相交；但若 $\Sigma_{\rho_0}(\rho_0') < 0$，则意味着几乎所有 ρ_0-子集都不和自由节点密度为 ρ_0' 的随机子集相交，只有非常非常小比例的 ρ_0-子集与 ρ_0'-子集有非空交集。

作为示例，图 1.11 显示了在参数 $p = 0.4$，$\alpha = 0.7$ 时的熵密度函数 $\Sigma_{\rho_0}(\rho_0')$。对于 $\rho_0 = \rho_0^{(\max)} \approx 0.719$ 的一个最大子集而言，和它的交集非空的其他随机子集

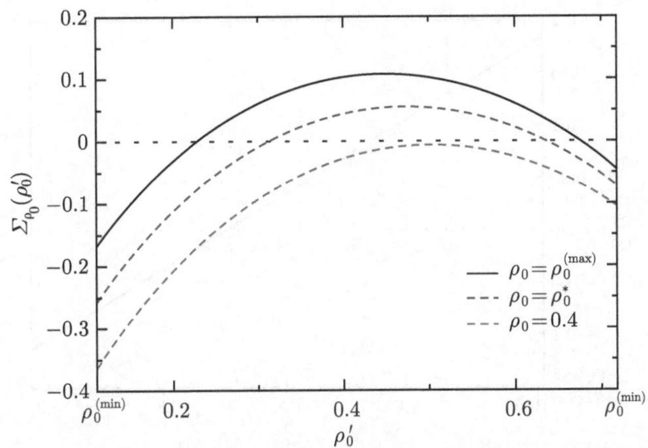

图 1.11 控制参数 $p = 0.4$，$\alpha = 0.7$ 的随机子集模型的熵密度 $\Sigma_{\rho_0}(\rho_0')$（见式（1.49））

此系统的 $\rho_0^{(\min)} = 0.110575$，$\rho_0^{(\max)} = 0.718616$，而 $\rho_0^{*} = 0.5714286$。当 ρ_0 减小时，函数 $\Sigma_{\rho_0}(\rho_0')$ 向下移动并且形状发生一些改变

的自由节点密度 ρ_0' 属于区间 $[0.228, 0.676]$；对于 $\rho_0 = \rho_0^* \approx 0.571$ 的一个典型子集而言，和它的交集非空的其他随机子集的自由节点密度则缩小为区间 $[0.312, 0.636]$。自由节点密度 $\rho_0 = p = 0.4$ 的随机子集的数目最多，但它们之中的绝大多数都是孤立子集，和其他任何随机子集都没有交集。由图 1.1 可以发现如下一种情况可能出现，即 $\Sigma_{\rho_0}(\rho_0') < 0$ 而 $\Sigma_{\rho_0'}(\rho_0) > 0$（或者刚好相反）。这一看似非常奇怪的情况其实容易理解：当 $\Sigma(\rho_0) > \Sigma(\rho_0')$ 时，有可能几乎所有 ρ_0'-子集都与许多 ρ_0-子集相交，这些 ρ_0-子集的总数目的量级不会超过 $\mathrm{e}^{N[\Sigma(\rho_0')+\Sigma_{\rho_0'}(\rho_0)]}$，但这一数目与 ρ_0-子集的总数目 $\mathrm{e}^{N\Sigma(\rho_0)}$ 相比可能仍然是可以忽略不计的，即绝大部分 ρ_0-子集都不与任何 ρ_0'-子集相交。

我们可以构造一个由随机子集构成的网络，该网络的每一节点代表一个随机子集，而如果两个随机子集之间的交集非空就用一条边将它们对应的节点连起来。由上面的这些分析和计算可以看出，当 $\alpha > \alpha_{\mathrm{d}}$ 以后，虽然系统的构型空间从熵的角度来看是处于各态历经破缺的状态，它分裂成不同的热力学宏观态，每一个这样的宏观态对应于一个随机子集，但一些随机子集之间还是相互连通的。什么情况下这种连通性会被破坏？我们最为关心的是决定系统统计性质的典型随机子集所构成的子网络的连通性。图 1.12 显示了熵密度 $\Sigma_{\rho_0^*}(\rho_0^*)$ 随参数 α 的变化情况（另一控制参数 p 固定为 $p = 0.4$）。由该图可知，当 $\alpha < 0.751$ 时每一个典型随机子集都和非常多的其他典型随机子集相连；但当 $\alpha > 0.751$ 时几乎所有典型随机子集都不和另外任何一个典型随机子集相连。决定系统统计性质的典型随机子集构成的子空间在 $\alpha = 0.751$ 处发生了连通性的相变，从是一个连通的子空间变为一个互不连通的子空间。

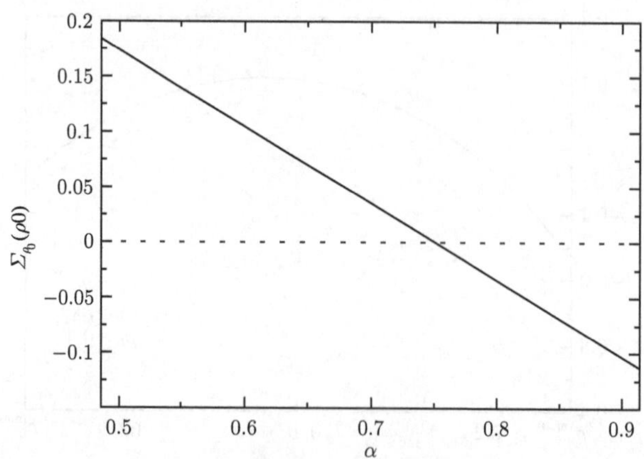

图 1.12 控制参数 $p = 0.4$ 的随机子集模型中，由表达式（1.49）定义的熵密度 $\Sigma_{\rho_0}(\rho_0)$ 随另一控制参数 α 的变化情况

在数值计算中我们将自由节点密度 ρ_0 设为典型随机子集的自由节点密度，即 $\rho_0 = \rho_0^*$

1.6 关于本书

随机能量模型和随机子集模型可以通过概率论的分析严格求解，但大多数自旋玻璃模型都比这两个玩具模型要复杂得多，严格解析求解非常困难，需要发展计算方法和平均场理论。本书将借助于配分函数圈图展开这一数学框架[123−125] 来详细介绍自旋玻璃复本对称破缺平均场理论。希望它能帮助没有经验但有兴趣的读者迅速理解自旋玻璃平均场理论，掌握分布式消息传递算法的要点，减少阅读前沿文献的困难。配分函数圈图展开这一框架也让自旋玻璃平均场理论的数学基础变得更加牢固和严格。

本书不打算对自旋玻璃统计物理学及其应用进行全方位的描述，内容更全面的教材可参见文献 [5]、[17]、[19]。关于自旋玻璃理论的更早期书籍和综述可参考文献 [4]-[6]。对自旋玻璃平均场理论和物理图像的入门性介绍可以参见文献 [38]、[126]。自旋玻璃动力学性质也是自旋玻璃统计物理理论研究极为重要的分支，但本书完全没有讨论这方面的进展，有兴趣的读者可以参阅文献 [15]、[38]、[44]。

自旋玻璃既是对具体模型和具体问题的研究，也是对一般方法论的研究。本书第 3 章和第 4 章介绍的平均场理论已经非常成功地应用于随机网络自旋玻璃模型系统。这一类系统的共同特点是网络的局部结构为树状而网络中的回路是长程的。这些结构特点使自旋玻璃平均场理论在概率论方面的基本近似（即后面将介绍的 Bethe-Peierls 近似）与实际情况的偏离不大，因而网络中长程回路造成的长程关联常常并不显著地影响该理论的计算结果。对于随机网络系统而言，自由能的圈图修正项贡献常常是可以被忽略的。

有限维自旋玻璃模型系统的最主要特征是系统中包含许许多多短程回路，它们导致变量之间复杂的短程关联，以至于使 Bethe-Peierls 近似失效。作者认为对于自旋玻璃统计物理学这一研究方向而言，发展出一套能精确预言有限维自旋玻璃统计物理性质的平均场理论和消息传递计算方案是当前面临的很基本却又很困难的任务。近年来这方面的理论和算法研究已经取得了一些初步进展，包括建立在团簇变分法基础上的推广的信念传播算法[115, 127]，建立在区域网络配分函数展开数学框架下的区域网络信念传播和概观传播方程[124, 125] 等。但这些方法还没有完全成熟，还有很大的改进和提高的余地。我们将在第 3 章最后一节简要地介绍一点这方面的理论进展，作为感兴趣的读者继续深入研究的引子。

第2章　平衡统计物理简介

本章首先介绍平衡统计物理系统的配分函数、自由能等热力学量以及一般自旋玻璃模型的因素网络表示法，然后简要介绍两种重要的近似处理方法，即 Bethe-Peierls 近似和 Kikuchi 团簇变分法。最后一节则简单地介绍一种用于研究系统动力学性质的单自旋热浴动力学过程。

2.1　能量函数和因素网络

考虑一个统计物理系统，它包含 N 个粒子，这些粒子不能改变其位置，但有可变的内部微观状态。为方便起见，假定每个粒子（$i=1,2,\cdots,N$）的微观状态是分立的且只有两个可能的态，用自旋 $\sigma_i=+1$ 和 $\sigma_i=-1$ 来表示。N 个粒子自旋态的集合构成系统的一个微观构型（microscopic configuration），即 $(\sigma_1,\sigma_2,\cdots,\sigma_N)$。系统的微观构型的总数目为 2^N。在本书以后的讨论中常常会将系统的一个微观构型简记为 $\underline{\sigma}$，即 $\underline{\sigma}\equiv(\sigma_1,\sigma_2,\cdots,\sigma_N)$。本书介绍的理论对于粒子状态不是两分量自旋的情况当然同样适用。对于这些更为复杂的情形，为记号简单起见，也常用 σ_i 来表示节点 i 的状态，并用 $\underline{\sigma}$ 表示整个系统的一个微观构型。读者应该可以根据具体语境理解 σ_i 的具体含义。

每个粒子都可能受到外界力场的影响，而且粒子彼此之间也可能有相互作用。粒子 i 与外场的相互作用只与该粒子的微观状态 σ_i 有关，其能量记为 $E_i(\sigma_i)$；如果粒子 i 没有受到外界环境的直接影响，可以令外场能量为零，即 $E_i(\sigma_i)\equiv 0$。每一个内部相互作用（$a=1,2,\cdots,M$，其中 M 是内部相互作用的总数目）涉及两个或多个粒子。在以后的讨论中，通常将内部相互作用简称为相互作用。相互作用 a 所涉及的粒子构成的集合通常记为 ∂a，它对应的能量记为 $E_a(\underline{\sigma}_{\partial a})$，其中 $\underline{\sigma}_{\partial a}\equiv\{\sigma_i:i\in\partial a\}$ 表示集合 ∂a 中所有粒子的一个自旋构型。例如，若相互作用 a 是两粒子 i 和 j 之间的自旋耦合，耦合常数为 J_{ij}，那么 $\partial a=\{i,j\}$，$\underline{\sigma}_{\partial a}=\{\sigma_i,\sigma_j\}$，$E_a=-J_{ij}\sigma_i\sigma_j$。系统一个微观构型 $\underline{\sigma}$ 的能量 $E(\underline{\sigma})$ 是所有这些内部和外部相互作用能量之和：

$$E(\sigma_1,\sigma_2,\cdots,\sigma_N)=\sum_{i=1}^{N}E_i(\sigma_i)+\sum_{a=1}^{M}E_a(\underline{\sigma}_{\partial a})\,. \tag{2.1}$$

在物理学、生物学、信息科学等研究领域中，有很多问题的能量函数可以表达成式（2.1）的加和形式。本书将发展一套统计物理学理论来研究由式（2.1）所定义的一般模型的平衡统计物理性质。在这一多粒子复杂相互作用模型中，不同粒子的自旋状态并非独立，而是彼此影响彼此关联，常有很复杂的统计行为，而且可能出现奇异的集体性质。在信息科学研究中，人们常用因素网络（factor graph）来直观地描述一个多变量系统中的统计关联[128, 129]。由于本书所讨论的系统中粒子都是不可移动的，也可以通过因素网络来描述统计物理系统（2.1）的所有微观相互作用。

在一个因素网络中，圆点（$i, j, k, \cdots$）代表系统中的粒子（粒子的微观状态可变，但其位置不能改变因而它参与的内部相互作用所构成的集合是固定的），称为变量节点（variable node）；方点（$a, b, c, \cdots$）代表内部相互作用，称为因素节点（factor node）。因素网络中一条边 (i, a) 连接一个变量节点 i 和一个因素节点 a，表示变量节点 i 所代表的粒子参与到了因素节点 a 所代表的内部相互作用。注意每条边连接一个变量节点和一个因素节点，两个变量节点之间或两个因素节点之间是没有边直接相连的。所有与因素节点 a 相连的变量节点就构成集合 ∂a。类似地，用记号 ∂i 表示所有与变量节点 i 相连的因素节点。如果一个变量节点 i 没有参与到任何内部相互作用中，那么集合 ∂i 为空集。图 2.1 是一个简单模型系统所对应的因素网络。

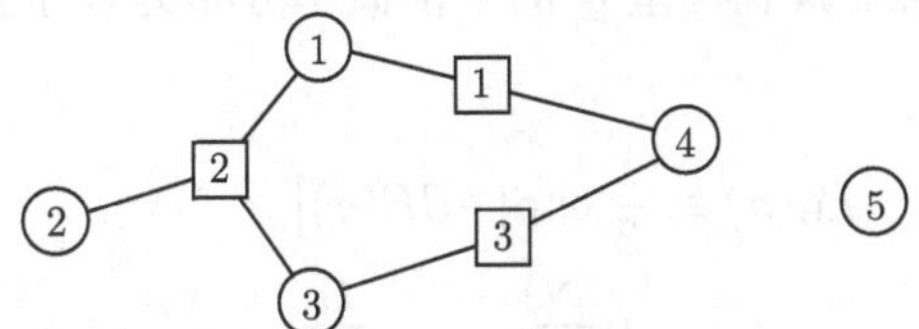

图 2.1 一个包含 5 个粒子（圆点）和 3 个相互作用（方点）的模型系统的因素网络

该系统的内部相互作用能量函数的一般形式为 $E(\sigma_1, \sigma_2, \cdots, \sigma_5) = E_1(\sigma_1, \sigma_4) + E_2(\sigma_1, \sigma_2, \sigma_3) + E_3(\sigma_3, \sigma_4)$。粒子 5 不和任何其他粒子相互作用，因而它在因素网络中是孤立的

在本书中，约定用字母 $i, j, k, \cdots$ 来表示一个统计物理系统中的粒子及一个因素网络中的变量节点，而用 $a, b, c, \cdots$ 来表示系统中的各种内部相互作用及因素网络中的因素节点。

对于只包含两体内部相互作用的系统，由于一个因素节点只连接两个变量节点，人们常常将因素节点省略，而用变量节点之间的边来表示系统中的两体相互作用。这样因素网络就退化为只包含变量节点和边的简单网络。

定义于 D 维晶格上的铁磁伊辛模型可以看成是模型（2.1）的特例，其能量函数为

$$E(\sigma_1, \sigma_2, \cdots, \sigma_N) = -\sum_{(i,j)} J\sigma_i\sigma_j \, . \tag{2.2}$$

式中，每一对最近邻格点 (i, j) 贡献一项相互作用能，耦合常数 $J > 0$。模型（2.1）

的另一个重要特例是 D 维晶格上的 Edwards-Anderson（EA）自旋玻璃模型[1]，其能量函数为

$$E(\sigma_1,\sigma_2,\cdots,\sigma_N)=-\sum_{(i,j)}J_{ij}\sigma_i\sigma_j\ , \tag{2.3}$$

其中，边 (i,j) 的耦合常数是独立的随机参数，遵从同样的概率分布（例如，J_{ij} 有一半的概率为铁磁耦合，$J_{ij}=J$；有一半的概率为反铁磁耦合，$J_{ij}=-J$）。耦合常数的无序导致 EA 模型有不平庸的低温统计物理性质。

本书研究的模型系统的能量函数都具有式（2.1）的加和形式。值得再次强调的是，当系统中变量节点有超过两个微观状态，或者其微观状态需用连续参数来描述时，本书介绍的理论方法仍然是适用的。在以后的讨论中，将能量函数（2.1）所对应的因素网络记为 W。

2.2　配分函数和平衡自由能

系统处于温度为 T 的环境中，它的微观构型 $\underline{\sigma}$ 除了受到相互作用能量（2.1）的影响外，还受到环境热运动的影响。当系统达到平衡后，系统的宏观性质就不再随时间而改变，而系统微观构型 $\underline{\sigma}$ 的平衡概率分布为玻尔兹曼分布（Boltzmann distribution），即

$$P_{\rm B}(\underline{\sigma})\equiv\frac{1}{Z}\exp\left[-\beta E(\underline{\sigma})\right] \tag{2.4a}$$

$$=\frac{1}{Z}\prod_{i=1}^{N}\psi_i(\sigma_i)\prod_{a=1}^{M}\psi_a(\underline{\sigma}_{\partial a})\ . \tag{2.4b}$$

式中，$\beta\equiv 1/(k_{\rm B}T)$ 是逆温度（在本书中玻尔兹曼常数 $k_{\rm B}$ 被设为 $k_{\rm B}=1$，即温度的量纲为能量）；$\psi_i\geqslant 0$ 是变量节点 i 感受到的外场所贡献的玻尔兹曼因子，而 $\psi_a\geqslant 0$ 是内部相互作用 a 所贡献的玻尔兹曼因子，它们的表达式分别为

$$\psi_i(\sigma_i)\equiv\exp\left[-\beta E_i(\sigma_i)\right]\ , \tag{2.5a}$$

$$\psi_a(\underline{\sigma}_{\partial a})\equiv\exp\left[-\beta E_a(\underline{\sigma}_{\partial a})\right]\ . \tag{2.5b}$$

表达式（2.4）中的符号 Z 是玻尔兹曼分布的归一化系数，称为配分函数（partition function），

$$Z\equiv\sum_{\underline{\sigma}}\exp\left[-\beta E(\underline{\sigma})\right] \tag{2.6a}$$

$$=\sum_{\underline{\sigma}}\prod_{i=1}^{N}\psi_i(\sigma_i)\prod_{a=1}^{M}\psi_a(\underline{\sigma}_{\partial a})\ . \tag{2.6b}$$

配分函数是系统所有微观构型的加和，每个微观构型 $\underline{\sigma}$ 贡献一个权重 $\mathrm{e}^{-\beta E(\underline{\sigma})}$。单个微观构型的能量越大，它对配分函数的贡献就越小。例如，考虑一个总能量为 E 的微观构型 $\underline{\sigma}$ 及一个总能量为 $E' > E$ 的微观构型 $\underline{\sigma}'$，微观构型 $\underline{\sigma}$ 对配分函数的贡献大于微观构型 $\underline{\sigma}'$ 的贡献。但另一方面，系统中能量为 E' 的微观构型总数，记为 $\Omega_{E'}$，可能远远多于系统中能量为 E 的微观构型总数，Ω_E。这样就有可能导致能量为 E' 的所有微观构型对配分函数的总贡献 $\Omega_{E'}\mathrm{e}^{-\beta E'}$，反而大于能量为 E 的所有微观构型对配分函数的总贡献 $\Omega_E\mathrm{e}^{-\beta E}$。在这种情形下，如果对系统的微观构型进行多次独立观测，能量为 E' 的那些微观构型会比能量为 E 的那些微观构型有更多的概率被观测到。

上面的讨论表达了平衡统计物理学的一个基本观点，即多粒子相互作用系统的宏观性质是微观构型能量和微观构型数目相互竞争达到动态平衡的结果。能量为 E 的构型总数 Ω_E 的表达式为

$$\Omega_E = \sum_{\underline{\sigma}} \delta\big(E(\underline{\sigma}), E\big) , \tag{2.7}$$

其中，$\delta(x, y)$ 是克罗内克记号。如果总能量为 E 的微观构型数不等于零（$\Omega_E \geqslant 1$），可以将它表示为 $\Omega_E = \exp[S(E)]$, 其中 $S(E)$ 是系统的熵（entropy）:

$$S(E) = \ln \Omega_E . \tag{2.8}$$

熵是系统微观构型数的度量，它是能量 E 的函数：在某个能量值 E 处的熵越大，意味着系统在这个能量值处的微观构型越多。将对微观构型 $\underline{\sigma}$ 的求和转化为对能量 E 的求和，式（2.6）可以被写成

$$Z = \sum_E \Omega_E \mathrm{e}^{-\beta E} = \sum_E \exp\Big(-\beta\big[E - TS(E)\big]\Big) . \tag{2.9}$$

宏观统计物理系统的粒子数 N 是很大的数，系统的能量 E 和熵 $S(E)$ 都正比于粒子数 N。那么配分函数的贡献绝大多数都来自能量值约为 $\langle E\rangle$ 的微观构型，其中 $\langle E\rangle$ 对应于式 (2.9) 中函数 $E - TS(E)$ 的极小值。在 $N \to \infty$ 的极限下，假定 $S(E)$ 对能量 E 的导数存在，那么 $\langle E\rangle$ 的值由如下表达式决定:

$$\left.\frac{\mathrm{d}S(E)}{\mathrm{d}E}\right|_{E=\langle E\rangle} = \frac{1}{T} . \tag{2.10}$$

图 2.2 显示了温度 T 与能量 $\langle E\rangle$ 的相互关系。能量 $\langle E\rangle$ 其实也是在温度 T 时对系统进行多次独立观测所获得的系统总能量的平均值，即

$$\langle E\rangle = \frac{\sum\limits_{\underline{\sigma}} E(\underline{\sigma})\mathrm{e}^{-\beta E(\underline{\sigma})}}{\sum\limits_{\underline{\sigma}} \mathrm{e}^{-\beta E(\underline{\sigma})}} . \tag{2.11}$$

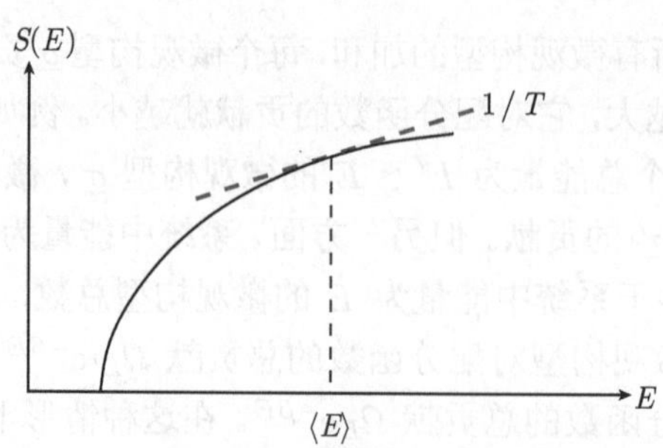

图 2.2　环境温度决定宏观系统平均能量

给定温度 T，系统的平均能量 $\langle E\rangle$ 由方程（2.10）决定，它对应于熵函数 $S(E)$ 对能量 E 的导数为 $1/T$ 处的能量值

对微观构型 $\underline{\sigma}$ 的一般函数 $A(\underline{\sigma})$，用 $\langle A\rangle$ 表示 $A(\underline{\sigma})$ 在平衡玻尔兹曼分布下的平均值，即

$$\langle A\rangle \equiv \sum_{\underline{\sigma}} P_{\mathrm{B}}(\underline{\sigma})A(\underline{\sigma}) = \frac{\sum\limits_{\underline{\sigma}} A(\underline{\sigma})\mathrm{e}^{-\beta E(\underline{\sigma})}}{\sum\limits_{\underline{\sigma}} \mathrm{e}^{-\beta E(\underline{\sigma})}} . \tag{2.12}$$

对于通常的统计物理系统，系统的平均能量随着温度的减少而相应地减少。在某些特定温度处，平均能量作为温度的函数可能会出现一些奇异性，例如，不连续或导数不连续，这对应于系统的宏观性质发生定性的改变，称为相变（phase transition）。在温度 T 趋向于零时，一个达到平衡的宏观系统的平均能量将趋向于系统的基态能量，记为 $E_{\min}$。基态能量是系统的所有微观构型所对应的能量的最小值，即

$$E_{\min} = \min_{\underline{\sigma}} E(\underline{\sigma}) . \tag{2.13}$$

相应的微观构型称为系统的基态（ground state），基态的数目对应于基态熵 $S_{\min} \equiv S(E_{\min})$。铁磁相互作用伊辛模型（2.2）只有两个基态，基态熵为 $\ln 2$。我们将看到，对于很多更复杂的统计物理系统（如包含多体相互作用的自旋玻璃系统），它们的基态熵可能正比于系统粒子数 N。

由式（2.6）定义的配分函数之所以在平衡统计物理学中起着非常重要的作用，是因为它与系统的平衡自由能（free energy）F 有如下的关系

$$F = -\frac{1}{\beta}\ln Z , \tag{2.14}$$

即 $Z = \exp(-\beta F)$。这一关系是平衡统计物理学的一个基本方程，它将系统的宏观性质（自由能）与系统的微观构型（配分函数）建立了定量的联系，为从微观相互作用出发定量理解系统宏观性质提供了理论基础。平衡自由能 F 是逆温度 β（或

等价地说，温度 T）以及其他环境参数（如作用于各变量节点的外场）的函数。由式（2.14）可知在给定的温度 T 处自由能 F 的值为

$$
\begin{aligned}
F &= \sum_{\underline{\sigma}} P_{\mathrm{B}}(\underline{\sigma}) E(\underline{\sigma}) - T\Big[-\sum_{\underline{\sigma}} P_{\mathrm{B}}(\underline{\sigma}) \ln P_{\mathrm{B}}(\underline{\sigma})\Big] \\
&= \langle E \rangle - TS \,,
\end{aligned} \tag{2.15}
$$

其中，$\langle E \rangle$ 和 S 分别是系统在温度为 T 的环境中达到平衡后的平均能量和熵，

$$
\langle E \rangle = \sum_{\underline{\sigma}} P_{\mathrm{B}}(\underline{\sigma}) E(\underline{\sigma}) = \frac{\mathrm{d}(\beta F)}{\mathrm{d}\beta} \,, \tag{2.16}
$$

$$
S = -\sum_{\underline{\sigma}} P_{\mathrm{B}}(\underline{\sigma}) \ln P_{\mathrm{B}}(\underline{\sigma}) = -\frac{\mathrm{d}F}{\mathrm{d}T} \,. \tag{2.17}
$$

由式（2.17）可以得出两个重要结论：① 系统的平衡熵 S 是非负的，$S \geqslant 0$；② 平衡自由能 F 是温度 T 的非增函数，即随着温度减少，F 会增加或至少保持不变。另外，平衡自由能 F 还是温度 T 的凹（concave）函数，这是因为 F 对 T 的二阶导数为非正：

$$
\frac{\mathrm{d}^2 F}{\mathrm{d}T^2} \equiv -\frac{1}{T^3}\Big[\big\langle E(\underline{\sigma})^2 \big\rangle - \big\langle E(\underline{\sigma}) \big\rangle^2\Big] \leqslant 0 \,. \tag{2.18}
$$

2.3 自由能泛函

自由能表达式（2.14）适用于描述一个统计物理系统的平衡性质。当系统处于非平衡状态时，对其微观构型进行观测，所得到的概率分布将不同于玻尔兹曼分布，而且该非平衡分布通常是与时间 t 有关的，记之为 $P(\underline{\sigma};t)$。获得概率分布 $P(\underline{\sigma};t)$ 原则上需要对一个系统在相同的外部条件下进行多次独立测量。可以考虑如下的的思想实验：将系统的环境温度升至足够高并等待足够长时间使系统忘记历史达到平衡，然后将温度从高温按照某种特定的退火过程逐渐降为实验温度 T，在实验温度 T 等待一段时间 t 后记录系统在 t 时刻的微观构型 $\underline{\sigma}^1$；重复这一升温–降温过程多次，获得微观构型 $\underline{\sigma}^2, \underline{\sigma}^3, \cdots$；最后，根据这些抽取的微观构型的样本来构造概率分布函数 $P(\underline{\sigma};t)$。针对非平衡分布也可以定义一个自由能 $F[P(\underline{\sigma};t)]$，它是 $P(\underline{\sigma};t)$ 的泛函：

$$
F[P(\underline{\sigma};t)] \equiv \sum_{\underline{\sigma}} P(\underline{\sigma};t) E(\underline{\sigma}) + T \sum_{\underline{\sigma}} P(\underline{\sigma};t) \ln P(\underline{\sigma};t) \,. \tag{2.19}
$$

式中，右边第一项为概率分布 $P(\underline{\sigma};t)$ 所对应的平均能量，第二项是概率分布 $P(\underline{\sigma};t)$ 的熵对自由能的贡献。一个概率分布函数的熵，又称为信息熵（information entropy)，可由如下表达式计算出来[86, 87, 130]：

$$S[P(\underline{\sigma};t)] \equiv -\sum_{\underline{\sigma}} P(\underline{\sigma};t) \ln P(\underline{\sigma};t) \,. \tag{2.20}$$

自由能泛函 $F[P(\underline{\sigma};t)]$ 与系统的平衡自由能（2.14）有如下关系：

$$F[P(\underline{\sigma};t)] = F + T \sum_{\underline{\sigma}} P(\underline{\sigma};t) \ln \left[\frac{P(\underline{\sigma};t)}{P_{\rm B}(\underline{\sigma})} \right] \,. \tag{2.21}$$

由此可知，$F[P(\underline{\sigma};t)]$ 总是大于系统的平衡自由能。随着时间 t 的增加，系统的概率分布 $P(\underline{\sigma};t)$ 将向平衡玻尔兹曼分布 $P_{\rm B}(\underline{\sigma})$ 演化，伴随有 $F[P(\underline{\sigma};t)]$ 向平衡自由能趋近。当系统达到平衡后，自由能泛函 $F[P(\underline{\sigma};t)]$ 也将达到其全局最小值，即平衡自由能。

2.4 Bethe-Peierls 近似的核心思想

Bethe-Peierls 近似[114,131−135] 在自旋玻璃统计物理学的平均场理论中有广泛应用。本节通过一个简单的模型系统，即规整随机网络上的铁磁伊辛模型，来介绍这一近似方法的基本思想。规整随机网络中包含 N 个节点，每个节点 i 都有 K 个最近邻变量节点，因而它受到 K 个自旋耦合作用的影响，见示意图 2.3（a）。该铁磁系统一个自旋微观构型 $\underline{\sigma}$ 的能量为

$$E(\underline{\sigma}) = -J \sum_{(i,j)} \sigma_i \sigma_j \,, \tag{2.22}$$

其中，网络中所有的边 (i,j) 上的自旋耦合常数都相同（$= J$）。

下面来探讨任意节点 i 的自旋平均值的计算问题。考察图 2.3（a）所示的中心节点 i，该节点的自旋边际概率分布的定义式为

$$q_i(\sigma) \equiv \sum_{\underline{\sigma}} \delta(\sigma_i, \sigma) P_{\rm B}(\underline{\sigma}) = \frac{\sum_{\underline{\sigma}} \delta(\sigma_i,\sigma) {\rm e}^{-\beta E(\underline{\sigma})}}{\sum_{\underline{\sigma}} {\rm e}^{-\beta E(\underline{\sigma})}} \,. \tag{2.23}$$

微观构型能量 $E(\underline{\sigma})$ 可以分解成两部分：

$$E(\underline{\sigma}) = -J\sigma_i \sum_{j\in\partial i} \sigma_j + E^{(cs)}(\underline{\sigma}^{(cs)}) \,, \tag{2.24}$$

其中，∂i 表示节点 i 的最近邻变量节点组成的集合（由于只有两体相互作用，故省略因素节点），而 $\underline{\sigma}^{(cs)}$ 表示除 i 之外的所有其他 $(N-1)$ 个变量节点的自旋构

型，$\underline{\sigma}^{(cs)} \equiv \underline{\sigma}\backslash\sigma_i = (\sigma_1, \cdots, \sigma_{i-1}, \sigma_{i+1}, \cdots, \sigma_N)$。能量 $E^{(cs)}$ 是将变量节点 i 从网络中剔除后剩下的空腔系统（cavity system）的能量（图 2.3（b）），它与节点 i 的自旋 σ_i 无关，是所有其他 $(N-1)$ 个节点自旋的函数，

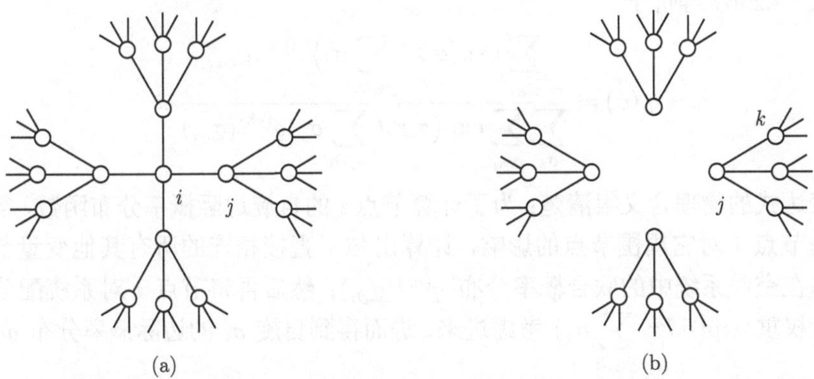

图 2.3 规整随机网络中，节点 i 受到其最近邻节点的影响（a）；将节点 i 及它所连的边从网络中删除后，剩下的子网络称为一个空腔网络（b），该空腔网络及定义在其上的能量函数一起构成一个空腔系统

$$E^{(cs)}(\underline{\sigma}^{(cs)}) = -\frac{1}{2}\sum_{j\neq i}\sum_{k\in\partial j\backslash i} J\sigma_j\sigma_k \ , \tag{2.25}$$

其中，$\partial j\backslash i$ 表示节点 j 除节点 i 之外的所有其他最近邻变量节点组成的集合。将表达式（2.24）代入式（2.23）可得

$$q_i(\sigma) = \frac{\displaystyle\sum_{\underline{\sigma}^{(cs)}} \mathrm{e}^{-\beta E^{(cs)}(\underline{\sigma}^{(cs)})} \prod_{j\in\partial i} \mathrm{e}^{\sigma\beta J\sigma_j}}{\displaystyle\sum_{\sigma_i}\sum_{\underline{\sigma}^{(cs)}} \mathrm{e}^{-\beta E^{(cs)}(\underline{\sigma}^{(cs)})} \prod_{j\in\partial i} \mathrm{e}^{\sigma_i\beta J\sigma_j}} \tag{2.26a}$$

$$= \frac{\displaystyle\sum_{\underline{\sigma}^{(cs)}} P_{\mathrm{B}}^{(cs)}(\underline{\sigma}^{(cs)}) \prod_{j\in\partial i} \mathrm{e}^{\sigma\beta J\sigma_j}}{\displaystyle\sum_{\sigma_i}\sum_{\underline{\sigma}^{(cs)}} P_{\mathrm{B}}^{(cs)}(\underline{\sigma}^{(cs)}) \prod_{j\in\partial i} \mathrm{e}^{\sigma_i\beta J\sigma_j}} \ , \tag{2.26b}$$

其中，$P_{\mathrm{B}}^{(cs)}(\underline{\sigma}^{(cs)})$ 表示剔除 i 后的空腔系统的平衡玻尔兹曼分布：

$$P_{\mathrm{B}}^{(cs)}(\underline{\sigma}^{(cs)}) = \frac{\mathrm{e}^{-\beta E^{(cs)}(\underline{\sigma}^{(cs)})}}{\displaystyle\sum_{\underline{\sigma}^{(cs)}} \mathrm{e}^{-\beta E^{(cs)}(\underline{\sigma}^{(cs)})}} \ . \tag{2.27}$$

节点 i 只受到与之相连的其他节点的直接影响。记这 K 个节点的任一微观构型为 $\underline{\sigma}_{\partial i}$，即 $\underline{\sigma}_{\partial i} \equiv \{\sigma_j : j \in \partial i\}$。在剔除 i 后的空腔系统中这 K 个节点的自旋态

联合概率分布为

$$q^{(cs)}(\underline{\sigma}_{\partial i}) \equiv \sum_{\underline{\sigma}^{(cs)} \backslash \underline{\sigma}_{\partial i}} P_{\mathrm{B}}^{(cs)}(\underline{\sigma}^{(cs)}) \,. \tag{2.28}$$

因而式（2.26b）等价于

$$q_i(\sigma) = \frac{\sum\limits_{\underline{\sigma}_{\partial i}} \exp\big(\sigma \beta J \sum\limits_{j \in \partial i} \sigma_j\big) q^{(cs)}(\underline{\sigma}_{\partial i})}{\sum\limits_{\sigma_i} \sum\limits_{\underline{\sigma}_{\partial i}} \exp\big(\sigma_i \beta J \sum\limits_{j \in \partial i} \sigma_j\big) q^{(cs)}(\underline{\sigma}_{\partial i})} \,. \tag{2.29}$$

这一表达式的物理含义很清楚：为了计算节点 i 的自旋边际概率分布函数，需要先不考虑节点 i 对它周围节点的影响，计算出与 i 直接相连的所有其他变量节点的自旋态在空腔系统中的联合概率分布 $q^{(cs)}(\underline{\sigma}_{\partial i})$；然后再将节点 i 对系统配分函数的统计权重 $\exp\big(\beta J \sigma_i \sum\limits_{j \in \partial i} \sigma_j\big)$ 考虑进来，进而得到自旋 σ_i 的边际概率分布 $q_i(\sigma_i)$。

空腔联合概率分布函数 $q^{(cs)}(\underline{\sigma}_{\partial i})$ 是 K 个自旋态的函数，它的一般形式是较为复杂的，难以精确获得。为了降低计算复杂性，最简单的近似处理方式就是用 K 个单自旋概率分布函数的乘积来代替这一联合概率分布函数，即

$$q^{(cs)}(\underline{\sigma}_{\partial i}) \approx \prod_{j \in \partial i} q_{j \to i}(\sigma_j) \,, \tag{2.30}$$

其中，$q_{j\to i}(\sigma_j)$ 是节点 j 在剔除节点 i 后的空腔系统中的自旋态边际概率分布：

$$q_{j \to i}(\sigma) \equiv \sum_{\underline{\sigma}_{\partial i}} \delta(\sigma_j, \sigma) q^{(cs)}(\underline{\sigma}_{\partial i}) \,. \tag{2.31}$$

将式（2.30）代入式（2.29）中就可得

$$q_i(\sigma) \approx \frac{\prod\limits_{j \in \partial i} \big[\sum\limits_{\sigma_j} \mathrm{e}^{\sigma \beta J \sigma_j} q_{j \to i}(\sigma_j)\big]}{\sum\limits_{\sigma_i} \prod\limits_{j \in \partial i} \big[\sum\limits_{\sigma_j} \mathrm{e}^{\sigma_i \beta J \sigma_j} q_{j \to i}(\sigma_j)\big]} \,. \tag{2.32}$$

这一近似表达式比严格表达式（2.29）简单，但为了利用该式计算节点 i 的自旋边际概率分布函数，先需要对集合 ∂i 中的每个节点 j 都计算出单自旋空腔概率分布函数 $q_{j\to i}(\sigma_j)$。节点 j 在剔除 i 后的空腔系统中只参与到 $(K-1)$ 个自旋耦合相互作用，见示意图 2.3（b），它在空腔系统中的最近邻节点集合可记为 $\partial j \backslash i$。类似于本节前面的推导过程，可以得到节点 j 在空腔系统中的自旋态边际概率分布的近似表达为

$$q_{j \to i}(\sigma) \approx \frac{\prod\limits_{k \in \partial j \backslash i} \big[\sum\limits_{\sigma_k} \mathrm{e}^{\sigma \beta J \sigma_k} q_{k \to j}(\sigma_k)\big]}{\sum\limits_{\sigma_j} \prod\limits_{k \in \partial j \backslash i} \big[\sum\limits_{\sigma_k} \mathrm{e}^{\sigma_j \beta J \sigma_k} q_{k \to j}(\sigma_k)\big]} \,. \tag{2.33}$$

这一方程可看成是在近似式（2.30）的框架下单自旋空腔概率分布函数 $q_{j\to i}(\sigma_j)$ 必须满足的自洽方程。可以通过迭代的方式求解该方程（具体方法可参见第 3 章），从而确定每条边 (i,j) 上的两个空腔概率分布函数 $q_{i\to j}(\sigma_i)$ 和 $q_{j\to i}(\sigma_j)$，并进而由式（2.32）确定每个节点的自旋边际分布函数及平均磁矩 $m_i \equiv \sum_{\sigma_i} \sigma_i q_i(\sigma_i)$。

表达式（2.30）就是 Bethe-Peierls 近似[131−133] 的核心。节点 i 的最近邻节点的自旋状态是彼此关联的，这种关联的至少一部分原因是节点 i 的存在导致最近邻节点集合 ∂i 的每一个节点都可以通过影响节点 i 的自旋状态从而影响该集合所有其他节点的自旋状态。如果节点 i 被从网络中剔除出去，那么在剩下的空腔系统中，集合 ∂i 中的节点就不会因为节点 i 的原因而相互关联了，但它们仍然可能由于网络中的其他相互作用路径而关联在一起。表达式（2.30）假设节点 i 的最近邻节点的自旋状态在空腔系统中是独立无关的，因而它忽略了存在于集合 ∂i 的任意两个节点之间的所有不经过节点 i 的路径对这些节点的状态关联的影响。式（2.30）实际上就是假设节点集合 ∂i 的所有关联都完全是由于节点 i 的存在而造成的。

在随机网络系统中，系统中回路的长度为 $\ln N$ 的量级，因而当节点 i 被剔除后，集合 ∂i 中的任意两个节点之间的最短路径的长度也将是 $\ln N$ 的量级，因而在 $N\to\infty$ 热力学极限下该最短路径的长度也将趋于无穷。如果系统的特征关联长度是有限的，那么 Bethe-Peierls 近似对于这样的随机网络系统在热力学极限下就是趋于精确的。

有限维自旋玻璃系统包含许多短程回路。在温度足够高的情形下，由于系统中的特征关联长度很短，因而 Bethe-Peierls 近似的效果仍然很好。当温度降低到一定程度后，系统中的特征关联长度将超过系统中相互作用短程回路的长度，因而 Bethe-Peierls 近似的效果将变得不好。在这种情况下，可以利用 2.5 节介绍的团簇变分法更细致地考虑短程回路对系统统计物理性质的影响。

2.5 Kikuchi 团簇变分法

团簇变分法（cluster variation method）的基本思想是菊池良一（Ryoichi Kikuchi）于 1951 年提出来的[136]。该方法提供了一种系统地考虑短程回路带来的局部关联的计算方案，因而在许多不同的问题中都得到了广泛应用和推广，参见文献 [115]、[125]、[137]-[141]。从本书后面的一些章节可以看到，自旋玻璃复本对称破缺平均场理论也可以在团簇变分法的框架下表达出来。

现在对于定义在某一个因素网络 W 的自旋玻璃模型（2.1）推导团簇变分法的一般理论[137]。为了更好地理解本节的理论推导，读者可以考察能量函数（2.1）的一个重要特例，即二维正方晶格上的 EA 模型（2.3），其因素网络的局部结构如图 2.4 所示。该因素网络中许多短的回路，其中最短的那些回路只包含四个变量节点；更长一些的回路包含六个变量节点，⋯⋯。这些短回路导致变量节点之间存在很强的局部关联。

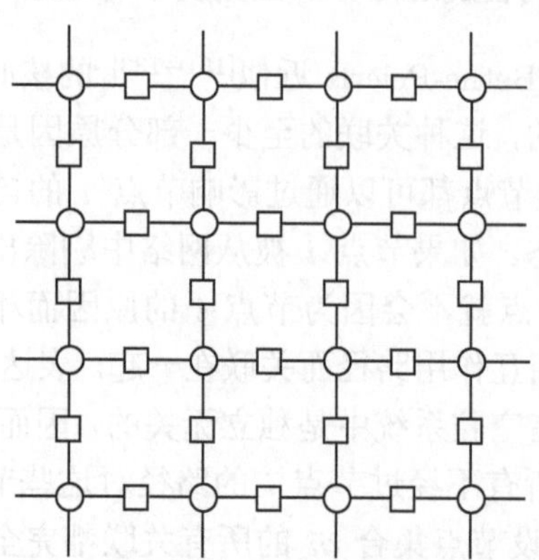

图 2.4　二维正方晶格 EA 模型（2.3）所对应的因素网络 W 的局部结构

圆点是变量节点，代表系统中的自旋；方点是因素节点，代表两个最近邻自旋之间的耦合相互作用

模型（2.1）的因素网络 W 的所有 N 个变量节点构成变量节点集合，常记为 V。自由能泛函表达式（2.19）中的概率分布函数 $P(\underline{\sigma})$ 是集合 V 中所有节点自旋状态的联合分布。集合 V 共有 2^N-1 个不同的非空子集，这些非空子集的集合记为 $\mathcal{V}$。每一个非空子集（记为 α）包含一部分变量节点，这些变量节点的自旋态构成该子集的状态，记为 $\underline{\sigma}_\alpha \equiv \{\sigma_i : i \in \alpha\}$。子集 α 的微观状态概率分布记为 $p_\alpha(\underline{\sigma}_\alpha)$，它与 $P(\underline{\sigma})$ 的关系为

$$p_\alpha(\underline{\sigma}_\alpha) \equiv \sum_{\underline{\sigma}\backslash\underline{\sigma}_\alpha} P(\underline{\sigma})\,. \tag{2.34}$$

式中，$\underline{\sigma}\backslash\underline{\sigma}_\alpha \equiv \{\sigma_j : j \in V\backslash\alpha\}$ 表示除子集 α 的节点以外的所有其他变量节点的自旋微观构型。

通过表达式（2.34）可以由概率分布函数 $P(\underline{\sigma})$ 导出所有 2^N-1 个非空变量节点子集的自旋状态边际概率分布 $p_\alpha(\underline{\sigma}_\alpha), p_\gamma(\underline{\sigma}_\gamma), \cdots$。由于这些边际概率分布函数都是从 $P(\underline{\sigma})$ 导出来的，故它们满足一些自洽条件，即任意两个子集 μ 和 ν 的边际概率分布函数 $p_\mu(\underline{\sigma}_\mu)$ 和 $p_\nu(\underline{\sigma}_\nu)$ 之间有如下关系：

$$\sum_{\underline{\sigma}_\mu\backslash\underline{\sigma}_{\mu\cap\nu}} p_\mu(\underline{\sigma}_\mu) = \sum_{\underline{\sigma}_\nu\backslash\underline{\sigma}_{\mu\cap\nu}} p_\nu(\underline{\sigma}_\nu)\,, \tag{2.35}$$

其中，$\mu\cap\nu$ 表示既属于子集 μ 又属于子集 ν 的变量节点组成的集合，而 $\underline{\sigma}_\mu\backslash\underline{\sigma}_{\mu\cap\nu} \equiv \{\sigma_j : j \in \mu\backslash(\mu\cap\nu)\}$。这一等式的含义很明确，即边际概率分布函数 $p_\mu(\underline{\sigma}_\mu)$ 和 $p_\nu(\underline{\sigma}_\nu)$

对交集 $\mu \cap \nu$ 中的变量节点的联合概率分布应该给出同样的描述。

我们希望将自由能泛函 $F[P]$ 表达式（2.19）改写成子集合边际概率分布的泛函的加和形式。为此目的先在变量子集构成的集合 $\mathcal{V}$ 上引入一个 Zeta 函数[142]。考虑 $\mathcal{V}$ 的任意两个元素 μ、ν，定义 $\zeta(\mu,\nu)$ 为

$$\zeta(\mu,\nu) = \begin{cases} 1\,, & \mu \subseteq \nu\,; \\ 0\,, & \mu \not\subseteq \nu\,. \end{cases} \tag{2.36}$$

函数 $\zeta(\mu,\nu)$ 只有当集合 μ 与集合 ν 全同或者是 ν 的子集时才不为零。$\zeta(\mu,\nu)$ 也可以看成是定义在集合 $\mathcal{V}$ 上的一个矩阵。该矩阵是可逆的，容易验证如下的恒等式

$$\sum_{\beta\in\mathcal{V}} \zeta(\alpha,\beta)\mu(\beta,\gamma) = \delta(\alpha,\gamma)\,, \tag{2.37a}$$

$$\sum_{\beta\in\mathcal{V}} \mu(\alpha,\beta)\zeta(\beta,\gamma) = \delta(\alpha,\gamma)\,. \tag{2.37b}$$

式中，函数 $\delta(\alpha,\beta)$ 是定义在集合 $\mathcal{V}$ 上的克罗内克记号：若 $\alpha=\beta$（全同），则 $\delta(\alpha,\beta)=1$；若 $\alpha\neq\beta$，则 $\delta(\alpha,\beta)=0$；而函数 $\mu(\alpha,\beta)$ 则是定义在集合 $\mathcal{V}$ 上的默比乌斯逆函数（Möbius inverse function）[142]

$$\mu(\alpha,\beta) = \begin{cases} (-1)^{n_\beta - n_\alpha}\,, & \alpha \subseteq \beta\,; \\ 0\,, & \alpha \not\subseteq \beta\,. \end{cases} \tag{2.38}$$

其中，$n_\alpha \equiv |\alpha|$ 表示子集 α 中包含的变量节点数目。

对于集合 $\mathcal{V}$ 中的每一个元素 α，在给定边际概率分布 $p_\alpha(\underline{\sigma}_\alpha)$ 后，可以类似于方程（2.20）定义其信息熵泛函为

$$S_\alpha[p_\alpha] \equiv -\sum_{\underline{\sigma}_\alpha} p_\alpha(\underline{\sigma}_\alpha)\ln p_\alpha(\underline{\sigma}_\alpha)\,. \tag{2.39}$$

定义变量节点子集 α 所对应的熵增量（entropy increment）$\tilde{S}_\alpha$ 为

$$\tilde{S}_\alpha \equiv \sum_{\beta\subseteq\alpha} (-1)^{n_\alpha - n_\beta} S_\beta = \sum_{\beta\in\mathcal{V}} S_\beta \mu(\beta,\alpha)\,. \tag{2.40}$$

由式（2.40）和式（2.37）可以推导出

$$S_\alpha = \sum_{\beta\in\mathcal{V}} \tilde{S}_\beta \zeta(\beta,\alpha) = \sum_{\beta\subseteq\alpha} \tilde{S}_\beta\,, \tag{2.41}$$

即子集 α 的熵 $S_\alpha[p_\alpha]$ 是它自己及其所有子集的熵增量贡献之和。如果选子集 α 为集合 V 本身，则式（2.41）告诉我们系统的总熵是集合 $\mathcal{V}$ 中所有元素 α 的熵增量贡献之和。这是一个很重要的理论结果[137]。

如果系统的微观构型的概率分布函数 $P(\underline{\sigma})$ 是 N 个变量节点的单自旋边际概率分布函数之积，那么由式（2.40）可以推导出所有包含两个或两个以上变量节点的子集 α 的熵增量$\tilde{S}_\alpha$ 都等于零。因而由式（2.41）可知系统的总熵就是单变量节点的状态熵之和。

由于系统中的相互作用，概率分布函数 $P(\underline{\sigma})$ 通常包含变量节点自旋态之间的关联。如果这些关联都只涉及少数一些变量节点，那么可以期望包含很多变量节点的那些子集 α 的熵增量$\tilde{S}_\alpha$ 基本上可以忽略不计，因而系统的总熵将主要由那些只包含少数变量节点的子集的熵增量所贡献。这样一个物理图像是团簇变分法的核心思想。

子集 α 的总能量定义为该子集中所有变量节点的外场能量及参与的所有相互作用 a 的能量之和：

$$E_\alpha(\underline{\sigma}_\alpha) = \sum_{i\in\alpha} E_i(\sigma_i) + \sum_{\{a:\partial a\subseteq\alpha\}} E_a(\underline{\sigma}_{\partial a}) \,. \tag{2.42}$$

式中，只有当因素节点 a 所连的所有变量节点都包含于子集 α 时，该因素节点的能量才被计入到子集 α 的能量之中。类似于式（2.40）定义子集 α 的能量增量为

$$\tilde{E}_\alpha(\underline{\sigma}_\alpha) = \sum_{\beta\subseteq\alpha} (-1)^{n_\alpha - n_\beta} E_\beta(\underline{\sigma}_\beta) \,. \tag{2.43}$$

那么子集 α 的能量也可以表达为能量增量之和：

$$E_\alpha(\underline{\sigma}_\alpha) = \sum_{\beta\subseteq\alpha} \tilde{E}_\beta(\underline{\sigma}_\beta) \,. \tag{2.44}$$

方程（2.42）和方程（2.44）是等价的，这是因为

$$\tilde{E}_\alpha(\underline{\sigma}_\alpha) = \begin{cases} E_i(\sigma_i)\,, & \alpha = \{i\}\,; \\ E_a(\underline{\sigma}_{\partial a})\,, & \alpha = \partial a\,; \\ 0\,, & \text{其他}\,. \end{cases} \tag{2.45}$$

将表达式（2.41）和式（2.44）代入自由能泛函表达式（2.19）可得

$$F\big[P(\underline{\sigma})\big] = \sum_{\alpha\in\mathcal{V}} \Big[\sum_{\underline{\sigma}_\alpha} p_\alpha(\underline{\sigma}_\alpha) \tilde{E}_\alpha(\underline{\sigma}_\alpha) - T\tilde{S}_\alpha[p_\alpha]\Big] \,, \tag{2.46}$$

也即总自由能是所有子集 α 的自由能增量贡献之和。

在自由能泛函表达式（2.46）中，求和是对系统的所有可能的变量节点子集进行的。团簇变分法的一个关键近似是对该求和取适当的截断，只保留 K 个最大子集 $\gamma_1, \gamma_2, \cdots, \gamma_K$ 及每个最大子集 γ_k 的所有子集[136]，即 $\mathcal{V}' = \{\alpha_1 : \alpha_1 \subseteq \gamma_1\} \cup \{\alpha_2 :$

$\alpha_2 \subseteq \gamma_2\} \cup \cdots \cup \{\alpha_K : \alpha_K \subseteq \gamma_K\}$。这 K 个最大子集的选取要保证每个单变量集合 $\{i\}$ 以及每个因素节点 a 的最近邻变量节点集合 ∂a 都是集合 $\mathcal{V}'$ 的元素，并且任一最大子集都不是其他最大子集的子集。这样就得到了自由能泛函的近似表达式

$$F\big[p(\underline{\sigma})\big] \approx F^{(cvm)} \equiv \sum_{\alpha \in \mathcal{V}'} \Big[\sum_{\underline{\sigma}_\alpha} p_\alpha(\underline{\sigma}_\alpha) \tilde{E}_\alpha(\underline{\sigma}_\alpha) - T\tilde{S}_\alpha\Big] . \tag{2.47}$$

截断表达式（2.47）对能量平均值的计算是严格的。在式（2.47）中对自由能求和采取截断近似是基于如下的物理直观[136]：如果系统不是处于相变点附近，那么子集 α 的熵增量 $\tilde{S}_\alpha$ 随着集合 α 中包含变量数的增加而迅速地衰减到接近于零，因而可以忽略。

将式（2.40）和式（2.43）代入式（2.47）就可以得到团簇变分自由能 $F^{(cvm)}$ 的另外一个表达式：

$$F^{(cvm)} = \sum_{\alpha \in \mathcal{V}'} c_\alpha F_\alpha\big[p_\alpha\big] . \tag{2.48}$$

式中，$F_\alpha\big[p_\alpha\big]$ 是变量节点集合 α 的自由能泛函，

$$F_\alpha\big[p_\alpha\big] \equiv \sum_{\underline{\sigma}_\alpha} p_\alpha(\underline{\sigma}_\alpha) E_\alpha(\underline{\sigma}_\alpha) + T \sum_{\underline{\sigma}_\alpha} p_\alpha(\underline{\sigma}_\alpha) \ln p_\alpha(\underline{\sigma}_\alpha) ; \tag{2.49}$$

而系数 c_α 则是集合 α 的计量数（counting number），由如下表达式定出：

$$c_\alpha = \sum_{\beta \in \mathcal{V}'} \zeta(\alpha, \beta)(-1)^{n_\beta - n_\alpha} . \tag{2.50}$$

注意到计量数 c_α 满足如下性质[137]：

$$\sum_{\{\alpha:\alpha_0 \subseteq \alpha \in \mathcal{V}'\}} c_\alpha = \sum_{\beta \in \mathcal{V}'} \sum_{\{\alpha:\alpha_0 \subseteq \alpha \subseteq \beta\}} \mu(\alpha, \beta)\zeta(\alpha_0, \alpha) = 1 , \tag{2.51}$$

其中，α_0 是属于 $\mathcal{V}'$ 的任一变量节点集合。这一性质保证了在式（2.48）的求和中，每一个变量节点集合 $\alpha \in \mathcal{V}'$ 的贡献刚好被考虑了一次。由式（2.51）可知，计量数 c_α 可以通过如下的迭代表达式求出[137]：

$$c_\alpha = 1 - \sum_{\{\beta:\alpha \subset \beta \in \mathcal{V}'\}} c_\beta , \tag{2.52}$$

而边界条件为 $c_{\gamma_1} = c_{\gamma_2} = \cdots = c_{\gamma_K} = 1$，即所有最大子集的计量数为 1。式（2.52）中 $\alpha \subset \beta$ 表示集合 α 是集合 β 的子集，但集合 β 比集合 α 含有更多的元素。

团簇变分自由能 $F^{(cvm)}$ 表达式（2.48）是边际概率分布函数 $\{p_\alpha(\underline{\sigma}_\alpha) : \alpha \in \mathcal{V}'\}$ 的泛函。团簇变分法面临的主要挑战就是在自洽关系式（2.35）的约束下求解团簇变

分自由能（2.48）的极小值。在这方面已经有许多研究工作，可参见综述 [138]、[140]。在本书以后的章节中也将讨论求解团簇变分自由能极小值的消息传递计算方案，并将指出团簇变分自由能与自旋玻璃复本对称破缺平均场理论之间的紧密联系。

对于图 2.4 所示的二维 EA 模型，一种常见的团簇变分自由能构造方案是将网络中每一个最短回路上的四个变量节点组成的集合都看成是一个最大子集[136, 138]。这一构造方案考虑了因为回路而造成的四个变量节点之间的状态关联，相较于不考虑回路关联的 Bethe-Peierls 近似方法而言计算精度有很大的提高。例如，对于所有的耦合参数 J_{ij} 都为同一个值 $J > 0$ 的铁磁伊辛模型情形，系统的铁磁相变温度精确值为 $T_{\rm c} \approx 2.2692J$，而 Bethe-Peierls 近似预言的相变温度为 $T_{\rm c} \approx 2.8854J$。团簇变分法预言的相变温度则为 $T_{\rm c} \approx 2.4237J$，很接近于严格结果。

2.6 单自旋热浴动力学过程

除了平均场理论以外，研究自旋玻璃的统计物理性质还可以采取许多其他方案，最常见的是用重整化群（renormalization group）方法计算配分函数和节点的平均磁矩[143−146] 以及通过蒙特卡罗（Monte Carlo）计算机模拟来计算物理学量的统计平均值和关联[147]。蒙特卡罗模拟方法也可以用来研究自旋玻璃系统的非平衡动力学性质。

本书将不介绍重整化群方法和蒙特卡罗模拟方法，感兴趣的读者将很容易找到这方面的书籍。本书第 3 章和第 4 章将用到单自旋热浴（heat-bath）动力学过程，因而在此以 EA 自旋玻璃系统（2.3）为例来简单描述这一动力学模拟过程的细节。

单自旋热浴动力学过程的要点是系统微观状态的每次更新都最多只改变一个变量节点的自旋状态。考虑处于逆温度 β 的一个给定 EA 自旋玻璃样本，该样本包含 N 个变量节点。假设在时刻 t 该系统处于微观构型 $\underline{\sigma}(t) = \big(\sigma_1(t), \sigma_2(t), \cdots, \sigma_N(t)\big)$。完全随机地从系统的 N 个变量节点中选择一个（假设为节点 i）。由于节点 i 与它周围的变量节点有自旋耦合相互作用，因而在时刻 t 该变量节点感受到的磁场 $h_i(t)$ 为

$$h_i(t) = \sum_{j \in \partial i} J_{ij} \sigma_j(t) , \tag{2.53}$$

其中，∂i 在此表示由与节点 i 有相互作用的其他变量节点组成的集合。在下一个时刻 $t + \delta t$（其中 $\delta t = \dfrac{1}{N}$），系统中所有其他变量节点的自旋值保持不变，

$$\sigma_j(t + \delta t) = \sigma_j(t) \qquad (j \neq i) , \tag{2.54}$$

而节点 i 则根据它感受到的磁场 $h_i(t)$ 选取新的自旋值 $\sigma_i(t+\delta t)$，且新选择的自旋值 $\sigma_i(t+\delta t)=+1$ 的概率为

$$\frac{\mathrm{e}^{\beta h_i(t)}}{\mathrm{e}^{\beta h_i(t)}+\mathrm{e}^{-\beta h_i(t)}} . \tag{2.55}$$

注意自旋值 $\sigma_i(t+\delta t)$ 有可能与 $\sigma_i(t)$ 相同，这种情况意味着系统的微观状态在 δt 时间内没有任何改变。由上一表达式可知自旋值 $\sigma_i(t+\delta t)$ 与 $\sigma_i(t)$ 相反的概率，亦即节点 i 的自旋态发生翻转的概率，为

$$p_{\mathrm{flip}}^{(i)}=\frac{\mathrm{e}^{-\beta\sigma_i(t)h_i(t)}}{\mathrm{e}^{\beta h_i(t)}+\mathrm{e}^{-\beta h_i(t)}} . \tag{2.56}$$

由于时间增量设为 $\delta t=\dfrac{1}{N}$，所以在单位时间内系统的微观状态被尝试改变 N 次。平均而言每个变量节点的自旋态在单位时间内被尝试改变一次，因而文献中通常将一个单位时间称为热浴动力学过程的一步。

在单自旋热浴动力学过程中，系统的每一个节点都只受到其周围节点的影响，因而该动力学过程是局域性的，在定性上类似于真实自旋玻璃系统中的状态演化。人们常常利用单自旋热浴动力学过程研究自旋玻璃系统的非平衡动力学性质和老化行为，这方面有非常多的文献，可参见综述 [14]、[15]、[38]。注意到该动力学过程满足精细平衡条件[147, 148]，因而在温度足够高时，系统从一个给定随机初始构型出发一定将演化到平衡玻尔兹曼分布 (2.4)。当系统达到平衡后，通过继续模拟这一过程足够长时间，就可以精确地估计系统的平衡能量密度、单个节点的平均磁矩、两个或多个节点自旋态之间的关联等物理学量。

第 3 章　信念传播方程

配分函数和自由能在平衡统计物理学中扮演中心的角色，而信念传播方程在自旋玻璃理论、计算机科学、信息科学等领域有广泛的应用。本章讨论配分函数的圈图展开公式，并由此推导出信念传播方程以及系统自由能的 Bethe-Peierls 近似表达式。Bethe-Peierls 自由能以及信念传播方程构成自旋玻璃复本对称平均场理论。本章也将从 Bethe-Peierls 近似的角度直观地理解信念传播方程，并讨论信念传播方程与 Kikuchi 自由能之间的联系。本章最后一节简单地讨论配分函数在区域网络上的近似表达式。

3.1　配分函数展开

用解析方法严格求解配分函数和平衡自由能只在为数不多的模型系统可以实现，这方面最著名的工作是 Onsager 的二维伊辛模型精确解。对大多数系统而言，在温度比较高因而系统内部的关联长度较短的情形，可以用高温展开的办法计算配分函数和自由能，常用的方法有 Mayer 的低密度气体集团展开法[23, 149, 150]、Brout 的格点模型圈图展开法[151]、Kikuchi 的团簇变分法[136−138,140]、Plefka 展开法及其推广[104,152−154] 等。

Chertkov 和 Chernyak [155, 156] 发现由式（2.1）定义的模型系统，如果所有变量节点的状态都是两分量自旋（即 $\sigma_i = \pm 1$），那么系统的配分函数可以表达为有限个圈图贡献之和。文献 [123] 进一步提出了一般因素网络系统的配分函数圈图展开方法，该方法很简单，且不要求变量节点的状态为二分量自旋（它可以是多分量离散变量，也可以是连续变量，甚至可以是多维变量或函数）。本章采用文献 [123] 的方法推导两分量和一般多分量自旋模型配分函数的圈图展开公式。第 4 章将用同样的方法推导出广义配分函数的圈图展开公式。

在能量（2.1）所对应的因素网络W 中，变量节点 i 与一些因素节点 a 相连，这些因素节点组成集合 ∂i，该集合包含的因素节点数称为节点 i 的连通度，记为 k_i ($\equiv |\partial i|$)。由于变量节点 i 参与了 k_i 个相互作用，将 i 想象成具有 k_i 个“化身”，每个化身与一个不同的因素节点 $a \in \partial i$ 相连，且有自己的自旋态 σ_i^a。当然，由于这 k_i 个化身实际上都是节点 i，所以这些自旋值 σ_i^a 都等于节点 i 的自旋 σ_i（图 3.1）。假设因素网络 W 中因素节点 a 所连的变量节点集合为 $\partial a = \{i, j, \cdots\}$。在对每个变量节点都引入化身后，从因素节点 a“看到”的变量节点自旋构型 $\underline{\sigma}_{\partial a}$

就是 $\underline{\sigma}_{\partial a}=\{\sigma_i^a,\sigma_j^a,\cdots\}$。通过引入变量节点的化身状态，配分函数（2.6）可以改写为

$$Z=\sum_{\underline{\sigma}}\prod_{i=1}^{N}\psi_i(\sigma_i)\sum_{\{\underline{\sigma}_{\partial a}|a\in W\}}\prod_{a=1}^{M}\psi_a(\underline{\sigma}_{\partial a})\prod_{(j,b)\in W}\delta\left(\sigma_j^b,\sigma_j\right). \tag{3.1}$$

式中，变量节点 i 的不同化身的自旋状态 $\sigma_i^a,\sigma_i^b,\cdots$ 被看成是相互独立的变量。通过在因素网络 W 的每一条边 (i,a) 上引入克罗内克记号 $\delta(\sigma_i^a,\sigma_i)$，保证了只有当节点 i 的 k_i 个化身状态都取同一个值 σ_i 时才能真正对配分函数有贡献。

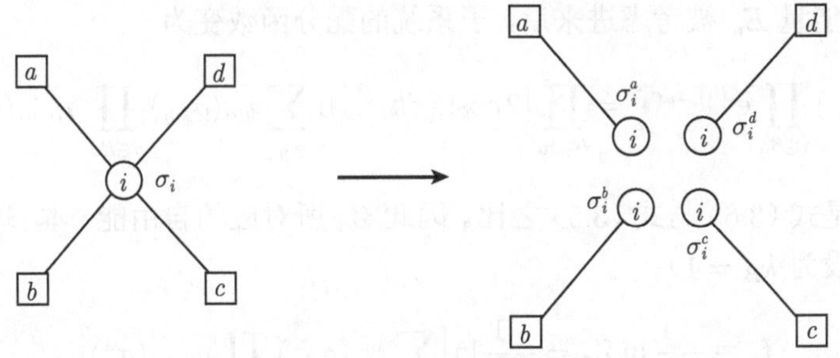

图 3.1 一个连通度为 k_i 的变量节点 i 和 k_i 个因素节点相连（这些因素节点的集合记为 ∂i）将 i 想象为有 k_i 个化身，每个化身连到一个不同的因素节点 $a\in\partial i$，且具有自旋态 σ_i^a。在本例中，$\partial i=\{a,b,c,d\}$，因而 $k_i=4$

现在对每一条边 (i,a) 引入一个辅助概率分布函数 $q_{i\to a}(\sigma_i^a)$，它是非负的，且满足归一化条件 $\sum_{\sigma_i^a}q_{i\to a}(\sigma_i^a)=1$。表达式（3.1）被改写成

$$Z=\sum_{\underline{\sigma}}\prod_{i=1}^{N}\psi_i(\sigma_i)\sum_{\{\underline{\sigma}_{\partial a}|a\in W\}}\prod_{a=1}^{M}\Big[\psi_a(\underline{\sigma}_{\partial a})\prod_{j\in\partial a}q_{j\to a}(\sigma_j^a)\Big]\prod_{(k,b)\in W}\frac{\delta\left(\sigma_k^b,\sigma_k\right)}{q_{k\to b}\left(\sigma_k^b\right)}. \tag{3.2}$$

式中，如果不考虑克罗内克记号带来的对变量节点化身状态的约束①，每个因素节点 a 将对配分函数贡献一个乘积因子 Z_a：

$$Z_a\equiv\sum_{\underline{\sigma}_{\partial a}}\psi_a(\underline{\sigma}_{\partial a})\prod_{i\in\partial a}q_{i\to a}(\sigma_i^a). \tag{3.3}$$

下面来看 Z_a 的物理意义。定义一个只包含因素节点 a 以及和 a 相连的所有 k_a 个变量节点的子系统（$k_a=|\partial a|$），并要求该子系统的能量为

$$-\sum_{i\in\partial a}h_{i\to a}\sigma_i^a+E_a(\underline{\sigma}_{\partial a}),$$

①这等价于将等式（3.1）右侧每条边 (k,b) 的权重因子 $\left[\delta(\sigma_k^b,\sigma_k)/q_{k\to b}(\sigma_k^b)\right]$ 假想为 1。

其中，磁场 $h_{i\to a}$ 的值由概率分布函数 $q_{i\to a}(\sigma_i^a)$ 决定：

$$h_{i\to a} \equiv \frac{1}{2\beta} \ln \frac{q_{i\to a}(+1)}{q_{i\to a}(-1)} . \tag{3.4}$$

如果不考虑相互作用能量 E_a，这个子系统就是 k_a 个相互独立的节点，其配分函数为

$$\sum_{\underline{\sigma}_{\partial a}} \prod_{i\in\partial a} \mathrm{e}^{\beta h_{i\to a}\sigma_i^a} = \prod_{i\in\partial a} \left[2\cosh(\beta h_{i\to a})\right] . \tag{3.5}$$

当相互作用能量 E_a 被考虑进来后，子系统的配分函数变为

$$\sum_{\underline{\sigma}_{\partial a}} \psi_a(\underline{\sigma}_{\partial a}) \prod_{i\in\partial a} \mathrm{e}^{\beta h_{i\to a}\sigma_i^a} = \prod_{i\in\partial a} \left[2\cosh(\beta h_{i\to a})\right] \sum_{\underline{\sigma}_{\partial a}} \psi_a(\underline{\sigma}_{\partial a}) \prod_{j\in\partial a} q_{j\to a}(\sigma_j^a) . \tag{3.6}$$

注意到 Z_a 是式（3.6）与式（3.5）之比。因此 Z_a 所对应的自由能（本书中玻尔兹曼常数 k_{B} 被设为 $k_{\mathrm{B}}=1$）

$$f_a \equiv -\frac{1}{\beta}\ln Z_a = -\frac{1}{\beta}\ln\Big[\sum_{\underline{\sigma}_{\partial a}} \psi_a(\underline{\sigma}_{\partial a}) \prod_{i\in\partial a} q_{i\to a}(\sigma_i^a)\Big] \tag{3.7}$$

是相互作用能量 E_a 所导致的这个子系统自由能的变化量。

为了对每个变量节点 i 也得到一个和 Z_a 类似的配分函数因子，可以对每条边 (i,a) 引入另外一个概率分布函数 $p_{a\to i}(\sigma_i)$，它同样是非负的，满足归一化条件 $\sum\limits_{\sigma_i} p_{a\to i}(\sigma_i) = 1$。表达式（3.2）被进一步改写为

$$\begin{aligned} Z = & \sum_{\{\sigma_i|i\in W\}} \prod_{i=1}^{N} \Big[\psi_i(\sigma_i) \prod_{a\in\partial i} p_{a\to i}(\sigma_i)\Big] \sum_{\{\underline{\sigma}_{\partial b}|b\in W\}} \prod_{b=1}^{M} \Big[\psi_b(\underline{\sigma}_{\partial b}) \prod_{j\in\partial b} q_{j\to b}(\sigma_j^b)\Big] \\ & \times \prod_{(k,c)\in W} \frac{\delta(\sigma_k^c, \sigma_k)}{p_{c\to k}(\sigma_k) q_{k\to c}(\sigma_k^c)} . \end{aligned} \tag{3.8}$$

式中，如果同样忽略克罗内克记号带来的约束，每个变量节点 i 将对配分函数贡献一个乘积因子 Z_i：

$$Z_i = \sum_{\sigma_i} \psi_i(\sigma_i) \prod_{a\in\partial i} p_{a\to i}(\sigma_i) . \tag{3.9}$$

Z_i 的物理意义也很容易探讨。考虑一个只包含变量节点 i 的 k_i 个化身的子系统（$k_i = |\partial i|$），并在每个化身节点上引入一个磁场 $u_{a\to i}$，它的值由概率分布函数 $p_{a\to i}(\sigma_i)$ 决定：

$$u_{a\to i} \equiv \frac{1}{2\beta} \ln \frac{p_{a\to i}(+1)}{p_{a\to i}(-1)} . \tag{3.10}$$

如果这 k_i 个节点彼此之间没有相互作用，那么该子系统的配分函数为

$$\prod_{a\in\partial i}\Big[\sum_{\sigma_i^a}\mathrm{e}^{\beta u_{a\to i}\sigma_i^a}\Big]=\prod_{a\in\partial i}\big[2\cosh(\beta u_{a\to i})\big]\ . \tag{3.11}$$

由于这 k_i 个节点都是变量节点 i 的化身，故要求它们的自旋态必须都相同。这一约束以及与外场有关的玻尔兹曼因子 $\psi_i(\sigma_i)$ 导致子系统的配分函数变为

$$\begin{aligned}&\sum_{\sigma_i}\psi_i(\sigma_i)\prod_{a\in\partial i}\Big[\sum_{\sigma_i^a}\mathrm{e}^{\beta u_{a\to i}\sigma_i^a}\delta(\sigma_i^a,\sigma_i)\Big]\\&=\prod_{a\in\partial i}\big[2\cosh(\beta u_{a\to i})\big]\sum_{\sigma_i}\psi_i(\sigma_i)\prod_{a\in\partial i}p_{a\to i}(\sigma_i)\ .\end{aligned} \tag{3.12}$$

Z_i 等于配分函数（3.12）与配分函数（3.11）的比值。因此，Z_i 所对应的自由能

$$f_i\equiv-\frac{1}{\beta}\ln Z_i=-\frac{1}{\beta}\ln\Big[\sum_{\sigma_i}\psi_i(\sigma_i)\prod_{a\in\partial i}p_{a\to i}(\sigma_i)\Big] \tag{3.13}$$

就是外场能量 $E_i(\sigma_i)$ 及变量节点 i 的所有化身节点具有相同的自旋态这一约束所导致的子系统自由能的变化量。

类似于 Z_a 和 Z_i，引入每一条边 (i,a) 的配分函数因子 $Z_{(i,a)}$ 为

$$Z_{(i,a)}=\sum_{\sigma_i}q_{i\to a}(\sigma_i)p_{a\to i}(\sigma_i)\ , \tag{3.14}$$

以及相应的自由能 $f_{(i,a)}$

$$f_{(i,a)}\equiv-\frac{1}{\beta}\ln Z_{(i,a)}=-\frac{1}{\beta}\ln\Big[\sum_{\sigma_i}q_{i\to a}(\sigma_i)p_{a\to i}(\sigma_i)\Big]\ . \tag{3.15}$$

配分函数 $Z_{(i,a)}$ 对应着由变量节点 i 及它的一个化身节点组成的子系统，它们分别受到磁场 $h_{i\to a}$ 和磁场 $u_{a\to i}$ 的作用。子系统受到的约束是节点 i 和它的化身节点自旋值相同。这一约束所导致的子系统自由能变化量就是 $f_{(i,a)}$。

有了这些准备，表达式（3.8）可以被进一步改写为

$$\begin{aligned}Z=&\sum_{\{\sigma_i|i\in W\}}\prod_{i=1}^{N}\Big[\psi_i(\sigma_i)\prod_{a\in\partial i}p_{a\to i}(\sigma_i)\Big]\sum_{\{\underline{\sigma}_{\partial b}|b\in W\}}\prod_{b=1}^{M}\Big[\psi_b(\underline{\sigma}_{\partial b})\prod_{j\in\partial b}q_{j\to b}(\sigma_j^b)\Big]\\&\times\prod_{(k,c)\in W}\left[\frac{1+\varDelta_{(k,c)}(\sigma_k^c,\sigma_k)}{Z_{(k,c)}}\right],\end{aligned} \tag{3.16}$$

其中，$\varDelta_{(i,a)}$ 是一个修正因子，其表达式为

$$\varDelta_{(i,a)}(\sigma_i^a,\sigma_i)=\frac{Z_{(i,a)}}{q_{i\to a}(\sigma_i^a)p_{a\to i}(\sigma_i)}\delta(\sigma_i^a,\sigma_i)-1\ . \tag{3.17}$$

之所以将修正因子 $\Delta_{(i,a)}$ 构造成式(3.17)的形式，是希望它的值能够尽可能接近于零，或至少在某种平均的意义下其值接近于零（3.2 节将详细讨论这一问题）。修正因子 $\Delta_{(i,a)}$ 有点类似于 Mayer 集团展开法中的 Mayer 函数[23, 150]。将 $\Delta_{(i,a)}$ 视为小量，因而对式（3.16）中的边连乘项进行展开，就得到

$$\begin{aligned}\prod_{(i,a)}\left[1+\Delta_{(i,a)}\right]&=1+\sum_{(i,a)}\Delta_{(i,a)}+\sum_{(i,a),(j,b)}\Delta_{(i,a)}\Delta_{(j,b)}+\cdots\\&=1+\sum_{w\subseteq W}\prod_{(i,a)\in w}\Delta_{(i,a)}\,.\end{aligned}\tag{3.18}$$

式中，w 代表因素网络W 的任意一个子网络（图 3.2），它包含 W 的一部分边以及这些边两端的变量节点和因素节点。将式（3.18）代入式（3.16），就得到配分函数 Z 的展开表达式

$$Z=Z_0\times\left(1+\sum_{w\subseteq W}L_w\right).\tag{3.19}$$

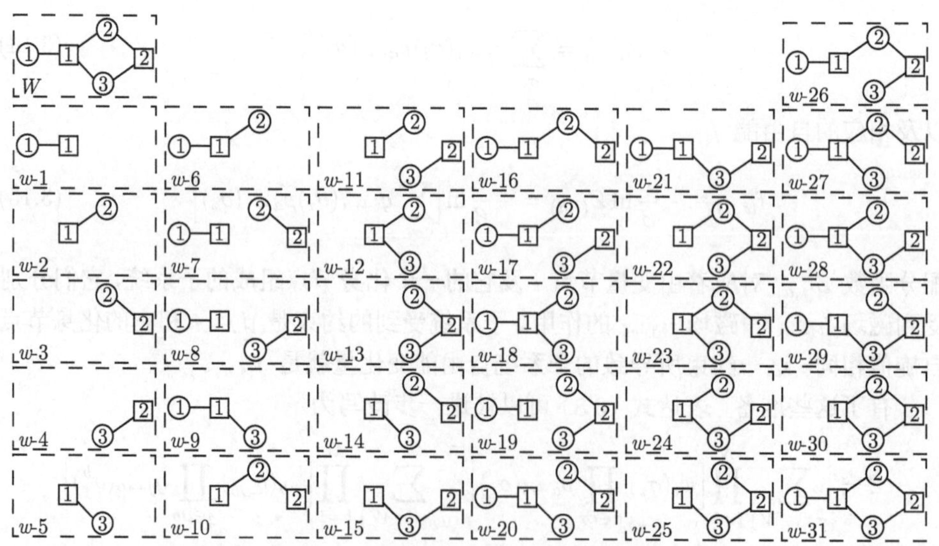

图 3.2　因素网络 W 及其子网络集合

作为示例，网络 W 只包含 3 个变量节点和 2 个因素节点，它的子网络数目有 31 个：有 5 个子网络只包含 1 条边（w-1，w-2，⋯，w-5），有 10 个子网络只包含 2 条边（w-6，w-7，⋯，w-15），有 10 个子网络包含 3 条边（w-16，w-17，⋯，w-25），有 5 个子网络包含 4 条边（w-26，w-27，⋯，w-30），还有一个子网络 w-31 包含网络 W 的所有边。该图引自文献 [123]

在式 (3.19) 中，Z_0 的表达式为

$$Z_0 = \frac{\prod_{i \in W} Z_i \prod_{a \in W} Z_a}{\prod_{(i,a) \in W} Z_{(i,a)}} ; \tag{3.20}$$

而子网络修正项 L_w 的表达式则为

$$L_w = \sum_{\{\sigma_i | i \in w\}} \sum_{\{\underline{\sigma}_{\partial a} | a \in w\}} \prod_{i \in w} \omega_i(\sigma_i) \prod_{a \in w} \omega_a(\underline{\sigma}_{\partial a}) \prod_{(j,b) \in w} \Delta_{(j,b)}(\sigma_j^b, \sigma_j) , \tag{3.21}$$

其中，概率分布函数 $\omega_i(\sigma_i)$ 和 $\omega_a(\underline{\sigma}_{\partial a})$ 的表达式分别为

$$\omega_i(\sigma_i) = \frac{1}{Z_i} \psi_i(\sigma_i) \prod_{a \in \partial i} p_{a \to i}(\sigma_i) , \tag{3.22a}$$

$$\omega_a(\underline{\sigma}_{\partial a}) = \frac{1}{Z_a} \psi_a(\underline{\sigma}_{\partial a}) \prod_{i \in \partial a} q_{i \to a}(\sigma_i^a) . \tag{3.22b}$$

作为简单示例，在图 3.2 中将含有 3 个变量节点和 2 个因素节点的小因素网络 W 的所有子网络都列出来了。对一个包含 $\mathcal{M}$ 条边的因素网络 W，其子网络的总数目为 $2^{\mathcal{M}} - 1$，所以式 (3.19) 中的求和中包含的项在 $\mathcal{M} \gg 1$ 的情况下是很多的。在 3.2 节将看到，通过适当选择辅助概率分布函数 $\{q_{i \to a}(\sigma_i^a), p_{a \to i}(\sigma_i)\}$，可以使许多子网络 w 对配分函数 Z 的修正贡献 $L_w = 0$，从而使求和项的数目大为减少。

3.2 信念传播方程

展开式 (3.19) 形式上将配分函数写成了两项的乘积，一项是 Z_0，另一项是所有子网络修正贡献之和。该表达式对于任意选取的辅助概率函数都成立。现在需要考察如何优化辅助概率函数 $\{q_{i \to a}(\sigma_i^a), p_{a \to i}(\sigma_i)\}$ 的选择。

图 3.2 列出了一个小的因素网络 W 的所有子网络。注意到在很多子网络中都有一个或多个节点只连着一条边。例如，子网络 w-31 中，变量节点 1 的连通度为 1；在子网络 w-27 中，因素节点 2 的连通度为 1。如果子网络 w 的一条边的两个端点至少有一个在 w 中的连通度为 1，就称其为子网络 w 的一条摇摆边 (dangling edge)。现在来考虑任意一个包含摇摆边的子网络 w 对配分函数的修正贡献 L_w。

假设子网络 w 有一条摇摆边 (i,a)，且与之相连的变量节点 i 在子网络 w 中

的连通度为 1。这样一个子网络 w 对配分函数的修正贡献 L_w 为

$$L_w = \prod_{j\in w\backslash i}\Big[\sum_{\sigma_j}\omega_j(\sigma_j)\Big]\prod_{b\in w}\Big[\sum_{\underline{\sigma}_{\partial b}}\omega_b(\underline{\sigma}_{\partial b})\Big]\prod_{(k,c)\in w\backslash(i,a)}\Delta_{(k,c)}(\sigma_k^c,\sigma_k)$$
$$\times\Bigg[\frac{\hat{q}_{i\to a}(\sigma_i^a)}{q_{i\to a}(\sigma_i^a)}\frac{\displaystyle\sum_{\sigma}q_{i\to a}(\sigma)p_{a\to i}(\sigma)}{\displaystyle\sum_{\sigma}\hat{q}_{i\to a}(\sigma)p_{a\to i}(\sigma)}-1\Bigg], \tag{3.23}$$

其中，记号 $w\backslash i$ 表示除节点 i 外子网络 w 的所有其他变量节点的集合；$w\backslash(i,a)$ 表示除边 (i,a) 外子网络 w 的所有其他边的集合；$\hat{q}_{i\to a}(\sigma_i^a)$ 是一个概率分布函数，其表达式为

$$\hat{q}_{i\to a}(\sigma) = \frac{\psi_i(\sigma)\displaystyle\prod_{b\in\partial i\backslash a}p_{b\to i}(\sigma)}{\displaystyle\sum_{\sigma'}\psi_i(\sigma')\prod_{b\in\partial i\backslash a}p_{b\to i}(\sigma')}, \tag{3.24}$$

其中，$\partial i\backslash a$ 表示集合 ∂i 除去元素 a 后的子集。注意到如果函数 $\hat{q}_{i\to a}(\sigma)$ 刚好等于函数 $q_{i\to a}(\sigma)$，那么由式（3.23）就有 $L_w=0$。

继续考虑另一种情形，即子网络 w 有一条摇摆边 (i,a)，该边所连的因素节点 a 在 w 中的连通度为 1。这样一个子网络对配分函数的修正贡献 L_w 为

$$L_w = \prod_{b\in w\backslash a}\Big[\sum_{\underline{\sigma}_{\partial b}}\omega_b(\underline{\sigma}_{\partial b})\Big]\prod_{j\in w}\Big[\sum_{\sigma_j}\omega_j(\sigma_j)\Big]\prod_{(k,c)\in w\backslash(i,a)}\Delta_{(k,c)}(\sigma_k^c,\sigma_k)$$
$$\times\Bigg[\frac{\hat{p}_{a\to i}(\sigma_i)}{p_{a\to i}(\sigma_i)}\frac{\displaystyle\sum_{\sigma}q_{i\to a}(\sigma)p_{a\to i}(\sigma)}{\displaystyle\sum_{\sigma}q_{i\to a}(\sigma)\hat{p}_{a\to i}(\sigma)}-1\Bigg]. \tag{3.25}$$

式中，$\hat{p}_{a\to i}(\sigma)$ 为另外一个概率分布函数，它的表达式为

$$\hat{p}_{a\to i}(\sigma_i) = \frac{\displaystyle\sum_{\underline{\sigma}_{\partial a}}\delta(\sigma_i^a,\sigma_i)\psi_a(\underline{\sigma}_{\partial a})\prod_{j\in\partial a\backslash i}q_{j\to a}(\sigma_j^a)}{\displaystyle\sum_{\underline{\sigma}_{\partial a}}\psi_a(\underline{\sigma}_{\partial a})\prod_{j\in\partial a\backslash i}q_{j\to a}(\sigma_j^a)}, \tag{3.26}$$

其中，$\partial a\backslash i$ 表示集合 ∂a 除去元素 i 后的子集。若函数 $\hat{p}_{a\to i}(\sigma)$ 刚好等于 $p_{a\to i}(\sigma)$，那么由式（3.25）就有 $L_w=0$。

由上面的这些讨论可知，配分函数的展开表达式（3.19）中引入的辅助概率分

布函数 $\{q_{i\to a}(\sigma), p_{a\to i}(\sigma)\}$ 应该选取为如下方程组的解（或称为不动点）：

$$q_{i\to a}(\sigma) = I_{i\to a}[p_{\partial i\backslash a}] \equiv \frac{1}{Z_{i\to a}}\psi_i(\sigma)\prod_{b\in\partial i\backslash a} p_{b\to i}(\sigma)\ , \tag{3.27a}$$

$$p_{a\to i}(\sigma) = A_{a\to i}[q_{\partial a\backslash i}] \equiv \frac{1}{Z_{a\to i}}\sum_{\underline{\sigma}_{\partial a}}\delta(\sigma_i,\sigma)\psi_a(\underline{\sigma}_{\partial a})\prod_{j\in\partial a\backslash i} q_{j\to a}(\sigma_j)\ . \tag{3.27b}$$

式中，$\underline{\sigma}_{\partial a}$ 表示因素节点 a 所连的变量节点集合 ∂a 的状态，$\underline{\sigma}_{\partial a} = \{\sigma_i | i\in\partial a\}$；$p_{\partial i\backslash a}$ 代表概率分布函数集合 $\{p_{b\to i}(\sigma_i)|b\in\partial i\backslash a\}$；$q_{\partial a\backslash i}$ 代表概率分布函数集合 $\{q_{j\to a}(\sigma_j)$ $|j\in\partial a\backslash i\}$；而 $Z_{i\to a}$ 和 $Z_{a\to i}$ 是两个归一化常数，

$$Z_{i\to a} = \sum_{\sigma}\psi_i(\sigma)\prod_{b\in\partial i\backslash a} p_{b\to i}(\sigma)\ , \tag{3.28a}$$

$$Z_{a\to i} = \sum_{\underline{\sigma}_{\partial a}}\psi_a(\underline{\sigma}_{\partial a})\prod_{j\in\partial a\backslash i} q_{j\to a}(\sigma_j)\ . \tag{3.28b}$$

方程组 (3.27) 称为信念传播（belief propagation，BP）方程，它首先是在不包含任何回路的树状因素网络上被推导出来的[114]。对任意一个包含回路的因素网络 W，从配分函数展开的观点来看，为了使每一个包含摇摆边的子网络 w 对配分函数的修正贡献 $L_w = 0$，概率分布函数 $\{q_{i\to a}(\sigma), p_{a\to i}(\sigma)\}$ 必然被选择为信念传播方程的一个不动点。从这个意义上说，信念传播方程是概率分布函数需要满足的一组自洽方程，对任意由式 (2.1) 所定义的因素网络模型都适用。注意到在推导信念传播方程组的过程中实际上并没有要求变量节点状态必须为两分量自旋，所以式 (3.27) 对更一般的系统都成立（更详细的讨论见文献 [123]）。

如果变量节点的状态为两分量自旋，那么概率分布函数 $p_{a\to i}(\sigma)$ 和 $q_{i\to a}(\sigma)$ 分别可用磁场 $u_{a\to i}$ 和 $h_{i\to a}$ 完全表征：

$$p_{a\to i}(\sigma) = \frac{\mathrm{e}^{\beta u_{a\to i}\sigma}}{2\cosh(\beta u_{a\to i})}\ , \tag{3.29a}$$

$$q_{i\to a}(\sigma) = \frac{\mathrm{e}^{\beta h_{i\to a}\sigma}}{2\cosh(\beta h_{i\to a})}\ . \tag{3.29b}$$

这两个磁场常被称为是空腔磁场（cavity field）。由式 (3.27) 可推导出空腔磁场所满足的信念传播方程为

$$h_{i\to a} = h_i^0 + \sum_{b\in\partial i\backslash a} u_{b\to i}\ , \tag{3.30a}$$

$$u_{a\to i} = \frac{1}{2\beta}\ln\left[\frac{\displaystyle\sum_{\underline{\sigma}_{\partial a}}\delta(\sigma_i,+1)\psi_a(\underline{\sigma}_{\partial a})\prod_{j\in\partial a\backslash i}\mathrm{e}^{\beta h_{j\to a}\sigma_j}}{\displaystyle\sum_{\underline{\sigma}_{\partial a}}\delta(\sigma_i,-1)\psi_a(\underline{\sigma}_{\partial a})\prod_{j\in\partial a\backslash i}\mathrm{e}^{\beta h_{j\to a}\sigma_j}}\right]\ . \tag{3.30b}$$

在式 (3.30a) 中，h_i^0 代表作用于变量节点 i 的外部磁场，其表达式为

$$h_i^0 \equiv \frac{1}{2\beta}\ln\Big[\frac{\psi_i(+1)}{\psi_i(-1)}\Big] = -\frac{E_i(+1)-E_i(-1)}{2}\,. \tag{3.31}$$

如果给定相互作用能量的具体表达式，方程 (3.30b) 有可能写成更简单的形式。下面两个例子在统计物理学研究文献中很常见。

习题 3.1 考虑只涉及变量节点 i 和 j 的两体相互作用 a，能量 $E_a(\sigma_i,\sigma_j) = -J_{ij}\sigma_i\sigma_j$，其中 J_{ij} 是耦合常数。验证方程 (3.30b) 可以写为

$$u_{a\to i} = \frac{1}{\beta}\mathrm{atanh}\big[\tanh(\beta J_{ij})\tanh(\beta h_{j\to a})\big] \tag{3.32a}$$

$$= \frac{1}{2\beta}\ln\left[\frac{1+\tanh(\beta J_{ij})\tanh(\beta h_{j\to a})}{1-\tanh(\beta J_{ij})\tanh(\beta h_{j\to a})}\right]. \tag{3.32b}$$

习题 3.2 考虑一个多体相互作用 a，其能量函数为 $E_a = -J_a\prod\limits_{j\in\partial a}\sigma_j$，其中 J_a 是耦合常数。验证方程 (3.30b) 可以写为

$$u_{a\to i} = \frac{1}{\beta}\mathrm{atanh}\Big[\tanh(\beta J_a)\prod_{j\in\partial a\backslash i}\tanh(\beta h_{j\to a})\Big] \tag{3.33a}$$

$$= \frac{1}{2\beta}\ln\left[\frac{1+\tanh(\beta J_a)\prod\limits_{j\in\partial a\backslash i}\tanh(\beta h_{j\to a})}{1-\tanh(\beta J_a)\prod\limits_{j\in\partial a\backslash i}\tanh(\beta h_{j\to a})}\right]. \tag{3.33b}$$

信念传播方程 (3.27) 是一组涉及很多概率分布函数的自洽方程，寻找其不动点并非平庸任务。可以将信念传播方程 (3.27) 和方程 (3.30) 看成是因素网络 W 上的信息传播和更新过程。例如，对于图 3.3 所示的局部网络结构，变量节点 i 收集从最近邻因素节点 b 和 c 传来的消息 $u_{b\to i}$ 和 $u_{c\to i}$，通过方程 (3.30a) 得到 $h_{i\to a}$ 并将其作为输出消息传递给因素节点 a；因素节点 a 则收集从所有其他最近邻变量节点 j,k,l 传递来的消息 $h_{j\to a}$、$h_{k\to a}$ 和 $h_{l\to a}$，通过方程 (3.30b) 得到 $u_{a\to i}$ 并将其传递给变量节点 i。这样在因素网络 W 的每一条边上都有两个磁场消息在不停地更新，直到所有的边上的这一对消息都不再发生变化为止。

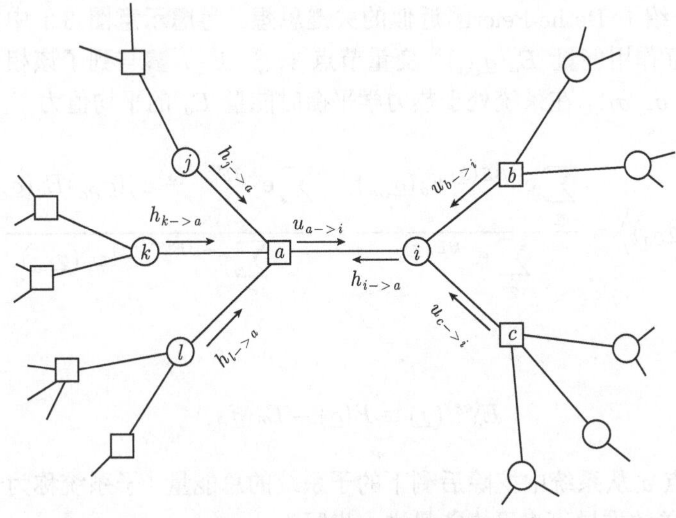

图 3.3 信念传播过程示意图

对于两分量自旋玻璃系统而言，在因素网络的每条边上都有两个磁场消息，如边 (i, a) 上的磁场 $h_{i\to a}$ 和 $u_{a\to i}$。这些磁场消息的值根据信念传播方程（3.30）不停地更新直到收敛到一个不动点

对于有些问题，信念传播方程（3.27）或方程（3.30）的迭代过程会出现振荡现象。为了使迭代过程更快地收敛到不动点，可以适当加入阻尼，例如，将式（3.30a）改写成

$$h_{i\to a}(t+1) = \eta h_{i\to a}(t) + (1-\eta)\Big[h_i^0 + \sum_{b\in\partial i\backslash a} u_{b\to i}(t)\Big], \tag{3.34}$$

其中，t 表示迭代时间，$0 \leqslant \eta < 1$ 是引入的一个阻尼系数。

在信念传播方程收敛到一个不动点以后，我们就可以利用该不动点的概率分布函数来定量预言系统的很多统计物理性质，见第 3.4 节的详细讨论。但是，当环境温度 T 足够低时，常常会出现这样一种情况，即上述的迭代算法总是不能收敛到一个不动点。这种不收敛通常意味着信念传播方程有多个不动点，也意味着系统内部的关联比信念传播方程所考虑到的要复杂得多。我们将在第 4 章详细讨论如何处理信念传播方程有许多不动点这一复杂情况。

3.3 Bethe-Peierls 近似

从配分函数展开的观点来看，为了使所有带有摇摆边的子网络对配分函数的修正贡献为零，辅助概率分布函数必须选择为满足信念传播方程（3.27）。为了进一步理解这一组方程，现在以 Bethe-Peierls 近似为基础[131–134]，从更物理的角度“推导”出信念传播方程。

2.4 节介绍了 Bethe-Peierls 近似的关键思想。考虑示意图 3.3 中因素节点 a 所代表的相互作用能量 $E_a(\underline{\sigma}_{\partial a})$。变量节点 i、j、k、l 参与到了该相互作用，即 $\underline{\sigma}_{\partial a}=(\sigma_i,\sigma_j,\sigma_k,\sigma_l)$。在系统处于热力学平衡时能量 E_a 的平均值为

$$\left\langle E_a(\underline{\sigma}_{\partial a})\right\rangle=\frac{\sum\limits_{\underline{\sigma}}\mathrm{e}^{-\beta E(\underline{\sigma})}E_a(\underline{\sigma}_{\partial a})}{\sum\limits_{\underline{\sigma}}\mathrm{e}^{-\beta E(\underline{\sigma})}}=\frac{\sum\limits_{\underline{\sigma}}\mathrm{e}^{-\beta E_a^{(cs)}(\underline{\sigma})}\psi_a(\underline{\sigma}_{\partial a})E_a(\underline{\sigma}_{\partial a})}{\sum\limits_{\underline{\sigma}}\mathrm{e}^{-\beta E_a^{(cs)}(\underline{\sigma})}\psi_a(\underline{\sigma}_{\partial a})},$$

其中

$$E_a^{(cs)}(\underline{\sigma})\equiv E(\underline{\sigma})-E_a(\underline{\sigma}_{\partial a})$$

是将因素节点 a 从系统中挖除后剩下的子系统的总能量（子系统称为一个空腔系统）。经过简单的推导可将平均能量进一步写为

$$\left\langle E_a(\underline{\sigma}_{\partial a})\right\rangle=\frac{\sum\limits_{\underline{\sigma}_{\partial a}}Q_a^{(cs)}(\underline{\sigma}_{\partial a})\psi_a(\underline{\sigma}_{\partial a})E_a(\underline{\sigma}_{\partial a})}{\sum\limits_{\underline{\sigma}_{\partial a}}Q_a^{(cs)}(\underline{\sigma}_{\partial a})\psi_a(\underline{\sigma}_{\partial a})}. \tag{3.35}$$

式中，概率分布函数 $Q_a^{(cs)}(\underline{\sigma}_{\partial a})$ 是在除去因素节点 a 的空腔系统中，集合 ∂a 中的变量节点（即示意图 3.3 中的 i、j、k、l）自旋值的平衡边际概率分布：

$$Q_a^{(cs)}(\underline{\sigma}_{\partial a})\equiv\frac{1}{\sum\limits_{\underline{\sigma}}\mathrm{e}^{-\beta E_a^{(cs)}(\underline{\sigma})}}\sum_{\underline{\sigma}\backslash\underline{\sigma}_{\partial a}}\mathrm{e}^{-\beta E_a^{(cs)}(\underline{\sigma})}, \tag{3.36}$$

其中，$\sum\limits_{\underline{\sigma}\backslash\underline{\sigma}_{\partial a}}$ 表示对除集合 ∂a 外所有其他变量节点的自旋态进行求和。

习题 3.3 验证表达式 (3.35) 的正确性并仔细思考其统计物理含义。

在不包含因素节点 a 的空腔系统中，见示意图 3.4 (a)，集合 ∂a 中的变量节点不再因为相互作用能量 E_a 而相互关联。如果这些节点 i,j,k,l 在该空腔系统中是互相不连通的，那它们的自旋态必定完全独立，从而 $Q_a^{(cs)}(\underline{\sigma}_{\partial a})$ 将是这些节点的自旋边际概率分布的乘积。但如果这些节点在空腔系统中仍然是通过其他因素节点而相互连通的，那它们就会因为空腔系统中的其他相互作用而互相关联。作为第一级近似，先不考虑 σ_i、σ_j、σ_k、σ_l 在该空腔系统中的关联，而将 $Q_a^{(cs)}(\underline{\sigma}_{\partial a})$ 写成概率分布乘积的形式：

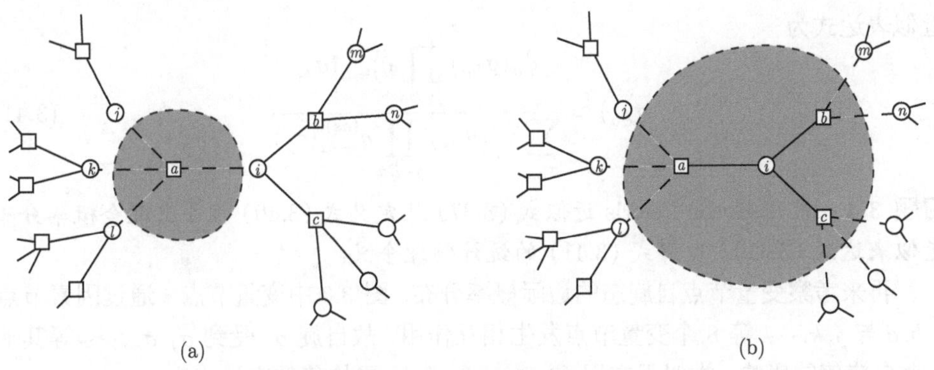

图 3.4 空腔系统示意图

(a) 将因素节点 a 从因素网络中挖掉；(b) 将变量节点 i 及其所有最近邻因素节点从因素网络中挖掉

$$Q_a^{(cs)}(\underline{\sigma}_{\partial a}) \approx \prod_{j\in\partial a} q_{j\to a}^{(cs)}(\sigma_j) , \tag{3.37}$$

其中，$q_{j\to a}^{(cs)}(\sigma_j)$ 是变量节点 j 在空腔系统的自旋态边际概率分布

$$q_{j\to a}^{(cs)}(\sigma_j) \equiv \frac{1}{\sum\limits_{\underline{\sigma}} \mathrm{e}^{-\beta E_a^{(cs)}(\underline{\sigma})}} \sum_{\underline{\sigma}\backslash\sigma_j} \mathrm{e}^{-\beta E_a^{(cs)}(\underline{\sigma})} . \tag{3.38}$$

方程 (3.37) 是 Bethe-Peierls 近似的一种形式[24,131−135]。该表达式假定与因素节点 a 相连的变量节点在 a 被挖去后的子系统中不存在任何关联。将表达式 (3.37) 代入式 (3.35) 就得到

$$\left\langle E_a(\underline{\sigma}_{\partial a})\right\rangle = \frac{\sum\limits_{\underline{\sigma}_{\partial a}} E_a(\underline{\sigma}_{\partial a})\psi_a(\underline{\sigma}_{\partial a}) \prod\limits_{j\in\partial a} q_{j\to a}^{(cs)}(\sigma_j)}{\sum\limits_{\underline{\sigma}_{\partial a}} \psi_a(\underline{\sigma}_{\partial a}) \prod\limits_{j\in\partial a} q_{j\to a}^{(cs)}(\sigma_j)} . \tag{3.39}$$

因素节点 a 的最近邻变量节点集合为 ∂a，这些节点自旋态的联合概率分布记为 $p_a(\underline{\sigma}_{\partial a})$

$$p_a(\underline{\sigma}_{\partial a}) \equiv \frac{\sum\limits_{\underline{\sigma}\backslash\underline{\sigma}_{\partial a}} \mathrm{e}^{-\beta E(\underline{\sigma})}}{\sum\limits_{\underline{\sigma}} \mathrm{e}^{-\beta E(\underline{\sigma})}} . \tag{3.40}$$

由平均能量表达式 (3.39) 可以看出，在 Bethe-Peierls 近似下，该联合概率分布的

近似表达式为

$$p_a(\underline{\sigma}_{\partial a}) \approx \frac{\psi_a(\underline{\sigma}_{\partial a}) \prod\limits_{j \in \partial a} q_{j \to a}^{(cs)}(\sigma_j)}{\sum\limits_{\underline{\sigma}_{\partial a}} \psi_a(\underline{\sigma}_{\partial a}) \prod\limits_{j \in \partial a} q_{j \to a}^{(cs)}(\sigma_j)} . \tag{3.41}$$

习题 3.4　应用 Bethe-Peierls 近似式 (3.37) 从定义式 (3.40) 推导出联合概率分布近似表达式 (3.41)。理解式 (3.41) 的统计物理含义。

再来考察变量节点自旋态的边际概率分布。图 3.3 中变量节点 i 通过因素节点 a, b, c 与 $j, k, \cdots$ 等 8 个变量节点发生相互作用，故自旋 σ_i 受到 $\sigma_j, \sigma_k, \cdots$ 等其他 8 个自旋值的影响。类似于方程（3.35），自旋 σ_i 平均值的表达式为

$$\langle \sigma_i \rangle = \frac{\sum\limits_{\sigma_i} \sum\limits_{\underline{\sigma}_{\partial a \backslash i}} \sum\limits_{\underline{\sigma}_{\partial b \backslash i}} \sum\limits_{\underline{\sigma}_{\partial c \backslash i}} Q_{i+\partial i}^{(cs)}(\underline{\sigma}_{\partial a \backslash i}, \underline{\sigma}_{\partial b \backslash i}, \underline{\sigma}_{\partial c \backslash i}) \psi_a \psi_b \psi_c \psi_i(\sigma_i) \sigma_i}{\sum\limits_{\sigma_i} \sum\limits_{\underline{\sigma}_{\partial a \backslash i}} \sum\limits_{\underline{\sigma}_{\partial b \backslash i}} \sum\limits_{\underline{\sigma}_{\partial c \backslash i}} Q_{i+\partial i}^{(cs)}(\underline{\sigma}_{\partial a \backslash i}, \underline{\sigma}_{\partial b \backslash i}, \underline{\sigma}_{\partial c \backslash i}) \psi_a \psi_b \psi_c \psi_i(\sigma_i)} . \tag{3.42}$$

式中，$\underline{\sigma}_{\partial a \backslash i} \equiv \{\sigma_j : j \in \partial a \backslash i\}$ 是 i 最近邻因素节点 a 所连的其他变量节点自旋态集合，对于图 3.3 而言，$\underline{\sigma}_{\partial a \backslash i} = \{\sigma_j, \sigma_k, \sigma_l\}$。概率分布 $Q_{i+\partial i}^{(cs)}(\underline{\sigma}_{\partial a \backslash i}, \underline{\sigma}_{\partial b \backslash i}, \underline{\sigma}_{\partial c \backslash i})$ 表示在节点 i 及其所有最近邻因素节点被挖去后剩下的空腔系统中，$j, k, \cdots$ 等 8 个变量节点的自旋态联合概率分布，见示意图 3.4（b）。如果假定在这一个空腔系统中变量节点 $j, k, \cdots$ 等是彼此独立的，那么类似于表达式（3.37）可有如下的近似：

$$Q_{i+\partial i}^{(cs)}(\underline{\sigma}_{\partial a \backslash i}, \underline{\sigma}_{\partial b \backslash i}, \underline{\sigma}_{\partial c \backslash i}) \approx \prod_{a \in \partial i} \prod_{j \in \partial a \backslash i} q_{j \to a}^{(cs)}(\sigma_j) . \tag{3.43}$$

将式（3.43）代入式（3.42）就得到

$$\langle \sigma_i \rangle \approx \frac{\sum\limits_{\sigma_i} \sigma_i \psi_i(\sigma_i) p_{a \to i}^{(cs)}(\sigma_i) p_{b \to i}^{(cs)}(\sigma_i) p_{c \to i}^{(cs)}(\sigma_i)}{\sum\limits_{\sigma_i} \psi_i(\sigma_i) p_{a \to i}^{(cs)}(\sigma_i) p_{b \to i}^{(cs)}(\sigma_i) p_{c \to i}^{(cs)}(\sigma_i)} , \tag{3.44}$$

其中

$$p_{a \to i}^{(cs)}(\sigma) \equiv \frac{\sum\limits_{\underline{\sigma}_{\partial a}} \delta(\sigma_i, \sigma) \psi_a(\underline{\sigma}_{\partial a}) \prod\limits_{j \in \partial a \backslash i} q_{j \to a}^{(cs)}(\sigma_j)}{\sum\limits_{\underline{\sigma}_{\partial a}} \psi_a(\underline{\sigma}_{\partial a}) \prod\limits_{j \in \partial a \backslash i} q_{j \to a}^{(cs)}(\sigma_j)} . \tag{3.45}$$

由式（3.44）可知变量节点 i 的边际概率分布 $q_i(\sigma_i)$ 的 Bethe-Peierls 近似表达式为

$$q_i(\sigma_i) \approx \frac{\psi_i(\sigma_i) p_{a \to i}^{(cs)}(\sigma_i) p_{b \to i}^{(cs)}(\sigma_i) p_{c \to i}^{(cs)}(\sigma_i)}{\sum\limits_{\sigma_i} \psi_i(\sigma_i) p_{a \to i}^{(cs)}(\sigma_i) p_{b \to i}^{(cs)}(\sigma_i) p_{c \to i}^{(cs)}(\sigma_i)} . \tag{3.46}$$

在 Bethe-Peierls 近似中，非常重要的一个概率分布是变量节点 i 的空腔概率分布，如 $q_{i\to a}^{(cs)}(\sigma_i)$ 等。根据定义式 (3.38)，概率分布 $q_{i\to a}^{(cs)}(\sigma_i)$ 是当节点 i 不受到相互作用 a 的影响的情况下的边际概率分布。在 Bethe-Peierls 近似下，这一空腔概率分布的表达式为

$$q_{i\to a}^{(cs)}(\sigma) \approx \frac{\psi_i(\sigma) p_{b\to i}^{(cs)}(\sigma) p_{c\to i}^{(cs)}(\sigma)}{\sum\limits_{\sigma_i} \psi_i(\sigma_i) p_{b\to i}^{(cs)}(\sigma_i) p_{c\to i}^{(cs)}(\sigma_i)} . \tag{3.47}$$

习题 3.5 按照推导表达式 (3.46) 的同一方法推导出表达式 (3.47)。

从表达式 (3.46) 和式 (3.47) 可以看出，概率分布 $p_{a\to i}^{(cs)}(\sigma_i)$ 的统计物理含义是变量节点 i 的自旋在只受到因素节点 a 的影响的情况下的边际概率分布。为了使这一点更清楚，可以思考如下的问题：对于图 3.4 (b) 所示的空腔系统，现在将因素节点 a 添上，这样节点 i 就会与变量节点 j,k,l 的状态发生关联，那么自旋 σ_i 的边际概率是多少？重复本节前面的推导过程可以得出，该边际概率在 Bethe-Peierls 近似下即为 $p_{a\to i}^{(cs)}(\sigma_i)$，由表达式 (3.45) 计算出来。

将表达式 (3.45) 和式 (3.47) 与信念传播方程 (3.27) 相比较，可以发现如果对每个概率分布都作如下的替换：

$$p_{a\to i}(\sigma_i) \Rightarrow p_{a\to i}^{(cs)}(\sigma_i) , \qquad q_{i\to a}(\sigma_i) \Rightarrow q_{i\to a}^{(cs)}(\sigma_i) \tag{3.48}$$

那么信念传播方程 (3.27) 就变成方程 (3.45) 和 (3.47)。

通过本节的讨论，配分函数展开表达式 (3.19) 中辅助概率分布函数的物理意义就清楚了：$p_{a\to i}(\sigma_i)$ 是变量节点 i 只参与相互作用 a，它的微观态 σ_i 的概率分布；而 $q_{i\to a}(\sigma_i)$ 是变量节点 i 不参与相互作用 a 但参与其他相互作用，它的微观态 σ_i 的概率分布。

3.4 复本对称平均场理论

由 3.2 节的分析可知，如果将满足信念传播方程 (3.27) 的一组概率分布函数作为展开辅助函数，就可将配分函数展开为

$$Z = Z_0 \times \Big(1 + \sum_{ⓦ\subseteq W} L_{ⓦ}\Big) . \tag{3.49}$$

式中，ⓦ 代表因素网络 W 的一个不包含任何摇摆边的子网络，它的每个节点的连通度至少为 2。这样的子网络称为圈图。方程 (3.49) 称为配分函数的圈图展开式。相应地，系统自由能 F 的表达式为

$$F = -\frac{1}{\beta}\ln Z = F_0 + \Delta F \tag{3.50}$$

其中，$F_0 = -\frac{1}{\beta}\ln Z_0$；而自由能圈图修正项 ΔF 为

$$\Delta F = -\frac{1}{\beta}\ln\Big[1 + \sum_{Ⓦ \subseteq W} L_{Ⓦ}\Big] . \tag{3.51}$$

如果忽略 ΔF，则得到系统自由能的近似表达式 $F \approx F_0$，

$$F_0 = \sum_{a\in W} f_a + \sum_{i\in W} f_i - \sum_{(i,a)\in W} f_{(i,a)} , \tag{3.52}$$

其中，f_a、f_i 和 $f_{(i,a)}$ 的表达式分别由式（3.7）、式（3.13）和式（3.15）给出。F_0 在文献中常被称为 Bethe-Peierls 自由能。F_0 是所有因素节点的自由能贡献 f_a 与所有变量节点的贡献 f_i 之和再减去所有边 (i,a) 的贡献 $f_{(i,a)}$ 后所得到的结果。对于要将每一条边的自由能贡献从总自由能中减去的原因，有一个非常直观的理解：在计算因素节点 a 的自由能贡献时，与之相连的边 (i,a) 的自由能贡献已经被考虑进去了；在计算变量节点 i 的自由能贡献时，边 (i,a) 的效应又被考虑进去了；为了抵消这种重复考虑导致的偏差，需要在总自由能的结果中将边 (i,a) 的自由能贡献减去一次。

Bethe-Peierls 自由能也可以看成是概率分布函数 $\{q_{i\to a}, p_{a\to i}\}$ 的泛函：

$$\begin{aligned} F_0 = & -\frac{1}{\beta}\sum_a \ln\Big[\sum_{\underline{\sigma}_{\partial a}} \psi_a(\underline{\sigma}_{\partial a}) \prod_{i\in\partial a} q_{i\to a}(\sigma_i)\Big] - \frac{1}{\beta}\sum_i \ln\Big[\sum_{\sigma_i} \psi_i(\sigma_i) \prod_{a\in\partial i} p_{a\to i}(\sigma_i)\Big] \\ & + \frac{1}{\beta}\sum_{(i,a)} \ln\Big[\sum_{\sigma_i} q_{i\to a}(\sigma_i) p_{a\to i}(\sigma_i)\Big] . \end{aligned} \tag{3.53}$$

该泛函对函数 $q_{i\to a}$ 和 $p_{a\to i}$ 的一阶变分分别为

$$\frac{\delta\beta F_0}{\delta q_{i\to a}(\sigma_i)} = \frac{p_{a\to i}(\sigma_i)}{\sum\limits_{\sigma} q_{i\to a}(\sigma) p_{a\to i}(\sigma)} - \frac{\sum\limits_{\underline{\sigma}_{\partial a\backslash i}} \psi_a(\underline{\sigma}_{\partial a}) \prod\limits_{j\in\partial a\backslash i} q_{j\to a}(\sigma_j)}{\sum\limits_{\underline{\sigma}_{\partial a}} \psi_a(\underline{\sigma}_{\partial a}) \prod\limits_{j\in\partial a} q_{j\to a}(\sigma_j)} , \tag{3.54a}$$

$$\frac{\delta\beta F_0}{\delta p_{a\to i}(\sigma_i)} = \frac{q_{i\to a}(\sigma_i)}{\sum\limits_{\sigma} q_{i\to a}(\sigma) p_{a\to i}(\sigma)} - \frac{\psi_i(\sigma_i) \prod\limits_{b\in\partial i\backslash a} p_{b\to i}(\sigma_i)}{\sum\limits_{\sigma} \psi_i(\sigma) \prod\limits_{b\in\partial i} p_{b\to i}(\sigma)} . \tag{3.54b}$$

在信念传播方程（3.27）的不动点处自由能 F_0 作为泛函的一阶变分为零：

$$\frac{\delta F_0}{\delta q_{i\to a}(\sigma_i)}\bigg|_{\mathrm{BP}} = 0 , \qquad \frac{\delta F_0}{\delta p_{a\to i}(\sigma_i)}\bigg|_{\mathrm{BP}} = 0 , \qquad \forall\ (i,a) \in W . \tag{3.55}$$

这是 Bethe-Peierls 自由能一个非常重要的性质。

习题 3.6 对于所有自旋变量为 $\sigma_i = \pm 1$ 的情形，Bethe-Peierls 自由能 (3.53) 可以表达成磁场 $\{h_{i\to a}\}$ 和磁场 $\{u_{a\to i}\}$ 的函数。验证这一表达式为

$$F_0 = -\frac{1}{\beta}\sum_a \ln\Big[\sum_{\underline{\sigma}_{\partial a}} \psi_a(\underline{\sigma}_{\partial a}) \mathrm{e}^{\sum\limits_{i\in\partial a} \beta h_{i\to a}\sigma_i}\Big] - \frac{1}{\beta}\sum_i \ln\Big[\sum_{\sigma_i} \psi_i(\sigma_i) \mathrm{e}^{\sum\limits_{a\in\partial i} \beta u_{a\to i}\sigma_i}\Big] + \frac{1}{\beta}\sum_{(i,a)} \ln\Big[2\cosh\big(\beta(u_{a\to i} + h_{i\to a})\big)\Big]. \tag{3.56}$$

Bethe-Peierls 自由能（3.53）及信念传播方程（3.27）构成模型系统（2.1）的复本对称（replica symmetric, RS）平均场理论[6, 19]。该理论将平衡自由能的所有圈图修正贡献都忽略，假设系统的平衡自由能等于 Bethe-Peierls 自由能 F_0。我们将以自由能 F_0 为出发点计算系统平均能量、熵、变量节点自旋平均值及自旋之间的关联函数。在此之前，先对自由能修正贡献 ΔF 稍微进行一点讨论。

如果模型所对应的因素网络 W 不存在任何回路，即因素网络是树状的，那么在信念传播方程不动点处 Bethe-Peierls 自由能就严格等于系统的平衡自由能。对于这种情况，$\Delta F = 0$。而且可以证明信念传播方程（3.27）一定只存在一个不动点，该不动点可以很容易通过局部迭代而得到（从树状因素网络的边际开始向内部进行迭代）。树状系统的平衡自由能计算是简单的。

对于带有回路的一般因素网络，如果 $\Delta F \leqslant 0$，那么就有 $F \leqslant F_0$，即自由能的 Bethe-Peierls 近似（3.52）给出系统自由能 F 的一个上限；反之如果 $\Delta F \geqslant 0$，则 F_0 是自由能 F 的一个下限。判断 ΔF 的正负并非容易的事情，只在非常简单的系统能够做到，例如下面的习题。

习题 3.7 考虑处在包含 N 个节点及 N 条边的一维环上的伊辛模型。自旋之间有最近邻相互作用，能量函数为 $E(\sigma_1, \sigma_2, \cdots, \sigma_N) = -J\sum_{i=1}^{N} \sigma_i\sigma_{i+1}$，其中 $\sigma_i = \pm 1$，$\sigma_{N+1} \equiv \sigma_1$。该模型系统只有一个不含摇摆边的子网络。

(1) 验证信念传播方程 (3.30) 的解为 $h_{i\to a} = u_{a\to i} = 0$。

(2) 验证 Bethe-Peierls 自由能为 $F_0 = -\frac{N}{\beta}\ln\big[2\cosh(\beta J)\big]$。

(3) 验证自由能的修正贡献为 $\Delta F = -\frac{1}{\beta}\ln\big[1 + \tanh^N(\beta J)\big]$。

在这一习题中，如果相互作用为铁磁型（$J > 0$），则有 $\Delta F < 0$。如果相互作用为反铁磁型（$J < 0$），则当 N 为偶数时 $\Delta F < 0$，而当 N 为奇数时 $\Delta F > 0$。

对于反铁磁相互作用伊辛环，当相互作用数 N 为奇时，环中存在阻挫，即不存在一个自旋微观构型 $(\sigma_1, \sigma_2, \cdots, \sigma_N)$ 能够使所有 N 个反铁磁相互作用的能量同时为最低（$= -|J|$）。对于任意自旋构型，回路中至少有一个反铁磁相互作用能

量为 $|J|$。上面的习题显示，对于这样一个存在阻挫的回路，它的自由能修正贡献为正，即 Bethe-Peierls 自由能 F_0 比系统真正的自由能 F 要小。

阻挫广泛地存在于自旋玻璃系统中，当一个圈图中回路的数目很多时，阻挫的情况很复杂，这导致圈图对配分函数的修正贡献的正负符号可能是多种因素相互竞争的结果。近年来在 Sherrington-Kirkpatrick 自旋玻璃模型[35] 上展开的一些数学工作[39−42]，倾向于支持这样的猜测：对一个包含很多阻挫的完全连通自旋玻璃系统，其自由能的 Bethe-Peierls 近似 F_0 是系统真正自由能 F 的下限。这方面进一步的理论工作当然还很艰巨。

当温度 $T \to 0$ 时系统的自由能趋向于系统的基态能量。对于许多自旋玻璃模型系统，圈图对系统基态能量的修正贡献常常是不可忽略的。在文献 [73]、[76]、[157] 中讨论了阻挫效应对一些随机网络自旋玻璃模型基态能量的影响。这些系统中的回路长度平均而言随变量节点数目 N 的增加而对数式增长。文献 [73]、[76]、[157] 将这一类系统中的阻挫效应看成是一种渗流（percolation）现象，并提出了一种长程阻挫平均场理论。该理论对系统的基态能量密度能给出较好的估计。

3.4.1 Bethe-Peierls 自由能的其他两种形式

在信念传播方程的不动点处，可以将 Bethe-Peierls 自由能表达式（3.53）中的所有概率分布函数 $p_{a\to i}(\sigma)$ 用方程（3.27b）右侧的表达式来替代，这样 Bethe-Peierls 自由能就写成了如下的形式：

$$
\begin{aligned}
F_0 = & -\frac{1}{\beta}\sum_i \ln\Big[\sum_{\sigma_i}\psi_i(\sigma_i)\prod_{b\in\partial i}\sum_{\underline{\sigma}_{\partial b\backslash i}}\psi_b(\underline{\sigma}_{\partial b})\prod_{k\in\partial b\backslash i} q_{k\to b}(\sigma_k)\Big] \\
& + \frac{1}{\beta}\sum_a (|\partial a| - 1)\ln\Big[\sum_{\underline{\sigma}_{\partial a}}\psi_a(\underline{\sigma}_{\partial a})\prod_{j\in\partial a} q_{j\to a}(\sigma_j)\Big] .
\end{aligned}
\tag{3.57}
$$

式中，$\underline{\sigma}_{\partial a} = \{\sigma_j : j \in \partial a\}$，而 $\underline{\sigma}_{\partial b\backslash i} = \{\sigma_j : j \in \partial b\backslash i\}$。相应的信念传播方程为

$$
q_{i\to a}(\sigma) = \frac{\psi_i(\sigma)\displaystyle\prod_{b\in\partial i\backslash a}\sum_{\underline{\sigma}_{\partial b}}\delta(\sigma_i,\sigma)\psi_b(\underline{\sigma}_{\partial b})\prod_{j\in\partial b\backslash i} q_{j\to b}(\sigma_j)}{\displaystyle\sum_{\sigma_i}\psi_i(\sigma_i)\prod_{b\in\partial i\backslash a}\sum_{\underline{\sigma}_{\partial b\backslash i}}\psi_b(\underline{\sigma}_{\partial b})\prod_{j\in\partial b\backslash i} q_{j\to b}(\sigma_j)} .
\tag{3.58}
$$

Bethe-Peierls 自由能（3.53）也可以表达成概率分布 $\{p_{a\to i}(\sigma)\}$ 的函数，即

$$
\begin{aligned}
F_0 = & -\frac{1}{\beta}\sum_a \ln\Big[\sum_{\underline{\sigma}_{\partial a}}\psi_a(\underline{\sigma}_{\partial a})\prod_{j\in\partial a}\psi_j(\sigma_j)\prod_{b\in\partial j\backslash a} p_{b\to j}(\sigma_j)\Big] \\
& + \frac{1}{\beta}\sum_i (|\partial i| - 1)\ln\Big[\sum_{\sigma_i}\psi_i(\sigma_i)\prod_{b\in\partial i} p_{b\to i}(\sigma_i)\Big] .
\end{aligned}
\tag{3.59}
$$

相应的信念传播方程为

$$p_{a\to i}(\sigma)=\frac{\displaystyle\sum_{\underline{\sigma}_{\partial a}}\delta(\sigma_i,\sigma)\psi_a(\underline{\sigma}_{\partial a})\prod_{j\in\partial a\backslash i}\psi_j(\sigma_j)\prod_{b\in\partial j\backslash a}p_{b\to j}(\sigma_j)}{\displaystyle\sum_{\underline{\sigma}_{\partial a}}\psi_a(\underline{\sigma}_{\partial a})\prod_{j\in\partial a\backslash i}\psi_j(\sigma_j)\prod_{b\in\partial j\backslash a}p_{b\to j}(\sigma_j)}\,. \tag{3.60}$$

自由能表达式 (3.57) 和 (3.59) 在文献中用得很多，它们相比于表达式 (3.53) 有一些数值计算上的优越性。

3.4.2 平均能量和熵

系统的平均能量与自由能的关系由式 (2.16) 给出。利用自由能的圈图展开表达式 (3.50) 可以得到

$$\langle E\rangle=\langle E\rangle_0+\langle\Delta E\rangle\,. \tag{3.61}$$

式中，$\langle E\rangle_0$ 称为系统平均能量的 Bethe-Peierls 近似值。利用式 (3.53) 以及式 (3.55) 可以导出

$$\begin{aligned}\langle E\rangle_0\equiv\frac{\partial[\beta F_0]}{\partial\beta}=&\sum_a\left[\frac{\displaystyle\sum_{\underline{\sigma}_{\partial a}}E_a(\underline{\sigma}_{\partial a})\psi_a(\underline{\sigma}_{\partial a})\prod_{i\in\partial a}q_{i\to a}(\sigma_i)}{\displaystyle\sum_{\underline{\sigma}_{\partial a}}\psi_a(\underline{\sigma}_{\partial a})\prod_{i\in\partial a}q_{i\to a}(\sigma_i)}\right]\\&+\sum_i\left[\frac{\displaystyle\sum_{\sigma_i}E_i(\sigma_i)\psi_i(\sigma_i)\prod_{a\in\partial i}p_{a\to i}(\sigma_i)}{\displaystyle\sum_{\sigma}\psi_i(\sigma)\prod_{a\in\partial i}p_{a\to i}(\sigma)}\right],\end{aligned} \tag{3.62}$$

即 $\langle E\rangle_0$ 是所有因素节点 a 及变量节点 i 的平均能量之和。平均能量的圈图修正项 $\langle\Delta E\rangle$ 为

$$\langle\Delta E\rangle\equiv\frac{\partial[\beta\Delta F]}{\partial\beta}=-\frac{1}{1+\sum_{ⓦ}L_{ⓦ}}\sum_{ⓦ}\frac{\partial L_{ⓦ}}{\partial\beta}\,. \tag{3.63}$$

由式 (2.15) 可知，在逆温度 β 处系统的熵 S 为

$$S=\frac{1}{T}\big(\langle E\rangle-F\big)=S_0+\Delta S\,, \tag{3.64}$$

其中，S_0 称为熵的 Bethe-Peierls 近似

$$S_0=\frac{\langle E\rangle_0-F_0}{T}\,, \tag{3.65}$$

而熵的圈图修正项为

$$\Delta S=\frac{\langle\Delta E\rangle-\Delta F}{T}\,. \tag{3.66}$$

3.4.3 边际概率分布及其相容性

由式 (3.62) 可以看出，在复本对称平均场理论中变量节点 i 的自旋态边际概率分布函数的表达式为

$$q_i(\sigma) = \frac{1}{\sum_{\sigma_i} \psi_i(\sigma_i) \prod_{a \in \partial i} p_{a\to i}(\sigma_i)} \psi_i(\sigma) \prod_{a \in \partial i} p_{a\to i}(\sigma) \, , \tag{3.67}$$

而任一因素节点 a 所连的变量节点自旋态的联合概率分布函数的表达式则为

$$p_a(\underline{\sigma}_{\partial a}) = \frac{1}{\sum_{\underline{\tilde{\sigma}}_{\partial a}} \psi_a(\underline{\tilde{\sigma}}_{\partial a}) \prod_{i \in \partial a} q_{i\to a}(\tilde{\sigma}_i)} \psi_a(\underline{\sigma}_{\partial a}) \prod_{i \in \partial a} q_{i\to a}(\sigma_i) \, . \tag{3.68}$$

这两个表达式也可以根据 Bethe-Peierls 近似推导出来，参见式 (3.46) 和式 (3.41)。

由因素节点 a 的边际概率 $p_a(\underline{\sigma}_{\partial a})$ 出发可以求得每个参与该相互作用的变量节点 i 的自旋边际概率分布。例如，对于图 3.3 而言，由因素节点 a 推断出变量节点 i 的自旋态边际概率分布等于 $\sum_{\sigma_j, \sigma_k, \sigma_l} p_a(\sigma_i, \sigma_j, \sigma_k, \sigma_l)$。通过这种方式得到的自旋态边际概率分布是否与方程 (3.67) 所得到的结果相同？答案是肯定的。在信念传播方程 (3.27) 的不动点处，边际概率分布有如下相容性：

$$q_i(\sigma_i) = \sum_{\underline{\sigma}_{\partial a \backslash i}} p_a(\underline{\sigma}_{\partial a}) \, , \qquad \forall \, (i, a) \in W \, . \tag{3.69}$$

和表达式 (3.57) 一样，式 (3.69) 中的求和 $\sum_{\underline{\sigma}_{\partial a \backslash i}}$ 表示对因素节点 a 的所有最近邻变量节点的自旋态进行求和，但不包括节点 i 的自旋 σ_i。相容关系 (3.69) 的证明很容易，作为练习留给读者。

习题 3.8 证明边际概率分布函数 $q_i(\sigma_i)$ 和 $p_a(\underline{\sigma}_{\partial a})$ 在信念传播方程 (3.27) 的不动点处满足相容关系 (3.69)。

相容关系 (3.69) 有重要的意义，它表明复本对称平均场理论对于单个变量节点状态的描述至少是自洽的。由这一关系可以确保当一个变量节点 i 参与到多个相互作用 (如图 3.3 中的 a、b、c) 时，不同的概率分布函数 p_a、p_b、p_c 对于节点 i 状态的统计描述都相同。

如果因素网络 W 不含任何回路，那么方程 (3.67) 和方程 (3.68) 所给出的边际概率分布是完全精确的。对于这种树状系统，系统的平衡玻尔兹曼分布 (2.4) 实际上可以写为如下的乘积形式：

$$P_{\mathrm{B}}(\sigma_1, \sigma_2, \cdots, \sigma_N) = \prod_{a \in W} p_a(\underline{\sigma}_{\partial a}) \prod_{i \in W} \left[q_i(\sigma_i) \right]^{1-k_i} \, , \tag{3.70}$$

其中，$k_i \equiv |\partial i|$ 是变量节点 i 的连通度。

习题 3.9 证明表达式 (3.70) 对于定义在任何不包含回路的因素网络上的自旋玻璃模型都成立，其中概率分布函数 $q_i(\sigma_i)$ 及 $p_a(\underline{\sigma}_{\partial a})$ 由信念传播方程 (3.27) 的不动点分别通过式 (3.67) 和式 (3.68) 得到。

若因素网络中包含回路，表达式（3.70）将不再成立，但该式右侧可能仍然是玻尔兹曼分布 $P_{\rm B}(\underline{\sigma})$ 一个很好的近似（但它并不一定是归一化的）。

3.4.4 自旋关联函数

现在讨论自旋之间的关联。为讨论方便局限于节点状态为 ± 1 的伊辛自旋情形。在平衡时，变量节点 i 的自旋平均值为

$$\langle \sigma_i \rangle \equiv \sum_{\underline{\sigma}} \sigma_i P_{\rm B}(\underline{\sigma}) \,. \tag{3.71}$$

这一平均值可以由自由能 F 对外部磁场 h_i^0 求偏导数而得到，即

$$\langle \sigma_i \rangle \equiv -\frac{\partial F}{\partial h_i^0} = \langle \sigma_i \rangle_0 + \langle \Delta \sigma_i \rangle \,, \tag{3.72}$$

其中，$\langle \sigma_i \rangle_0$ 是自旋平均值的 Bethe-Peierls 近似值

$$\langle \sigma_i \rangle_0 = \sum_{\sigma_i} \sigma_i q_i(\sigma_i) = \tanh\Big[\beta\big(h_i^0 + \sum_{a\in\partial i} u_{a\to i}\big)\Big] \,, \tag{3.73}$$

而平均自旋的圈图修正贡献项 $\langle \Delta\sigma_i \rangle$ 则为

$$\langle \Delta \sigma_i \rangle = -\frac{\partial \Delta F}{\partial h_i^0} \,. \tag{3.74}$$

两个变量节点 i 和 j 的自旋态之间的关联可由连接关联（connected correlation）$\langle \sigma_i \sigma_j \rangle_c$ 来表征：

$$\langle \sigma_i \sigma_j \rangle_c \equiv \langle \sigma_i \sigma_j \rangle - \langle \sigma_i \rangle \langle \sigma_j \rangle = -\frac{1}{\beta} \frac{\partial^2 F}{\partial h_i^0 \partial h_j^0} = \frac{1}{\beta} \frac{\partial \langle \sigma_i \rangle}{\partial h_j^0} \,. \tag{3.75}$$

如果忽略自由能圈图修正贡献 ΔF，那么两点关联的近似表达式为

$$\langle \sigma_i \sigma_j \rangle_c \approx \frac{1}{\beta} \frac{\partial \langle \sigma_i \rangle_0}{\partial h_j^0} = \Big(1 - \langle \sigma_i \rangle_0^2\Big) \Big(\delta_i^j + \sum_{a\in\partial i} \frac{\partial u_{a\to i}}{\partial h_j^0}\Big) \,. \tag{3.76}$$

为了计算自旋 σ_j 和系统中的所有其他自旋 σ_i 之间的关联，就需要先计算出所有空腔磁场$u_{a\to i}$（它们由方程（3.29a）所定义）对外部磁场 h_j^0 的偏导数。

若外场 h_j^0 作微小改变时 $u_{a\to i}$ 的改变也很小，那么由信念传播方程 (3.30) 就可以得到

$$\frac{\partial h_{i\to a}}{\partial h_j^0} = \delta_j^i + \sum_{b\in\partial i\backslash a} \frac{\partial u_{b\to i}}{\partial h_j^0}, \tag{3.77a}$$

$$\frac{\partial u_{a\to i}}{\partial h_j^0} = \frac{1}{2}\sum_{k\in\partial a\backslash i} \frac{\partial h_{k\to a}}{\partial h_j^0}\left[\frac{\sum\limits_{\underline{\sigma}_{\partial a}} \sigma_k \delta(\sigma_i,+1)\psi_a(\underline{\sigma}_{\partial a})\prod\limits_{l\in\partial a\backslash i} \mathrm{e}^{\beta h_{l\to a}\sigma_l}}{\sum\limits_{\underline{\sigma}_{\partial a}} \delta(\sigma_i,+1)\psi_a(\underline{\sigma}_{\partial a})\prod\limits_{l\in\partial a\backslash i} \mathrm{e}^{\beta h_{l\to a}\sigma_l}} - \frac{\sum\limits_{\underline{\sigma}_{\partial a}} \sigma_k \delta(\sigma_i,-1)\psi_a(\underline{\sigma}_{\partial a})\prod\limits_{l\in\partial a\backslash i} \mathrm{e}^{\beta h_{l\to a}\sigma_l}}{\sum\limits_{\underline{\sigma}_{\partial a}} \delta(\sigma_i,-1)\psi_a(\underline{\sigma}_{\partial a})\prod\limits_{l\in\partial a\backslash i} \mathrm{e}^{\beta h_{l\to a}\sigma_l}}\right]. \tag{3.77b}$$

容易注意到式 (3.77) 是与信念传播方程 (3.30) 很类似的迭代方程，这组方程的不动点也可以通过消息传递数值计算来获得。具体的计算步骤如下：

(1) 通过迭代获得信念传播方程 (3.30) 的一个不动点 $\{u_{a\to i}, h_{i\to a}\}$。

(2) 在因素网络所有的边 (i,a) 上赋初值 $\frac{\partial u_{a\to i}}{\partial h_j^0}=0$，$\frac{\partial h_{i\to a}}{\partial h_j^0}=\delta_j^i$。

(3) 按照方程 (3.77) 进行迭代，更新每一条边 (i,a) 上的消息 $\frac{\partial h_{i\to a}}{\partial h_j^0}$ 及 $\frac{\partial u_{a\to i}}{\partial h_j^0}$，直到达到方程 (3.77) 的一个不动点。

(4) 利用式 (3.76) 计算自旋两点关联。

消息迭代公式 (3.77) 对于一些简单类型的自旋相互作用可以写成明显的形式。

习题 3.10 (1) 如果因素节点 a 代表两个变量节点 i 和 k 之间的相互作用，且能量函数为 $E_a = -J_{ik}\sigma_i\sigma_k$，那么式 (3.77b) 可以简化为

$$\frac{\partial u_{a\to i}}{\partial h_j^0} = \frac{\partial h_{k\to a}}{\partial h_j^0}\frac{\tanh(\beta J_{ik})[1-\tanh^2(\beta h_{k\to a})]}{1-\tanh^2(\beta J_{ik})\tanh^2(\beta h_{k\to a})}. \tag{3.78}$$

(2) 如果因素节点 a 代表多个变量节点之间的自旋耦合，其能量函数为 $E_a = -J_a\prod\limits_{k\in\partial a}\sigma_k$，那么式 (3.77b) 可以简化为

$$\frac{\partial u_{a\to i}}{\partial h_j^0} = \sum_{k\in\partial a\backslash i}\frac{\partial h_{k\to a}}{\partial h_j^0}\frac{\tanh(\beta J_a)[1-\tanh^2\beta h_{k\to a}]\prod\limits_{l\in\partial a\backslash i,k}\tanh(\beta h_{l\to a})}{1-\tanh^2(\beta J_a)\prod\limits_{l\in\partial a\backslash i}\tanh^2(\beta h_{l\to a})}. \tag{3.79}$$

方程 (3.78) 和方程 (3.79) 也可以分别由方程 (3.32) 和方程 (3.33) 出发推导出来。

两个变量节点 i、j 之间的距离 $d(i,j)$ 可定义为因素网络 W 中连接 i 和 j 的最短路径上因素节点的数目（图 3.5）。例如，如果 i 和 j 同属于某个因素节点 a 的最近邻节点集合 ∂a，则 $d(i,j)=1$。如果 i 和 j 分属于 W 中两个不同的连通单元，则可定义 $d(i,j)=\infty$。自旋两点关联 $\langle\sigma_i\sigma_j\rangle_c$ 通常随距离 $d(i,j)$ 指数式衰减，即 $\langle\sigma_i\sigma_j\rangle_c\sim\exp\big[-d(i,j)/\xi\big]$，其中 ξ 是特征关联长度。系统也可能存在某个临界温度 T_{c}，当环境温度 T 很接近 T_{c} 时，自旋两点关联 $\langle\sigma_i\sigma_j\rangle_c$ 趋向于以幂次形式随距离而衰减，即 $\langle\sigma_i\sigma_j\rangle_c\sim[d(i,j)]^{-\lambda}$，其中 λ 称为一个临界指数（critical exponent）。后一种情况意味着系统的自旋两点关联特征长度趋向于无穷大，对应于系统将在 T_{c} 处发生一个连续相变，系统的宏观性质出现定性的改变。

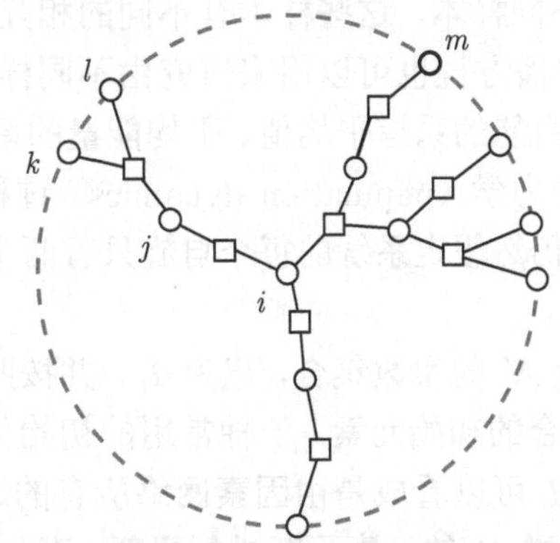

图 3.5 变量节点自旋态之间的两点关联及点到集合关联示意图

节点 i 和 j 的距离为 1；处于虚线圆圈上的节点 k、l、m 等与 i 的距离为 2，它们构成集合 $\partial_2 i$

但是另一方面，系统宏观性质出现定性改变并不意味着自旋两点关联特征长度一定会趋向无穷大。例如，如果系统在温度 T_{c} 处发生的是一个非连续相变，那么在相变温度两侧的自旋两点关联特征长度都是有限的。定量描述系统中的关联性质的另一个重要物理学量是点到集合的关联（point-to-set correlation）[158, 159]。考虑任一变量节点 i 并构造一个集合 $\partial_d i$，集合 $\partial_d i$ 包含因素网络 W 中所有与 i 的距离为 d 的变量节点，即 $\partial_d i\equiv\{j:d(i,j)=d\}$。为了考察变量节点 i 的自旋状态 σ_i 与集合 $\partial_d i$ 的自旋状态 $\underline{\sigma}_{\partial_d i}\equiv\{\sigma_j:d(i,j)=d\}$ 的关联，可以选择 σ_i 的某个合适函数 $y_1(\sigma_i)$，以及自旋态 $\underline{\sigma}_{\partial_d i}$ 的某个合适函数 $y_2(\underline{\sigma}_{\partial_d i})$，并研究这两个函数值之间的连接关联：

$$\big\langle y_1(\sigma_i)y_2(\underline{\sigma}_{\partial_d i})\big\rangle_c\equiv\big\langle y_1(\sigma_i)y_2(\underline{\sigma}_{\partial_d i})\big\rangle-\big\langle y_1(\sigma_i)\big\rangle\big\langle y_2(\underline{\sigma}_{\partial_d i})\big\rangle\,. \tag{3.80}$$

如果 $\big\langle y_1(\sigma_i)y_2(\underline{\sigma}_{\partial_d i})\big\rangle_c$ 随着距离 d 而指数式衰减，即 $\big\langle y_1(\sigma_i)y_2(\underline{\sigma}_{\partial_d i})\big\rangle_c\sim\mathrm{e}^{-d/\xi}$，则说明一个处于系统内部的变量节点 i 的自旋状态不受系统边界条件的影响。如果 $\big\langle y_1(\sigma_i)y_2(\underline{\sigma}_{\partial_d i})\big\rangle_c\sim d^{-\lambda}$（幂次衰减）或者它随着距离 d 的增加趋向于一个非零常

数，则意味着系统内部的状态强烈地依赖于边界状态。

计算点到集合之间自旋态的关联有重要的意义，但却是一项很困难的任务。文献 [158]、[159] 对于随机网络上的一些简单模型系统作了理论上的探讨，但对于一般系统而言，利用消息传递迭代来定量计算点到集合的关联仍然需要理论上的进一步研究。

3.5 复本对称种群动力学过程

3.4 节的复本对称平均场理论适用于研究一个给定的自旋玻璃样本。同一个自旋玻璃模型对应于许多不同样本，这些样本有不同的相互作用参数或者它们的网络连接方式不同。信念传播方程也可以用来研究由不同样本所构成的系综的平均统计物理性质，例如，自由能的系综平均值、平均能量的系综平均值等。具体的计算方案是复本对称种群动力学（population dynamics）过程[116]。下面介绍该计算方案的要点。为简单起见仍然假定系统的每个自旋只有两个分量，相应的信念传播方程为式 (3.30)。

首先定义一个长度为 $\mathcal{N}$ 的实数集合，记为 H，并按照某种分布产生 $\mathcal{N}$ 个随机实数 $h_{i\to a}$ 作为这一集合的初始元素。一种常用的初始化方法是令集合 H 的每一个元素都为零。集合 H 可以看成是由因素网络所有的边上的空腔磁场$h_{i\to a}$ 构成的一个种群。然后对种群 H 的元素不断进行更新，直到种群在概率分布的意义上达到稳态。每一次基本的更新包含如下几个步骤：

（1）根据给定自旋玻璃模型的性质，按照某种概率分布函数产生一个变量节点 i 的外部磁场 h_i^0，并按照另外一种特定概率分布函数 $P_v(k_i)$ 产生一个随机非负整数 k_i 作为节点 i 在因素网络中的连通度。

（2）根据给定自旋玻璃模型的性质，产生一个因素节点 a 的玻尔兹曼因子 ψ_a，它是 k_a 个自旋 σ_i，σ_j，σ_k，$\cdots$ 的函数，其中连通度 k_a 服从某种特定概率分布 $P_f(k_a)$。

（3）以相互独立且完全随机的方式从种群 H 选出 k_a 个空腔磁场$h_{i\to a}$，$h_{j\to a}$，$\cdots$。因素节点 a 的平均能量及自由能贡献可由这 k_a 个空腔磁场计算出来，例如，它的自由能贡献由表达式 (3.57) 可知为

$$f_a = -\frac{1}{\beta}\ln\Big[\sum_{\underline{\sigma}_{\partial a}} \psi_a(\underline{\sigma}_{\partial a}) \prod_{j\in\partial a} \frac{\mathrm{e}^{\beta h_{j\to a}\sigma_j}}{2\cosh(\beta h_{j\to a})}\Big].$$

由方程 (3.30b) 可计算出一个空腔磁场 $u_{a\to i}$。

（4）重复第 (2)、(3) 步直到一共产生了 k_i 个空腔磁场$u_{a\to i}$，$u_{b\to i}$，$\cdots$。变量节点 i 及其周围因素节点对系统平均能量及自由能的贡献可以相应地计算出来，

例如，它及其周围因素节点的自由能贡献，记为 $f_{i+\partial i}$，由表达式 (3.57) 可知为

$$f_{i+\partial i} = -\frac{1}{\beta}\ln\Big[\sum_{\sigma_i}\psi_i(\sigma_i)\prod_{a\in\partial i}\sum_{\underline{\sigma}_{\partial a}\backslash i}\psi_a(\underline{\sigma}_{\partial a})\prod_{j\in\partial a\backslash i}\frac{\mathrm{e}^{\beta h_{j\to a}\sigma_j}}{2\cosh(\beta h_{j\to a})}\Big].$$

(5) 由输入到变量节点 i 的这一组空腔磁场 $u_{a\to i}$，$u_{b\to i}$，$\cdots$，通过方程 (3.30a) 就可得到 k_i 个新的空腔磁场 $h_{i\to a}$，$h_{i\to b}$，$\cdots$；我们用它们来替代种群 H 中随机选取的 k_i 个元素。

通过上述的种群动力学迭代过程，将获得一个稳态种群 H，并将得到热力学量的系综平均值。以自由能密度的系综平均值 $\overline{f}$ 为例，根据式 (3.57) 其表达式为

$$\overline{f} = \overline{f_{i+\partial i}} - \alpha\overline{(k_a-1)f_a}\,, \tag{3.81}$$

其中，$\alpha \equiv \dfrac{M}{N}$ 是因素节点数目与变量节点数目的比值，而 $\overline{f_{i+\partial i}}$ 和 $\overline{(k_a-1)f_a}$ 分别代表在种群迭代过程中得到的自由能贡献量 $f_{i+\partial i}$ 和 $(k_a-1)f_a$ 的种群平均值。

习题 3.11 给定自旋玻璃模型的单个样本的平均能量的 Bethe-Peierls 近似表达式为式 (3.62)。请写出能量密度系综平均值的种群动力学模拟计算公式。

在复本对称种群动力学迭代过程中，给定自旋玻璃模型的结构性质通过变量节点及因素节点 a 的连通度概率分布函数 $P_v(k_i)$ 和 $P_f(k_a)$ 得以体现。但除此之外因素网络中的所有其他结构因素，包括网络结构的局部及全局关联，都没有在种群迭代过程中加以考虑。由于因素网络中的各种可能结构关联在种群动力学迭代过程中都被忽略，通过这一迭代过程获得的结果实际上对应于随机网络上的自旋玻璃模型。

习题 3.12 仔细体会本节描述的复本对称种群动力学过程的流程以及集合 H 的物理意义。思考如果以方程 (3.60) 为基础进行种群动力学模拟该如何进行。

3.6 规整随机网络模型上的应用

本节通过规整随机网络上的两体相互作用铁磁模型和自旋玻璃模型来演示复本对称平均场理论的应用及其局限性。为讨论简单，系统中每个变量节点 i 的自旋态局限于两分量情形 ($\sigma_i = \pm1$)，且不考虑外部磁场 ($h_i^0 = 0$)。

由于只有两体相互作用，因素网络 W 中的每个因素节点 a 都只有两个最近邻变量节点。

3.6.1 铁磁系统

在规整随机网络中，每一个变量节点都与 K 个完全随机选取的其他变量节点相互作用，见 1.1.3 节的介绍。规整随机网络上的铁磁伊辛模型能量函数由表达

式 (2.2) 定义，其中，网络的每一个相互作用 (i,j) 的自旋耦合常数都为同一值 $J>0$（在本节的讨论中，将系统的单位能量设为 J）。这个系统的信念传播方程为 (3.30a) 和 (3.32)。由于系统中每个节点都与 K 个其他节点发生铁磁相互作用，导致空腔磁场 $h_{i\to a}$ 和 $u_{a\to i}$ 都不依赖于节点 i 和相互作用 a，即 $h_{i\to a}\equiv h$，$u_{a\to i}\equiv v$，而 h 与 v 为如下耦合方程的解：

$$h=(K-1)v\,,\qquad v=\frac{1}{\beta}\operatorname{atanh}\big[\tanh(\beta)\tanh(\beta h)\big]\,. \tag{3.82}$$

节点自旋平均值的 Bethe-Peierls 近似表达式为

$$m=\frac{1}{N}\sum_{i=1}^{N}\langle\sigma_i\rangle_0=\tanh\big[\beta K v\big]\,. \tag{3.83}$$

通过一些简单分析可以发现自洽方程 (3.82) 存在一个临界温度 $T_{\rm c}$：

$$(K-1)\tanh\Big[\frac{1}{T_{\rm c}}\Big]=1\,. \tag{3.84}$$

当温度 $T>T_{\rm c}$ 时，方程 (3.82) 只有唯一解 $h=u=0$，对应于顺磁态，系统平均磁矩为零。当温度 $T<T_{\rm c}$ 时，方程 (3.82) 出现两组非零稳定解，对应于系统出现自发的铁磁性，系统的平均磁矩 $m=+m_0$ 或 $m=-m_0$，其中

$$m_0=\tanh\big(\beta K|v|\big)\qquad(v\neq 0)\,. \tag{3.85}$$

对于 $K=4$ 的情况，$T_{\rm c}\simeq 2.8854$（对应于临界逆温度 $\beta_{\rm c}\approx 0.347$）；而对于 $K=6$ 的情况，$T_{\rm c}\simeq 4.9326$（对应于 $\beta_{\rm c}\approx 0.203$）。图 3.6 比较了平均磁矩的理论预言与计算机模拟给出的结果，可以看到二者相互吻合得很好。这说明信念传播方程能够非常精确地描述规整随机网络铁磁伊辛模型的统计物理性质。在铁磁相变温度 $T_{\rm c}$ 附近有较大的有限尺度效应，故系统包含的节点数 N 越多，复本对称平均场理论与计算机模拟的定量符合就越好。

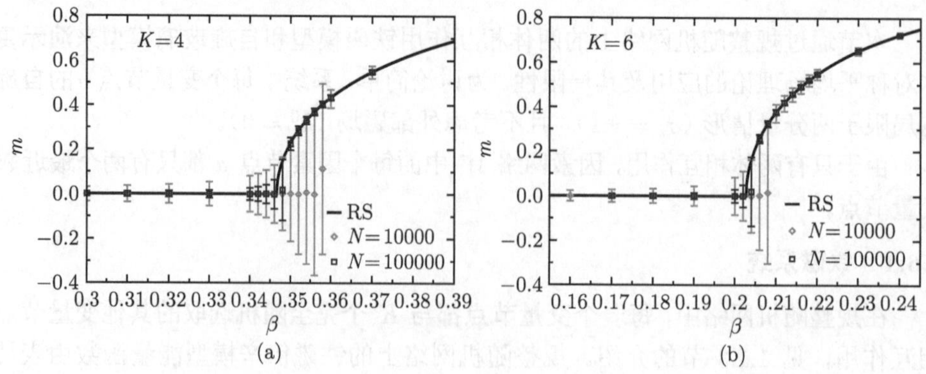

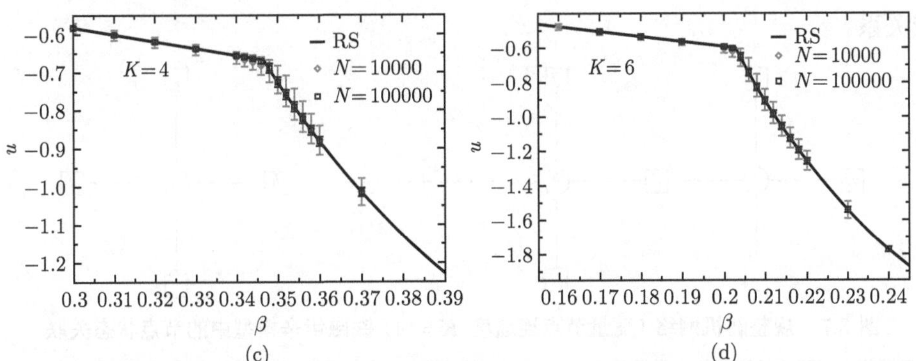

图 3.6 规整随机网络铁磁伊辛模型的平均磁矩 m（a, b）及平均能量密度 u（c, d）与逆温度 β 的关系

实线是复本对称（RS）平均场理论预言的结果，而菱形点和方形点是在单个随机网络（包含 $N=10^4$ 或 $N=10^5$ 个节点）上进行单自旋热浴动力学模拟[147] 得到的结果。左图 $K=4$，而右图 $K=6$。在铁磁相变点 $T=T_{\rm c}$ 附近有较大的有限尺度效应，因此只有当节点数 N 足够多时模拟结果才和理论曲线完全一致

具有周期性边界条件的正方晶格（维数 $D=2$）、立方晶格（$D=3$）及超立方晶格（$D\geqslant 4$）上的铁磁伊辛模型的信念传播方程不动点也同样由方程（3.82）确定。但这些有限维系统的铁磁相变温度却不同于信念传播方程预言的结果。例如，正方晶格体系的铁磁相变温度的精确值为 $T_{\rm c}=2/\ln(1+\sqrt{2})\simeq 2.2692$[160−162]，低于信念传播方程的预言 2.8854。造成复本对称平均场理论在有限维晶格体系铁磁相变附近不适用的原因是系统中存在许多短程回路。在接近临界温度 $T_{\rm c}$ 时，系统的关联长度变得越来越长，远远超过短程回路的长度，导致圈图对自由能的修正贡献不可忽略不计。

现在来计算规整随机网络体系中两个最短距离为 d 的变量节点 i 与 j 之间的状态关联，其中距离 d 等于 i 和 j 之间的最短路径上因素节点的数目。当 $N\to+\infty$ 时，i 和 j 之间的关联几乎完全通过它们之间的最短路径来传递。由于随机网络的局部结构是树状，当 d 为有限值时，i 和 j 之间的最短路径只有一条，参见示意图 3.7。对于 $N\to\infty$ 的规整随机网络，由于每一个节点的有限半径内的局域子网络都是树状结构，当节点 j 上有一个非零外场 h_j^0 时只有少数一些边 (k,b) 上的消息 $u_{a\to k}$ 和 $h_{k\to b}$ 会受到外场 h_j^0 的影响。对于图 3.7 中的边 (i,b) 而言，由方程（3.78）和方程（3.77a）可知

$$\frac{\partial u_{b\to i}}{\partial h_j^0}=\left\{\frac{\tanh(\beta J)[1-\tanh^2(\beta h)]}{1-\tanh^2(\beta J)\tanh^2(\beta h)}\right\}^d, \tag{3.86}$$

而节点 i 周围的其他因素节点（例如节点 e 和 f）传递给 i 的消息都不随 h_j^0 而改变。将这些计算结果代入表达式（3.76）就得到自旋 σ_i 和 σ_j 的关联随距离 d 的衰

减关系

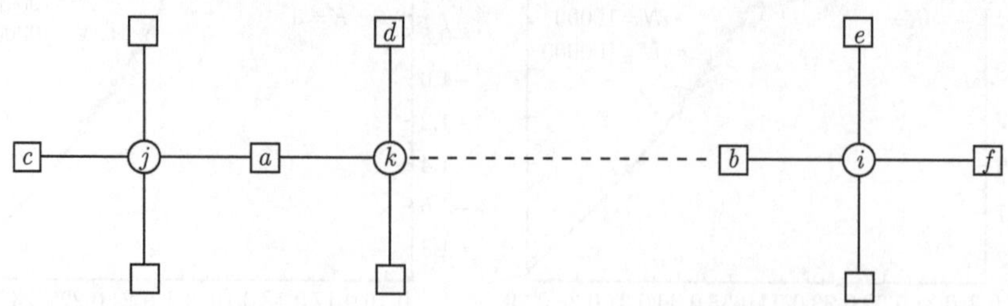

图 3.7 规整随机网络（变量节点连通度 $K=4$）铁磁伊辛模型中的节点状态关联

由于网络中回路的长度在热力学极限（$N\to+\infty$）时发散，节点 j 和 i 之间的状态关联仅仅通过它们之间的最短路径 $j-a-k\cdots b-i$ 来传递。当节点 j 上加入一个外部磁场 h_j^0 后，所有指向这一最短路径的消息，例如，$u_{c\to j}$ 和 $u_{d\to k}$ 都不会受到 h_j^0 的影响，即 $\frac{\partial u_{c\to j}}{\partial h_j^0}=\frac{\partial u_{d\to k}}{\partial h_j^0}=0$，而 i 和 j 之间的最短路径上所有沿 j 指向 i 方向上的消息（如 $h_{j\to a}$，$u_{a\to k}$，$u_{b\to i}$ 等）都与 h_j^0 有关

$$\langle\sigma_i\sigma_j\rangle_c=(1-m_0^2)\Big(\frac{\tanh(\beta J)[1-\tanh^2(\beta h)]}{1-\tanh^2(\beta J)\tanh^2(\beta h)}\Big)^d\propto\exp\big(-\frac{d}{\xi_2}\big),\tag{3.87}$$

其中，ξ_2 是自旋两点关联特征长度：

$$\xi_2=\frac{1}{\ln\left\{\dfrac{1-\tanh^2(\beta J)\tanh^2(\beta h)}{\tanh(\beta J)[1-\tanh^2(\beta h)]}\right\}}.\tag{3.88}$$

图 3.8 显示了关联长度 ξ_2 随温度的变化曲线。在任意温度 T 处关联长度 ξ_2 都是有限的。ξ_2 虽然在温度 $T=T_{\rm c}$ 处达到极大值，但它并未发散。这与晶格体系的铁磁伊辛模型的性质有显著的不同。对于后一类系统，在铁磁相变处，系统的两点关联长度趋向于无穷大[23, 24]。对于热力学极限 $N=\infty$ 下的随机网络，如果随机选取两个（或有限多个）变量节点，这些节点之间有趋向于 1 的概率相互之间不存在关联。由于这一原因，导致信念传播方程（及其背后的 Bethe-Peierls 近似）能够在所有的温度下精确描述随机网络系统中铁磁伊辛模型的性质。

既然随机网络系统的两点关联函数在任何温度下都是有限的，那为何系统仍然存在一个相变临界温度 $T_{\rm c}$？实际上在 $T=T_{\rm c}$ 处，系统的确存在一个发散的特征长度，即点到集合关联的特征关联长度[158, 159, 163]。可以参照图 3.5 来粗略说明这一点。在临界温度 $T_{\rm c}$ 处，无穷大随机网络系统中的每个节点 i 和距离为任意有限值 d 的边界节点集合的集体状态 $\underline{\sigma}_{\partial_d i}$ 都是相关的。虽然节点 i 的自旋 σ_i 在 $T_{\rm c}$ 处有同样的概率为 $+1$ 或 -1，但在给定边界自旋集体状态 $\underline{\sigma}_{\partial_d i}$ 后，自旋 σ_i 的条件概率就不再是均匀分布。因此由边界构型 $\underline{\sigma}_{\partial_d i}$ 能够获得中心节点 i 的状态信息，而无论边界离中心节点的距离 d 有多远。

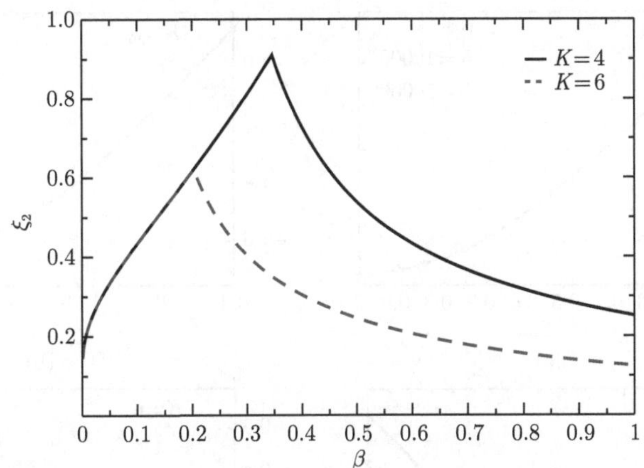

图 3.8 在热力学极限 $N=\infty$ 下，规整随机网络铁磁伊辛模型的两点关联长度 ξ_2 与逆温度 β 的关系

网络的连通度 $K=4$ 或 $K=6$

点到集合关联相较于点与点之间的关联而言，是一种更弱的关联。随机网络系统的特征是两点关联长度总是有限，但点到集合关联的特征长度在临界温度处发散。而规则晶格系统中的关联更强，它的两点关联长度在临界温度处也是发散的。最后这一性质使规则晶格系统的铁磁系统（和自旋玻璃系统）统计物理性质在相变点附近不可能完全用平均场理论刻画。

3.6.2 自旋玻璃系统

考虑规整随机网络上的自旋玻璃模型(2.3)，其中每条边 (i,j) 上的耦合 J_{ij} 是一个随机常数，有相同的概率等于 $+J$ 和 $-J$（在本节的讨论中，仍然将系统的单位能量设为 J）。在系统的一个给定样本上运行了信念传播迭代方程，发现该迭代过程在逆温度 β 小于某个临界值 β_c 时总是收敛到唯一的不动点，且所有的空腔磁场$h_{i\to a}$ 和 $u_{a\to i}$ 都等于零，即系统处于顺磁态。但如果 $\beta>\beta_c$，那么迭代过程将不能在单个样本上收敛，这时系统处于自旋玻璃态。对于 $K=4$ 的规整随机网络，$\beta_c\approx 0.659$；而对于 $K=6$ 的规整随机网络，$\beta_c\approx 0.481$。在信念传播迭代过程能够收敛的顺磁态（$\beta<\beta_c$），复本对称平均场理论预言的样本平均能量密度与计算机模拟的结果完全吻合，见图 3.9。

当 $\beta>\beta_c$ 时模型(2.3)处于自旋玻璃态，我们将在第 4 章探讨描述自旋玻璃态的理论方法。虽然信念传播迭代过程在自旋玻璃态不能收敛到一个不动点，但仍然可以利用该迭代方程对随机样本所构成的系综的平均统计物理性质进行估计，即对系综的统计性质进行复本对称种群动力学模拟。图 3.9 是种群动力学过程所预言的系综平均能量密度及单个样本的平均能量密度的比较，我们发现在 $\beta<\beta_c$ 的区域

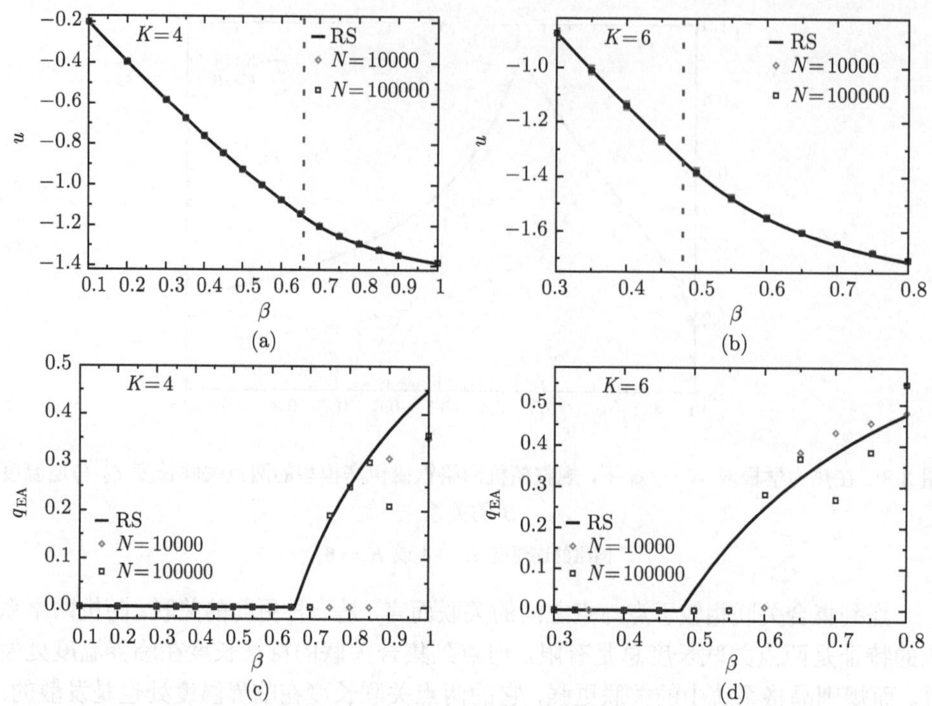

图 3.9　规整随机网络 Edwards-Anderson 自旋玻璃模型的平均能量密度 u（(a)、(b)）及自旋玻璃序参量 q_{EA}（(c)、(d)）与逆温度 β 的关系

实线是复本对称（RS）平均场理论预言的结果，而菱形和方形点是在单个随机网络（包含 $N=10^4$ 或 $N=10^5$ 个节点）上进行单自旋热浴动力学模拟得到的结果。左图 $K=4$，而右图 $K=6$。图中的虚线标示出自旋玻璃相变逆温度 β_{c}。当 $\beta>\beta_{\mathrm{c}}$ 时，信念传播迭代过程在单个随机网络样本上不能收敛。在单自旋热浴动力学模拟过程中的微观构型采样数为 2×10^5

这两个能量密度值完全吻合；当 β 超过 β_{c} 后，单个样本的平均能量密度要高于种群动力学预言的系综平均能量密度，但二者的差距只有在 $\beta\gg\beta_{\mathrm{c}}$ 的区域才变得显著。对于给定的逆温度 $\beta>\beta_{\mathrm{c}}$，通过复本对称种群动力学模拟可以获得模型 (2.3) 的系综平均能量密度的一个下限。

在自旋玻璃态时，系统一个重要的序参量是 Edwards-Anderson 交叠度 q_{EA} [1]，其定义式为

$$q_{\mathrm{EA}}\equiv\frac{1}{N}\sum_{i=1}^{N}\langle\sigma_i\rangle^2, \tag{3.89}$$

其中，$\langle\sigma_i\rangle$ 是节点 i 的自旋平均值。图 3.9 比较了种群动力学模拟所预言的 q_{EA} 值与单个样本上进行计算机模拟所得到的 q_{EA} 值的差距。对单个样本进行计算机模拟时，采取单自旋热浴动力学过程[147]，每隔 100 步对系统的微观构型进行一次采

样；在每一蒙特卡罗步中，样本的每个自旋都通过单自旋热浴动力学规则进行了一次更新（参见 2.6 节）。

复本对称种群动力学模拟预言系统在 $\beta > \beta_c$ 时处于自旋玻璃态。变量节点的平均磁矩不等于零，故 $q_{EA} > 0$；但系统不表现出宏观的磁矩，因为不同变量节点的平均磁矩有正有负，相互抵消。计算机单自旋热浴动力学模拟的结果也支持这一结论，见图 3.9。

我们也可以用信念传播方程来研究有限维 EA 自旋玻璃模型。在二维正方晶格的计算机模拟结果[125] 表明，信念传播方程的顺磁解在逆温度 $\beta > 0.371$ 时是不稳定的，失稳的原因是系统中的自旋两点关联长度在低温时超过晶格中的短程回路的长度。但二维正方晶格上的 EA 自旋玻璃系统并不存在有限温度的自旋玻璃态。

3.7 Kikuchi 自由能

Bethe-Peierls 自由能（3.53）也可以表示成变量节点及因素节点自旋态边际概率分布函数的泛函：

$$F_0 = \sum_a \Big[\sum_{\underline{\sigma}_{\partial a}} p_a(\underline{\sigma}_{\partial a}) \big(E_a(\underline{\sigma}_{\partial a}) + \sum_{j \in \partial a} E_j(\sigma_j) \big) + \frac{1}{\beta} \sum_{\underline{\sigma}_{\partial a}} p_a(\underline{\sigma}_{\partial a}) \ln p_a(\underline{\sigma}_{\partial a}) \Big] + \sum_i (1 - k_i) \Big[\sum_{\sigma_i} q_i(\sigma_i) E_i(\sigma_i) + \frac{1}{\beta} \sum_{\sigma_i} q_i(\sigma_i) \ln q_i(\sigma_i) \Big] . \tag{3.90}$$

由第 2.5 节的介绍可知，上述表达式实际上是团簇变分自由能的一种最简单形式[125,136−138,140]，故将其称为 Kikuchi 自由能。注意到这一泛函中的概率分布函数必须满足相容关系（3.69）。

考虑由因素节点 a 及其最近邻变量节点集合 ∂a 所构成的子系统。当该子系统自旋态联合分布为 $p_a(\underline{\sigma}_{\partial a})$ 时，由方程（2.19）知其自由能为

$$f_{a+\partial a}[p_a] \equiv \sum_{\underline{\sigma}_{\partial a}} p_a(\underline{\sigma}_{\partial a}) \big(E_a(\underline{\sigma}_{\partial a}) + \sum_{j \in \partial a} E_j(\sigma_j) \big) + \frac{1}{\beta} \sum_{\underline{\sigma}_{\partial a}} p_a(\underline{\sigma}_{\partial a}) \ln p_a(\underline{\sigma}_{\partial a}). \tag{3.91}$$

这一自由能就是 Kikuchi 自由能（3.90）的第一项。

再考虑由单独一个变量节点 i 所构成的另一子系统。当 i 的自旋态分布为 $q_i(\sigma_i)$ 时，该子系统的自由能为

$$f_i[q_i] \equiv \sum_{\sigma_i} q_i(\sigma_i) E_i(\sigma_i) + \frac{1}{\beta} \sum_{\sigma_i} q_i(\sigma_i) \ln q_i(\sigma_i) . \tag{3.92}$$

注意在式（3.90）中，变量节点 i 对 Kikuchi 自由能的贡献要乘上一个因子 $(1-k_i)$。对这一乘积因子直观的解释是：每一个与 i 相连的因素节点 a 的自由能贡献 $f_{a+\partial a}[p_a]$

中都包含了变量节点 i 的贡献，导致节点 i 的贡献被重复考虑了 k_i 次，因而需要将 i 的自由能贡献 $f_i[q_i]$ 减去 (k_i-1) 次。

习题 3.13 从 Bethe-Peierls 自由能 (3.53) 出发, 利用表达式 (3.67) 和 (3.68) 并考虑相容关系 (3.69) 及信念传播方程 (3.27a), 推导出 Kikuchi 自由能表达式 (3.90)。

习题 3.13 说明，从配分函数出发可推导出信念传播方程，进而可得到 Kikuchi 自由能表达式（3.90）。由于 Kikuchi 自由能是一组概率分布函数 $\{q_i,p_a\}$ 的泛函，我们关心它在相容关系（3.69）的约束下的极小值。这一极值问题对应于如下的泛函：

$$K\big[\{q_i,p_a\}\big]\equiv\sum_a F_{a+\partial a}\big[p_a\big]+\sum_i(1-k_i)F_i\big[q_i\big]+\sum_a\lambda_a\sum_{\underline{\sigma}_{\partial a}}p_a(\underline{\sigma}_{\partial a})$$
$$+\sum_{(i,a)}\sum_{\sigma_i}\lambda_{ia}(\sigma_i)\Big[q_i(\sigma_i)-\sum_{\underline{\sigma}_{\partial a\setminus i}}p_a(\underline{\sigma}_{\partial a})\Big]\,. \tag{3.93}$$

式中，拉格朗日乘子（Lagrange multiplier）λ_a 对应于概率分布函数 $p_a(\underline{\sigma}_{\partial a})$ 的归一化约束，而拉格朗日乘子 $\lambda_{ia}(\sigma_i)$ 则是自旋态 σ_i 的函数，它对应于概率分布相容关系（3.69）及概率分布函数 $q_i(\sigma_i)$ 的归一化约束。将式（3.93）求一阶变分得到

$$\frac{\partial K[\{q_i,p_a\}]}{\partial q_i(\sigma_i)}=\frac{1-k_i}{\beta}\Big[\ln q_i(\sigma_i)+1+\beta E_i(\sigma_i)\Big]+\sum_{a\in\partial i}\lambda_{ia}(\sigma_i)\,, \tag{3.94a}$$

$$\frac{\partial K[\{q_i,p_a\}]}{\partial p_a(\underline{\sigma}_{\partial a})}=\frac{1}{\beta}\Big[\beta E_a(\underline{\sigma}_{\partial a})+\sum_{j\in\partial a}\beta E_j(\sigma_j)+1+\ln p_a(\underline{\sigma}_{\partial a})\Big]$$
$$+\lambda_a-\sum_{j\in\partial a}\lambda_{ja}(\sigma_j)\,. \tag{3.94b}$$

由极值条件 $\partial K/\partial q_i(\sigma_i)=0$ 可推出如下结论：如果变量节点 i 是孤立节点，$k_i=0$，那么 $q_i(\sigma_i)\propto \mathrm{e}^{-\beta E_i(\sigma_i)}$；如果 i 只参与一个相互作用 a，$k_i=1$，那么拉格朗日乘子 $\lambda_{ia}(\sigma_i)=0$，不依赖于自旋态 σ_i；而对于 $k_i\geqslant 2$ 的其他情况，

$$q_i(\sigma_i)\propto \mathrm{e}^{-\beta E_i(\sigma_i)}\prod_{a\in\partial i}\exp\Big[\frac{\beta\lambda_{ia}(\sigma_i)}{k_i-1}\Big]\,,\qquad k_i\geqslant 2\,. \tag{3.95}$$

由另一个极值条件 $\partial K/\partial p_a(\underline{\sigma}_{\partial a})=0$ 则得出：

$$p_a(\underline{\sigma}_{\partial a})\propto \mathrm{e}^{-\beta E_a(\underline{\sigma}_{\partial a})}\prod_{i\in\partial a}\exp\big[\beta\lambda_{ia}(\sigma_i)-\beta E_i(\sigma_i)\big]\,. \tag{3.96}$$

方程（3.95）和方程（3.96）中的拉格朗日乘子函数 $\lambda_{ia}(\sigma_i)$ 由边 (i,a) 上的相容关系

$$q_i(\sigma_i)=\sum_{\underline{\sigma}_{\partial a\setminus i}}p_a(\underline{\sigma}_{\partial a})$$

来确定。每一组满足相容关系的拉格朗日乘子函数集合 $\{\lambda_{ia}(\sigma_i):(i,a)\in W\}$ 所对应的自由能极值①都可以由表达式（3.90）计算出来。如果有多组满足相容关系的解存在，那么应该选取自由能最低的解。

文献中对泛函（3.93）的极值问题讨论很多，并提出了许多算法，可参见文献[115]、[139]、[164]、[165]。对于两体相互作用且自旋变量只有两个分量的一类问题，相容关系（3.69）可以很容易地在概率分布函数的参数化过程中实现，因而式（3.90）转变为一组实变量的函数，它的极值点可以通过信念优化（belief optimization）算法[164, 166] 或其他算法[139, 165] 获得。

现在讨论 Kikuchi 自由能泛函极值点与信念传播方程不动点之间的关系。假定 Kikuchi 自由能极值点处的概率分布函数（3.95）和（3.96）确定了一组拉格朗日乘子函数 $\{\lambda_{ia}(\sigma_i):(i,a)\in W\}$。在每条边 (i,a) 上定义一个新的函数 $\eta_{ia}(\sigma_i)$ 为

$$\eta_{ia}(\sigma_i)\equiv-\lambda_{ia}(\sigma_i)+\frac{1}{k_i-1}\sum_{b\in\partial i}\lambda_{ib}(\sigma_i)\,,\qquad(k_i\geqslant 2)\,;\tag{3.97}$$

如果变量节点 i 只连有一个因素节点 a 因而 $k_i=1$，那就定义 $\eta_{ia}(\sigma_i)=0$。借助于这一组函数就可以将拉格朗日乘子函数 $\lambda_{ia}(\sigma_i)$ 写成如下的加和形式：

$$\lambda_{ia}(\sigma_i)=\sum_{b\in\partial i\backslash a}\eta_{ib}(\sigma_i)\,.\tag{3.98}$$

将表达式（3.97）代入式（3.95）和式（3.96）就得到

$$q_i(\sigma_i)\propto \mathrm{e}^{-\beta E_i(\sigma_i)}\prod_{a\in\partial i}\mathrm{e}^{\beta\eta_{ia}(\sigma_i)}\,,\tag{3.99a}$$

$$p_a(\underline{\sigma}_{\partial a})\propto \mathrm{e}^{-\beta E_a(\underline{\sigma}_{\partial a})}\prod_{i\in\partial a}\Big[\mathrm{e}^{-\beta E_i(\sigma_i)}\prod_{b\in\partial i\backslash a}\mathrm{e}^{\beta\eta_{ib}(\sigma_i)}\Big]\,.\tag{3.99b}$$

将这一结果与方程（3.67）和方程（3.68）相比较，就得到了函数 $\eta_{ia}(\sigma_i)$ 与信念传播方程中的概率分布函数 $p_{a\to i}(\sigma_i)$ 之间的对应关系：

$$p_{a\to i}(\sigma_i)\propto \mathrm{e}^{\beta\eta_{ia}(\sigma_i)}\,,\tag{3.100}$$

而另一概率分布函数 $q_{i\to a}(\sigma_i)$ 的表达式也可以类似地得到：

$$q_{i\to a}(\sigma_i)\propto \mathrm{e}^{-\beta E_i(\sigma_i)}\prod_{b\in\partial i\backslash a}\mathrm{e}^{\beta\eta_{ib}(\sigma_i)}\,.\tag{3.101}$$

上面的分析表明，Kirkuchi 自由能泛函（3.90）的极值点与信念传播方程（3.27）的不动点是一一对应的[115, 165]：给定描述 Kikuchi 自由能泛函一个极值点的拉格

①这一自由能极值可能是极小值，也可能是极大值或鞍点，这需要通过计算自由能泛函的二阶变分才能确定。

朗日乘子函数 $\{\lambda_{ia}(\sigma_i)\}$，由式（3.97）就可构造信念传播方程（3.27）的一个不动点；反过来，给定信念传播方程的一个不动点，由式（3.100）和式（3.98）就可构造 Kikuchi 自由能的一组极值点拉格朗日乘子函数。当利用迭代的方法求解信念传播方程不能收敛时，可以利用这种对应关系，通过求泛函（3.90）的极值来获得其不动点[164, 165]。

3.8 区域网络表示法和自由能区域网络近似

有限维自旋玻璃模型系统中通常包含非常多的短程回路，这一点与本章前面考虑的随机网络系统很不相同。在温度足够低时，这些丰富的短程回路会带来很强并且复杂的短程关联。但本章前面介绍的复本对称平均场理论忽略了配分函数的所有圈图修正贡献，因而它常常不能对这一类有限维系统的统计物理性质给出十分满意的描述。一种对 Bethe-Peierls 近似作出改进的方法是把系统中的局部回路当成一个整体来处理，这就是在 Kikuchi 团簇变分法基础上发展出来的区域网络（region network/graph）概念以及相应的自由能区域网络近似。

这一节对于理解本书后面的内容不是必需的。如果读者对于有限维自旋玻璃系统的统计物理性质暂时不感兴趣，可以先跳过这一节。

3.8.1 区域网络

对于任意一个因素网络W，定义它的一个区域（region）为该因素网络的一个子网络[115]。因此一个区域 α 包含因素网络 W 的一部分变量节点和一部分因素节点以及这些节点之间的边，并且满足如下的性质，即如果因素节点 a 被包含在区域 α 中，那么该节点的所有最近邻变量节点 i 也都被包含于区域 α 中。作为例子，图 3.10 (b) 显示了二维 EA 自旋玻璃模型的一些区域。图中的方片区域 α 包含四个两体自旋相互作用，即因素节点 a、b、c、d（它们形成一个最短回路）和四个变量节点（i、j、k、l），而每个条状区域则包含一个相互作用及该相互作用所涉及的两个变量节点。注意一个区域也可以只包含单个变量节点而不包含任何因素节点（例如图中由变量节点 i 组成的点状区域）。一个因素节点 a 或变量节点 i 常常被包含于许多区域中，因此因素网络的两个或多个区域可能存在交集。尤其重要的是，某个区域 γ 的所有变量节点和因素节点都可能同时属于另一个区域 α。示意图 3.10 (b) 中就有一些这样的例子。

对于一个因素网络 W，先对它构造一系列区域 $\alpha, \gamma, \cdots$，然后将每个这样的区域看成一个新的网络的节点，并在这些节点之间添加一些有向边，就可以构造出一个区域网络，记为 R。在两个区域 α 和 γ 之间添加一条从 α 指向 γ 的有向边，记为 $(\alpha \to \gamma)$，必须满足一个条件，即区域 γ 是区域 α 的子网络。在有向边 $(\alpha \to \gamma)$ 存

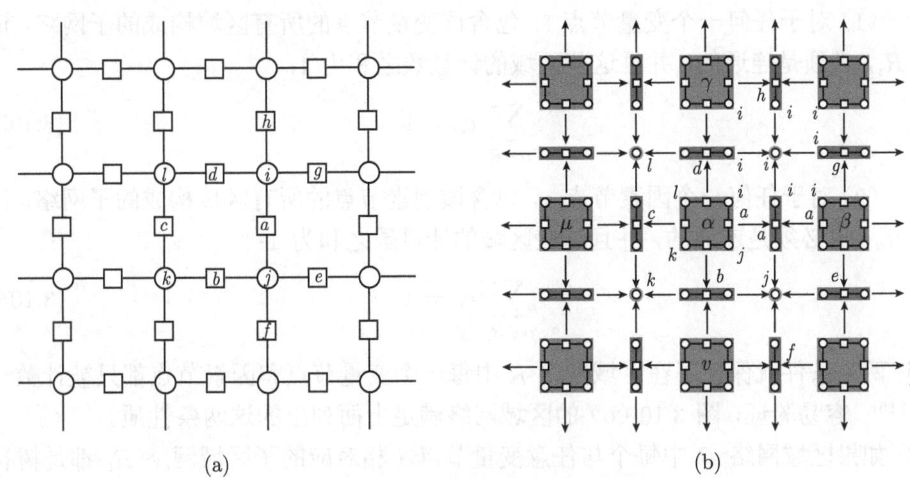

图 3.10 区域网络举例

（a）显示了二维正方晶格 EA 模型的因素网络的一部分结构，而（b）则是与该因素网络相对应的一个区域网络的一部分结构。因素网络中每一个最小正方回路构成一个方片区域（α、β 等），两个相邻的方片区域重叠的部分构成一个小一些的条状区域，而四个条状区域重叠的部分则构成一个包含单个变量节点的点状区域。方片区域、条状区域和点状区域的计量数分别为 $c=1$、$c=-1$ 和 $c=1$。该图引自文献 [127]

在的情况下，称 α 为区域 γ 的父区域（parent region），而称 γ 为区域 α 的子区域（child region）。需要强调的是，区域 α 完全包含另一个区域 γ 是有向边 $(\alpha\to\gamma)$ 在区域网络中存在的必要条件，但不是充分条件。换句话说，区域 γ 是区域 α 的子集并不意味着有向边 $(\alpha\to\gamma)$ 在区域网络中一定存在。

如果存在一条有向路径从区域 α 指向区域 ν，即 α 和 ν 之间有一个首尾相连的有向边序列 $(\alpha\to\gamma_1)$，$(\gamma_1\to\gamma_2)$，$\cdots$，$(\gamma_n\to\nu)$，那就称 α 为区域 ν 的前辈区域（ancestor）而 ν 为区域 α 的晚辈区域（descendant），并将这一关系记为 $\alpha>\nu$。用关系式 $\mu\geqslant\nu$ 表示区域 μ 是 ν 的前辈区域或者 μ 就是 ν 本身。

受 2.5 节 Kikuchi 团簇变分法的启发，对区域网络 R 的每个区域 μ 定义一个计量数c_μ。如果区域 μ 没有父区域，那么它的计量数就是 $c_\mu=1$；如果 μ 是某些其他区域的子区域，那么它的计量数 就由如下迭代表达式确定[115]：

$$c_\mu=1-\sum_{\{\alpha\in R:\alpha>\mu\}}c_\alpha\,. \tag{3.102}$$

由上面的这些描述可知区域网络的构造有很大的自由度，因而很容易对同一个因素网络 W 构造出许多不同的区域网络 R。为了使区域网络 R 能够有助于我们研究因素网络的统计物理性质，对它附加两条约束：

(1) 对于任何一个变量节点 i，包含该变量节点的所有区域构成的子网络，记为 R_i，必须是连通的，并且这些区域的计量数之和为 1：

$$\sum_{\alpha \in R_i} c_\alpha = 1. \tag{3.103}$$

(2) 对于任何一个因素节点 a，包含该因素节点的所有区域构成的子网络，记为 R_a，也必须是连通的，并且这些区域的计量数之和为 1：

$$\sum_{\alpha \in R_a} c_\alpha = 1. \tag{3.104}$$

上述两个条件就保证了在区域网络 R 中每一个变量节点和因素节点都只被计数一次[115]。容易验证，图 3.10 (b) 的区域网络满足上面列出的这两条性质。

如果区域网络 R 中每个与任意变量节点 i 相对应的子区域网络 R_i 都是树状的（不含任何在区域层次的回路），那么该区域网络 R 就被称为是无冗余的（non-redundant），反之则被称为是有冗余的（redundant）[124, 125, 127]。在无冗余区域网络 R 中，从任意区域 α 出发只有唯一一条有向路径可以抵达它的一个晚辈区域 ν，但在有冗余区域网络中这样的有向路径可能有多条。图 3.10 (b) 所示的区域网络显然是有冗余的。

对于区域网络 R 的每个区域 α，集合 $I_\alpha \equiv \{\gamma : \gamma \leqslant \alpha\}$ 包含区域 α 及其所有晚辈区域，集合 $A_\alpha \equiv \{\gamma : \gamma > \alpha\}$ 则包含区域 α 的所有前辈区域，而集合 B_α 则包含不属于集合 I_α 但却是 I_α 中至少一个区域的父区域的所有区域[125, 127]。可将集合 I_α 称为区域 α 的内部，而将集合 B_α 称为区域 α 的边界。作为示例，图 3.11 分

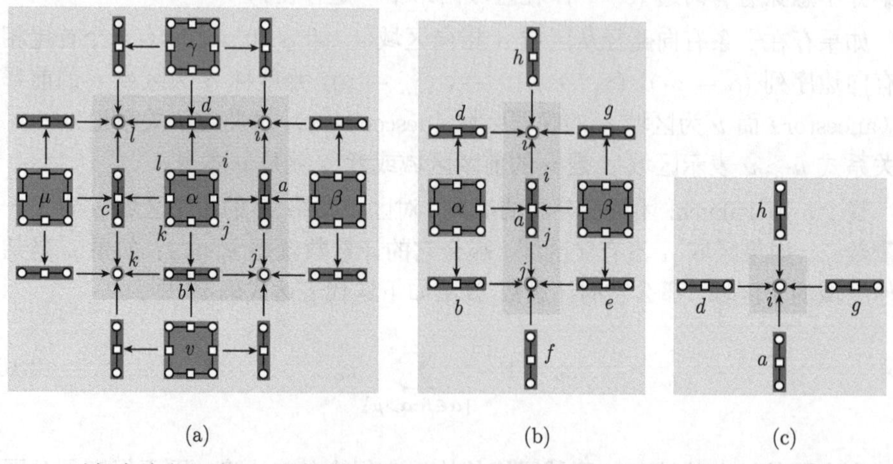

图 3.11　对每个给定区域 γ，该区域的内部 I_γ 包含深色地盘内的所有区域，而该区域的边界 B_γ 则包含浅色地盘内的所有区域

该图引自文献 [127]

别显示了图 3.10（b）的区域网络中一个方片区域、一个条状区域和一个点状区域的内部和边界。

3.8.2 区域网络配分函数

由于区域网络 R 的结构满足性质（3.103）和（3.104），那么就可以将配分函数表达式（2.6）写成如下的形式：

$$Z = \sum_{\underline{\sigma}} \prod_{\alpha \in R} \Big[\prod_{i \in \alpha} \psi_i(\sigma_i) \prod_{a \in \alpha} \psi_a(\underline{\sigma}_{\partial a}) \Big]^{c_\alpha} . \tag{3.105}$$

在区域网络每一条有向边 $(\mu \to \nu)$ 上引进一个任意概率分布函数 $p_{\mu\to\nu}(\underline{\sigma}_\nu)$。该分布函数对区域$\nu$ 的变量节点每一个微观构型 $\underline{\sigma}_\nu \equiv \{\sigma_i : i \in \nu\}$ 都指定了相应的概率，并且满足归一化条件 $\sum\limits_{\underline{\sigma}_\nu} p_{\mu\to\nu}(\underline{\sigma}_\nu) \equiv 1$。可以将 $p_{\mu\to\nu}(\underline{\sigma}_\nu)$ 视为是父区域 μ 传递给子区域 ν 的消息。

注意到对于每条有向边 $(\mu \to \nu)$，如下的计量数恒等式是成立的：

$$\sum_{\{\alpha:\ \mu \in B_\alpha,\ \nu \in I_\alpha\}} c_\alpha = \sum_{\alpha \geqslant \nu} c_\alpha - \sum_{\alpha \geqslant \mu} c_\alpha = 1 - 1 = 0 . \tag{3.106}$$

借助于这一关系式，就可以将配分函数表达式（3.105）进一步改写为

$$Z = \sum_{\underline{\sigma}} \prod_{\alpha \in R} \Big[\prod_{i \in \alpha} \psi_i(\sigma_i) \prod_{a \in \alpha} \psi_a(\underline{\sigma}_{\partial a}) \prod_{\{\mu\to\nu:\ \mu \in B_\alpha,\ \nu \in I_\alpha\}} p_{\mu\to\nu}(\underline{\sigma}_\nu) \Big]^{c_\alpha} . \tag{3.107}$$

定义每个区域 α 的权重因子 z_α 为

$$z_\alpha \equiv \sum_{\underline{\sigma}_\alpha} \prod_{i \in \alpha} \psi_i(\sigma_i) \prod_{a \in \alpha} \psi_a(\underline{\sigma}_{\partial a}) \prod_{\{\mu\to\nu:\ \mu \in B_\alpha,\ \nu \in I_\alpha\}} p_{\mu\to\nu}(\underline{x}_\nu) . \tag{3.108}$$

与 z_α 相对应，区域 α 的自由能贡献则被定义为 $f_\alpha \equiv -(1/\beta) \ln z_\alpha$，即

$$f_\alpha \equiv -\frac{1}{\beta} \ln \Big[\sum_{\underline{\sigma}_\alpha} \prod_{i \in \alpha} \psi_i(\sigma_i) \prod_{a \in \alpha} \psi_a(\underline{\sigma}_{\partial a}) \prod_{\{\mu\to\nu:\ \mu \in B_\alpha,\ \nu \in I_\alpha\}} p_{\mu\to\nu}(\underline{x}_\nu) \Big] . \tag{3.109}$$

利用区域权重因子 z_α，那么配分函数的更简洁表达式就是

$$Z = Z_0 \times \sum_{\underline{\sigma}} \prod_{\alpha \in R} \omega_\alpha(\underline{\sigma}_\alpha)^{c_\alpha} , \tag{3.110}$$

其中

$$Z_0 \equiv \prod_{\alpha \in R} z_\alpha^{c_\alpha} , \tag{3.111}$$

而 $\omega_\alpha(\underline{\sigma}_\alpha)$ 则是区域 α 中变量节点微观构型的特定概率分布函数：

$$\omega_\alpha(\underline{\sigma}_\alpha) \equiv \frac{\prod_{i\in\alpha}\psi_i(\sigma_i)\prod_{a\in\alpha}\psi_a(\underline{\sigma}_{\partial a})\prod_{\{\mu\to\nu:\ \mu\in B_\alpha,\ \nu\in I_\alpha\}} p_{\mu\to\nu}(\underline{\sigma}_\nu)}{\sum_{\underline{\sigma}'_\alpha}\prod_{i\in\alpha}\psi_i(\sigma'_i)\prod_{a\in\alpha}\psi_a(\underline{\sigma}'_{\partial a})\prod_{\{\mu\to\nu:\ \mu\in B_\alpha,\ \nu\in I_\alpha\}} p_{\mu\to\nu}(\underline{\sigma}'_\nu)} . \tag{3.112}$$

利用定义式 (2.14)，那么系统的自由能 F 就可以写成如下的区域网络表达式：

$$F = F_0 + \Delta F , \tag{3.113}$$

其中

$$F_0 \equiv -\frac{1}{\beta}\ln Z_0 = \sum_{\alpha\in R} c_\alpha f_\alpha \tag{3.114a}$$

$$= -\frac{1}{\beta}\sum_{\alpha\in R} c_\alpha \ln\Big[\sum_{\underline{\sigma}_\alpha}\prod_{i\in\alpha}\psi_i(\sigma_i)\prod_{a\in\alpha}\psi_a(\underline{\sigma}_{\partial a})\prod_{\{\mu\to\nu:\ \mu\in B_\alpha,\ \nu\in I_\alpha\}} p_{\mu\to\nu}(\underline{\sigma}_\nu)\Big] , \tag{3.114b}$$

而自由能的区域网络修正贡献则为

$$\Delta F \equiv -\frac{1}{\beta}\ln\Big[\sum_{\underline{\sigma}}\prod_{\alpha\in R}\omega_\alpha(\underline{\sigma}_\alpha)^{c_\alpha}\Big] . \tag{3.115}$$

自由能修正贡献 ΔF 的精确计算通常非常困难。在这里我们作一个大胆的假设，即认为 ΔF 相较于 F_0 而言可以被忽略不计。这样的话，系统的自由能就近似为 $F \approx F_0$。我们称 F_0 为自由能的区域网络近似表达式。

3.8.3 区域网络信念传播方程

自由能 F_0 的表达式 (3.114) 中包含许多辅助概率分布函数，需要先确定这些概率分布函数的具体形式才能真正定量地计算 F_0。一个非常自然的想法是要求自由能 F_0 作为这些辅助概率分布函数的泛函的一阶变分为零，即

$$\frac{\delta F_0}{\delta p_{\mu\to\nu}} = 0 , \qquad \forall(\mu\to\nu)\in R . \tag{3.116}$$

通过一些很常规的推导过程，可以验证，如果辅助概率分布函数 $\{p_{\mu\to\nu} : (\mu\to\nu)\in R\}$ 的选取使如下的相容关系得以满足，即

$$\sum_{\underline{\sigma}_\mu\backslash\underline{\sigma}_\nu}\omega_\mu(\underline{\sigma}_\mu) = \omega_\nu(\underline{\sigma}_\nu) , \qquad \forall(\mu\to\nu)\in R \tag{3.117}$$

那么自由能 F_0 的极值条件 (3.116) 就是成立的。

习题 3.14 验证相容关系 (3.117) 是变分方程 (3.116) 成立的充分条件。

相容关系 (3.117) 意味着区域 μ 的边际概率分布函数 $\omega_\mu(\underline{\sigma}_\nu)$ 对其子区域 ν 中变量节点的统计描述是与子区域 ν 自己的边际概率分布函数 $\omega_\nu(\underline{\sigma}_\nu)$ 给出的统计描述完全相同的。结合方程 (3.112) 和方程 (3.117) 就可导出在区域网络 R 每条有向边 $(\mu \to \nu)$ 上的区域网络信念传播方程:

$$\prod_{\{\alpha\to\gamma:\ \alpha\in B_\nu\cap I_\mu,\ \gamma\in I_\nu\}} p_{\alpha\to\gamma}(\underline{\sigma}_\gamma) = C_{\mu\to\nu} \times \sum_{\underline{\sigma}_\mu\backslash\underline{\sigma}_\nu} \prod_{j\in\mu\backslash\nu} \psi_j(\sigma_j) \prod_{b\in\mu\backslash\nu} \psi_b(\underline{\sigma}_{\partial b}) \prod_{\{\eta\to\tau:\ \eta\in B_\mu,\ \tau\in I_\mu\backslash I_\nu\}} p_{\eta\to\tau}(\underline{\sigma}_\tau)\,, \tag{3.118}$$

其中，$C_{\mu\to\nu}$ 是一个常数，它的值由归一化条件 $\sum_{\underline{\sigma}_\nu} p_{\mu\to\nu}(\underline{\sigma}_\nu) = 1$ 来确定。方程 (3.118) 又被称为是推广的信念传播（generalized belief propagation，GBP）方程，它最初是在文献 [115] 通过另外一种方法推导出来的。

如果区域网络 R 是无冗余的，那么对于每条有向边 $\mu \to \nu$ 而言，区域集合 $B_\nu \cap I_\mu = \{\mu\}$ 而集合 $\{\alpha \to \gamma : \alpha \in B_\nu \cap I_\mu, \gamma \in I_\nu\} = \{\mu \to \nu\}$。这时表达式 (3.118) 就简化为

$$p_{\mu\to\nu}(\underline{x}_\nu) = C_{\mu\to\nu} \sum_{\underline{\sigma}_\mu\backslash\underline{\sigma}_\nu} \prod_{j\in\mu\backslash\nu} \psi_j(\sigma_j) \prod_{b\in\mu\backslash\nu} \psi_b(\underline{\sigma}_{\partial b}) \prod_{\{\eta\to\tau:\ \eta\in B_\mu,\ \tau\in I_\mu\backslash I_\nu\}} p_{\eta\to\tau}(\underline{\sigma}_\tau)\,. \tag{3.119}$$

上述方程也可以通过无冗余区域网络的配分函数圈图展开而获得，参见文献 [124]、[125]。

区域网络信念传播方程在有限维自旋玻璃系统的实际应用的一些例子可参见文献 [115]、[124]、[125]、[127]、[140]、[141]、[167]-[169]。读者也可以通过如下的习题来获得一些亲身体验。

习题 3.15 考虑由图 3.10 (b) 所示的二维伊辛模型和 EA 模型的区域网络。请写出该区域网络的信念传播方程。在伊辛模型和给定的 EA 模型样本上求解该方程，并计算出这两个模型系统在给定温度 T 处的自由能 F_0 和每个变量节点 i 的平均磁矩[125, 127]。

本 章 小 结

本章我们对定义在因素网络 W 上的自旋玻璃模型 (2.1) 推导了配分函数圈图展开表达式 (3.49)，并由配分函数圈图展开导出了信念传播方程 (3.27)。模型系统 (2.1) 的自由能是 Bethe-Peierls 自由能 (3.53) 与圈图修正贡献项 (3.51) 二者之

和。信念传播方程和 Bethe-Peierls 自由能构成自旋玻璃复本对称平均场理论[116]，这一理论忽略了自由能的所有圈图修正贡献。

我们还从 Kikuchi 自由能（3.90）的角度讨论了信念传播方程，并指出 Kikuchi 自由能泛函的极值点一一对应于信念传播方程（3.27）的不动点。

我们以规整随机网络上的伊辛模型及 EA 模型为例讨论了信念传播方程的简单应用。在本章最后一节简单讨论了有限维自旋玻璃系统的区域网络表示法以及自由能在区域网络上的近似表达式。

本章写出了自由能圈图修正贡献项 ΔF 的表达式（3.51），但没有探讨 ΔF 的计算问题。在足够高温度时，表达式（3.51）的圈图求和应该是收敛的。但随着温度降低到某一阈值以下，这一圈图求和可能会出现发散。系统地探讨圈图求和的性质及其蕴涵的统计物理图景是很有挑战性的课题，有待进一步研究。

第 4 章　概观传播方程

第 3 章在配分函数圈图展开的数学框架下导出了 Bethe-Peierls 自由能和信念传播方程，从而建立了自旋玻璃复本对称平均场理论。本章将同样在配分函数圈图展开的数学框架下建立自旋玻璃一阶复本对称破缺平均场理论。我们将推导出 Monasson-Mézard-Parisi 自由能和概观传播方程，并将从 Bethe-Peierls 近似的角度讨论概观传播方程的物理意义。利用配分函数圈图展开的数学框架也可以推导出高阶复本对称破缺平均场理论及相应的消息传递方程。

一阶复本对称破缺平均场理论对于研究自旋玻璃系统的低温统计物理性质非常重要。概观传播方程在计算机及信息科学研究领域的诸多困难问题上已有成功的应用，但其迭代过程比信念传播方程的迭代过程要复杂得多，要充分发挥它的应用潜力还需要在算法上进行更深入和系统的探索。

4.1　宏　观　态

自旋玻璃系统的能量函数一般形式为（参见式 (2.1)）

$$E(\underline{\sigma}) = \sum_{i=1}^{N} E_i(\sigma_i) + \sum_{a=1}^{M} E_a(\underline{\sigma}_{\partial a}) \,. \tag{4.1}$$

回顾 1.3.3 节的一般介绍，在高温时，决定系统统计物理性质的微观构型都有较大的能量，这些微观构型所构成的子空间可以认为是各态历经的，它们对应于系统的同一个热力学宏观态 (macroscopic state)。如果将系统的自由能图景表达成一组恰当选取的序参量的函数，该函数将只有一个极小值，见示意图 4.1 (a)。随着温度的降低，决定系统平衡统计物理性质的微观构型的能量变得越来越低，这些微观构型的数目也越来越少。当环境温度 T 低于某个簇集相变温度 T_{d} 时，系统的自由能图景将发生定性的改变，即决定系统平衡统计物理性质的微观构型不再是连续地分布于整个构型空间，而是簇集于构型空间的很多局部区域，这些不同的局部区域之间有较大的距离。系统的微观构型在构型空间的一个局部区域内较容易达到平衡，但微观构型从构型空间的一个局部区域演化到另一个局部区域需要克服很高的能量势垒或者熵垒，因而需要非常长的弛豫时间，这一时间可能随着系统变量节点数 N 增加而快速增长。系统的构型空间因而可以看成是各态历经破缺的，每一个局部区域所包含的微观构型构成系统的一个热力学宏观态，而以某些序参量作为自

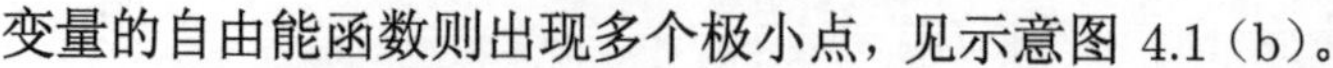
变量的自由能函数则出现多个极小点，见示意图 4.1 (b)。

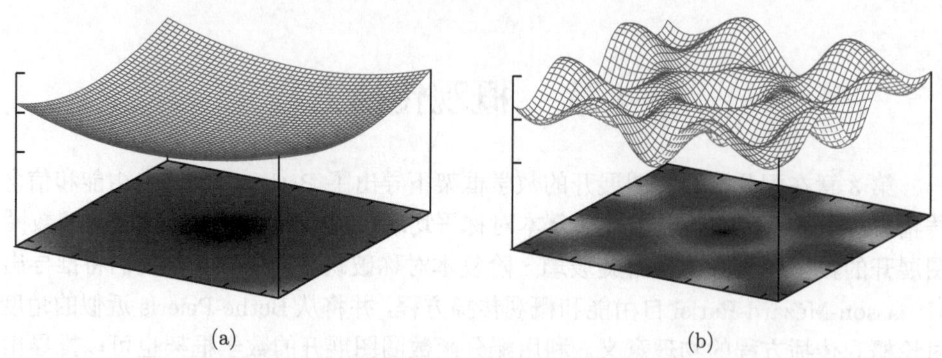

图 4.1　自旋玻璃自由能图景随温度变化可能发生定性改变

在高温时 (a)，系统只有一个宏观态，自由能图景作为一组恰当选取的序参量的函数只有一个极小值；在低温时 (b)，系统有许多宏观态，自由能图景作为序参量的函数有许多极小点和鞍点。该图引自文献 [123]

在概念上一种非常方便的选取自由能序参量的方式是将每个变量节点 i 的平均磁矩 m_i 作为序参量，因而自由能是 N 个序参量 $m_1, m_2, \cdots, m_N$ 的函数。如果这一自由能函数只有一个位于 $m_1 = m_2 = \cdots = m_N = 0$ 的极小点，就说明系统处于顺磁态；如果顺磁态所对应的自由能极值点是自由能的一个极大点，或者自由能函数出现其他极小点，其中大多数变量节点的平均磁矩不为零，则说明系统处于铁磁态或者自旋玻璃态。

借助于 Plefka 展开方法或其他一些展开方法[152, 170] 原则上可以获得自由能作为节点平均磁矩的函数的近似表达式。但这样的近似表达式常常有较为复杂的形式，导致当自由能函数存在许多极值点时很难确定序参量 $m_1, m_2, \cdots, m_N$ 的取值。而且在低温情况下自由能函数的展开表达式可能并不是收敛的。

但序参量不一定非得是物理学量的平均值，概率分布函数同样也可以作为序参量来表征一个统计物理系统的宏观性质。3.7 节定义的 Kikuchi 自由能 (3.90) 实际上就是系统自由能图景的一种近似描述，它以两组概率分布函数 $\{p_a(\underline{\sigma}_{\partial a})\}$ 及 $\{q_i(\sigma_i)\}$ 作为序参量，这两组概率分布函数在因素网络的每条边上满足相容关系 (3.69)。可以将 Kikuchi 自由能泛函 (3.90) 所对应的自由能图景作为系统真实自由能图景的一种近似描述来看待。这一自由能泛函应该至少反映了真实自由能图景的部分特征[171]。

在本章以后的讨论中，将 Kikuchi 自由能泛函 (3.90) 的每一个满足相容关系 (3.69) 的极小点都看成系统的一个宏观态。

由 3.7 节的论证可知，Kikuchi 自由能泛函 (3.90) 在约束 (3.69) 下的每一个极小点都是信念传播 (BP) 方程 (3.27) 的一个不动点，且 Kikuchi 自由能泛函在每个极小点的值都等于 Bethe-Peierls 自由能 F_0，即表达式（3.52）。因而每个宏观态的统计物理性质可以由相应的信念传播方程不动点概率分布函数来定量描述。如果信念传播方程（3.27）只有一组解，那意味着 Kikuchi 自由能泛函（3.90）只有一个极小点，其形状定性地与示意图 4.1（a）一致，因而系统只有一个宏观态。如果信念传播方程（3.27）有超过一个不动点或者该迭代方程不能收敛到任何一个不动点，则通常意味着 Kikuchi 自由能泛函（3.90）有多个极小点，其形状定性地与示意图 4.1（b）一致，因而系统有多个宏观态。

当信念传播方程（3.27）有许多不动点时，要一一求解出这些不动点通常是不可能的，而且常常连求解出一个不动点都非常困难。如何在不求解信念传播方程的情况下定量描述系统的统计物理性质是本章将要探讨的中心议题。

4.2 广义配分函数，广义自由能和复杂度

当自旋玻璃系统（4.1）有多个宏观态时，系统的统计物理性质在不同宏观态会有所不同，而且这些宏观态对系统平衡性质的相对重要性也各不相同。为了较为全面地描述系统的复杂自由能图景，有必要在宏观态的层次构造一个新的统计物理系统。将 Kikuchi 自由能泛函（3.90）的一个极小点标记为 α，并将其 Bethe-Peierls 自由能记为 $F_0^{(\alpha)}$。现在将 $F_0^{(\alpha)}$ 视为新定义的统计物理系统的一个能级，见示意图 4.2。Kikuchi 自由能泛函有多少个极小点，新的统计系统就有多少个能级，这些能级有的可能是简并的。对这一新的多能级统计物理系统可以定义一个广义配分函数为

$$\Xi(y;\beta) \equiv \sum_{\alpha} \exp\left(-yF_0^{(\alpha)}\right) , \tag{4.2}$$

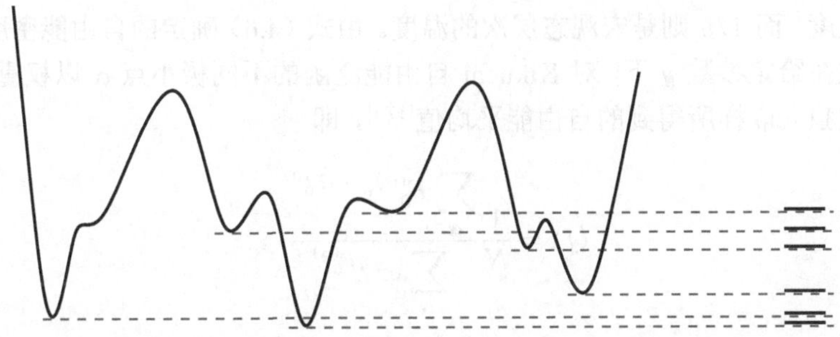

图 4.2　Kikuchi 自由能泛函的极小点映射到宏观态层次的一个统计物理系统的不同能级，每个能级的能量定义为相应自由能泛函极小点处的 Bethe-Peierls 自由能

在示意图中用一条曲线来比喻 Kikuchi 自由能泛函

其中，求和针对 Kikuchi 自由能泛函的所有极小点 α。式中，参数 y 称为 Parisi 参数，其意义类似于逆温度 β，起到对所有宏观态按其 Bethe-Peierls 自由能加权的作用。如果 y 越大，Bethe-Peierls 自由能越小的宏观态对广义配分函数 Ξ 的贡献就越大。广义配分函数 Ξ 的定义式与配分函数 $Z(\beta)$ 定义式（2.6）很类似，它实际是系统在宏观态层次的配分函数。

由广义配分函数可以定义广义自由能 $G(y;\beta)$ 为

$$G(y;\beta) \equiv -\frac{1}{y}\ln \Xi(y;\beta)\,. \tag{4.3}$$

在给定 Bethe-Peierls 自由能密度 f 处的宏观态数目可用宏观态层次的熵密度 Σ 来表征，即

$$\mathrm{e}^{N\Sigma(f)} \equiv \sum_{\alpha} \delta\big(F_0^{(\alpha)} - Nf\big)\,. \tag{4.4}$$

Σ 在自旋玻璃文献中被称为复杂度，而在结构玻璃研究文献中则被称为结构熵[122]。本书采用前一种称谓。按照上述定义，如果 Kikuchi 自由能泛函（3.90）至少有一个极小值的自由能密度等于 f，那么 $\Sigma(f) \geqslant 0$，否则 $\Sigma(f) = -\infty$。对于粒子数 $N \to +\infty$ 的自旋玻璃系统，在低温下复杂度 $\Sigma(f)$ 常常是自由能密度 f 的分段连续函数。在这种情况下，表达式（4.2）能够写成对自由能密度的积分形式：

$$\Xi(y;\beta) \equiv \mathrm{e}^{-yG(y;\beta)} = \int \mathrm{d}f \exp\Big[-Nyf + N\Sigma(f)\Big]\,. \tag{4.5}$$

给定参数 y 的值，式（4.5）积分的主要贡献来自于 $f \approx \langle f\rangle$ 附近的宏观态，其中 $\langle f\rangle$ 由下式决定：

$$\left.\frac{\mathrm{d}\Sigma(f)}{\mathrm{d}f}\right|_{f=\langle f\rangle} = y\,. \tag{4.6}$$

请注意式（4.6）与式（2.10）的相似性。这一相似性是很自然的，因为 $1/\beta$ 是微观态层次的温度，而 $1/y$ 则是宏观态层次的温度。由式（4.6）确定的自由能密度 $\langle f\rangle$ 可以理解成在给定参数 y 下，对 Kikuchi 自由能泛函的不同极小点 α 以权重 $\mathrm{e}^{-yF_0^{(\alpha)}}$ 进行多次独立取样所得到的自由能平均值[172]，即

$$\langle f\rangle = \frac{1}{N}\frac{\displaystyle\sum_{\alpha} F_0^{(\alpha)}\mathrm{e}^{-yF_0^{(\alpha)}}}{\displaystyle\sum_{\alpha}\mathrm{e}^{-yF_0^{(\alpha)}}}\,. \tag{4.7}$$

对于粒子数 $N \gg 1$ 的系统，广义自由能作为 Parisi 参数 y 的函数为

$$G(y;\beta) = N\left[\langle f\rangle - \frac{1}{y}\Sigma\big(\langle f\rangle\big)\right], \tag{4.8}$$

其中，平均自由能密度 $\langle f \rangle$ 由式（4.7）确定。我们将详细讨论平均自由能及广义自由能的计算方案。通过计算不同参数 y 值处的平均自由能密度 $\langle f \rangle$ 以及广义自由能 $G(y;\beta)$，再利用关系式（4.8），就可以获得复杂度作为自由能密度 f 的函数 $\Sigma(f)$，从而定量地度量由 Kikuchi 自由能泛函（3.90）所表征的自由能图景在每一个自由能密度处有多少个极小点。

宏观态平均自由能密度 $\langle f \rangle$ 作为 y 的函数是单调递减的。当 $y \to \infty$ 时，$\langle f \rangle$ 等于 Kikuchi 自由能泛函全局极小点的自由能密度，记为 $f_0^{\min}$。实际上，有可能当 y 的值还是有限时，平均自由能密度 $\langle f \rangle$ 就已经等于 $f_0^{\min}$。这可通过示意图 4.3 来解释。假设复杂度 $\Sigma(f)$ 在 $f \to f_0^{\min}$ 时仍然有导数存在，且导数值为 y_0。如果 y_0 为有限值，那么当 $y \geqslant y_0$ 时，式（4.5）中对自由能密度的积分将总是由具有最低自由能密度 $f_0^{\min}$ 的那些宏观态所贡献，故对于 $y \geqslant y_0$ 总有 $\langle f \rangle = f_0^{\min}$。系统在有限 y 值就处于自由能密度最低态的这一现象在物理上是与理想玻色气体的玻色–爱因斯坦凝聚现象[150] 很类似的。在随机能量模型中也有同样的凝聚现象，参见 1.4 节。

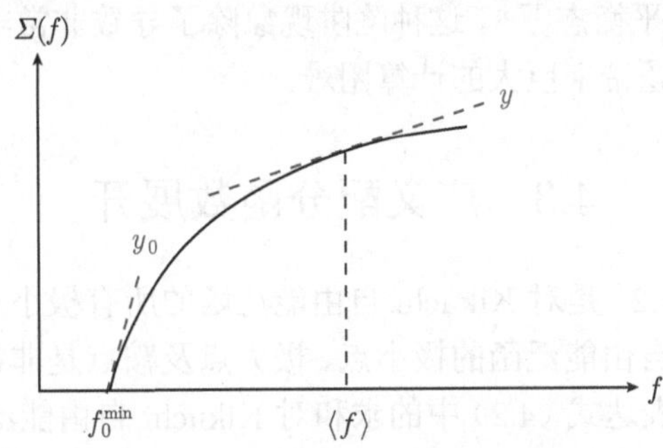

图 4.3 Parisi 参数 y 与宏观态的平均自由能密度 $\langle f \rangle$ 的关系

在给定 y 值的情况下，复杂度 $\Sigma(f)$ 对自由能密度 f 导数等于 y 处所对应的自由能密度就是平均自由能密度 $\langle f \rangle$。如果 $\Sigma(f)$ 在系统最低自由能密度 $f_0^{\min}$ 处的导数 y_0 有限，那么当 $y \geqslant y_0$ 时平均自由能密度都等于 $f_0^{\min}$

在给定逆温度 β 处系统的平均平衡能量 $\langle E \rangle$ 由表达式（2.11）确定。系统的平衡微观构型都位于能量值等于 $\langle E \rangle$ 的能量面附近。这一平衡能量面在低温时是由许多互不连通的子区域构成的，每一个子区域对应于一个宏观态 α。宏观态 α 对于系统平衡性质贡献的总权重为

$$\sum_{\underline{\sigma} \in \alpha} \mathrm{e}^{-\beta E(\underline{\sigma})} \equiv \mathrm{e}^{-\beta F^{(\alpha)}}. \tag{4.9}$$

式中，对微观构型的求和局限于宏观态 α。该表达式可视为是宏观态 α 的平衡自由能 $F^{(\alpha)}$ 的定义式。假设 Kikuchi 自由能泛函极小点 α 处的 Bethe-Peierls 自由能 $F_0^{(\alpha)}$ 是 $F^{(\alpha)}$ 的一个很好的近似，那么宏观态 α 对系统平衡性质贡献的统计权重

就约等于 $e^{-\beta F_0^{(\alpha)}}$。

由上一段的分析可知，当 $y=\beta$，即宏观态层次的逆温度等于微观态层次的逆温度时，由式（4.7）计算出的平均自由能密度是系统的平衡宏观态的平均自由能密度。而在 $y=\beta$ 处，系统的广义自由能（4.8）等于系统的总平衡自由能。在给定逆温度 β 时原则上可以确定最低自由能密度 $f_0^{\min}$ 所对应的 Parisi 参数值 y_0。如果 $y_0>\beta$，那么系统的平衡宏观态的平均自由能密度高于系统的最低自由能密度 $f_0^{\min}$。对于相反（即 $y_0<\beta$）的情形，由于广义配分函数（4.2）所定义的统计系统的性质完全由自由能密度等于 $f_0^{\min}$ 的宏观态所决定，因而系统的平衡宏观态的平均自由能密度等于 $f_0^{\min}$。

当系统的自由能图景中出现许多宏观态时，系统常常难以达到平衡。在簇集相变温度 T_{d} 处，系统的构型空间出现各态历经破缺，系统被局限于某一个宏观态 α。当温度降低到显著地低于簇集相变温度 T_{d} 时，该宏观态 α 中将不再包含系统的平衡微观构型，但由于各态历经破缺的原因系统无法从宏观态 α 逃逸出去，因而只能处于高能量的非平衡态[173]。这种陷阱现象除了导致非常丰富的动力学行为以外，也给许多优化问题带来巨大的计算困难。

4.3 广义配分函数展开

广义配分函数（4.2）是对 Kikuchi 自由能泛函的所有极小点求和。但要在求和过程中区分 Kikuchi 自由能泛函的极小点、极大点及鞍点是非常不容易的。让我们放开这个约束，允许表达式（4.2）中的求和对 Kikuchi 自由能泛函的所有极值点进行（包括所有极小点，也包括所有极大点和鞍点）。对通常我们感兴趣的自旋玻璃系统而言，Kikuchi 自由能泛函的极小点的自由能可能显著地低于极大点和鞍点的自由能，当参数 y 较大时预计 Kikuchi 自由能极大点和鞍点对广义配分函数的贡献完全可以忽略不计，因而在广义配分函数求和项中包含它们应该不会影响计算结果。

在本书以后的讨论中，我们都采用经过这一拓展的广义配分函数。它是对信念传播方程（3.27）所有不动点的求和，由此得出的复杂度 $\Sigma(f)$ 就给出了所有信念传播不动点的 Bethe-Peierls 自由能的统计描述。

由于无法首先得到信念传播方程的所有不动点然后再进行广义配分函数的求和，现在将式（4.2）的求和转变为对概率分布函数的积分，而将这些概率分布函数需要满足的自洽条件当成一些约束。考虑到 Bethe-Peierls 自由能 F_0 的表达式（3.52），方程（4.2）可被改写成[123−125]

$$\Xi = \prod_{(i,a)\in W} \int \mathcal{D}q_{i\to a} \int \mathcal{D}p_{a\to i} \frac{\prod_j \mathrm{e}^{-yf_j[p_{\partial j}]} \prod_b \mathrm{e}^{-yf_b[q_{\partial b}]}}{\prod_{(k,c)\in W} \mathrm{e}^{-yf_{(k,c)}[p_{c\to k}, q_{k\to c}]}} \times \prod_{(i,a)\in W} \delta\big[q_{i\to a} - I_{i\to a}[p_{\partial i\backslash a}]\big] \delta\big[p_{a\to i} - A_{a\to i}[q_{\partial a\backslash i}]\big] . \tag{4.10}$$

式中，$\int \mathcal{D}q_{i\to a}$ 和 $\int \mathcal{D}p_{a\to i}$ 分别表示对任何可能的概率分布函数 $q_{i\to a}(\sigma)$ 及 $p_{a\to i}(\sigma)$ 进行求和；变量节点自由能 $f_j[p_{\partial j}]$ 的表达式由方程（3.13）给出，其中 $p_{\partial j}$ 代表概率分布函数集合 $\{p_{b\to j}(\sigma_j) : b \in \partial j\}$；因素节点自由能 $f_b[q_{\partial b}]$ 的表达式见方程（3.7），其中，$q_{\partial b}$ 代表概率分布函数集合 $\{q_{k\to b}(\sigma_k) : k \in \partial b\}$；边自由能 $f_{(k,c)}[p_{c\to k}, q_{k\to c}]$ 的表达式见方程（3.15）；函数 $I_{i\to a}[p_{\partial i\backslash a}]$ 和 $A_{a\to i}[q_{\partial a\backslash i}]$ 的表达式见方程（3.27），其中，$p_{\partial i\backslash a}$ 和 $q_{\partial a\backslash i}$ 分别代表概率分布函数集合 $\{p_{b\to i}(\sigma_i) : b \in \partial i\backslash a\}$ 和 $\{q_{j\to a}(\sigma_j) : j \in \partial a\backslash i\}$。在因素网络 W 的每条边 (i,a) 上有两个狄拉克尖峰泛函 $\delta\big[q_{i\to a} - I_{i\to a}[p_{\partial i\backslash a}]\big]$ 和 $\delta\big[p_{a\to i} - A_{a\to i}[q_{\partial a\backslash i}]\big]$，它们保证了只有满足信念传播方程（3.27）的概率分布函数才对广义配分函数 Ξ 有贡献。

对于任意定义于分立自变量 σ 上的函数 $y(\sigma)$，狄拉克尖峰泛函 $\delta[y]$ 的定义式为 $\delta[y] \equiv \prod_\sigma \delta\big(y(\sigma)\big)$，即要求函数 $y(\sigma) \equiv 0$。由此定义式可知泛函 $\delta[y_1 - y_2]$ 的含义是要求函数 $y_1(\sigma)$ 和函数 $y_2(\sigma)$ 恒等。如果自变量 σ 不是分立的而是连续变量，狄拉克尖峰泛函有同样的含义。本书采用这样的记号约定：$y(x)$ 表示一个以 x 为自变量的函数，而 $y[x]$ 则表示一个以函数 x 为自变量的泛函。

类似于第 3 章的配分函数展开思路，在这里我们希望构造出单个节点和单一条边对广义配分函数贡献的权重因子。为此目的我们在每条边 (i,a) 上引入两个辅助概率分布泛函 [123–125]。其中一个泛函记为 $Q_{i\to a}[q_{i\to a}]$，它是概率分布函数 $q_{i\to a}(\sigma)$ 在系统宏观态层次的一个分布函数，它是非负的，且满足归一化条件 $\int \mathcal{D}q_{i\to a} Q_{i\to a}[q_{i\to a}] = 1$。另一个泛函记为 $P_{a\to i}[p_{a\to i}]$，它是 $p_{a\to i}(\sigma)$ 在系统宏观态层次的一个分布函数，也是非负和归一的。广义配分函数可改写为

$$\Xi = \prod_b \prod_{k\in\partial b} \int \mathcal{D}q_{k\to b} Q_{k\to b}[q_{k\to b}] \mathrm{e}^{-yf_b[q_{\partial b}]} \times \prod_j \prod_{c\in\partial j} \int \mathcal{D}p_{c\to j} P_{c\to j}[p_{c\to j}] \mathrm{e}^{-yf_j[p_{\partial j}]} \times \prod_{(i,a)\in W} \left[\frac{\delta\big[q_{i\to a} - I_{i\to a}[p_{\partial i\backslash a}]\big] \delta\big[p_{a\to i} - A_{a\to i}[q_{\partial a\backslash i}]\big]}{\mathrm{e}^{-yf_{(i,a)}[p_{a\to i}, q_{i\to a}]} Q_{i\to a}[q_{i\to a}] P_{a\to i}[p_{a\to i}]} \right] . \tag{4.11}$$

对于任意一组给定的概率分布泛函 $\{P_{a\to i}, Q_{i\to a}\}$，我们都可以定义相应的因素节点和变量节点的广义权重因子。因素节点 a 的广义权重因子 Ξ_a 定义为

$$\Xi_a \equiv \prod_{i\in\partial a}\int \mathcal{D}q_{i\to a}Q_{i\to a}[q_{i\to a}]\mathrm{e}^{-yf_a[q_{\partial a}]} \tag{4.12a}$$

$$= \prod_{i\in\partial a}\int \mathcal{D}q_{i\to a}Q_{i\to a}[q_{i\to a}]\Big(\sum_{\underline{\sigma}_{\partial a}}\psi_a(\underline{\sigma}_{\partial a})\prod_{j\in\partial a}q_{j\to a}(\sigma_j)\Big)^{y/\beta}. \tag{4.12b}$$

由该广义权重因子可相应定义因素节点 a 的广义自由能贡献 g_a：

$$g_a \equiv -\frac{1}{y}\ln\Xi_a \tag{4.13a}$$

$$= -\frac{1}{y}\ln\Big[\prod_{i\in\partial a}\int \mathcal{D}q_{i\to a}Q_{i\to a}[q_{i\to a}]\Big(\sum_{\underline{\sigma}_{\partial a}}\psi_a(\underline{\sigma}_{\partial a})\prod_{j\in\partial a}q_{j\to a}(\sigma_j)\Big)^{y/\beta}\Big]. \tag{4.13b}$$

由 Ξ_a 还可定义与因素节点 a 相连的所有边上的概率分布函数 $q_{i\to a}$ 的联合概率分布为

$$W_a[q_{\partial a}] \equiv \frac{1}{\Xi_a}\mathrm{e}^{-yf_a[q_{\partial a}]}\prod_{i\in\partial a}Q_{i\to a}[q_{i\to a}]. \tag{4.14}$$

该联合分布泛函满足归一化条件，即 $\prod_{i\in\partial a}\int \mathcal{D}q_{i\to a}W_a[q_{\partial a}]\equiv 1$。

类似地，变量节点 i 的广义权重因子 Ξ_i 定义为

$$\Xi_i \equiv \prod_{a\in\partial i}\int \mathcal{D}p_{a\to i}P_{a\to i}[p_{a\to i}]\mathrm{e}^{-yf_i[p_{\partial i}]} \tag{4.15a}$$

$$= \prod_{a\in\partial i}\int \mathcal{D}p_{a\to i}P_{a\to i}[p_{a\to i}]\Big(\sum_{\sigma_i}\psi_i(\sigma_i)\prod_{b\in\partial i}p_{b\to i}(\sigma_i)\Big)^{y/\beta}. \tag{4.15b}$$

由此可定义变量节点 i 的广义自由能贡献 g_i：

$$g_i \equiv -\frac{1}{y}\ln\Xi_i \tag{4.16a}$$

$$= -\frac{1}{y}\ln\Big[\prod_{a\in\partial i}\int \mathcal{D}p_{a\to i}P_{a\to i}[p_{a\to i}]\Big(\sum_{\sigma_i}\psi_i(\sigma_i)\prod_{b\in\partial i}p_{b\to i}(\sigma_i)\Big)^{y/\beta}\Big]. \tag{4.16b}$$

由 Ξ_i 还可定义与变量节点 i 相连的所有边上的概率分布函数 $p_{a\to i}$ 的联合概率分布为

$$W_i[p_{\partial i}] \equiv \frac{1}{\Xi_i}\mathrm{e}^{-yf_i[p_{\partial i}]}\prod_{a\in\partial i}P_{a\to i}[p_{a\to i}], \tag{4.17}$$

它显然也是归一化的。还可以定义每一条边 (i,a) 的广义权重因子 $\Xi_{(i,a)}$ 为

$$\Xi_{(i,a)} \equiv \int \mathcal{D}p_{a\to i}\int \mathcal{D}q_{i\to a} P_{a\to i}[p_{a\to i}]Q_{i\to a}[q_{i\to a}]\mathrm{e}^{-yf_{(i,a)}[p_{a\to i},q_{i\to a}]} \tag{4.18a}$$

$$= \int \mathcal{D}p_{a\to i}\int \mathcal{D}q_{i\to a} P_{a\to i}[p_{a\to i}]Q_{i\to a}[q_{i\to a}]\Big(\sum_{\sigma_i} p_{a\to i}(\sigma_i)q_{i\to a}(\sigma_i)\Big)^{y/\beta} . \tag{4.18b}$$

与之对应的广义自由能贡献 $g_{(i,a)}$ 为

$$g_{(i,a)} \equiv -\frac{1}{y}\ln \Xi_{(i,a)} \tag{4.19a}$$

$$= -\frac{1}{y}\ln\left[\int \mathcal{D}p\int \mathcal{D}q P_{a\to i}[p]Q_{i\to a}[q]\Big(\sum_{\sigma_i} p(\sigma_i)q(\sigma_i)\Big)^{y/\beta}\right] . \tag{4.19b}$$

有了这些准备后，广义配分函数表达式 (4.11) 就可进一步被改写成

$$\Xi = \frac{\prod_b \Xi_b \prod_j \Xi_j}{\prod_{(i,a)} \Xi_{(i,a)}} \prod_b \prod_{k\in\partial b}\int \mathcal{D}q_{k\to b} W_b[q_{\partial b}] \prod_j \prod_{c\in\partial j}\int \mathcal{D}p_{c\to j} W_i[p_{\partial j}] \times \prod_{(i,a)\in W}\left[1+\Delta^{(1)}_{(i,a)}\right] . \tag{4.20}$$

式中，边的乘积项中的因子 $\Delta^{(1)}_{(i,a)}$ 是如下表达式的缩写：

$$\Delta^{(1)}_{(i,a)} \equiv \frac{\Xi_{(i,a)}\delta\big[p_{a\to i}-A_{a\to i}[q_{\partial a\backslash i}]\big]\delta\big[q_{i\to a}-I_{i\to a}[p_{\partial i\backslash a}]\big]}{\mathrm{e}^{-yf_{(i,a)}[q_{i\to a},p_{a\to i}]}Q_{i\to a}[q_{i\to a}]P_{a\to i}[p_{a\to i}]} - 1 . \tag{4.21}$$

因子 $\Delta^{(1)}_{(i,a)}$ 就是我们构造出的展开小量，它的值依赖于变量节点 i 及因素节点 a 周围的概率分布函数 $p_{\partial i}$ 和 $q_{\partial a}$，也依赖于概率分布泛函 $P_{a\to i}$ 和 $Q_{i\to a}$ 的具体选择。我们希望能够通过选择合适的概率分布泛函 $P_{a\to i}$ 和 $Q_{i\to a}$ 使每一条边 (i,a) 上的 $\Delta^{(1)}_{(i,a)}$ 值至少在某种平均的意义下接近于零，4.4 节将具体讨论如何实现这一期望。

将式 (4.20) 中的边连乘项展开就可以得到

$$\Xi = \Xi_0 \times \Big(1+\sum_{w\subseteq W} L^{(1)}_w\Big) , \tag{4.22}$$

其中，Ξ_0 的表达式为

$$\Xi_0 = \frac{\prod_{a\in W}\Xi_a \prod_{i\in W}\Xi_i}{\prod_{(j,c)\in W}\Xi_{(j,c)}} ; \tag{4.23}$$

而因素网络 W 的任一子网络 w 的广义配分函数修正项 $L_w^{(1)}$ 的表达式为

$$L_w^{(1)} = \prod_{a\in w}\prod_{j\in\partial a}\int \mathcal{D}q_{j\to a}W_a[q_{\partial a}]\prod_{i\in w}\prod_{b\in\partial i}\int \mathcal{D}p_{b\to i}W_i[p_{\partial i}]\prod_{(k,c)\in w}\Delta_{(k,c)}^{(1)} . \tag{4.24}$$

在式 (4.22) 及式 (4.24) 中，子网络 w 由因素网络 W 的一部分边以及这些边两端的变量节点和因素节点构成。当网络 W 包含的边数很多时，子网络 w 的数目也非常多，因而展开表达式 (4.22) 包含的广义配分函数子网络修正项很多（参见 3.1 节末尾的讨论）。

4.4 概观传播方程

在广义配分函数展开表达式 (4.22) 的基础上，本节详细讨论概观传播（survey propagation，SP）方程及其求解方法。

4.4.1 推导概观传播方程

现在讨论该如何恰当选取辅助概率分布泛函 $P_{a\to i}[p_{a\to i}]$ 和 $Q_{i\to a}[q_{i\to a}]$ 以使展开表达式 (4.22) 中有尽可能多的子网络 w 修正贡献 $L_w^{(1)}=0$。

借鉴 3.2 节的分析过程，考察至少包含一条摇摆边的子网络。假设子网络 w 有一条摇摆边(i,a)，且与之相连的变量节点 i 在子网络 w 中的连通度为 1。这样一个子网络对广义配分函数的修正贡献为

$$\begin{aligned}L_w^{(1)} = &\prod_{b\in w}\prod_{k\in\partial b}\int \mathcal{D}q_{k\to b}W_b[q_{\partial b}]\prod_{j\in w\backslash i}\prod_{c\in\partial j}\int \mathcal{D}p_{c\to j}W_j[p_{\partial j}]\prod_{(l,d)\in w\backslash(i,a)}\Delta_{(l,d)}^{(1)}\\ &\times\left\{\prod_{e\in\partial i}\int \mathcal{D}p_{e\to i}W_i[p_{\partial i}]\Delta_{(i,a)}^{(1)}\right\} .\end{aligned}$$

变量节点 i 的自由能贡献 $f_i[p_{\partial i}]$ 可以分解成两部分之和，即

$$f_i[p_{\partial i}] = f_{i\to a}[p_{\partial i\backslash a}] + f_{(i,a)}[p_{a\to i},\hat{q}_{i\to a}] . \tag{4.25}$$

式中，$f_{i\to a}[p_{\partial i\backslash a}]$ 是节点 i 在不考虑边 (i,a) 影响的情况下的自由能贡献，其表达式类似于式 (3.13)：

$$f_{i\to a}[p_{\partial i\backslash a}] \equiv -\frac{1}{\beta}\ln\Big[\sum_{\sigma_i}\psi_i(\sigma_i)\prod_{b\in\partial i\backslash a}p_{b\to i}(\sigma_i)\Big] , \tag{4.26}$$

而 $f_{(i,a)}[p_{a\to i},\hat{q}_{i\to a}]$ 则是边 (i,a) 的自由能贡献，其中概率分布函数 $\hat{q}_{i\to a}(\sigma)$ 由表达式（3.24）确定。将表达式（4.25）代入式（4.17）就可将分布泛函 $W_i[p_{\partial i}]$ 写为

$$W_i[p_{\partial i}]=\frac{1}{\displaystyle\int \mathcal{D}pP_{a\to i}[p]\int \mathcal{D}q\hat{Q}_{i\to a}[q]\mathrm{e}^{-yf_{(i,a)}[p,q]}}\times\frac{\displaystyle\prod_{b\in\partial i\backslash a} P_{b\to i}[p_{b\to i}]\mathrm{e}^{-yf_{i\to a}[p_{\partial i\backslash a}]}P_{a\to i}[p_{a\to i}]\mathrm{e}^{-yf_{(i,a)}[p_{a\to i},\hat{q}_{i\to a}]}}{\displaystyle\prod_{b\in\partial i\backslash a}\int \mathcal{D}p_{b\to i}P_{b\to i}[p_{b\to i}]\mathrm{e}^{-yf_{i\to a}[p_{\partial i\backslash a}]}}, \tag{4.27}$$

其中，$\hat{Q}_{i\to a}[q]$ 是 $q_{i\to a}$ 的一个特定分布泛函，表达式为

$$\hat{Q}_{i\to a}[q]\equiv\frac{\displaystyle\prod_{b\in\partial i\backslash a}\int \mathcal{D}p_{b\to i}P_{b\to i}[p_{b\to i}]\mathrm{e}^{-yf_{i\to a}[p_{\partial i\backslash a}]}\delta\left[q-I_{i\to a}[p_{\partial i\backslash a}]\right]}{\displaystyle\prod_{b\in\partial i\backslash a}\int \mathcal{D}p_{b\to i}P_{b\to i}[p_{b\to i}]\mathrm{e}^{-yf_{i\to a}[p_{\partial i\backslash a}]}}. \tag{4.28}$$

利用概率分布泛函 $W_i[p_{\partial i}]$ 的这一表达式就可以推导出

$$\begin{aligned}&\prod_{e\in\partial i}\int \mathcal{D}p_{e\to i}W_i[p_{\partial i}]\varDelta^{(1)}_{(i,a)}\\&=\frac{\hat{Q}_{i\to a}[q_{i\to a}]\displaystyle\int \mathcal{D}p\int \mathcal{D}qP_{a\to i}[p]Q_{i\to a}[q]\mathrm{e}^{-yf_{(i,a)}[p,q]}}{Q_{i\to a}[q_{i\to a}]\displaystyle\int \mathcal{D}p\int \mathcal{D}qP_{a\to i}[p]\hat{Q}_{i\to a}[q]\mathrm{e}^{-yf_{(i,a)}[p,q]}}-1.\end{aligned} \tag{4.29}$$

如果选取恰当的概率分布泛函从而使 $\hat{Q}_{i\to a}[q]$ 满足条件 $\hat{Q}_{i\to a}[q]\equiv Q_{i\to a}[q]$，那么由式（4.29）可知，包含摇摆边$(i,a)$ 且变量节点 i 的连通度为 1 的子网络 w 的广义配分函数修正贡献为 $L^{(1)}_w=0$。

继续考察另一种情形，即子网络 w 有一条摇摆边(i,a)，该边所连的因素节点 a 在 w 中的连通度为 1。这样一个子网络对广义配分函数的修正贡献为

$$\begin{aligned}L^{(1)}_w=&\prod_{j\in w}\prod_{b\in\partial j}\int \mathcal{D}p_{b\to j}W_j[p_{\partial j}]\prod_{c\in w\backslash a}\prod_{k\in\partial c}\int \mathcal{D}q_{k\to c}W_c[q_{\partial c}]\prod_{(l,d)\in w\backslash(i,a)}\varDelta^{(1)}_{(l,d)}\\&\times\left\{\prod_{m\in\partial a}\int \mathcal{D}q_{m\to a}W_a[q_{\partial a}]\varDelta^{(1)}_{(i,a)}\right\}.\end{aligned}$$

类似于式（4.25），可以将因素节点 a 的自由能贡献表达式（3.7）分解成两部分之和：

$$f_a[q_{\partial a}]=f_{a\to i}[q_{\partial a\backslash i}]+f_{(i,a)}[\hat{p}_{a\to i},q_{i\to a}]. \tag{4.30}$$

式中，$f_{a\to i}[q_{\partial a\backslash i}]$ 是因素节点 a 在不考虑边 (i,a) 影响的情况下的自由能贡献，其表达式类似于式（3.7）：

$$f_{a\to i}[q_{\partial a\backslash i}] \equiv -\frac{1}{\beta}\ln\Big[\sum_{\underline{\sigma}_{\partial a}}\psi_a(\underline{\sigma}_{\partial a})\prod_{j\in\partial a\backslash i}q_{j\to a}(\sigma_j)\Big], \tag{4.31}$$

而 $f_{(i,a)}[\hat{p}_{a\to i}, q_{i\to a}]$ 则是边 (i,a) 的自由能贡献，其中概率分布函数 $\hat{p}_{a\to i}(\sigma)$ 由表达式（3.26）确定。将表达式（4.30）代入式（4.14）就可将分布泛函 $W_a[q_{\partial a}]$ 写为

$$\begin{aligned}W_a[q_{\partial a}] = &\frac{1}{\int \mathcal{D}p\hat{P}_{a\to i}[p]\int\mathcal{D}qQ_{i\to a}[q]\mathrm{e}^{-yf_{(i,a)}[p,q]}}\\ &\times\frac{\prod\limits_{j\in\partial a\backslash i}Q_{j\to a}[q_{j\to a}]\mathrm{e}^{-yf_{a\to i}[q_{\partial a\backslash i}]}Q_{i\to a}[q_{i\to a}]\mathrm{e}^{-yf_{(i,a)}[\hat{p}_{a\to i},q_{i\to a}]}}{\prod\limits_{j\in\partial a\backslash i}\int\mathcal{D}q_{j\to a}Q_{j\to a}[q_{j\to a}]\mathrm{e}^{-yf_{a\to i}[q_{\partial a\backslash i}]}},\end{aligned} \tag{4.32}$$

其中，$\hat{P}_{a\to i}[p]$ 是 $p_{a\to i}$ 的一个特定分布泛函，表达式为

$$\hat{P}_{a\to i}[p] \equiv \frac{\prod\limits_{j\in\partial a\backslash i}\int\mathcal{D}q_{j\to a}Q_{j\to a}[q_{j\to a}]\mathrm{e}^{-yf_{a\to i}[q_{\partial a\backslash i}]}\delta[p-A_{a\to i}[q_{\partial a\to i}]]}{\prod\limits_{j\in\partial a\backslash i}\int\mathcal{D}q_{j\to a}Q_{j\to a}[q_{j\to a}]\mathrm{e}^{-yf_{a\to i}[q_{\partial a\backslash i}]}}. \tag{4.33}$$

利用概率分布泛函 $W_a[q_{\partial a}]$ 的这一表达式就可以推导出

$$\begin{aligned}&\prod_{m\in\partial a}\int\mathcal{D}q_{m\to a}W_a[q_{\partial a}]\Delta_{(i,a)}^{(1)}\\ &=\frac{\hat{P}_{a\to i}[p_{a\to i}]\int\mathcal{D}p\int\mathcal{D}qP_{a\to i}[p]Q_{i\to a}[q]\mathrm{e}^{-yf_{(i,a)}[p,q]}}{P_{a\to i}[p_{a\to i}]\int\mathcal{D}p\int\mathcal{D}q\hat{P}_{a\to i}[p]Q_{i\to a}[q]\mathrm{e}^{-yf_{(i,a)}[p,q]}}-1.\end{aligned} \tag{4.34}$$

由式（4.34）可知，若选取恰当的概率分布泛函从而使 $\hat{P}_{a\to i}[p]$ 满足条件 $\hat{P}_{a\to i}[p]\equiv P_{a\to i}[p]$，那么包含摇摆边$(i,a)$ 且因素节点 a 的连通度为 1 的子网络 w 的广义配分函数修正贡献为 $L_w^{(1)}=0$。

由前面这些分析我们获得了一个重要的结论，即广义配分函数展开过程中用到的两组辅助概率分布泛函应该选择为满足如下的自洽方程组：

$$P_{a\to i}[p]=\frac{\prod\limits_{j\in\partial a\backslash i}\int \mathcal{D}q_{j\to a}Q_{j\to a}[q_{j\to a}]\mathrm{e}^{-yf_{a\to i}[q_{\partial a\backslash i}]}\delta\big[p-A_{a\to i}[q_{\partial a\backslash i}]\big]}{\prod\limits_{j\in\partial a\backslash i}\int \mathcal{D}q_{j\to a}Q_{j\to a}[q_{j\to a}]\mathrm{e}^{-yf_{a\to i}[q_{\partial a\backslash i}]}}, \tag{4.35a}$$

$$Q_{i\to a}[q]=\frac{\prod\limits_{b\in\partial i\backslash a}\int \mathcal{D}p_{b\to i}P_{b\to i}[p_{b\to i}]\mathrm{e}^{-yf_{i\to a}[p_{\partial i\backslash a}]}\delta\big[q-I_{i\to a}[p_{\partial i\backslash a}]\big]}{\prod\limits_{b\in\partial i\backslash a}\int \mathcal{D}p_{b\to i}P_{b\to i}[p_{b\to i}]\mathrm{e}^{-yf_{i\to a}[p_{\partial i\backslash a}]}}. \tag{4.35b}$$

这样选择的辅助概率分布泛函能够使展开表达式（4.22）中含有摇摆边的所有子网络的修正贡献为零，从而使广义配分函数表达式简化为

$$\Xi=\Xi_0\times\Big(1+\sum_{ⓦ\subseteq W}L_{ⓦ}^{(1)}\Big), \tag{4.36}$$

其中，ⓦ 代表因素网络 W 中的一个圈图（即包含回路但不含任何摇摆边的子网络）。

方程组（4.35）称为概观传播（SP）方程，最初由 Mézard 和 Parisi 基于自旋玻璃一阶复本对称破缺平均场理论提出[116]。概观传播方程这个名称最早在文献 [57] 中被采用，但它特指方程组（4.35）在温度 $T=0$ 极限情况下的一种粗粒化近似表达式。

从配分函数圈图展开这一数学角度来看，概观传播方程是一组充分必要条件，当且仅当式（4.35）在所有的边上满足后才会使任一含有摇摆边的子网络 w 对广义配分函数的修正贡献 $L_w^{(1)}=0$。在推导概观传播方程（4.35）的过程中，我们并没有要求变量节点的状态必须为伊辛自旋，因此该方程对于变量节点微观状态更复杂的自旋玻璃模型也同样是成立的（对这一结论的更多讨论可参见文献 [123]）。

4.4.2 对概观传播方程的直观理解

为了加深对概观传播方程（4.35）的理解，现在从 Bethe-Peierls 近似的角度对其物理意义进行讨论。2.4 节和 3.3 节已经描述过 Bethe-Peierls 近似的关键思想。下面同样借助示意图 3.4 来说明方程（4.35a）和（4.35b）所对应的物理图像。

在图 3.4 中，因素节点 a 对变量节点 i、j、k 和 l 有直接影响。如果将 a 从网络中去掉，在剩下的空腔系统（记为 A）中这种影响将不复存在，随之而来的结果是变量节点 i、j、k 和 l 的自旋状态就不再因为因素节点 a 而强烈地关联了。因此

假定在空腔系统 A 中，在每个宏观态 α 内部，节点 i、j、k、l 的自旋联合概率分布都可以写成单节点边际概率分布之乘积，即

$$P_{\backslash a}^{(\alpha)}(\sigma_i,\sigma_j,\sigma_k,\sigma_l)=q_{i\to a}^{(\alpha)}(\sigma_i)q_{j\to a}^{(\alpha)}(\sigma_j)q_{k\to a}^{(\alpha)}(\sigma_k)q_{l\to a}^{(\alpha)}(\sigma_l)\,, \tag{4.37}$$

其中，$q_{i\to a}^{(\alpha)}$ 表示在空腔系统的宏观态 α 中变量节点 i 的自旋边际概率分布，即变量节点空腔概率分布。式（4.37）实际就是表达式（3.37），它是空腔系统的宏观态 α 内部的 Bethe-Peierls 近似。在这一近似之下，因素节点 a 对于宏观态 α 的自由能贡献 $f_a^{(\alpha)}$ 就可以写成表达式（3.7）的形式，即

$$f_a^{(\alpha)}=-\frac{1}{\beta}\ln\Big[\sum_{\underline{\sigma}_{\partial a}}\psi_a(\underline{\sigma}_{\partial a})\prod_{i\in\partial a}q_{i\to a}^{(\alpha)}(\sigma_i)\Big]\,. \tag{4.38}$$

将空腔系统 A 在宏观态 α 的自由能记为 $F_\alpha^{(cs)}$。当因素节点 a 加入到该空腔系统以后，新的系统在宏观态 α 的自由能 F_α 与原空腔系统的自由能 $F_\alpha^{(cs)}$ 之间有如下的简单关系：

$$F_\alpha=F_\alpha^{(cs)}+f_a^{(\alpha)}\,.$$

系统有许多不同的宏观态，因而自由能增量 $f_a^{(\alpha)}$ 在所有这些宏观态的平均值为

$$\begin{aligned}\langle f_a\rangle&=\frac{\sum\limits_\alpha f_a^{(\alpha)}\mathrm{e}^{-yF_\alpha}}{\sum\limits_\alpha \mathrm{e}^{-yF_\alpha}}=\frac{\sum\limits_\alpha f_a^{(\alpha)}\mathrm{e}^{-yf_a^{(\alpha)}}\mathrm{e}^{-yF_\alpha^{(cs)}}}{\sum\limits_\alpha \mathrm{e}^{-yf_a^{(\alpha)}}\mathrm{e}^{-yF_\alpha^{(cs)}}}=\frac{\sum\limits_\alpha f_a^{(\alpha)}\mathrm{e}^{-yf_a^{(\alpha)}}\omega_\alpha^{(cs)}}{\sum\limits_\alpha \mathrm{e}^{-yf_a^{(\alpha)}}\omega_\alpha^{(cs)}}\\&=\frac{\prod\limits_{i\in\partial a}\int\mathcal{D}q_{i\to a}^{(\alpha)}f_a^{(\alpha)}\mathrm{e}^{-yf_a^{(\alpha)}}P^{(cs)}\big[\{q_{j\to a}^{(\alpha)}:j\in\partial a\}\big]}{\prod\limits_{i\in\partial a}\int\mathcal{D}q_{i\to a}^{(\alpha)}\mathrm{e}^{-yf_a^{(\alpha)}}P^{(cs)}\big[\{q_{j\to a}^{(\alpha)}:j\in\partial a\}\big]}\,.\end{aligned} \tag{4.39}$$

式中，$\omega_\alpha^{(cs)}$ 是空腔系统 A 的宏观态 α 相对于该空腔系统的所有宏观态的统计权重，即

$$\omega_\alpha^{(cs)}\equiv\frac{\mathrm{e}^{-yF_\alpha^{(cs)}}}{\sum\limits_\gamma \mathrm{e}^{-yF_\gamma^{(cs)}}}\,; \tag{4.40}$$

而 $P^{(cs)}\big[\{q_{j\to a}^{(\alpha)}:j\in\partial a\}\big]$ 则是 a 所连的所有变量节点 j 的空腔概率分布函数在空腔系统 A 的所有宏观态的联合概率分布。

如果假定在空腔系统 A 中集合 ∂a 的所有变量节点的空腔概率分布函数是彼此独立的，那么联合概率分布泛函 $P^{(cs)}\big[\{q_{j\to a}^{(\alpha)}:j\in\partial a\}\big]$ 就可以写成各个边际概率分布泛函的乘积，即

$$P^{(cs)}\big[\{q_{j\to a}^{(\alpha)}:j\in\partial a\}\big]\approx\prod_{j\in\partial a}Q_{j\to a}^{(cs)}[q_{j\to a}^{(\alpha)}]\,, \tag{4.41}$$

其中，$Q_{i\to a}^{(cs)}[q_{i\to a}^{(\alpha)}]$ 表示概率分布函数 $q_{i\to a}^{(\alpha)}(\sigma_i)$ 在空腔系统 A 的所有宏观态的概率分布泛函。方程（4.41）就是宏观态层次的 Bethe-Peierls 近似。将式（4.41）代入式（4.39）就得到

$$\langle f_a\rangle = \frac{\prod\limits_{i\in\partial a}\int \mathcal{D}q_{i\to a}^{(\alpha)} Q_{i\to a}^{(cs)}[q_{i\to a}^{(\alpha)}]\mathrm{e}^{-yf_a^{(\alpha)}} f_a^{(\alpha)}}{\prod\limits_{i\in\partial a}\int \mathcal{D}q_{i\to a}^{(\alpha)} Q_{i\to a}^{(cs)}[q_{i\to a}^{(\alpha)}]\mathrm{e}^{-yf_a^{(\alpha)}}} . \tag{4.42}$$

这一表达式在直观上很容易理解。自由能增量 $f_a^{(\alpha)}$ 由输入到因素节点 a 的一组空腔概率分布函数 $\{q_{j\to a}^{(\alpha)}(\sigma_j) : j\in\partial a\}$ 决定，而这组分布函数的统计权重则是两部分之积：首先是它们在空腔系统 A 中的统计权重 $\prod\limits_{j\in\partial a} Q_{j\to a}^{(cs)}[q_{j\to a}^{(\alpha)}]$（假设彼此独立），其次是节点 a 加入到空腔系统后带来的额外权重 $\mathrm{e}^{-yf_a^{(\alpha)}}$（这是由于宏观态层次的玻尔兹曼分布）。

比较表达式（4.42）和（4.14）就可以看出辅助概率分布泛函 $Q_{i\to a}[q_{i\to a}]$ 等价于空腔概率分布泛函 $Q_{i\to a}^{(cs)}[q_{i\to a}]$，因而它可被理解为是变量节点 i 在不考虑因素节点 a 的影响下其自旋概率分布函数 $q_{i\to a}(\sigma_i)$ 在所有宏观态的概率分布。

下面继续来考察图 3.4 中的变量节点 i。该节点通过因素节点 a、b、c 和另外 8 个变量节点相互影响。将节点 i 及与之相连的因素节点 a、b、c 从因素网络中挖去，就得到另一个空腔系统，记为 B，而这 8 个变量节点则称为空腔系统B 的边界，记为 ∂B，即 $\partial B\equiv\{j,k,l,\cdots,m,n\}$。在空腔系统 B 的每个宏观态 α 中，我们同样认为边界 ∂B 中的节点彼此是相互独立的，因而它们的自旋状态的联合概率分布可以写成单节点边际概率分布之乘积的形式（宏观态内的 Bethe-Peierls 近似）。将系统 B 的宏观态 α 的自由能记为 $F_\alpha^{(B)}$。当变量节点 i 及因素节点 a、b、c 加入进来后，系统自由能的改变量记为 $f_{i+\partial i}^{(\alpha)}$。根据宏观态内部的 Bethe-Peierls 近似可得该自由能改变量的表达式为

$$f_{i+\partial i}^{(\alpha)} = -\frac{1}{\beta}\ln\Big[\sum_{\sigma_i}\psi_i(\sigma_i)\prod_{a\in\partial i}\sum_{\underline{\sigma}_{\partial a\backslash i}}\psi_a(\underline{\sigma}_{\partial a})\prod_{j\in\partial a\backslash i} q_{j\to a}^{(\alpha)}(\sigma_j)\Big] . \tag{4.43}$$

该自由能增量可以分解成两部分之和：

$$f_{i+\partial i}^{(\alpha)} = f_i^{(\alpha)} + \sum_{a\in\partial i} f_{a\to i}^{(\alpha)} . \tag{4.44}$$

在该表达式中

$$f_{a\to i}^{(\alpha)} = -\frac{1}{\beta}\ln\Big[\sum_{\underline{\sigma}_{\partial a}}\psi_a(\underline{\sigma}_{\partial a})\prod_{j\in\partial a\backslash i} q_{j\to a}^{(\alpha)}(\sigma_j)\Big] , \tag{4.45}$$

而

$$f_i^{(\alpha)} = -\frac{1}{\beta}\ln\Big[\sum_{\sigma_i}\psi_i(\sigma_i)\prod_{a\in\partial i}p_{a\to i}^{(\alpha)}(\sigma_i)\Big], \tag{4.46}$$

其中，概率分布函数 $p_{a\to i}^{(\alpha)}(\sigma_i)$ 的表达式为

$$p_{a\to i}^{(\alpha)}(\sigma) = \frac{\sum\limits_{\underline{\sigma}_{\partial a}}\delta(\sigma_i,\sigma)\psi_a(\underline{\sigma}_{\partial a})\prod\limits_{j\in\partial a\backslash i}q_{j\to a}^{(\alpha)}(\sigma_j)}{\sum\limits_{\underline{\sigma}_{\partial a}}\psi_a(\underline{\sigma}_{\partial a})\prod\limits_{j\in\partial a\backslash i}q_{j\to a}^{(\alpha)}(\sigma_j)}. \tag{4.47}$$

$p_{a\to i}^{(\alpha)}(\sigma_i)$ 是变量节点 i 在只参与相互作用 a 但不受到其他因素节点及外场影响的情况下其自旋值在系统宏观态 α 内部的概率分布；而 $f_{a\to i}^{(\alpha)}$ 则是将因素节点 a 及变量节点 i 加入到空腔系统 B 后，系统在宏观态 α 的自由能改变量（变量节点 i 的外场的影响不予考虑）。根据 3.1 节的讨论可知，$f_i^{(\alpha)}$ 是变量节点 i 因受到外场的影响以及它同时参与集合 ∂i 中的所有相互作用而导致的宏观态 α 自由能的额外增加量。

利用宏观态层次的 Bethe-Peierls 近似式（4.41），变量节点 i 的自由能贡献 $f_i^{(\alpha)}$ 在所有宏观态的平均值为

$$\begin{aligned}\langle f_i\rangle &= \frac{\sum\limits_{\alpha}f_i^{(\alpha)}\mathrm{e}^{-y[f_{i+\partial i}^{(\alpha)}+F_\alpha^{(B)}]}}{\sum\limits_{\alpha}\mathrm{e}^{-y[f_{i+\partial i}^{(\alpha)}+F_\alpha^{(B)}]}} = \frac{\sum\limits_{\alpha}f_i^{(\alpha)}\mathrm{e}^{-yf_i^{(\alpha)}}\prod\limits_{a\in\partial i}\mathrm{e}^{-yf_{a\to i}^{(\alpha)}}\mathrm{e}^{-yF_\alpha^{(B)}}}{\sum\limits_{\alpha}\mathrm{e}^{-yf_i^{(\alpha)}}\prod\limits_{a\in\partial i}\mathrm{e}^{-yf_{a\to i}^{(\alpha)}}\mathrm{e}^{-yF_\alpha^{(B)}}}\\ &= \frac{\prod\limits_{a\in\partial i}\int\mathcal{D}p_{a\to i}^{(\alpha)}P_{a\to i}^{(cs)}[p_{a\to i}^{(\alpha)}]\mathrm{e}^{-yf_i^{(\alpha)}}f_i^{(\alpha)}}{\prod\limits_{a\in\partial i}\int\mathcal{D}p_{a\to i}^{(\alpha)}P_{a\to i}^{(cs)}[p_{a\to i}^{(\alpha)}]\mathrm{e}^{-yf_i^{(\alpha)}}}.\end{aligned} \tag{4.48}$$

式中，$P_{a\to i}^{(cs)}[p]$ 是空腔概率分布函数 $p_{a\to i}^{(\alpha)}(\sigma_i)$ 在所有宏观态的概率分布泛函，其表达式为

$$P_{a\to i}^{(cs)}[p] \equiv \frac{\prod\limits_{j\in\partial a\backslash i}\int\mathcal{D}q_{j\to a}Q_{j\to a}^{(cs)}[q_{j\to a}]\mathrm{e}^{-yf_{a\to i}^{(\alpha)}}\delta\big[p-A_{a\to i}[q_{\partial a\backslash i}]\big]}{\prod\limits_{j\in\partial a\backslash i}\int\mathcal{D}q_{j\to a}Q_{j\to a}^{(cs)}[q_{j\to a}]\mathrm{e}^{-yf_{a\to i}^{(\alpha)}}}. \tag{4.49}$$

比较表达式（4.48）和（4.17）可知辅助概率分布泛函 $P_{a\to i}[p_{a\to i}]$ 等价于空腔概率分布泛函 $P_{a\to i}^{(cs)}[p_{a\to i}]$，因而它可被理解为是变量节点 i 在只受到因素节点 a 的影响下其自旋概率分布函数 $p_{a\to i}(\sigma_i)$ 在所有宏观态的概率分布。

我们还注意到概观传播方程（4.35a）实际上就是根据宏观态层次的 Bethe-Peierls 近似而得到的自洽方程（4.49）。

变量节点 i 的自旋在系统的宏观态 α 的边际概率分布函数 $q_i^{(\alpha)}(\sigma_i)$ 的近似表达式参照式（3.46）可知为

$$q_i^{(\alpha)}(\sigma_i) = \frac{\psi_i(\sigma_i)\prod_{a\in\partial i} p_{a\to i}^{(\alpha)}(\sigma_i)}{\sum_{\sigma}\psi_i(\sigma)\prod_{a\in\partial i} p_{a\to i}^{(\alpha)}(\sigma)} . \tag{4.50}$$

由式（4.48）可知，在宏观态层次的 Bethe-Peierls 近似下，该概率分布函数在系统所有宏观态的概率分布泛函 $Q_i[q_i^{(\alpha)}]$ 的表达式为

$$Q_i[q] = \frac{\prod_{a\in\partial i}\int \mathcal{D}p_{a\to i}^{(\alpha)} P_{a\to i}^{(cs)}[p_{a\to i}^{(\alpha)}]\mathrm{e}^{-yf_i^{(\alpha)}}\,\delta\big[q - I_i[\{q_{a\to i}^{(\alpha)}\}]\big]}{\prod_{a\in\partial i}\int \mathcal{D}p_{a\to i}^{(\alpha)} P_{a\to i}^{(cs)}[p_{a\to i}^{(\alpha)}]\mathrm{e}^{-yf_i^{(\alpha)}}} , \tag{4.51}$$

其中，$I_i[\{q_{a\to i}^{(\alpha)}\}]$ 是式（4.50）等号右侧表达式的简写。按照同样的推理过程可以在宏观态层次的 Bethe-Peierls 近似下导出空腔概率分布泛函 $Q_{i\to a}^{(cs)}[q_{i\to a}]$ 所满足的自洽方程，该方程与概观传播方程（4.35b）完全相同。

4.4.3　求解概观传播方程

如何求解概观传播方程（4.35）的不动点？这不是一个平庸问题。在数值计算上有两个主要困难：① $P_{a\to i}[p_{a\to i}]$ 和 $Q_{i\to a}[q_{i\to a}]$ 都是概率分布函数的分布函数，在一般情况下，它们是泛函，且须满足非负和归一化条件。为了实现对方程（4.35）的求解，需要找到一种表示方法，使复杂的概率分布泛函可以存储于有限的计算机内存中。② 方程（4.35a）和方程（4.35b）描述的是概率泛函的加权迭代过程，意味着我们需要获得概率分布函数 $p_{a\to i}(\sigma_i)$ 和 $q_{i\to a}(\sigma_i)$ 的许多样本及其权重，然后再将所有的权重加起来以实现归一化。为了提高计算效率和计算精度，需要我们找到对概率分布函数进行高效和精确抽样的方法。

下面针对变量节点状态为两分量自旋的情形，探讨如何通过数值迭代过程来求解概观传播方程（4.35）。

如果每个变量节点 i 的状态都可以用自旋 $\sigma_i = \pm 1$ 来描述，那么概率分布函数 $p_{a\to i}(\sigma)$ 可以用一个参数 $u_{a\to i}$ 完全表征（参见式（3.10））：

$$p_{a\to i}(\sigma) = \frac{\mathrm{e}^{\beta u_{a\to i}\sigma}}{2\cosh(\beta u_{a\to i})} .$$

类似地，概率分布函数 $q_{i\to a}(\sigma)$ 也可以用一个参数 $h_{i\to a}$ 完全表征（式 (3.4)）：

$$q_{i\to a}(\sigma)=\frac{\mathrm{e}^{\beta h_{i\to a}\sigma}}{2\cosh(\beta h_{i\to a})}.$$

由于这样的简化，概率分布泛函 $P_{a\to i}[p_{a\to i}]$ 就成为场 $u_{a\to i}$ 的概率分布函数，而概率分布泛函 $Q_{i\to a}[q_{i\to a}]$ 则成为场 $h_{i\to a}$ 的概率分布函数。在计算机迭代过程中，可以用一个包含 $\mathcal{N}_1$ 个样本的集合 $\{u_{a\to i}\}\equiv\{u_{a\to i}^{(1)},u_{a\to i}^{(2)},\cdots,u_{a\to i}^{(\mathcal{N}_1)}\}$ 来代表概率分布 $P_{a\to i}[p_{a\to i}]$。如果 $P_{a\to i}[p_{a\to i}]$ 不是特别的奇异，我们预计当 $\mathcal{N}_1$ 足够大时，样本集合将会很精确地逼近真实的概率分布。同样地，概率分布 $Q_{i\to a}[q_{i\to a}]$ 将用一个包含 $\mathcal{N}_1$ 个样本的集合来代表，$\{h_{i\to a}\}\equiv\{h_{i\to a}^{(1)},h_{i\to a}^{(2)},\cdots,h_{i\to a}^{(\mathcal{N}_1)}\}$。

概观传播方程（4.35）不动点的迭代过程见示意图 4.4。为方便起见，首先讨论式（4.35b），它的输入是 $k_i^{(c)}\equiv|\partial i|-1$ 个容积为 $\mathcal{N}_1$ 的集合 $\{u_{b\to i}\}$ $(b\in\partial i\backslash a)$，对应于 $\mathcal{N}_1^{k_i^{(c)}}$ 种输入场 $\{u_1,u_2,\cdots,u_{k_i^{(c)}}\}$ 的组合，其中 u_1 来自第一个集合，u_2 来自第二个集合，……。输入场的每一种组合都对应于一个输出场（参见式（3.30a））

$$h_{i\to a}=h_i^0+\sum_{l=1}^{k_i^{(c)}}u_l\,,$$

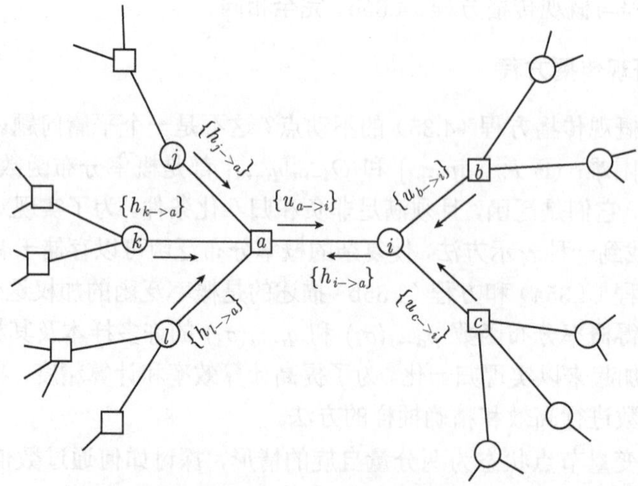

图 4.4 两分量自旋玻璃模型上的概观传播方程（4.35）迭代过程

在此示意图中，变量节点 i 收集由因素节点 b 和 c 传来的两组信息 $\{u_{b\to i}\}$ 和 $\{u_{c\to i}\}$，通过方程（4.35b）产生一组新信息 $\{h_{i\to a}\}$ 并将其传递给因素节点 a。因素节点 a 则收集由变量节点 j、k、l 传来的三组信息 $\{h_{j\to a}\}$、$\{h_{k\to a}\}$、$\{h_{l\to a}\}$，通过方程（4.35a）产生一组新信息 $\{u_{a\to i}\}$ 并将其传递给变量节点 i。这样的信息收集、转化、传递过程在因素网络每条边上都在进行

其中，h_i^0 是节点 i 上的外场（即 $\psi_i(\sigma_i) \equiv \mathrm{e}^{\beta h_i^0 \sigma_i}$）。该输出场的权重为 $\mathrm{e}^{-y f_{i\to a}}$，其中自由能增量 $f_{i\to a}$ 的表达式为（见式（4.26））

$$f_{i\to a}(u_1, u_2, \cdots, u_{k_i^{(c)}}) = -\frac{1}{\beta}\ln\Big[2\cosh(\beta h_i^0 + \beta\sum_{l=1}^{k_i^{(c)}} u_l)\Big] + \frac{1}{\beta}\sum_{l=1}^{k_i^{(c)}}\ln\Big[2\cosh(\beta u_l)\Big] .$$

原则上可以先产生 $\mathcal{N}_1^{k_i^{(c)}}$ 个场 $h_{i\to a}$ 并记录其权重因子 $\mathrm{e}^{-y f_{i\to a}}$，然后重复对它们进行 $\mathcal{N}_1$ 次加权取样，从而获得一个新集合 $\{h_{i\to a}^{(1)}, h_{i\to a}^{(2)}, \cdots, h_{i\to a}^{\mathcal{N}_1}\}$ 来代表概率分布 $Q_{i\to a}[q_{i\to a}]$。但当 $\mathcal{N}_1$ 较大时，这种方法很不经济，因为绝大多数产生的场 $h_{i\to a}$ 最终都被舍弃掉了。文献中已有多种不同的加速取样方案（如文献 [116]、[174]-[177] 等）。文献 [176] 采用的方法是以 Metropolis 重要性抽样思想为基础的[147]，其基本的进程是：更新输入场 $\{u_1, u_2, \cdots, u_{k_i^{(c)}}\}$ 中随机选取的一个元素（例如从第 j 个集合 $\{u_{b\to i}\}$ 中随机选取一个元素代替 u_j），由此可以计算出一个新样本 $h_{i\to a}$，并计算该样本所对应的自由能增量 $f_{i\to a}$ 与保存在内存中的样本的自由能增量之差 $\delta f_{i\to a}$。如果 $\delta f_{i\to a} \leqslant 0$，则用新样本替换内存中的旧样本并保存其自由能增量 $f_{i\to a}$，反之则以概率 $\mathrm{e}^{-y\delta f_{i\to a}}$ 来接受新样本，而以 $1-\mathrm{e}^{-y\delta f_{i\to a}}$ 的概率保持旧样本。这一马尔科夫过程进行一些步数 L_0 后将达到平衡，然后每隔一定步数 L_1 选取 $\mathcal{N}_1$ 个彼此独立样本形成一个新集合来代表 $Q_{i\to a}[q_{i\to a}]$。这一方案的优点是，在得到的样本集合中，每个场 $h_{i\to a}$ 都很可能是较为典型的。但其缺点是有两个参数 L_0 和 L_1，它们的合适取值与系统有关。Zdeborová 在她的博士学位论文[177] 中采用的是另外一种抽样方案，该方案没有用重要性抽样的思想，但在一些问题上计算效率和精度都令人满意。这一方案很容易编程实现，其要点如下。

（1）完全随机地从 $k_i^{(c)}$ 个输入集合中各取一个元素得到输入场 $\{u_1, \cdots, u_{k_i^{(c)}}\}$，计算所对应的输出场 $h_{i\to a}$ 及其权重因子 $w = \mathrm{e}^{-y f_{i\to a}}$。重复这一过程 $\mathcal{N}_2$ 次（$\mathcal{N}_2 \geqslant \mathcal{N}_1$），从而获得长度为 $\mathcal{N}_2$ 的数列 $\{(h_{i\to a}^{(l)}, c_l)\}$，其中

$$c_l = \frac{\sum_{j=1}^{l} w_j}{\sum_{k=1}^{\mathcal{N}_2} w_k}$$

是第 l 个输出场的累计权重因子。

（2）产生一个均匀分布于 $[0,1]$ 区间的 $\mathcal{N}_1$ 个递增随机数 $r_1, r_2, \cdots, r_{\mathcal{N}_1}$（具体采样方案见附录 B.1）。然后根据 r_m（$m = 1, 2, \cdots, \mathcal{N}_1$）确定整数 l_m，使 $c_{l_m} < r_m \leqslant c_{l_m+1}$，并选取 $h_{i\to a}^{(l_m)}$ 作为输出场的一个元素，从而获得长度为 $\mathcal{N}_1$ 的数列（其中有些元素可能相同）来代表更新后的概率分布泛函 $Q_{i\to a}[q_{i\to a}]$。

概率分布泛函 $P_{a\to i}[p_{a\to i}]$ 的迭代更新过程可以类似地进行。在数值计算中，为了提高迭代更新的效率，可以将方程（4.35b）和方程（4.35a）合并成只涉及泛函集合 $\{Q_{i\to a}[q_{i\to a}]\}$ 的迭代更新方程，参见习题 4.1。

如果宏观态层次的逆温度 $y=0$，那么概观传播方程（4.35）的迭代过程就无需额外的加权，因而计算相对而言很容易进行。另外一个特别的情况是 $y=\beta$，即宏观态层次的逆温度等于微观态层次的逆温度。在这一特殊点上概观传播方程的加权迭代过程可以通过引进新的概率分布泛函而转化为没有额外加权的普通迭代过程[158]。我们将在 4.6 节详细讨论这一情形。

在求解组合优化问题以及计算自旋玻璃系统的基态能量密度时常常会用到概观传播方程的一个非常重要的极限情况，即 $\beta\to+\infty$ 而 $\dfrac{y}{\beta}\to 0$。我们将在 4.7 节介绍这方面的例子。

习题 4.1 由方程 (4.35a) 和方程 (4.35b) 出发，证明概率分布泛函 $Q_{i\to a}[q]$ 满足如下自洽方程:

$$
\begin{aligned}
Q_{i\to a}[q]=&\frac{1}{C_{i\to a}}\prod_{b\in\partial i\backslash a}\prod_{j\in\partial b\backslash i}\int\mathcal{D}q_{j\to b}Q_{j\to b}[q_{j\to b}]\\
&\times\Bigg(\sum_{\sigma_i}\psi_i(\sigma_i)\prod_{b\in\partial i\backslash a}\sum_{\underline{\sigma}_{\partial b\backslash i}}\psi_b(\underline{\sigma}_{\partial b})\prod_{j\in\partial b\backslash i}q_{j\to b}(\sigma_j)\Bigg)^{y/\beta}\\
&\times\delta\left[q-\frac{\psi_i(\sigma_i)\prod\limits_{b\in\partial i\backslash a}\sum\limits_{\underline{\sigma}_{\partial b\backslash i}}\psi_b(\underline{\sigma}_{\partial b})\prod\limits_{j\in\partial b\backslash i}q_{j\to b}(\sigma_j)}{\sum\limits_{\sigma_i}\psi_i(\sigma_i)\prod\limits_{b\in\partial i\backslash a}\sum\limits_{\underline{\sigma}_{\partial b\backslash i}}\psi_b(\underline{\sigma}_{\partial b})\prod\limits_{j\in\partial b\backslash i}q_{j\to b}(\sigma_j)}\right],
\end{aligned}
\tag{4.52}
$$

其中，$C_{i\to a}$ 为归一化常数。

4.4.4 一阶复本对称破缺种群动力学过程

上一小节的概观传播迭代过程是在一个给定的因素网络 W 上进行的，因而得到的结果只反映一个自旋玻璃样本的性质。但概观传播动力学过程也可以用来研究同一自旋玻璃模型不同样本之间的共性。具体的计算方案很类似于 3.5 节的复本对称种群动力学迭代过程，只不过迭代是在宏观态的层次进行。我们将这种迭代过程称为一阶复本对称破缺（1RSB）种群动力学过程[116]。与复本对称种群动力学过程一样，因素网络中的各种可能结构关联在 1RSB 种群动力学迭代过程中都被忽略，因而通过这一迭代过程获得的结果实际上对应于随机网络上的自旋玻璃模型。

在此介绍该 1RSB 种群动力学计算方案的要点。为简单起见，仍然假定系统的自旋都只有两个分量，相应的信念传播方程为式（3.30）。为了减少迭代过程的加权计算，采用整合后的概观传播方程（4.52）。

首先定义 $\mathcal{N}_0$ 个长度为 $\mathcal{N}_1$ 的实数集合，记为 H_1，H_2，$\cdots$，$H_{\mathcal{N}_0}$。每个集合 H_m 都包含有 $\mathcal{N}_1$ 个空腔场 $h_{i\to a}$ 作为元素，它代表某一条边 (i,a) 上的空腔场在各宏观态的概率分布。集合 $\{H_1,H_2,\cdots\}$ 可以看成是系统所有的边上的空腔场分布构成的一个种群。然后对种群 $\{H_1,H_2,\cdots\}$ 的元素不断进行更新，直到种群在概率论的意义下达到稳态。每一次基本的更新包含如下几个步骤。

（1）根据自旋玻璃模型的性质按照某一特定概率分布函数 $P_v(k_i)$ 产生一个随机非负整数 k_i 作为某一变量节点 i 在因素网络中的连通度。例如，若因素网络是变量节点连通度为 K 的规整随机网络，则 $P_v(k_i)=\delta_{k_i}^K$；若因素网络是变量节点平均连通度为 c 的 Erdös-Rényi（ER）随机网络，则 $P_v(k_i)=\mathrm{e}^{-c}c^{k_i}/(k_i)!$。

（2）按照另一特定概率分布函数 $P_f(k_b)$ 产生另一个随机正整数 k_b 作为与变量节点 i 相连的因素节点 b 在因素网络中的连通度（若是两体相互作用模型则 $P_f(k_b)=\delta_{k_b}^2$，若是 K 体相互作用模型则 $P_f(k_b)=\delta_{k_b}^K$）。然后以相互独立并完全随机的方式从种群 $\{H_1,H_2,\cdots\}$ 中选出 (k_b-1) 个元素。每一个选出的元素代表与 b 相连的另外一个变量节点 j 输出给 b 的空腔场 $h_{j\to b}$ 在宏观态层次的概率分布；为了与方程（4.52）相对应，就将这一元素记为 $Q_{j\to b}$，它是由 $\mathcal{N}_1$ 个空腔场 $h_{j\to b}$ 构成的。

（3）重复第（2）步一共 (k_i-1) 次，这样就获得了方程（4.52）所需要的所有输入概率分布 $\{Q_{j\to b}\}$。由该方程可得到 $\mathcal{N}_1$ 个独立的空腔场 $h_{i\to a}^{(1)},h_{i\to a}^{(2)},\cdots$，它们构成一个新的集合 H。然后用 H 来替代种群 $\{H_1,H_2,\cdots\}$ 中随机选取的一个元素。

类似于 3.5 节，在一阶复本对称破缺种群动力学过程中可以同时计算一些热力学量，例如，变量节点和因素节点的广义自由能贡献和平均自由能贡献等。4.5 节列出了一些热力学量的具体计算公式。通过在不同 y 值下重复进行上述一阶复本对称破缺种群动力学模拟，就能将复杂度Σ 作为自由能密度 f 的函数计算出来。

4.5 一阶复本对称破缺平均场理论

4.5.1 Monasson-Mézard-Parisi 自由能

由广义配分函数 Ξ 可通过式（4.3）定义广义自由能 $G(y;\beta)$。根据式（4.36）可得广义自由能的圈图展开表达式为

$$G(y;\beta)=G_0+\Delta G, \tag{4.53}$$

其中

$$G_0 \equiv -\frac{1}{y} \ln \Xi_0 \tag{4.54a}$$

$$= \sum_{i \in W} g_i + \sum_{a \in W} g_a - \sum_{(i,a) \in W} g_{(i,a)} \,, \tag{4.54b}$$

而广义自由能圈图修正贡献为

$$\Delta G = -\frac{1}{y} \ln\Big[1 + \sum_{\text{Ⓦ} \subseteq W} L^{(1)}_{\text{Ⓦ}}\Big] . \tag{4.55}$$

现在假设广义自由能修正贡献 ΔG 相比于 G_0 可以忽略不计，因而系统的广义自由能 $G(y;\beta) \approx G_0$。广义自由能 G_0 是所有变量节点及因素节点广义自由能贡献减去所有边的广义自由能贡献后得到的结果，它作为满足概观传播方程（4.35）的概率分布泛函 $\{Q_{i\to a}\}$ 和 $\{P_{a\to i}\}$ 的表达式为

$$\begin{aligned}
G_0 = &-\frac{1}{y} \sum_{i \in W} \ln\Big[\prod_{a \in \partial i} \int \mathcal{D}p_{a\to i} P_{a\to i}[p_{a\to i}] \Big(\sum_{\sigma_i} \psi_i(\sigma_i) \prod_{a\in\partial i} p_{a\to i}(\sigma_i)\Big)^{y/\beta}\Big] \\
&-\frac{1}{y} \sum_{a \in W} \ln\Big[\prod_{i \in \partial a} \int \mathcal{D}q_{i\to a} Q_{i\to a}[q_{i\to a}] \Big(\sum_{\underline{\sigma}_{\partial a}} \psi_a(\underline{\sigma}_{\partial a}) \prod_{i\in\partial a} q_{i\to a}(\sigma_i)\Big)^{y/\beta}\Big] \\
&+\frac{1}{y} \sum_{(i,a) \in W} \ln\Big[\int \mathcal{D}p \int \mathcal{D}q P_{a\to i}[p] Q_{i\to a}[q] \Big(\sum_{\sigma_i} p(\sigma_i) q(\sigma_i)\Big)^{y/\beta}\Big] .
\end{aligned} \tag{4.56}$$

广义自由能 G_0 及概观传播方程（4.35）一起就构成自旋玻璃一阶复本对称破缺平均场理论[6, 116, 122]。在本书以后的讨论中，称 G_0 为 Monasson-Mézard-Parisi 自由能或一阶复本对称破缺（1RSB）广义自由能。泛函表达式（4.56）有一个重要的性质，即 G_0 对于 $Q_{i\to a}$ 和 $P_{a\to i}$ 的一阶变分在概观传播方程（4.35）的不动点处为零：

$$\frac{\delta G_0}{\delta Q_{i\to a}} = 0 \,, \qquad \frac{\delta G_0}{\delta P_{a\to i}} = 0 \,, \qquad \forall (i,a) \in W \,. \tag{4.57}$$

以后将利用这一性质从 Monasson-Mézard-Parisi 自由能出发构建一个新的 Kikuchi 变分自由能泛函。

习题 4.2 验证表达式 (4.57) 的正确性。

将概率分布泛函 $P_{a\to i}[p]$ 满足的自洽方程（4.35a）代入式（4.56）就得到广义自由能 G_0 的另一种形式，即

$$G_0 = \sum_{i \in W} g_{i+\partial i} - \sum_{a \in W} (|\partial a| - 1) g_a \,. \tag{4.58}$$

在这一表达式中，$|\partial a|$ 是因素节点 a 的连通度；而 $g_{i+\partial i}$ 是变量节点 i 及其周围的因素节点对系统广义自由能的贡献，其表达式为

$$
\begin{aligned}
g_{i+\partial i} = -\frac{1}{y}\ln\Bigg[\prod_{a\in\partial i}\prod_{j\in\partial a\backslash i}\int \mathcal{D}q_{j\to a}Q_{j\to a}[q_{j\to a}] \\
\times\Big(\sum_{\sigma_i}\psi_i(\sigma_i)\prod_{b\in\partial i}\sum_{\underline{\sigma}_{\partial b\backslash i}}\psi_b(\underline{\sigma}_{\partial b})\prod_{k\in\partial b\backslash i}q_{k\to b}(\sigma_k)\Big)^{y/\beta}\Bigg] . \qquad (4.59)
\end{aligned}
$$

G_0 表达式（4.58）相较于式（4.56）的优点主要体现于数值计算上，因为它只与一组概率分布泛函 $\{Q_{i\to a}[q]\}$ 有关，其迭代方程见式（4.52）。

根据同样的推导也可以将广义自由能 G_0 写成另一组概率分布泛函 $\{P_{a\to i}[p]\}$ 的函数：

$$
G_0 = \sum_{a\in W} g_{a+\partial a} - \sum_{i\in W}(|\partial i|-1)g_i , \qquad (4.60)
$$

其中，$|\partial i|$ 是变量节点 i 的连通度；而 $g_{a+\partial a}$ 是因素节点 a 及其周围的变量节点对系统广义自由能的贡献，其表达式为

$$
\begin{aligned}
g_{a+\partial a} = -\frac{1}{y}\ln\Bigg[\prod_{j\in\partial a}\prod_{b\in\partial j\backslash a}\int \mathcal{D}p_{b\to j}P_{b\to j}[p_{b\to j}] \\
\times\Big(\sum_{\underline{\sigma}_{\partial a}}\psi_a(\underline{\sigma}_{\partial a})\prod_{k\in\partial a}\sum_{\sigma_k}\psi_k(\sigma_k)\prod_{c\in\partial k\backslash a}p_{c\to k}(\sigma_k)\Big)^{y/\beta}\Bigg] . \qquad (4.61)
\end{aligned}
$$

而该表达式中的概率分布泛函 $P_{a\to i}[p]$ 需要满足的概观传播方程可将式（4.35b）代入式（4.35a）而得到，具体的表达式（见第 xi 页）的推导作为练习留给读者。

习题 4.3 从式 (4.56) 出发导出表达式 (4.58) 和 (4.60) 以及相应的只涉及概率分布泛函 $\{Q_{i\to a}[q]\}$ 的概观传播方程和只涉及概率分布泛函 $\{P_{a\to i}[p]\}$ 的概观传播方程。

4.5.2 平均 Bethe-Peierls 自由能及复杂度

在忽略广义自由能的圈图修正贡献后，系统宏观态的 Bethe-Peierls 自由能 F_0 在宏观态层次的平均值为

$$
\langle F_0\rangle \equiv \frac{\partial[yG(y;\beta)]}{\partial y} \approx \frac{\partial[yG_0]}{\partial y} \qquad (4.62a)
$$

$$
= \sum_{i\in W}\langle f_i\rangle + \sum_{a\in W}\langle f_a\rangle - \sum_{(i,a)\in W}\langle f_{(i,a)}\rangle , \qquad (4.62b)
$$

其中，$\langle f_i \rangle$、$\langle f_a \rangle$、$\langle f_{(i,a)} \rangle$ 分别是自由能贡献 f_i、f_a、$f_{(i,a)}$ 在宏观态层次的平均值，其表达式为

$$\langle f_i \rangle = \frac{\prod_{a\in\partial i}\int \mathcal{D}p_{a\to i} P_{a\to i}[p_{a\to i}] \mathrm{e}^{-yf_i} f_i}{\prod_{a\in\partial i}\int \mathcal{D}p_{a\to i} P_{a\to i}[p_{a\to i}] \mathrm{e}^{-yf_i}}, \tag{4.63a}$$

$$\langle f_a \rangle = \frac{\prod_{i\in\partial a}\int \mathcal{D}q_{i\to a} Q_{i\to a}[q_{i\to a}] \mathrm{e}^{-yf_a} f_a}{\prod_{i\in\partial a}\int \mathcal{D}q_{i\to a} Q_{i\to a}[q_{i\to a}] \mathrm{e}^{-yf_a}}, \tag{4.63b}$$

$$\langle f_{(i,a)} \rangle = \frac{\int \mathcal{D}p_{a\to i}\int \mathcal{D}q_{i\to a} P_{a\to i}[p_{a\to i}] Q_{i\to a}[q_{i\to a}] \mathrm{e}^{-yf_{(i,a)}} f_{(i,a)}}{\int \mathcal{D}p_{a\to i}\int \mathcal{D}q_{i\to a} P_{a\to i}[p_{a\to i}] Q_{i\to a}[q_{i\to a}] \mathrm{e}^{-yf_{(i,a)}}}. \tag{4.63c}$$

若将概观传播方程（4.35a）代入式（4.63a）和式（4.63c），就可得到自由能 F_0 平均值的一种等价表达式

$$\langle F_0 \rangle = \sum_{i\in W} \langle f_{i+\partial i} \rangle - \sum_{a\in W} (|\partial a| - 1) \langle f_a \rangle, \tag{4.64}$$

其中，$\langle f_{i+\partial i} \rangle$ 是变量节点 i 及其周围因素节点的自由能贡献之和（参见式（3.57）及式（4.43）），在宏观态层次的平均值为

$$\langle f_{i+\partial i} \rangle = \frac{\prod_{a\in\partial i}\prod_{j\in\partial a\backslash i}\int \mathcal{D}q_{j\to a} Q_{j\to a}[q_{j\to a}] \mathrm{e}^{-yf_{i+\partial i}} f_{i+\partial i}}{\prod_{a\in\partial i}\prod_{j\in\partial a\backslash i}\int \mathcal{D}q_{j\to a} Q_{j\to a}[q_{j\to a}] \mathrm{e}^{-yf_{i+\partial i}}}, \tag{4.65}$$

而 $f_{i+\partial i}$ 的具体表达式则为

$$f_{i+\partial i} = -\frac{1}{\beta} \ln\Big[\sum_{\sigma_i} \psi_i(\sigma_i) \prod_{a\in\partial i} \sum_{\underline{\sigma}_{\partial a\backslash i}} \psi_a(\underline{\sigma}_{\partial a}) \prod_{j\in\partial a\backslash i} q_{j\to a}(\sigma_j)\Big]. \tag{4.66}$$

平均自由能表达式（4.64）也可以从式（4.58）出发通过计算 $\dfrac{\partial[yG_0]}{\partial y}$ 而得到。

类似地，若将概观传播方程（4.35b）代入式（4.63b）和式（4.63c），就可得到自由能 F_0 平均值的另一种等价表达式

$$\langle F_0 \rangle = \sum_{a\in W} \langle f_{a+\partial a} \rangle - \sum_{i\in W} (|\partial i| - 1) \langle f_i \rangle, \tag{4.67}$$

其中，$\langle f_{a+\partial a}\rangle$ 是因素节点 a 及其周围变量节点的自由能贡献之和（参见式（3.59）），在宏观态层次的平均值为

$$\langle f_{a+\partial a}\rangle = \frac{\prod_{j\in\partial a}\prod_{b\in\partial j\backslash a}\int \mathcal{D}p_{b\to j}P_{b\to j}[p_{b\to j}]\mathrm{e}^{-yf_{a+\partial a}}f_{a+\partial a}}{\prod_{j\in\partial a}\prod_{b\in\partial j\backslash a}\int \mathcal{D}p_{b\to j}P_{b\to j}[p_{b\to j}]\mathrm{e}^{-yf_{a+\partial a}}}, \tag{4.68}$$

而 $f_{a+\partial a}$ 的具体表达式则为

$$f_{a+\partial a} = -\frac{1}{\beta}\ln\Big[\sum_{\underline{\sigma}_{\partial a}}\psi_a(\underline{\sigma}_{\partial a})\prod_{j\in\partial a}\psi_j(\sigma_j)\prod_{b\in\partial j\backslash a}p_{b\to j}(\sigma_j)\Big]. \tag{4.69}$$

平均自由能表达式（4.67）也可以从式（4.60）出发通过计算 $\dfrac{\partial[yG_0]}{\partial y}$ 而得到。

习题 4.4 验证表达式 (4.64) 和 (4.67) 与表达式 (4.62) 在概观传播方程 (4.35) 的不动点处是等价的。

在计算出给定 y 值处的 Monasson-Mézard-Parisi 自由能 G_0 及 Bethe-Peierls 自由能平均值 $\langle F_0\rangle$ 以后，系统在宏观态层次的熵密度，即复杂度 Σ，就可以根据方程（4.8）求得

$$\Sigma = \frac{y}{N}\big(\langle F_0\rangle - G_0\big). \tag{4.70}$$

习题 4.5 复杂度 Σ 也可以通过求广义自由能 G_0 对于 Parisi 参数 y 的偏导数而得到。请利用表达式 (4.70) 和 (4.62a) 验证:

$$\Sigma = \frac{1}{N}\frac{y^2\partial G_0}{\partial y}. \tag{4.71}$$

4.5.3 边际概率分布泛函及其相容性

变量节点 i 的自旋在宏观态 α 内部的边际概率分布函数 $q_i^{(\alpha)}(\sigma_i)$ 的表达式为（3.67）。当系统有许多宏观态时，函数 $q_i^{(\alpha)}(\sigma_i)$ 在宏观态层次的概率分布记为 $Q_i[q_i]$，它定量表征节点 i 的自旋边际概率分布为 $q_i(\sigma_i)$ 的所有宏观态的总统计权重。在忽略广义配分函数圈图修正贡献的情况下，不难推导出 $Q_i[q]$ 泛函的表达式为

$$Q_i[q] = \frac{1}{\Xi_i}\prod_{a\in\partial i}\int \mathcal{D}p_{a\to i}P_{a\to i}[p_{a\to i}]\mathrm{e}^{-yf_i[p_{\partial i}]}\delta\Bigg[q - \frac{\psi_i(\sigma_i)\prod_{a\in\partial i}p_{a\to i}(\sigma_i)}{\sum_{\sigma}\psi_i(\sigma)\prod_{a\in\partial i}p_{a\to i}(\sigma)}\Bigg]. \tag{4.72}$$

式中，Ξ_i 是归一化常数，其具体表达式见（4.15）。

表达式 (3.68) 是与因素节点 a 直接相连的变量节点的自旋态在某一宏观态 α 的联合概率分布 $p_a^{(\alpha)}(\underline{\sigma}_{\partial a})$。类似于上面的讨论，$p_a^{(\alpha)}(\underline{\sigma}_{\partial a})$ 在宏观态层次的概率分布泛函 $P_a[p]$ 的表达式为

$$P_a[p] = \frac{1}{\Xi_a} \prod_{i \in \partial a} \int \mathcal{D} q_{i\to a} Q_{i\to a}[q_{i\to a}] \mathrm{e}^{-y f_a[q_{\partial a}]} \delta\left[p - \frac{\psi_a(\underline{\sigma}_{\partial a}) \prod\limits_{i\in\partial a} q_{i\to a}(\sigma_i)}{\sum\limits_{\underline{\sigma}_{\partial a}} \psi_a(\underline{\sigma}_{\partial a}) \prod\limits_{i\in\partial a} q_{i\to a}(\sigma_i)}\right], \tag{4.73}$$

其中，归一化常数 Ξ_a 的具体表达式见 (4.12)。

在概观传播方程 (4.35) 的不动点处，这两组概率分布泛函在因素网络 W 的每一条边 (i,a) 上满足如下的相容关系式：

$$\int \mathcal{D} p_a P_a[p_a] \delta\Big[q_i - \sum_{\underline{\sigma}_{\partial a \backslash i}} p_a(\underline{\sigma}_{\partial a})\Big] = Q_i[q_i], \qquad \forall (i,a) \in W. \tag{4.74}$$

该关系式表明在概观传播方程的不动点处概率分布泛函 $P_a[p_a]$ 对变量节点 i 的概率描述与概率分布泛函 $Q_i[q_i]$ 对节点 i 的概率描述是完全一致的。

习题 4.6 验证性质 (4.74)。

变量节点 i 及因素节点 a 的平均边际概率分布分别定义为

$$\overline{q}_i(\sigma) \equiv \int \mathcal{D} q Q_i[q] q(\sigma), \tag{4.75a}$$

$$\overline{p}_a(\underline{\sigma}_{\partial a}) \equiv \int \mathcal{D} p P_a[p_a] p_a(\underline{\sigma}_{\partial a}). \tag{4.75b}$$

容易验证二者满足相容条件 (3.69)，即

$$\overline{q}_i(\sigma_i) = \sum_{\underline{\sigma}_{\partial a\backslash i}} \overline{p}_a(\underline{\sigma}_{\partial a}), \qquad \forall (i,a) \in W. \tag{4.76}$$

4.6 簇集相变与凝聚相变

考虑参数 y 的一个特殊取值 $y=\beta$，即设定宏观态层次的逆温度等于微观态层次的逆温度。假设 $\underline{\sigma}$ 是属于某一宏观态 α 的微观构型。该构型对于 $y=\beta$ 处的广义配分函数而言（参见式 (4.2)），其统计权重为两项之积

$$w_{\underline{\sigma}} = \frac{\mathrm{e}^{-\beta F_0^{(\alpha)}}}{\sum\limits_{\gamma} \mathrm{e}^{-\beta F_0^{(\gamma)}}} \times \frac{\mathrm{e}^{-\beta E(\underline{\sigma})}}{\sum\limits_{\underline{\sigma}' \in \alpha} \mathrm{e}^{-\beta E(\underline{\sigma}')}}. \tag{4.77}$$

式中，右侧乘积第一项是宏观态 α 的统计权重，第二项则是微观构型 $\underline{\sigma}$ 在宏观态 α 内部的统计权重。在 $y=\beta$ 处，宏观态 α 的权重因子 $\mathrm{e}^{-\beta F_0^{(\alpha)}}$ 是该宏观态内所有

微观构型权重因子之和（参见式（4.9）），$\mathrm{e}^{-\beta F_0^{(\alpha)}} \approx \sum_{\underline{\sigma}' \in \alpha} \mathrm{e}^{-\beta E(\underline{\sigma}')}$。将这一表达式代入式（4.77）可知

$$w_{\underline{\sigma}} \approx \frac{\mathrm{e}^{-\beta E(\underline{\sigma})}}{\sum_{\underline{\sigma}'} \mathrm{e}^{-\beta E(\underline{\sigma}')}}, \tag{4.78}$$

即微观构型 $\underline{\sigma}$ 对广义配分函数 $\Xi(\beta;\beta)$ 的贡献只与它的能量有关而与它所属的宏观态 α 无关。表达式（4.78）说明在 $y=\beta$ 处任一微观构型 $\underline{\sigma}$ 对系统宏观统计性质所贡献的权重近似服从逆温度为 β 的平衡玻尔兹曼分布。由于这一原因，$y=\beta$ 是 Parisi 参数 y 的最自然取值。

在固定 $y=\beta$ 的情况下，如果温度 T 足够高（β 足够小），很容易预料概观传播方程只有平庸解，即概率分布泛函 $Q_{i\to a}[q]$ 是狄拉克尖峰函数形式的泛函。但当温度足够低时，概观传播方程有可能出现非平庸解。本节将介绍一种数值计算方案以便尽可能精确地计算 $y=\beta$ 处的复杂度 Σ（参见式（4.4）），见示意图 4.5，从而确定系统的两个临界温度：① 临界温度 T_{d}，当温度 $T<T_{\mathrm{d}}$（即 $\beta>\beta_{\mathrm{d}}\equiv 1/(T_{\mathrm{d}})$）时，概观传播方程（4.35）在 $y=\beta$ 处有非平庸解，系统平衡构型空间涌现出数目众多的热力学宏观态；② 临界温度 T_{c}，当温度 $T<T_{\mathrm{c}}$（即 $\beta>\beta_{\mathrm{c}}\equiv 1/(T_{\mathrm{c}})$）时，概观传播方程在 $y=\beta$ 处的非平庸解的复杂度 $\Sigma<0$，系统的平衡统计物理性质由自由能密度为最小自由能密度 $f_0^{\min}$ 的那些宏观态决定。温度 T_{d} 称为簇集相变温度，而温度 T_{c} 则称为凝聚相变温度，见 1.3.3 节的定性讨论。

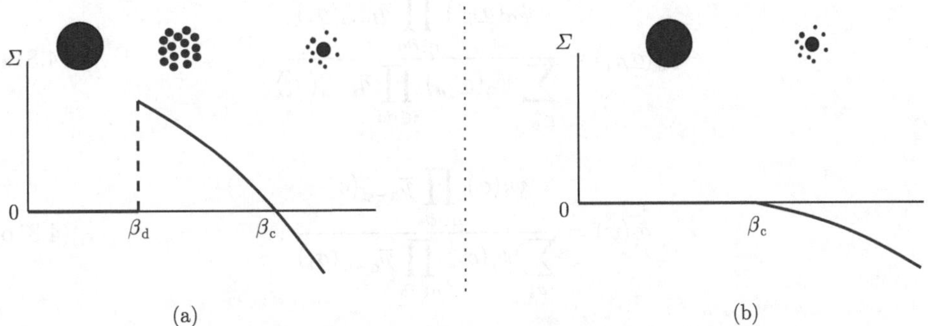

图 4.5　在参数 $y=\beta$ 处的复杂度 Σ 与逆温度 β 的关系曲线示意图

(a) 当 $\beta<\beta_{\mathrm{d}}$ 时 $\Sigma=0$；在 $\beta=\beta_{\mathrm{d}}$ 处，Σ 跃变为正数，然后 Σ 随 β 而递减，并在 $\beta=\beta_{\mathrm{c}}$ 处减少为 $\Sigma=0$；当 $\beta>\beta_{\mathrm{c}}$ 时 $\Sigma<0$，(b) 复杂度在 $\beta<\beta_{\mathrm{c}}$ 时恒等于零，在 $\beta=\beta_{\mathrm{c}}$ 处它开始由零变为负值。系统微观构型空间在不同 β 取值区间的特点也一并显示在示意图中

4.6.1　在 $y=\beta$ 处化简概观传播方程

在因素网络每条边 (i,a) 上定义平均空腔概率分布函数 $\overline{p}_{a\to i}(\sigma_i)$ 和 $\overline{q}_{i\to a}(\sigma_i)$ 为

$$\overline{p}_{a\to i}(\sigma)=\int \mathcal{D}pP_{a\to i}[p]p(\sigma)\,, \tag{4.79a}$$

$$\overline{q}_{i\to a}(\sigma)=\int \mathcal{D}qQ_{i\to a}[q]q(\sigma)\,. \tag{4.79b}$$

在 $y=\beta$ 处，由概观传播方程（4.35）可知这两组平均空腔概率分布函数满足信念传播方程（3.27），即

$$\overline{p}_{a\to i}(\sigma)=\frac{\sum\limits_{\underline{\sigma}_{\partial a}}\delta(\sigma_i,\sigma)\psi_a(\underline{\sigma}_{\partial a})\prod\limits_{j\in\partial a\backslash i}\overline{q}_{j\to a}(\sigma_j)}{\sum\limits_{\underline{\sigma}_{\partial a}}\psi_a(\underline{\sigma}_{\partial a})\prod\limits_{j\in\partial a\backslash i}\overline{q}_{j\to a}(\sigma_j)}\,, \tag{4.80a}$$

$$\overline{q}_{i\to a}(\sigma)=\frac{\prod\limits_{b\in\partial i\backslash a}\psi_i(\sigma)\overline{p}_{b\to i}(\sigma)}{\sum\limits_{\sigma_i}\prod\limits_{b\in\partial i\backslash a}\psi_i(\sigma_i)\overline{p}_{b\to i}(\sigma_i)}\,. \tag{4.80b}$$

在 $y=\beta$ 处，平均边际概率分布函数 $\overline{q}_i(\sigma)$ 和 $\overline{p}_a(\underline{\sigma}_{\partial a})$ 的表达式与式（3.67）和式（3.68）完全一样，只需将 $p_{a\to i}(\sigma)$ 和 $q_{i\to a}(\sigma)$ 分别换成 $\overline{p}_{a\to i}(\sigma)$ 和 $\overline{q}_{i\to a}(\sigma)$:

$$\overline{p}_a(\underline{\sigma}_{\partial a})=\frac{\psi_a(\underline{\sigma}_{\partial a})\prod\limits_{i\in\partial a}\overline{q}_{i\to a}(\sigma_i)}{\sum\limits_{\underline{\sigma}'_{\partial a}}\psi_a(\underline{\sigma}'_{\partial a})\prod\limits_{i\in\partial a}\overline{q}_{i\to a}(\sigma'_i)}\,, \tag{4.81a}$$

$$\overline{q}_i(\sigma)=\frac{\psi_i(\sigma)\prod\limits_{a\in\partial i}\overline{p}_{a\to i}(\sigma)}{\sum\limits_{\sigma_i}\psi_i(\sigma_i)\prod\limits_{a\in\partial i}\overline{p}_{a\to i}(\sigma_i)}\,. \tag{4.81b}$$

如果能够通过迭代的方式求解出信念传播方程（4.80）的一个不动点，那我们就在不进行概观传播方程的复杂加权计算过程的情况下确定了每条边上的平均空腔概率分布函数。概率分布函数 $\overline{p}_{a\to i}(\sigma)$ 和 $\overline{q}_{i\to a}(\sigma)$ 包含了概率分布泛函 $P_{a\to i}[p]$ 和 $Q_{i\to a}[q]$ 的部分信息。在这些部分信息的基础上，概观传播方程（4.35）可以被改写成在数值计算上更为方便的另一种形式[158]。具体的推导过程如下。

首先定义两个条件概率分布泛函为

$$P_{a\to i}^{(\sigma_i)}[p_{a\to i}|\overline{p}_{a\to i}] \equiv \frac{p_{a\to i}(\sigma_i)P_{a\to i}[p_{a\to i}]}{\overline{p}_{a\to i}(\sigma_i)}, \tag{4.82a}$$

$$Q_{i\to a}^{(\sigma_i)}[q_{i\to a}|\overline{q}_{i\to a}] \equiv \frac{q_{i\to a}(\sigma_i)Q_{i\to a}[q_{i\to a}]}{\overline{q}_{i\to a}(\sigma_i)}. \tag{4.82b}$$

这两个条件概率分布泛函有明确的物理意义。考虑一个空腔系统 B，该空腔系统与因素网络 W 的唯一区别是变量节点 i 除相互作用 a 以外的所有其他最近邻因素节点都被删除（即 i 只参与相互作用 a）。那么 $P_{a\to i}^{(\sigma_i)}[p_{a\to i}|\overline{p}_{a\to i}]$ 就是在已经观察到变量节点 i 在该空腔系统 B 中处于自旋态 σ_i 的情况下，空腔概率分布函数 $p_{a\to i}(\sigma)$ 在宏观态层次的条件概率分布泛函。类似地，考虑另一个空腔系统 A，该空腔系统与因素网络 W 的唯一区别是变量节点 i 的最近邻相互作用 a 被删除而它的所有其他最近邻因素节点都被保留（即 i 不受到相互作用 a 的影响）。那么 $Q_{i\to a}^{(\sigma_i)}[q_{i\to a}|\overline{q}_{i\to a}]$ 就是在已经观察到变量节点 i 在空腔系统 A 中处于自旋态 σ_i 的情况下，空腔概率分布函数 $q_{i\to a}(\sigma)$ 在宏观态层次的条件概率分布泛函。将概观传播方程（4.35）代入这两个表达式，经过一些推导可得到

$$\begin{aligned}P_{a\to i}^{(\sigma_i)}[p_{a\to i}|\overline{p}_{a\to i}] = &\sum_{\underline{\sigma}_{\partial a\backslash i}} w_{a\to i}^{(\sigma_i)}(\underline{\sigma}_{\partial a\backslash i}) \prod_{j\in\partial a\backslash i}\int \mathcal{D}q_{j\to a} Q_{j\to a}^{(\sigma_j)}[q_{j\to a}|\overline{q}_{j\to a}]\\ &\times \delta[p_{a\to i} - A_{a\to i}[q_{\partial a\backslash i}]],\end{aligned} \tag{4.83a}$$

$$Q_{i\to a}^{(\sigma_i)}[q_{i\to a}|\overline{q}_{i\to a}] = \prod_{b\in\partial i\backslash a}\int \mathcal{D}p_{b\to i} P_{b\to i}^{(\sigma_i)}[p_{b\to i}|\overline{p}_{b\to i}]\delta[q_{i\to a} - I_{i\to a}[p_{\partial i\backslash a}]], \tag{4.83b}$$

其中

$$w_{a\to i}^{(\sigma_i)}(\underline{\sigma}_{\partial a\backslash i}) \equiv \frac{\psi_a(\sigma_i, \underline{\sigma}_{\partial a\backslash i}) \prod\limits_{j\in\partial a\backslash i}\overline{q}_{j\to a}(\sigma_j)}{\sum\limits_{\underline{\sigma}_{\partial a\backslash i}} \psi_a(\sigma_i, \underline{\sigma}_{\partial a\backslash i}) \prod\limits_{j\in\partial a\backslash i}\overline{q}_{j\to a}(\sigma_j)}. \tag{4.84}$$

以迭代表达式（4.80）及（4.83）作为基础就可以构造出一个新的消息传递迭代过程。这一过程的基本脉络很简单，以每个变量节点的微观态都是两分量自旋的系统为例加以简单说明。在每一条边 (i,a) 上都定义一个概率分布函数集合为 $\{\overline{p}_{a\to i}(\sigma), \overline{q}_{i\to a}(\sigma), P_{a\to i}^{(+)}[p_{a\to i}], P_{a\to i}^{(-)}[p_{a\to i}], Q_{i\to a}^{(+)}[q_{i\to a}], Q_{i\to a}^{(-)}[q_{i\to a}]\}$。先对信念传播方程（4.80）进行迭代更新使 $\{\overline{p}_{a\to i}(\sigma), \overline{q}_{i\to a}(\sigma)\}$ 尽可能接近一个不动点。然后在每条边 (i,a) 上，对于给定自旋值 σ_i，按照表达式（4.84）对因素节点 a 周围的所有其他变量节点都赋予一个自旋值，从而获得一个取样 $\underline{\sigma}_{\partial a\backslash i} \equiv \{\sigma_j : j\in\partial a\backslash i\}$；这样就可以利用式（4.83a）及式（4.83b）来更新所有其他的概率分布泛函了。

在实际的迭代过程中为了减少存储量，通常将表达式（4.83a）及（4.83b）合二为一，使迭代过程只涉及 $\{Q_{i->a}^{(\sigma_i)}[q_{i\to a}|\overline{q}_{i\to a}]\}$ 的更新，参见 4.4.3 节以及 4.7 节。对这一计算方案更多的描述可参考文献 [158]、[174]、[175]、[177]、[178]。

上述消息传递计算方案的优点是无需对宏观态根据其自由能进行加权取样，从而能够提高计算精度，所付出的代价是原则上需要在每条边上迭代更新多个概率分布（泛）函数，因而需要更多的计算机内存空间和更多的迭代计算。并且注意到这一计算方案只能在 $y=\beta$ 处适用。

4.6.2 $y=\beta$ 处的平均自由能和复杂度

在 $y=\beta$ 处系统的广义自由能 G_0 及平均自由能 $\langle F_0\rangle$ 的表达式也能够有简化的形式。不难验证变量节点 i、因素节点 a 及边 (i,a) 的广义自由能贡献分别为

$$g_i=-\frac{1}{\beta}\ln\Big[\sum_{\sigma_i}\prod_{a\in\partial i}\overline{p}_{a\to i}(\sigma_i)\Big], \tag{4.85a}$$

$$g_a=-\frac{1}{\beta}\ln\Big[\sum_{\underline{\sigma}_{\partial a}}\psi_a(\underline{\sigma}_{\partial a})\prod_{i\in\partial a}\overline{q}_{i\to a}(\sigma_i)\Big], \tag{4.85b}$$

$$g_{(i,a)}=-\frac{1}{\beta}\ln\Big[\sum_{\sigma_i}\overline{p}_{a\to i}(\sigma_i)\overline{q}_{i\to a}(\sigma_i)\Big]. \tag{4.85c}$$

这几个热力学量只依赖于平均概率分布函数 $\{\overline{p}_{a\to i},\overline{q}_{i\to a}\}$，因而广义自由能 G_0 也只依赖于这些平均概率分布函数。

平均自由能贡献 $\langle f_i\rangle$、$\langle f_a\rangle$、$\langle f_{(i,a)}\rangle$ 的表达式则分别化简为

$$\langle f_i\rangle=-\frac{1}{\beta}\sum_{\sigma_i}\overline{q}_i(\sigma_i)\prod_{a\in\partial i}\int\mathcal{D}p_{a\to i}P_{a\to i}^{(\sigma_i)}[p_{a\to i}|\overline{p}_{a\to i}]\ln\Big[\sum_{\sigma}\psi_i(\sigma)\prod_{b\in\partial i}p_{b\to i}(\sigma)\Big], \tag{4.86a}$$

$$\begin{aligned}\langle f_a\rangle=&-\frac{1}{\beta}\sum_{\underline{\sigma}_{\partial a}}\overline{p}_a(\underline{\sigma}_{\partial a})\prod_{i\in\partial a}\int\mathcal{D}q_{i\to a}Q_{i\to a}^{(\sigma_i)}[q_{i\to a}|\overline{q}_{i\to a}]\\&\times\ln\Big[\sum_{\underline{\sigma}'_{\partial a}}\psi_a(\underline{\sigma}'_{\partial a})\prod_{j\in\partial a}q_{j\to a}(\sigma'_i)\Big],\end{aligned} \tag{4.86b}$$

$$\langle f_{(i,a)}\rangle=-\frac{1}{\beta}\sum_{\sigma_i}w_{(i,a)}(\sigma_i)\int\mathcal{D}p\mathcal{D}qP_{a\to i}^{(\sigma_i)}[p|\overline{p}_{a\to i}]Q_{i\to a}^{(\sigma_i)}[q|\overline{q}_{i\to a}]\ln\Big[\sum_{\sigma}p(\sigma)q(\sigma)\Big]. \tag{4.86c}$$

式中，$\overline{q}_i(\sigma_i)$ 和 $\overline{p}_a(\underline{\sigma}_{\partial a})$ 分别是变量节点 i 及因素节点 a 的平均边际概率分布函数，见表达式（4.81）；而权重 $w_{(i,a)}(\sigma_i)$ 的表达式则为

$$w_{(i,a)}(\sigma_i)=\frac{\overline{p}_{a\to i}(\sigma_i)\overline{q}_{i\to a}(\sigma_i)}{\sum_{\sigma}\overline{p}_{a\to i}(\sigma)\overline{q}_{i\to a}(\sigma)}. \tag{4.87}$$

习题 4.7 验证平均自由能表达式(4.63)在 $y=\beta$ 处可以化简为式(4.86)。

在数值计算中通过表达式(4.58)和(4.64)来计算广义自由能 G_0 和自由能平均值 $\langle F_0\rangle$ 更为方便。在 $y=\beta$ 处，广义自由能贡献 $g_{i+\partial i}$ 的表达式可由方程(4.59)化简为

$$g_{i+\partial i}=-\frac{1}{\beta}\ln\Big[\sum_{\sigma_i}\psi_i(\sigma_i)\prod_{a\in\partial i}\sum_{\underline{\sigma}_{\partial a\backslash i}}\psi_a(\underline{\sigma}_{\partial a})\prod_{j\in\partial a\backslash i}\overline{q}_{j\to a}(\sigma_j)\Big], \tag{4.88}$$

而平均自由能贡献 $\langle f_{i+\partial i}\rangle$ 的表达式则可由方程(4.65)化简为

$$\begin{aligned}\langle f_{i+\partial i}\rangle=&\sum_{\sigma_i}\overline{q}_i(\sigma_i)\prod_{a\in\partial i}\sum_{\underline{\sigma}_{\partial a\backslash i}}w_{a\to i}^{(\sigma_i)}(\underline{\sigma}_{\partial a\backslash i})\prod_{j\in\partial a\backslash i}\int\mathcal{D}q_{j\to a}Q_{j\to a}^{(\sigma_j)}[q_{j\to a}|\overline{q}_{j\to a}]\\&\times\Big(-\frac{1}{\beta}\Big)\ln\Big[\sum_{\sigma_i'}\psi_i(\sigma_i')\prod_{a\in\partial i}\sum_{\underline{\sigma}_{\partial a\backslash i}'}\psi_a(\underline{\sigma}_{\partial a}')\prod_{j\in\partial a\backslash i}q_{j\to a}(\sigma_j')\Big].\end{aligned} \tag{4.89}$$

通过数值迭代过程计算出系统的广义自由能 G_0 及平均自由能 $\langle F_0\rangle$ 以后，就可以由表达式(4.70)确定系统在 $y=\beta$ 处的复杂度 Σ。图 4.5 定性地显示了复杂度 Σ 随逆温度 β 变化的两种典型情况。

4.6.3 簇集相变

当温度 T 足够大因而 β 足够小时，概观传播方程(4.35)在 $y=\beta$ 处的不动点为平庸的狄拉克函数：

$$P_{a\to i}\big[p_{a\to i}(\sigma)\big]=\delta\big[p_{a\to a}(\sigma)-\overline{p}_{a\to i}(\sigma)\big], \tag{4.90a}$$

$$Q_{i\to a}\big[q_{i\to a}(\sigma)\big]=\delta\big[q_{i\to a}(\sigma)-\overline{q}_{i\to i}(\sigma)\big], \tag{4.90b}$$

其中，概率分布函数 $\overline{p}_{a\to i}(\sigma)$ 和 $\overline{q}_{i\to a}(\sigma)$ 满足信念传播方程(4.80)。不动点式(4.90)说明系统的平衡统计物理性质由唯一一个热力学宏观态决定，因而决定系统平衡性质的所有微观构型构成的子空间可以看成是形成一个各态历经的区域。在这种情况下由式(4.70)计算出的复杂度 Σ 精确等于零，见示意图 4.5。

当温度 T 降低到某个临界值 $T_{\rm d}\Big($逆温度 $\beta_{\rm d}=\dfrac{1}{T_{\rm d}}\Big)$ 时，概观传播方程(4.35)在 $y=\beta$ 开始出现非平庸解，概率分布泛函 $P_{a\to i}[p]$ 和 $Q_{i\to a}[q]$ 不再具有式(4.90)的形式。对于有些系统而言，在 $y=\beta=\beta_{\rm d}$ 处计算出的复杂度 Σ 的值严格大于零，这意味着对系统的平衡统计物理性质有贡献的宏观态数目为 ${\rm e}^{N\Sigma}$ 的量级（$N\gg1$ 时这是一个巨大的数目），见示意图 4.5(a)。在 $\beta=\beta_{\rm d}$ 处，可以认为决定系统平衡性质的所有微观构型构成的子空间突然分裂成量级为 ${\rm e}^{N\Sigma}$ 的团簇。每个团簇是子空间内部的一个各态历经区域，对应于一个热力学宏观态；但两个或多个团簇交集中的微观构型的数目相比于每个团簇的微观构型总数而言完全可以忽略不计，因

而不同的团簇（宏观态）可以看成是互不连通的，即系统的平衡微观构型子空间在整体上处于各态历经破缺的状态。

对于处于热力学极限 $N \to +\infty$ 的系统而言，临界温度 T_d 被称为系统的簇集相变温度。在 $T = T_\mathrm{d}$ 处系统的平衡微观构型子空间发生一个各态历经破缺相变，分裂成许多微观构型团簇，每个团簇内部仍然包含数目极多的微观构型，对应于一个热力学宏观态。在该温度处，系统的动力学过程就被局限于一个与初始状态有关的热力学宏观态，永远无法自发地从一个热力学宏观态跳跃到另一个不同的热力学宏观态。由于这一原因，在玻璃相变文献中，临界温度 T_d 常被称为动力学相变温度，标志着系统动力学性质的定性改变。

如果在 $T = T_\mathrm{d}$ 处系统的复杂度 $\Sigma > 0$，那么当 T 进一步降低时系统在 $y = \beta$ 处的复杂度 Σ 仍将保持为正，直到 T 降低到另一个临界温度 T_c（对应于 $\beta_\mathrm{c} = \dfrac{1}{T_\mathrm{c}}$）为止，见示意图 4.5（a）。

在 $\beta_\mathrm{d} \leqslant \beta < \beta_\mathrm{c}$ 的区间，由于 $y = \beta$ 处的复杂度 $\Sigma > 0$，故系统的平衡性质总是由数量级为 $\mathrm{e}^{N\Sigma}$ 的热力学宏观态所决定。而且单个平衡微观构型对系统平衡性质所贡献的权重为玻尔兹曼平衡权重，见式（4.78）。由于在 $\beta < \beta_\mathrm{d}$ 以及 $\beta_\mathrm{d} \leqslant \beta < \beta_\mathrm{c}$ 这两个区域里，单个微观构型的统计权重都服从同样的平衡玻尔兹曼统计，因而系统的总自由能、总熵、平均能量等与动力学无关的热力学量在逆温度 β_d 处是连续和光滑函数，不表现出任何奇异性。

在温度 $T = T_\mathrm{d}$ 处，自旋玻璃系统的点到集合特征关联长度（图 3.5）以及特征弛豫时间会随着系统的增大而趋向于发散。在这方面有许多研究工作，但由于篇幅所限，本书不拟进一步讨论，有兴趣的读者可以参考论文 [158]、[159]、[163] 及其引文。

4.6.4　凝聚相变

如果温度 T 低于临界值 T_c，那么在 $y = \beta$ 处计算出的复杂度 Σ 为负值，见示意图 4.5。由复杂度的物理含义（4.4）可知，复杂度为负意味着系统中自由能密度 $f \approx \langle f \rangle_{y=\beta}$ 的宏观态数目等于零，即不存在自由能密度这样低的宏观态。由复杂度、平均自由能密度和参数 y 之间的关系示意图 4.3 可知，在这种情况下，系统的平衡统计物理性质由具有最低自由能密度 $f_0^{\min}$ 的少数一些宏观态决定，对应的宏观态层次逆温度为 $y = y_0 < \beta$，而复杂度 Σ 在 $y = y_0$ 处等于零。

在逆温度 $\beta > \beta_\mathrm{c}$ 的区域，系统的平衡统计物理性质由自由能密度为最低值的那些宏观态决定，这些最低宏观态数目的量级不再是 N 的指数函数，因而其复杂度（熵密度）为零。对于热力学极限（$N \to +\infty$）下的系统，温度 T_c 称为凝聚相变温度。对系统的平衡统计物理性质有真正贡献的宏观态的数目在该温度处从量级

为 N 的指数减少为量级为有限，见示意图 4.5。这一现象非常类似于量子统计物理中讨论的玻色–爱因斯坦凝聚现象[23, 24]。在凝聚相变温度处，系统的宏观热力学函数，例如，平均自由能和平均能量等都会出现奇异性，意味着系统的与动力学无关的统计物理性质也有了定性的改变。

在有些自旋玻璃系统中，簇集相变温度 $T_{\rm d}$ 与凝聚相变温度 $T_{\rm c}$ 相等，见示意图 4.5 (b)。在这样的一个系统中，平衡微观构型子空间在发生各态历经破缺相变的同时，那些自由能密度为最低值的宏观态就已经主导了系统的平衡性质。

4.7 规整随机网络模型上的应用

为了演示一阶复本对称破缺平均场理论的应用，考虑规整随机网络上的自旋玻璃模型，参见 3.6.2 节。网络中每个变量节点都参与到 K 个相互作用，每一个相互作用都涉及 L 个随机选取的变量节点。系统的能量函数为

$$E(\underline{\sigma}) = -\sum_{a=1}^{M} J_a \prod_{j\in\partial a} \sigma_j\,, \tag{4.91}$$

其中，相互作用 a 的耦合参数 $J_a \in \pm\{-J, +J\}$，且取值为 $-J$ 和 $+J$ 的概率相等（本节以后的讨论中就以 J 作为系统的单位能量）。耦合参数 J_a 一经赋值就不再随时间改变。系统中的相互作用总数目为 $M = \dfrac{K}{L}N$。

4.7.1 $y = \beta$ 处的种群动力学过程

在 $y = \beta$ 处该系统的平均空腔概率分布函数 $\overline{q}_{i\to a}(\sigma_i)$ 的迭代表达式 (4.80) 可以写为如下的形式：

$$\overline{q}_{i\to a}(\sigma) = \frac{\displaystyle\prod_{b\in\partial i\backslash a}\left[1+\tanh(\beta J_b\sigma)\prod_{j\in\partial b\backslash i}\left(2\overline{q}_{j\to b}(+1)-1\right)\right]}{\displaystyle\sum_{\sigma_i}\prod_{b\in\partial i\backslash a}\left[1+\tanh(\beta J_b\sigma_i)\prod_{j\in\partial b\backslash i}\left(2\overline{q}_{j\to b}(+1)-1\right)\right]}\,. \tag{4.92}$$

这一形式在数值计算上最为方便。信念传播方程 $q_{i\to a}(\sigma_i)$ 的迭代表达式 (3.27) 也可写成与上式相同的形式。

用种群动力学模拟的方法计算 $y = \beta$ 处复杂度 Σ 的系综平均值，从而确定簇集相变和凝聚相变温度 $T_{\rm d}$ 和 $T_{\rm c}$。为了对方程 (4.83) 进行种群动力学模拟，先需要定义一个长度为 N 的一维数组。该数组中每个元素都代表某一条边 (i,a) 上由 $2m+1$ 个概率分布函数构成的向量，$(\overline{q}_{i\to a}(\sigma_i), \{q_{i\to a}^{(+)}(\sigma_i)\}, \{q_{i\to a}^{(-)}(\sigma_i)\})$，其中 $\overline{q}_{i\to a}(\sigma_i)$ 是边 (i,a) 上的平均空腔概率分布，$\{q_{i\to a}^{(+)}(\sigma_i)\}$ 则是根据概率泛函 $Q_{i\to a}^{(+)}[q_{i\to a}|\overline{q}_{i\to a}]$ 获得的空腔概率分布函数 $q_{i\to a}$ 的 m 个样本。类似地，集合 $\{q_{i\to a}^{(-)}(\sigma_i)\}$ 是根据概率泛

函 $Q^{(-)}_{i\to a}[q_{i\to a}|\overline{q}_{i\to a}]$ 获得的空腔概率分布函数 $q_{i\to a}$ 的 m 个样本。在实际的数值计算中发现参数 m 的具体取值对于计算结果的影响不大，例如，取 $m=10$ 和 $m=1$ 得到的结果基本相同（本节的计算结果对应于 $m=1$）。

在每一次迭代更新时都将产生一个新的向量 $(\overline{q}_{i\to a}(\sigma_i),\{q^{(+)}_{i\to a}(\sigma_i)\},\{q^{(-)}_{i\to a}(\sigma_i)\})$，并用它来替代种群中任意选取的一个元素。为此以完全随机的方式先从种群中选取 $(K-1)\times(L-1)$ 个元素分别作为变量节点 i 的除 a 之外的其他 $K-1$ 个最近邻因素节点的输入，并同时指定每个因素节点 b 的耦合参数 J_b，那么 $\overline{q}_{i\to a}(\sigma_i)$ 就可以由表达式（4.92）更新。更新空腔概率分布函数 $\{q^{(+)}_{i\to a}(\sigma_i)\}$ 和 $\{q^{(-)}_{i\to a}(\sigma_i)\}$ 的计算步骤要稍微麻烦一些。我们以 $\{q^{(+)}_{i\to a}(\sigma_i)\}$ 的更新为例演示具体的过程。

考虑变量节点 i 除因素节点 a 以外的另一个最近邻因素节点 b。在给定 $\sigma_i=+1$ 后，节点 b 周围的其他变量节点 j 的自旋联合概率分布表达式（4.84）的具体形式为

$$w^{(+)}_{b\to i}(\underline{\sigma}_{\partial b\backslash i})=\frac{\exp\Big(\beta J_b\prod\limits_{j\in\partial b\backslash i}\sigma_j\Big)\prod\limits_{j\in\partial b\backslash i}\overline{q}_{j\to b}(\sigma_j)}{\sum\limits_{\underline{\sigma}'_{\partial b\backslash i}}\exp\Big(\beta J_b\prod\limits_{j\in\partial b\backslash i}\sigma'_j\Big)\prod\limits_{j\in\partial b\backslash i}\overline{q}_{j\to b}(\sigma'_j)}\,. \tag{4.93}$$

根据这一概率分布表达式可以得到集合 $\partial b\backslash i$ 中的所有变量节点的自旋态的一个样本 $\underline{\sigma}_{\partial a\backslash i}\equiv\{\sigma_j:j\in\partial a\backslash i\}$（附录 B.3 介绍了一种具体取样方法）。对于每一个属于集合 $\partial b\backslash i$ 的变量节点 j，若其自旋值为 $+1$，那么就完全随机地选择概率分布函数集合 $\{q^{(+)}_{j\to b}(\sigma_j)\}$ 的一个元素作为输入；反之就完全随机地选择概率分布函数集合 $\{q^{(-)}_{j\to b}(\sigma_j)\}$ 的一个元素作为输入。

对集合 $b\in\partial i\backslash a$ 中的每一个因素节点 b 都重复上述过程，在此基础上就可以根据迭代表达式（4.83）得到概率分布函数 $q^{(+)}_{i\to a}(\sigma_i)$ 的一个样本为

$$q^{(+)}_{i\to a}(\sigma)=\frac{\prod\limits_{b\in\partial i\backslash a}\Big[1+\tanh(\beta J_b\sigma)\prod\limits_{j\in\partial b\backslash i}\big(2q^{(\sigma_j)}_{j\to b}(+1)-1\big)\Big]}{\sum\limits_{\sigma_i}\prod\limits_{b\in\partial i\backslash a}\Big[1+\tanh(\beta J_b\sigma_i)\prod\limits_{j\in\partial b\backslash i}\big(2q^{(\sigma_j)}_{j\to b}(+1)-1\big)\Big]}\,, \tag{4.94}$$

重复这一过程 m 次就可以得到一组新的输出概率分布函数 $\{q^{(+)}_{i\to a}(\sigma)\}$。按照同样的过程也能产生一组输出空腔概率分布函数 $\{q^{(-)}_{i\to a}(\sigma_i)\}$。通过这种方式就可使种群不断得到更新。

广义自由能密度 g_0 和平均自由能密度 f_0 的表达式由式（4.58）和式（4.64）可知为

$$g_0 \equiv \frac{G_0}{N} = \frac{\sum_{i=1}^{N} g_{i+\partial i}}{N} - \frac{M}{N} \times \frac{\sum_{a=1}^{M} (|\partial a| - 1) g_a}{M} , \tag{4.95}$$

$$f_0 \equiv \frac{\langle F_0 \rangle}{N} = \frac{\sum_{i=1}^{N} \langle f_{i+\partial i} \rangle}{N} - \frac{M}{N} \times \frac{\sum_{a=1}^{M} (|\partial a| - 1) \langle f_a \rangle}{M} . \tag{4.96}$$

广义自由能密度 g_0 可通过计算广义自由能贡献 $g_{i+\partial i}$ 及 $(|\partial a| - 1)g_a$ 的种群平均值而确定。这两个广义自由能平均值很容易根据方程（4.88）和方程（4.85b）在种群动力学过程中计算出来。平均自由能贡献 $\langle f_{i+\partial i} \rangle$ 及 $(|\partial a| - 1)\langle f_a \rangle$ 的种群平均值也不难分别根据表达式（4.89）及（4.86b）计算，但步骤稍微复杂一点。下面以 $(|\partial a| - 1)\langle f_a \rangle$ 的计算为例。

首先以完全随机的方式从种群中选取 $|\partial a|$（$= L$）个元素作为因素节点 a 的输入，并同时指定耦合参数 J_a。这样，就可以根据概率分布表达式

$$\overline{p}_a(\underline{\sigma}_{\partial a}) = \frac{\exp\big(\beta J_a \prod_{i \in \partial a} \sigma_i\big) \prod_{i \in \partial a} \overline{q}_{i \to a}(\sigma_i)}{\sum_{\underline{\sigma}'_{\partial a}} \exp\big(\beta J_a \prod_{i \in \partial a} \sigma'_i\big) \prod_{i \in \partial a} \overline{q}_{i \to a}(\sigma'_i)} \tag{4.97}$$

对节点 a 周围的每一个最近邻变量节点 i 都同时给定一个自旋值 σ_i。如果 $\sigma_i = +1$，那么就完全随机地从空腔概率分布函数集合 $\{q_{i \to a}^{(+)}(\sigma_i)\}$ 中选取一个元素，反之就完全随机地从空腔概率分布函数集合 $\{q_{i \to a}^{(-)}(\sigma_i)\}$ 中选取一个元素。在此基础上就可以由式（4.86b）获得自由能贡献 f_a 的一个取样值为

$$f_a = -\frac{1}{\beta} \ln\Big[\cosh(\beta J_a)\Big] - \frac{1}{\beta} \ln\Big[1 + \tanh(\beta J_a) \prod_{i \in \partial a} \big(2 q_{i \to a}^{(\sigma_i)}(+1) - 1\big)\Big] . \tag{4.98}$$

通过不断重复上述过程就可得到一系列样本：$(|\partial a_1| - 1) f_{a_1}, (|\partial a_2| - 1) f_{a_2}, \cdots$。这些平均自由能样本的平均值就是我们的目标物理学量 $\frac{1}{M} \sum_{a=1}^{M} (|\partial a| - 1) \langle f_a \rangle$。平均自由能贡献 $\langle f_i \rangle$ 的种群平均值也可通过类似的计算过程得到。

4.7.2 两体相互作用

首先讨论两体相互作用情形，即 $L = 2$。表 4.1 列出了该自旋玻璃系统的簇集相变逆温度 $\beta_{\rm d}$ 的值。随着变量节点连通度 K 变大，$\beta_{\rm d}$ 的值呈递减的趋势。这是容易理解的。随着网络中边的密度增加，网络中回路的数目变得越来越多，且不同回路相互交织在一起，导致越来越多的阻挫出现，因而系统在越来越高的温度（即

越来越低的逆温度 β）处就开始形成多个热力学宏观态。图 4.6 显示了系统的复杂度 Σ 随逆温度 β 的变化情况（Parisi 参数 y 固定为 $y=\beta$）。

表 4.1 规整随机网络两体相互作用 （$L=2$） 自旋玻璃模型的簇集相变逆温度 β_d

K	3	4	5	6	7	8	9	10
β_d	0.8814	0.6585	0.5493	0.4812	0.4336	0.3977	0.3695	0.3466

注：参数 K 是网络中每个变量节点的连通度

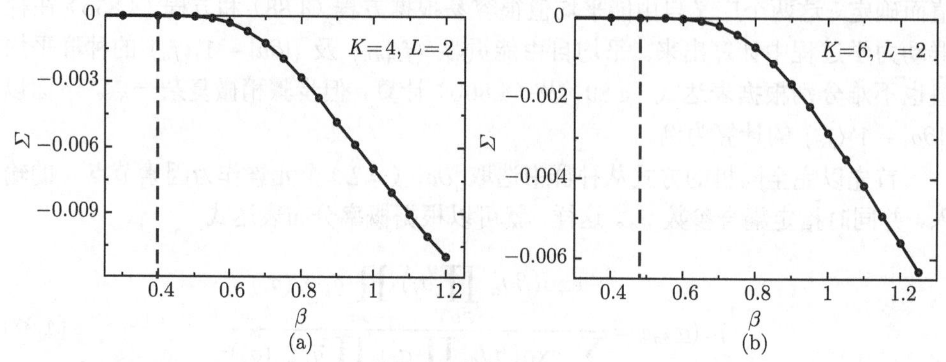

图 4.6 规整随机络两体相互作用（$L=2$）自旋玻璃模型在 $y=\beta$ 处的复杂度 Σ 与逆温度 β 的关系

网络中变量节点的连通度 K 分别为 $K=4$（a）和 $K=6$（b）。虚线标示出簇集相变逆温度 β_d

在 $\beta<\beta_d$ 的区间计算出的复杂度 Σ 的值恒等于零，意味着系统只有一个平衡热力学宏观态。这一热力学宏观态为顺磁态，其中每个自旋的平均值都等于零。在逆温度 $\beta=\beta_d$ 处复杂度 $\Sigma(y=\beta)$ 的值开始由零变为负值，意味着系统在 $\beta>\beta_d$ 区间的平衡统计物理性质将定性地不同于顺磁态的统计物理性质。由于长程回路导致的复杂阻挫，系统的平衡态是一些自旋玻璃态。在每个这样的自旋玻璃态中，单个变量节点的自旋平均值都或多或少地偏离零。有的自旋倾向于为正值，有的倾向于为负值，因而系统在整体上不表现出磁性。由图 4.6 可以注意到在不同变量节点连通度 K 处计算出来的复杂度 $\Sigma(y=\beta)$ 随 β 的变化曲线的形状都非常类似。最主要的一个特点是，在 β 只是稍微大于 β_d 的区域，$\Sigma(y=\beta)$ 随 β 而递减的方式是非线性的，$\Sigma(y=\beta)\propto-(\beta_d-\beta)^\gamma$，其中指数 $\gamma>1$。图 4.6 定性上与图 4.5（b）的情形一致，即当系统从顺磁态相变到自旋玻璃态以后，只有少数几个热力学宏观态对系统的平衡统计物理性质有决定性的影响，而其他为数众多的热力学宏观态总的统计权重不敌这少数几个热力学宏观态的统计权重。换句话说，构型空间的簇集相变和凝聚相变同时发生，$\beta_d=\beta_c$。这一情况很可能是两体相互作用自旋玻璃模型的一个共性。

对于每个变量节点只参与两个相互作用（$K=2$）的极限情形，由于系统所对应的网络是由多个互不连通的环组成的，且每一个环在有限温度下都处于顺磁态（参见习题 3.7），所以整个系统在任何有限温度都处于顺磁态，即 $\beta_{\mathrm{d}}=+\infty$。

在给定逆温度 β 处，可以通过一阶复本对称破缺种群动力学模拟过程将复杂度 Σ 及平均自由能密度 f_0 作为 Parisi 参数 y 的函数计算出来。图 4.7 作为例子给出了 $K=4, L=2$ 的系统在 $\beta=1.4$ 处的理论计算结果（由于种群动力学模拟设置的参数不是足够大，因而自由能密度值有较大的涨落）。在该逆温度处，平均自由能密度 f_0 当 $y/\beta>0.2$ 后随着 y 的增加而减小，但减小的速率很低。而复杂度 Σ 的值则在 $y/\beta\approx 0.175$ 处达到最大值，然后 Σ 随 y 的继续增加而减小，在 $y/\beta\approx 0.326$ 处由正值变为负值。复杂度由正变负的 y 值对应于系统的最小自由能密度，因而可知系统在逆温度 $\beta=1.4$ 处的最小自由能密度为 $f_0^{\min}\approx -1.5077$。

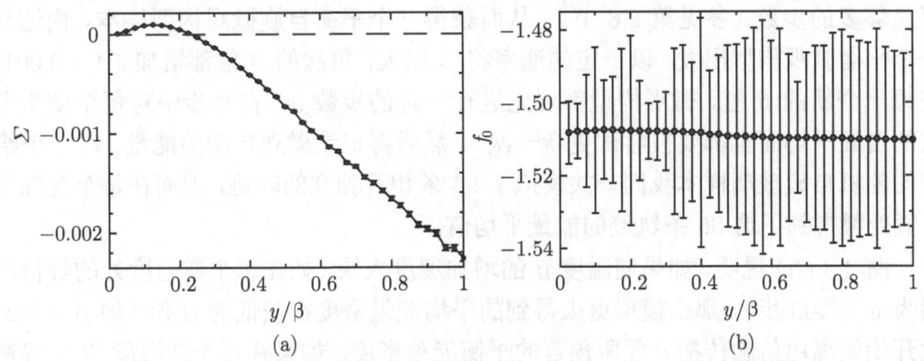

图 4.7 连通度 $K=4, L=2$ 的规整随机网络自旋玻璃模型（4.91）在逆温度 $\beta=1.4$ 处的复杂度 Σ（a）和平均自由能密度 f_0（b）作为 Parisi 参数 y 的函数

数据通过一阶复本对称破缺种群动力学模拟得到，模拟中设置的参数为：种群元素（即空腔场概率分布函数 $Q_{i\to a}(h_{i\to a})$）的数目为 $\mathcal{N}_0=1000$，每一元素 $Q_{i\to a}(h_{i\to a})$ 由 $\mathcal{N}_1=1000$ 个空腔场 $h_{i\to a}$ 来代表；种群一共更新 2000 次以达到稳定态（更新每个元素都会先产生 $\mathcal{N}_2=\mathcal{N}_1$ 个空腔场，然后按照 4.4.3 节后半部分介绍的方案从中采取 $\mathcal{N}_1$ 个样本），然后再更新 12000 次并在每次更新过程中计算出系统的一个广义自由能密度、平均自由能密度、复杂度值（通过对所获得的这 12000 组热力学量进行 Bootstrap 数据分析，参见附录 B.2[147, 178]，就可得到这些热力学量的统计平均值及方差）。通过在不同参数下运行种群动力学过程，发现参数 $\mathcal{N}_1$ 的值对计算精度影响最大，通过提高 $\mathcal{N}_1$ 的值可以降低广义自由能密度和平均自由能密度的涨落，但所需的模拟时间和计算机内存都会增加

4.7.3 多体相互作用

现在进一步讨论多体相互作用的情形（$L\geqslant 3$）。$L=3$ 的情形在文献 [91]-[93] 中有研究。对于 $L=3$ 的情形，表 4.2 列出了簇集相变逆温度 β_{d} 及凝聚相变逆温度β_{c} 在不同变量节点连通度 K 处的值。由该表可知，三体相互作用自旋玻璃系统

的凝聚相变发生于簇集相变之后。系统的平衡能量密度在 $\beta=\beta_{\mathrm{d}}$ 处并不显示出任何的奇异性，但微观构型空间在 $\beta=\beta_{\mathrm{d}}$ 处发生各态历经破缺，这一破缺将导致系统动力学性质的定性改变。在逆温度 $\beta=\beta_{\mathrm{c}}$ 处，系统的平衡能量密度将出现奇异性。

以 $K=4$ 及 $L=3$ 为例讨论簇集相变对于系统动力学性质的影响。在 $y=\beta$ 处，这一系统的复杂度与逆温度 β 的关系曲线显示于图 4.8（a）。复杂度在逆温度 $\beta_{\mathrm{d}}\approx 1.330$ 处由零跃变为一个正值，然后又随 β 的增加而递减，直到在 $\beta=\beta_{\mathrm{c}}\approx 1.528$ 处由正值改变为负值。注意到图 4.8（a）与两体相互作用系统的图 4.6 有一些定性的差异。

图 4.8（b）显示了系统的能量密度在模拟退火过程[8] 中随逆温度 β 的变化情况。在模拟退火过程中，先在足够低的逆温度 $\beta=1$ 处进行单自旋热浴动力学过程足够多的步数（参见第 2.6 节），从而获得一个平衡自旋微观构型样本。由这样一个平衡微观构型出发，以一定的速率将 β 增大，每次的 β 值都增加 $\delta\beta=0.001$。在每一个新的 β 值，微观构型都要先进行一定的步数 w（在每步中对每个变量节点的自旋平均而言都要被尝试更新一次），然后再记录微观构型的能量。对一个给定的随机自旋玻璃样本我们一共模拟了 96 条相互独立的轨迹，因而在每个逆温度 β 值处都得到了这 96 条轨迹的能量平均值。

图 4.8（b）说明，如果逆温度 β 的增加速度太快（如在每个逆温度处的等待时间为 $w=100$ 步），那么模拟退火得到的平均能量密度在较低的 β 值（如 $\beta\approx 1.2$）就开始偏离由信念传播方程所预言的平衡能量密度。如果在每个逆温度 β 的等待时间 w 增加，则模拟退火的平均能量密度会在更高的 β 值处才开始偏离平衡能量密度。导致模拟结果与理论结果偏离的原因是，随着温度的降低系统的特征平衡时间将变得越来越长，当该特征平衡时间超过模拟退火的等待时间 w 以后，模拟退火过程中获取的微观构型样本将不再是系统的平衡构型，这些构型的平均能量高于平衡构型的平均能量。

表 4.2　规整随机网络三体相互作用（$L=3$）自旋玻璃模型的簇集相变逆温度 β_{d} 和凝聚相变逆温度 β_{c}

K	3	4	5	6	7	8	9	10
β_{d}	1.963	1.330	1.071	0.921	0.820	0.746	0.689	0.644
β_{c}	$+\infty$	1.528	1.178	0.997	0.880	0.797	0.733	0.683

注：参数 K 是网络中每个变量节点的连通度

然而，就算在每个 β 值处的等待时间 $w\to\infty$，模拟退火过程的平均能量密度也不可能在 $\beta>\beta_{\mathrm{d}}$ 的区间与平衡能量密度一致。在 $\beta_{\mathrm{d}}<\beta<\beta_{\mathrm{c}}$ 的区间，系统的平衡平均能量密度可以精确地由信念传播方程预言出来。图 4.8（b）可以非常明显

地看出在区间 $\beta_{\rm d} < \beta < \beta_{\rm c}$ 模拟退火过程的平均能量密度与平衡能量密度之间的差距。

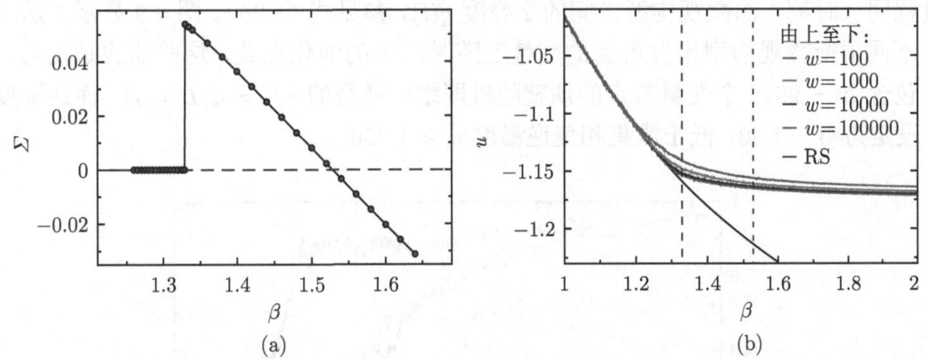

图 4.8 (a) 规整随机网络（$K=4$，$L=3$）自旋玻璃模型在 $y=\beta$ 处的复杂度 Σ 与逆温度 β 的关系。(b) 包含 $N=10^5$ 个自旋的单个规整随机网络（$K=4$，$L=3$）自旋玻璃样本在不同速率的模拟退火过程中能量密度 u 随逆温度 β 的改变曲线（w 是在 β 每增加 $\delta\beta=0.001$ 后系统进行单自旋热浴动力学过程的步数）

(b) 中的垂直断线及点线分别标示出簇集相变及凝聚相变逆温度 $\beta_{\rm d}$ 及 $\beta_{\rm c}$，而实线是根据信念传播方程所预言的系统平均能量密度随逆温度的变化曲线

产生这一差距的本质原因是在逆温度 $\beta_{\rm d}$ 处系统的平衡微观构型空间发生了各态历经破缺。在模拟退火的过程中，当逆温度 β 升高到 $\beta_{\rm d}$ 时，系统的微观构型将会被 $\beta_{\rm d}$ 处的一个热力学宏观态（记为 α）捕获住，就算等待时间 w 非常长，系统也不能从该热力学宏观态逃逸出去。因而当 β 进一步增加时，系统仍然处于热力学宏观态 α 所对应的微观构型子空间以内，因而系统在模拟退火过程中体验到的是宏观态 α 在逆温度 β 处的平均能量密度。这一平均能量密度高于系统的平衡能量密度，这是因为当逆温度 β 超过 $\beta_{\rm d}$ 以后，决定系统平衡统计物理性质的将是另外一些平均能量密度更小的热力学宏观态。

当系统的逆温度 β 高于簇集相变逆温度 $\beta_{\rm d}$ 时，系统实际上不可能通过局部的动力学过程达到平衡，因而系统只能处于非平衡态，这些非平衡微观态的平均能量密度比平衡能量密度要高出不少。这也意味着在 $\beta > \beta_{\rm d}$ 的区域对系统进行平衡微观构型的取样通常是非常困难的问题。更为困难的问题是对自旋玻璃问题的基态微观构型进行取样。由于模拟退火过程不可避免地会被逆温度 $\beta \approx \beta_{\rm d}$ 的宏观态所捕获，故不能期望通过足够慢的模拟退火过程能够达到多体相互作用自旋玻璃系统的基态。

当逆温度 β 逐渐升高接近 $\beta_{\rm d}$ 时，由于微观构型的各态历经状态开始破缺，故系统的动力学弛豫时间将变得越来越长，并在 $\beta = \beta_{\rm d}$ 处发散，因而系统开始处于非平衡态。为了定量计算系统的特征弛豫时间，从逆温度 β 处随机获取的一个平衡微观构型出发，运行两个相互完全独立的单自旋热浴动力学过程，并记录这两个过程同一时刻 t 的微观构型之间的交叠度 $q(t)$，参见式（1.25）。图 4.9 显示了从三个不同平衡微观构型出发得到的交叠度随时间 t 的演化曲线，这些曲线是在同一个包含 $N=9999$ 个变量节点的规整随机网络中获得的（$K=4,L=3$），而逆温度 β 设定为 $\beta=1.30$，低于簇集相变逆温度$\beta_{\mathrm{d}}\approx 1.330$。

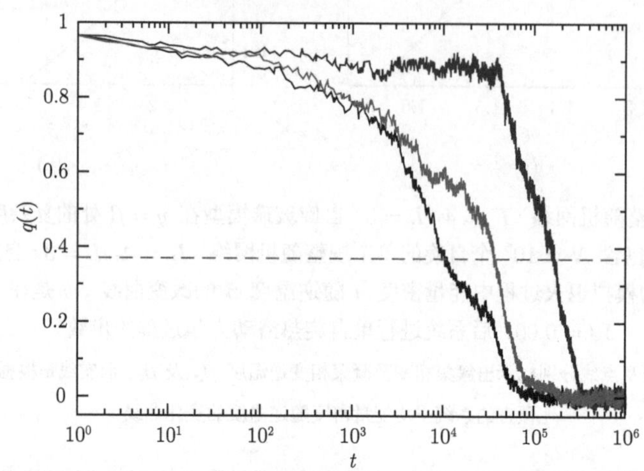

图 4.9　规整随机网络多体相互作用自旋玻璃（$K=4,L=3$）在逆温度 $\beta=1.30$ 处进行单自旋热浴动力学过程的特征弛豫时间。网络样本中包含 $N=9999$ 个变量节点

图中显示了两个相互独立的单自旋热浴动力学过程的微观构型之间的交叠度 $q(t)$ 随时间 t 的演化情况。三条曲线分别从三个不同的初始微观构型出发。水平断线标示交叠值等于 $1/\mathrm{e}$，该值处对应的演化时间被定义为一条演化轨迹的弛豫时间

在 $t=0$ 时交叠度 $q(0)=1$。当演化时间 t 足够长时，系统将完全忘记初始状态，因而交叠度 $q(t)\to 0$。将交叠度第一次降低到 $q(t)=1/\mathrm{e}$ 的时间记为一条轨迹的特征弛豫时间 τ。通过模拟很多条演化轨迹就可以得到特征弛豫时间的分布，并由该分布得到平均弛豫时间及弛豫时间的中位（median）值。图 4.10 显示了平均弛豫时间及弛豫时间中位值随逆温度 β 的变化情况。对于 $K=4,L=3$ 的自旋玻璃系统，我们发现系统的特征弛豫时间在 $\beta\approx 1.34$ 时趋向发散，即

$$\tau\approx(\beta_{\mathrm{d}}-\beta)^{-z}\,, \tag{4.99}$$

其中，动力学指数 $z\approx 3.3$。

计算机模拟过程中，我们发现当 β 接近于 β_{d} 时，弛豫时间 τ 的分布不再是高斯分布，而是带有很长的尾巴，导致平均弛豫时间不再是合适的物理学量（弛豫时

间的涨落远远大于根据 200 次采样得到的平均弛豫时间)。我们觉得导致这种现象的原因是当 β 接近于 $\beta_{\rm d}$ 时，系统的平衡微观构型空间虽然仍然是各态历经的，但微观构型已经开始形成许许多多社区，不同的微观构型社区有不同的特征弛豫时间，参见示意图 1.9 及文献 [117]、[179]、[180]。微观构型空间中不同社区的出现也可以定性解释图 4.9 中交叠度 $q(t)$ 并不随着 t 以指数函数形式衰减，而是先出现一个平台，然后再（在时间对数的意义下）突然衰减。$q(t)$ 在时间对数坐标下的平台对应于两个单自旋热浴动力学过程在探索微观构型空间的同一个社区，而 $q(t)$ 在时间对数坐标下的陡降则对应于至少其中一个单自旋热浴动力学过程正从该微观构型社区逃逸出去。

在不同演化轨迹的弛豫时间差别很大的情况下，由图 4.10 可以看出，弛豫时间分布的中位值仍然是表征特征弛豫时间的一个很好的统计量。

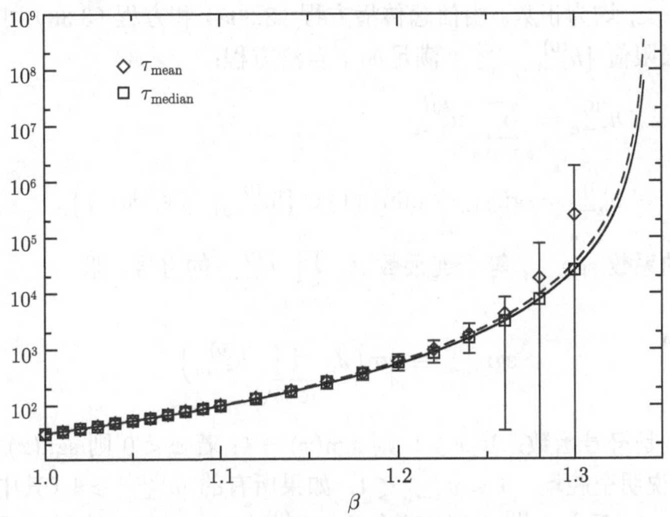

图 4.10 特征弛豫时间随逆温度 β 的变化曲线

数据点是对单一包含 $N=9999$ 个变量节点的规整随机网络（$K=4, L=3$，该网络与图 4.9 所用网络相同）进行 200 次独立的单自旋热浴动力学模拟过程的结果，根据所得到的 200 个弛豫时间的取样可得弛豫时间 τ 的平均值 $\tau_{\rm mean}$ 及中位值 $\tau_{\rm median}$；断线是对平均弛豫时间的拟合曲线 $\tau_{\rm mean}=\dfrac{a}{(\beta^*-\beta)^z}$，其中，$a=0.84\pm0.04$，$\beta^*=1.343\pm0.006$，$z=3.4\pm0.1$；实线是对弛豫时间中位值的拟合曲线 $\tau_{\rm median}=\dfrac{\tilde{a}}{(\tilde{\beta}^*-\beta)^{\tilde{z}}}$，其中，$\tilde{a}=0.96\pm0.05$，$\tilde{\beta}^*=1.3441\pm0.0006$，$\tilde{z}=3.27\pm0.03$

4.7.4 零温度极限及基态能量密度估计

按照一阶复本对称破缺（1RSB）平均场理论，对一个处于逆温度 β 的自旋玻璃系统而言，复杂度 $\Sigma(y)=0$ 处的 y 值对应于该系统的最小自由能密度。当逆温

度 $\beta \to +\infty$（温度 $T \to 0$）时，系统的最小自由能密度等于基态能量密度，因而一阶复本对称破缺平均场理论也可以用于估计基态能量密度的值。现在以规整随机网络上的自旋玻璃模型（4.91）为例介绍具体的计算方法（每一因素节点 a 的耦合常数以 1/2 的概率固定为 $J_a = +1$，以 1/2 的概率固定为 $J_a = -1$）。

当系统存在许多热力学宏观态时，由方程（3.29）所定义的边 (i, a) 上的空腔场 $h_{i\to a}(\beta)$ 和 $u_{a\to i}(\beta)$ 将在不同的宏观态 α 取不同的值，而且它们的值也依赖于 β。我们作一个很自然的假设，即认为在 $\beta \to \infty$ 的极限，空腔场 $h_{i\to a}(\beta)$ 和 $u_{a\to i}(\beta)$ 将趋向于两个不依赖于 β 的常数 $h^{(0)}_{i\to a}$ 和 $u^{(0)}_{a\to i}$：

$$h_{i\to a}(\beta) = h^{(0)}_{i\to a} + o\big(\beta^{-\gamma_{i\to a}}\big)\,, \tag{4.100a}$$

$$u_{a\to i}(\beta) = u^{(0)}_{a\to i} + o\big(\beta^{-\gamma_{a\to i}}\big)\,, \tag{4.100b}$$

其中，表达式右侧的常数 $h^{(0)}_{i\to a}$、$u^{(0)}_{a\to i}$、$\gamma_{i\to a}$、$\gamma_{a\to i}$ 都可能与宏观态 α 有关，且指数 $\gamma_{i\to a}$ 和 $\gamma_{a\to i}$ 均为正数。由信念传播方程（3.30a）和方程（3.33）可知在一个宏观态内部，极限值 $\{h^{(0)}_{i\to a}, u^{(0)}_{a\to i}\}$ 满足如下自洽方程：

$$h^{(0)}_{i\to a} = \sum_{b\in\partial i\backslash a} u^{(0)}_{b\to i}\,, \tag{4.101a}$$

$$u^{(0)}_{a\to i} = \mathrm{sgn}_{a\to i} \times \min\Big(\{1\} \cup \{|h^{(0)}_{j\to a}| : j \in \partial a\backslash i\}\Big)\,. \tag{4.101b}$$

式中，引入的系数 $\mathrm{sgn}_{a\to i}$ 等于连乘数 $J_a \prod\limits_{j\in a\backslash i} h^{(0)}_{j\to a}$ 的符号，即

$$\mathrm{sgn}_{a\to i} \equiv \mathrm{sgn}\Big(J_a \prod_{j\in\partial a\backslash i} h^{(0)}_{j\to a}\Big)\,, \tag{4.102}$$

其中，$\mathrm{sgn}(x)$ 是符号函数：若 $x \geqslant 0$ 则 $\mathrm{sgn}(x) = 1$；若 $x < 0$ 则 $\mathrm{sgn}(x) = -1$。表达式（4.101b）说明空腔场 $-1 \leqslant u^{(0)}_{a\to i} \leqslant 1$。如果所有的 $|h^{(0)}_{j\to a}| \geqslant 1$（其中 $j \in \partial a\backslash i$），那么 $|u^{(0)}_{a\to i}| = 1$；反之 $|u^{(0)}_{a\to i}|$ 则等于集合 $\{|h^{(0)}_{j\to a}| : j \in \partial a\backslash i\}$ 中最小元素的值。注意到如果某个空腔场 $|h^{(0)}_{j\to a}| \geqslant 1$，那么 $u^{(0)}_{a\to i}$ 的值与该 $|h^{(0)}_{j\to a}|$ 的具体取值无关。

根据表达式（4.38）（亦见式（3.7））并考虑到 $\psi_a(\underline{\sigma}_{\partial a}) = \exp(\beta J_a \prod\limits_{j\in\partial a} \sigma_j)$，可知因素节点 a 在某一宏观态α 的自由能贡献 $f^{(\alpha)}_a$ 的零温极限为

$$f^{(\alpha)}_a = -1 + (1 - \mathrm{sgn}_a) \times \min\Big(\{1\} \cup \{|h^{(0)}_{j\to a}| : j \in \partial a\}\Big)\,, \tag{4.103}$$

其中，系数 sgn_a 是连乘积 $J_a \prod\limits_{j\in\partial a} h^{(0)}_{j\to a}$ 的符号：

$$\mathrm{sgn}_a \equiv \mathrm{sgn}\Big(J_a \prod_{j\in\partial a} h^{(0)}_{j\to a}\Big)\,. \tag{4.104}$$

若 $\mathrm{sgn}_a = 1$，则自由能极限值 $f_a^{(\alpha)} = -1$；若 $\mathrm{sgn}_a = -1$ 且集合 $\{h_{j\to a}^{(0)} : j \in \partial a\}$ 中所有元素的绝对值都不小于 1，那么 $f_a^{(\alpha)} = +1$；对于另外的情况，则 $f_a^{(\alpha)} = -1 + 2\min(\{|h_{j\to a}^{(0)}| : j \in \partial a\})$，其值可能是非整数。同样注意到，如果某一个 $|h_{j\to a}^{(0)}| \geqslant 1$，那么 $f_a^{(\alpha)}$ 的值与该 $|h_{j\to a}^{(0)}|$ 的具体取值无关。

经过类似的简单推导可知，变量节点 i 及其所连的因素节点对宏观态 α 的自由能贡献 $f_{i+\partial i}^{(\alpha)}$（参见式（4.43））的零温极限为

$$f_{i+\partial i}^{(\alpha)} = \min\Big(\sum_{a\in\partial i}\big[-1+(\mathrm{sgn}_{a\to i}-1)u_{a\to i}^{(0)}\big], \sum_{a\in\partial i}\big[-1+(\mathrm{sgn}_{a\to i}+1)u_{a\to i}^{(0)}\big]\Big). \quad (4.105)$$

式中，$[-1+(\mathrm{sgn}_{a\to i}-\sigma)u_{a\to i}^{(0)}]$ 与表达式（4.103）很类似，它是变量节点 i 的自旋给定为 $\sigma_i = \sigma$ 的情况下因素节点 a 对系统的自由能贡献的零温极限。因而式（4.105）右侧的 min 函数的第一项和第二项分别是在 $\sigma_i = +1$ 和 $\sigma_i = -1$ 的情况下变量节点 i 所连的因素节点的自由能总贡献的零温极限。

在自旋玻璃系统（4.91）存在许多热力学宏观态的情况下，边 (i,a) 上的空腔场 $h_{i\to a}(\beta)$ 的零温极限 $h_{i\to a}^{(0)}$ 在不同的宏观态将有不同的值，因而需要用一个概率分布函数 $Q_{i\to a}(h_{i\to a}^{(0)})$ 来描述它的统计性质。该概率分布函数所满足的自洽方程可以通过令表达式（4.52）中的 $\beta\to\infty$ 而得到。经过一些简单的推导可得方程（4.52）的零温极限为

$$Q_{i\to a}(h_{i\to a}^{(0)}) = \frac{\displaystyle\prod_{b\in\partial i\backslash a}\prod_{j\in\partial b\backslash i}\int \mathrm{d}h_{j\to b}^{(0)} Q_{j\to b}(h_{j\to b}^{(0)})\mathrm{e}^{-yf_{(i+\partial i)\to a}}\delta\Big(h_{i\to a}^{(0)} - \sum_{b\in\partial i\backslash a} u_{b\to i}^{(0)}\Big)}{\displaystyle\prod_{b\in\partial i\backslash a}\prod_{j\in\partial b\backslash i}\int \mathrm{d}h_{j\to b}^{(0)} Q_{j\to b}(h_{j\to b}^{(0)})\mathrm{e}^{-yf_{(i+\partial i)\to a}}}, \quad (4.106)$$

其中，$u_{b\to i}^{(0)}$ 的表达式见式（4.101b），而 $f_{(i+\partial i)\to a}$ 则是变量节点 i 与除 a 之外的所有其他最近邻因素节点对系统自由能的总贡献的零温极限：

$$f_{(i+\partial i)\to a} = \min\Big(\sum_{b\in\partial i\backslash a}\big[-1+(\mathrm{sgn}_{b\to i}-1)u_{b\to i}^{(0)}\big], \sum_{b\in\partial i\backslash a}\big[-1+(\mathrm{sgn}_{b\to i}+1)u_{b\to i}^{(0)}\big]\Big). \quad (4.107)$$

当 $|h_{j\to a}^{(0)}| \geqslant 1$ 时迭代方程（4.101b）及自由能表达式（4.103）都和 $|h_{j\to a}^{(0)}|$ 的具体取值无关。因而如果 $h_{i\to a}^{(0)} \geqslant 1$，我们不保存它的精确取值而只赋予一个粗粒化状态 $h_{j\to a}^{(0)\geqslant+1}$；同样，用粗粒化状态 $h_{j\to a}^{(0)\leqslant-1}$ 来表示 $h_{j\to a}^{(0)} \leqslant -1$ 的所有微观情况。对于 $-1 < h_{j\to a}^{(0)} < 1$ 的情形，为了提高计算效率，可以将区间 $(-1,+1)$ 分成 $(2s+1)$ 个长度为 $\delta = \dfrac{2}{2s+1}$ 的等份。如果 $-\dfrac{\delta}{2} < h_{j\to a}^{(0)} < \dfrac{\delta}{2}$，则将 $h_{j\to a}^{(0)}$ 近似为 $h_{j\to a}^{(0)} = 0$；如果 $0 < (m+\dfrac{1}{2})\delta \leqslant h_{j\to a}^{(0)} < (m+\dfrac{3}{2})\delta$（其中 m 是非负整数），则将 $h_{j\to a}^{(0)}$ 近似为

$h_{j\to a}^{(0)}=(m+1)\delta$；如果 $-(m+\dfrac{3}{2})\delta<h_{j\to a}^{(0)}\leqslant-(m+\dfrac{1}{2})\delta<0$，则将 $h_{j\to a}^{(0)}$ 近似为 $h_{j\to a}^{(0)}=-(m+1)\delta$。整数 s 决定了这种近似方法的精度，s 取值越大，空腔场 $h_{j\to a}^{(0)}$ 的储存精度就越高，但计算量也越大。

如果设粗粒化整参数 $s=0$，这等价于假设每个空腔场 $h_{j\to a}^{(0)}$ 只能取整数值，因而这一近似又称为整数场近似。本节余下的部分只给出在这一最简单近似下的计算结果。在这一近似下，概率分布函数 $Q_{i\to a}(h_{i\to a}^{(0)})$ 可以用两个参数来表征，即 $(\rho_{i\to a}^{(+)},\rho_{i\to a}^{(-)})$，其中 $\rho_{i\to a}^{(+)}$ 是 $h_{i\to a}^{(0)}\geqslant 1$ 的概率，而 $\rho_{i\to a}^{(-)}$ 则是 $h_{i\to a}^{(0)}\leqslant -1$ 的概率。空腔场 $h_{i\to a}^{(0)}=0$ 的概率则为 $(1-\rho_{i\to a}^{(+)}-\rho_{i\to a}^{(-)})$。

图 4.11 是对 $K=4,L=2$ 的规整随机网络上的自旋玻璃模型（4.91）采取整数场近似后得到的一阶复本对称破缺平均场理论结果。复杂度 Σ 和宏观态平均极小能量密度在参数 $0\leqslant y<0.3$ 的区域是 y 的递增函数，在 $y>0.3$ 以后它们的值则随着 y 的增加而减少。这导致复杂度 Σ 作为宏观态极小能量密度的函数有两个分支，其中 Σ 是凹函数的分支是有物理意义的（即复杂度对极小能量密度的一次

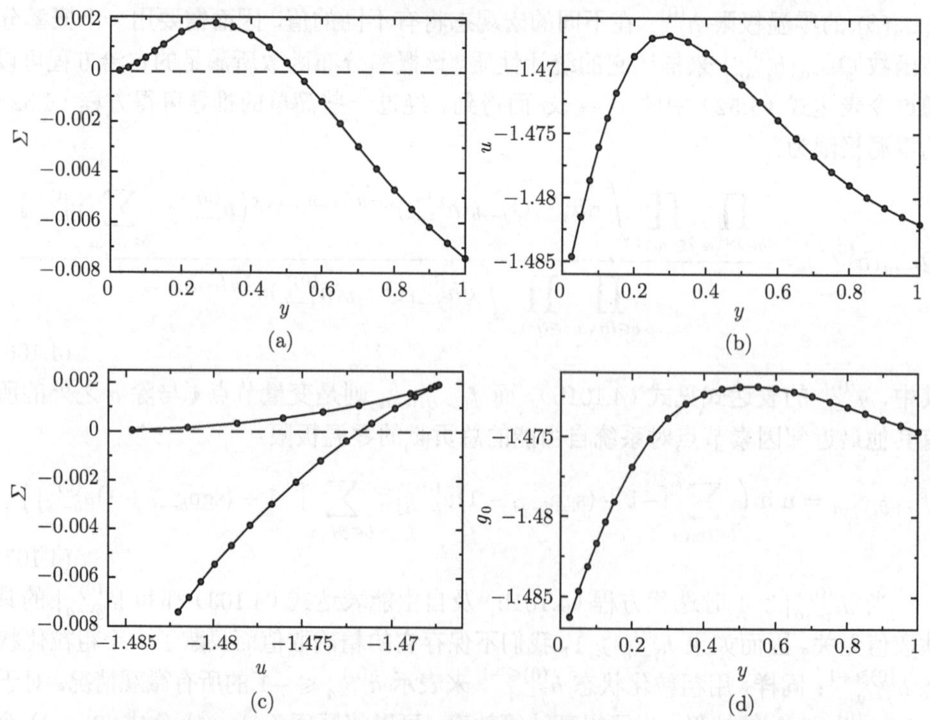

图 4.11　规整随机网络（$K=4,L=2$）上的自旋玻璃模型（4.91）在零温极限下的一阶复本对称破缺平均场理论结果（种群动力学过程采取整数场近似）

（a）复杂度 Σ；（b）宏观态平均极小能量密度 u；（c）复杂度作为宏观态极小能量密度的函数 $\Sigma(u)$；（d）Monasson-Mézard-Parisi 自由能密度 g_0

导数应该随极小能量密度值递减)。在 $y = y^* \approx 0.525$ 处复杂度 Σ 的值由正变负,该 y 值对应的极小能量密度就是一阶复本对称破缺平均场理论所预言的系统基态能量密度,其值为 $u \approx -1.4716$。图 4.11 (c) 同时也预言该自旋玻璃系统中极小能量密度值约为 -1.4674 的宏观态的数目是最多的(其复杂度约为 0.00194)。在局部弛豫过程(如模拟退火过程)中,系统的微观构型极有可能被这些宏观态或极小能量密度值更高的其他宏观态所俘获。因而该能量密度值可以认为是局域优化算法所能达到的微观构型能量密度下限。

图 4.11 也显示了 Monasson-Mézard-Parisi 自由能密度 $g_0 \equiv \lim_{N\to\infty} \dfrac{G_0}{N}$ 的零温极限值随参数 y 的变化曲线。注意到广义自由能密度 g_0 的最大值在 $y = y^*$ 处达到,这是因为复杂度 Σ 由 g_0 的导数决定,参见式 (4.71)。换句话说,系统的基态能量密度值等于零温极限下的广义自由能密度 g_0 的最大值。

表 4.3 和表 4.4 分别列出了 $L = 2$ 和 $L = 3$ 的规整随机网络上自旋玻璃模型 (4.91) 的基态能量密度的一阶复本对称破缺平均场理论预言值。如果考虑到零温极限下的空腔场 $h_{i\to a}$ 可能取 $(-1, +1)$ 区间的非整数值,那么一阶复本对称破缺平均场理论对基态能量密度值的预言可能会高于在整数场近似下的预言,但差别将不是很显著。对于有些自旋玻璃系统而言,就算允许 $h_{i\to a}$ 的初始值为非整数,在概观传播方程 (4.106) 的迭代过程中,$h_{i\to a}$ 取非整数值的概率也会收敛到零。对于后一种情况,整数场近似在迭代的意义上是稳定的。第 5 章研究最小节点覆盖问题时还将用到整数场近似,而且还将描述如何利用零温极限的概观传播方程来构造能量密度接近于基态能量密度的单个微观构型,即概观传播剥离 (SPD)

表 4.3 规整随机网络两体相互作用 (L= 2) 自旋玻璃模型 (4.91) 的基态能量密度 u_0 的理论预言值及其对应的 1RSB 控制参数值 $y = y^*$

K	3	4	5	6	7	8	9	10
y^*	0.662	0.525	0.482	0.454	0.408	0.405	0.363	0.369
u_0	−1.272	−1.472	−1.674	−1.827	−1.993	−2.123	−2.267	−2.383

注:K 是网络中每个变量节点的连通度。理论结果通过一阶复本对称破缺种群动力学模拟得到,并用到了整数场近似

表 4.4 规整随机网络三体相互作用 (L= 3) 自旋玻璃模型 (4.91) 的基态能量密度 u_0 的理论预言值及其对应的 1RSB 控制参数值 $y = y^*$

K	3	4	5	6	7	8	9	10
y^*	$+\infty$	1.412	1.096	0.902	0.803	0.718	0.664	0.615
u_0	−1	−1.218	−1.395	−1.544	−1.686	−1.809	−1.932	−2.039

注:K 是网络中每个变量节点的连通度。理论结果通过一阶复本对称破缺种群动力学模拟得到,并用到了整数场近似

消息传递算法。作为带有一定挑战性的练习，读者可以将 SPD 算法用于规整随机网络上的自旋玻璃模型（4.91）的单个样本，并比较其计算结果与理论预言结果的差异。

4.8 广义 Kikuchi 自由能泛函

每个变量节点 i 的状态在微观态的层次可以用自旋 σ_i 来描述。那么如何表征节点 i 在宏观态层次的状态呢？本章 4.3 节的讨论已经给出了一种答案，那就是用空腔概率分布函数构成的矢量 $\underline{p}_{\partial i} \equiv \{p_{a\to i}: a \in \partial i\}$ 来表征节点 i 在某个宏观态 α 的状态，其中概率分布函数 $p_{a\to i}(\sigma_i)$ 满足信念传播方程（3.27），即

$$p_{a\to i}(\sigma) = \tilde{A}_{a\to i} \equiv \frac{\sum\limits_{\underline{\sigma}_{\partial a}} \delta(\sigma_i, \sigma)\psi_a(\underline{\sigma}_{\partial a}) \prod\limits_{j\in\partial a\backslash i} \psi_j(\sigma_j) \prod\limits_{b\in\partial j\backslash a} p_{b\to j}(\sigma_j)}{\sum\limits_{\underline{\sigma}_{\partial a}} \psi_a(\underline{\sigma}_{\partial a}) \prod\limits_{j\in\partial a\backslash i} \psi_j(\sigma_j) \prod\limits_{b\in\partial j\backslash a} p_{b\to j}(\sigma_j)} . \tag{4.108}$$

方程（4.108）是空腔概率分布函数构成的集合 $\{p_{a\to i}: (i,a) \in W\}$ 必须满足的自洽条件。可以从 Bethe-Peierls 近似的角度来直观地理解表达式（4.108），参见 2.4 节及 3.3 节。

每个因素节点 a 在微观态的层次可以用自旋 $\underline{\sigma}_{\partial a} \equiv \{\sigma_i : i \in \partial a\}$ 来描述其周围的环境。相应地，就可以用 $\underline{p}_{\partial a} \equiv \{p_{b\to i}: i \in \partial a, b \in \partial i\backslash a\}$ 来表征节点 a 在宏观态层次的统计性质。

因素节点 a 和变量节点 i 在宏观态层次状态的概率分布函数分别是

$$P_a[\underline{p}_{\partial a}] = \frac{\prod\limits_{i\in\partial a} \prod\limits_{b\in\partial i\backslash a} P_{b\to i}[p_{b\to i}] \mathrm{e}^{-y f_{a+\partial a}}}{\prod\limits_{i\in\partial a} \prod\limits_{b\in\partial i\backslash a} \int \mathcal{D}p_{b\to i} P_{b\to i}[p_{b\to i}] \mathrm{e}^{-y f_{a+\partial a}}} , \tag{4.109}$$

$$P_i[\underline{p}_{\partial i}] = \frac{\prod\limits_{a\in\partial i} P_{a\to i}[p_{a\to i}] \mathrm{e}^{-y f_i}}{\prod\limits_{a\in\partial i} \int \mathcal{D}p_{a\to i} P_{a\to i}[p_{a\to i}] \mathrm{e}^{-y f_i}} , \tag{4.110}$$

其中，自由能增量 $f_{a+\partial a}$ 及 f_i 的表达式分别由式（4.69）和式（3.13）给出，即

$$f_{a+\partial a} = -\frac{1}{\beta} \ln\Big[\sum_{\underline{\sigma}_{\partial a}} \psi_a(\underline{\sigma}_{\partial a}) \prod_{j\in\partial a} \psi_j(\sigma_j) \prod_{b\in\partial j\backslash a} p_{b\to j}(\sigma_j)\Big] ,$$

$$f_i = -\frac{1}{\beta} \ln\Big[\sum_{\sigma_i} \psi_i(\sigma_i) \prod_{a\in\partial i} p_{a\to i}(\sigma_i)\Big] .$$

如果因素节点 a 和变量节点 i 之间有一条边相连，那么可以证明，由于概率分布函数满足概观传播方程，所以在边 (i,a) 上有如下的概率分布相容关系：

$$P_i\left[\underline{p}_{\partial i}\right] = \prod_{j\in\partial a\backslash i}\prod_{b\in\partial j\backslash a}\int \mathcal{D}p_{b\to j}P_a\left[\underline{p}_{\partial a}\right]\delta\left[p_{a\to i}-\tilde{A}_{a\to i}\right], \tag{4.111}$$

其中，$\tilde{A}_{a\to i}$ 的表达式见（4.108）。这一相容关系很容易根据示意图 4.12 直观地进行理解。

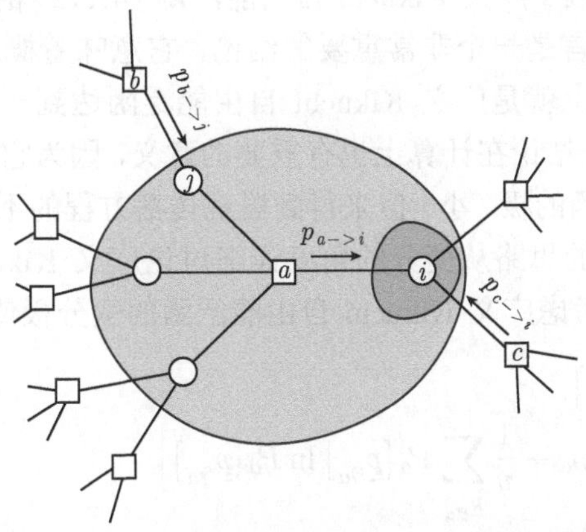

图 4.12 由因素网络 W 的一条边 (i,a) 周围的局部网络结构理解概率分布相容关系（4.111）因素节点 a 在宏观态层次的状态可由与之相连的所有变量节点 j 从其他因素节点 b 接收的空腔概率分布函数来描述，即 $\underline{p}_{\partial a}=\{p_{b\to j}: j\in\partial a, b\in\partial j\backslash a\}$（见图中大圈）；而变量节点 i 在宏观态层次的状态则由它所连的所有因素节点发送给它的空腔概率分布函数来描述，即 $\underline{p}_{\partial i}=\{p_{c\to i}: c\in\partial i\}$（见图中小圈）。由于大圈包含小圈，即 $\underline{p}_{\partial a}$ 已经包含了 $\underline{p}_{\partial i}$ 的所有信息，故要求 $p_{a\to i}(\sigma_i)$ 在每一宏观态中由表达式（4.108）确定，从而导致相容关系（4.111）

习题 4.8 利用概观传播方程并参考示意图 4.12 证明任一条边 (i,a) 上的相容关系式 (4.111)。

有了这些准备，就可以将 3.7 节定义的 Kikuchi 自由能泛函推广到宏观态的层次从而得到广义 Kikuchi 自由能泛函。能够证明 Monasson-Mézard-Parisi 自由能可以写成如下的泛函形式：

$$\begin{aligned}G_0 = &\sum_a\left[\sum_{\underline{p}_{\partial a}}P_a\left[\underline{p}_{\partial a}\right]f_{a+\partial a}+\frac{1}{y}\sum_{\underline{p}_{\partial a}}P_a\left[\underline{p}_{\partial a}\right]\ln P_a\left[\underline{p}_{\partial a}\right]\right]\\&+\sum_i(1-k_i)\left[\sum_{\underline{p}_{\partial i}}P_i\left[\underline{p}_{\partial i}\right]f_i+\frac{1}{y}\sum_{\underline{p}_{\partial i}}P_i\left[\underline{p}_{\partial i}\right]\ln P_i\left[\underline{p}_{\partial i}\right]\right].\end{aligned} \tag{4.112}$$

式中，求和符号 $\sum_{\underline{p}_{\partial a}}$ 和 $\sum_{\underline{p}_{\partial i}}$ 实际上表示的是对概率分布函数的积分，即

$$\sum_{\underline{p}_{\partial a}} \equiv \prod_{i\in\partial a}\prod_{b\in\partial i\backslash a}\int \mathcal{D}p_{b\to i}\,, \qquad \sum_{\underline{p}_{\partial i}} \equiv \prod_{a\in\partial i}\int \mathcal{D}p_{a\to i}\,.$$

宏观态层次的 Kikuchi 自由能（4.112）是概率分布泛函 $\{P_a[\underline{p}_{\partial a}]\}$ 和 $\{P_i[\underline{p}_{\partial i}]\}$ 的泛函。可以认为它给出了自旋玻璃系统宏观态层次自由能图景的一种近似描述。

概观传播方程与广义 Kikuchi 自由能泛函有什么内在联系？我们将看到，概观传播方程的不动点对应于广义 Kikuchi 自由能泛函（4.112）的极值点。这对于自由能图景的物理图像而言是一个非常重要的结论，它意味着概观传播方程收敛到一个不动点的过程实际上就是广义 Kikuchi 自由能泛函达到一个极值点（很可能是极小点）的过程。这一结论在计算上也有重要的意义，因为它说明可以通过求解广义 Kikuchi 自由能泛函的极（小）值来得到概观传播方程的不动点。

现在循着 3.7 节的思路从变分的角度详细讨论广义 Kikuchi 自由能泛函与概观传播方程的联系。考虑广义 Kikuchi 自由能泛函的变分极值问题：

$$\begin{aligned}
&\mathcal{K}\big[\{P_a[\underline{p}_{\partial a}],P_i[\underline{p}_{\partial i}]\}\big]\\
=&\sum_a\Big[\sum_{\underline{p}_{\partial a}}P_a\left[\underline{p}_{\partial a}\right]f_{a+\partial a}+\frac{1}{y}\sum_{\underline{p}_{\partial a}}P_a\left[\underline{p}_{\partial a}\right]\ln P_a\left[\underline{p}_{\partial a}\right]\Big]\\
&+\sum_i(1-k_i)\Big[\sum_{\underline{p}_{\partial i}}P_i\left[\underline{p}_{\partial i}\right]f_i+\frac{1}{y}\sum_{\underline{p}_{\partial i}}P_i\left[\underline{p}_{\partial i}\right]\ln P_i\left[\underline{p}_{\partial i}\right]\Big]+\sum_a\lambda_a\sum_{\underline{p}_{\partial a}}P_a[\underline{p}_{\partial a}]\\
&+\sum_{(i,a)}\sum_{\underline{p}_{\partial i}}\lambda_{ia}[\underline{p}_{\partial i}]\Big[P_i[\underline{p}_{\partial i}]-\prod_{j\in\partial a\backslash i}\prod_{b\in\partial j\backslash a}\int\mathcal{D}p_{b\to j}P_a\left[\underline{p}_{\partial a}\right]\delta\left[p_{a\to i}-\varLambda_{a\to i}\right]\Big],
\end{aligned}\tag{4.113}$$

其中，拉格朗日乘子 λ_a 对应于概率分布泛函 $P_a[\underline{p}_{\partial a}]$ 的归一化约束 $\sum_{\underline{p}_{\partial a}}P_a[\underline{p}_{\partial a}]=1$；拉格朗日乘子 $\lambda_{ia}[\underline{p}_{\partial i}]$ 对应于概率分布泛函的相容约束条件（4.111）以及概率分布泛函 $P_i[\underline{p}_{\partial i}]$ 的归一化约束 $\sum_{\underline{p}_{\partial i}}P_i[\underline{p}_{\partial i}]=1$。由一阶变分 $\dfrac{\delta\mathcal{K}}{\delta P_i[\underline{p}_{\partial i}]}=0$ 可得

$$(1-k_i)\Big[f_i+\frac{\ln P_i[\underline{p}_{\partial i}]+1}{y}\Big]+\sum_{a\in\partial i}\lambda_{ia}[\underline{p}_{\partial i}]=0\,.\tag{4.114}$$

如果变量节点 i 是孤立的（$k_i=0$），那么从该等式就得到 $P_i[\underline{p}_{\partial i}]\propto \mathrm{e}^{-yf_i}$；如果 i 只参与到一个相互作用 a 因而其连通度 $k_i=1$，那么该等式就要求拉格朗日乘子 $\lambda_{ia}[\underline{p}_{\partial i}]=0$；对于所有其他情况（$k_i\geqslant 2$），从该等式可知

$$P_i[\underline{p}_{\partial i}]\propto \mathrm{e}^{-yf_i}\prod_{a\in\partial i}\exp\Big[\frac{y\lambda_{ia}[\underline{p}_{\partial i}]}{k_i-1}\Big]\,.\tag{4.115}$$

由另一个一阶变分 $\dfrac{\delta \mathcal{K}}{\delta P_a[\underline{p}_{\partial a}]} = 0$ 可得

$$f_{a+\partial a} + \frac{\ln P_a[\underline{p}_{\partial a}] + 1}{y} + \lambda_a - \sum_{i \in \partial a} \lambda_{ia}\big[\tilde{A}_{a\to i}, \{p_{b\to i} : b \in \partial i \backslash a\}\big] = 0 , \qquad (4.116)$$

也即

$$P_a[\underline{p}_{\partial a}] \propto \mathrm{e}^{-y f_{a+\partial a}} \prod_{i \in \partial a} \exp\Big[y \lambda_{ia}\big[\tilde{A}_{a\to i}, \{p_{b\to i} : b \in \partial i \backslash a\}\big]\Big] . \qquad (4.117)$$

如果变量节点 i 的连通度 $k_i \geqslant 2$，那就在它所连的每条边 (i,a) 上定义一个辅助函数 $\eta_{ia}[\underline{p}_{\partial i}]$ 为

$$\eta_{ia}[\underline{p}_{\partial i}] = -\lambda_{ia}[\underline{p}_{\partial i}] + \frac{1}{k_i - 1} \sum_{b \in \partial i} \lambda_{ib}[\underline{p}_{\partial i}] \qquad (k_i \geqslant 2) . \qquad (4.118)$$

根据这一定义可知拉格朗日乘子 $\lambda_{ia}[\underline{p}_{\partial i}]$ 可以写成如下的加和形式：

$$\lambda_{ia}[\underline{p}_{\partial i}] = \sum_{b \in \partial i \backslash a} \eta_{ib}[\underline{p}_{\partial i}] . \qquad (4.119)$$

将这一表达式代入式 (4.115) 就得到概率分布泛函 $P_i[\underline{p}_{\partial i}]$ 的连乘表达式

$$P_i[\underline{p}_{\partial i}] \propto \mathrm{e}^{-y f_i} \prod_{a \in \partial i} \mathrm{e}^{y \eta_{ia}[\underline{p}_{\partial i}]} . \qquad (4.120)$$

如果变量节点 i 只连到一个因素节点 a，即 $k_i = 1$，我们也在边 (i,a) 上定义辅助函数 $\eta_{ia}[\underline{p}_{\partial i}]$，该函数由表达式

$$P_i[\underline{p}_{\partial i}] \propto \mathrm{e}^{-y f_i} \mathrm{e}^{y \eta_{ia}[\underline{p}_{\partial i}]} \qquad (4.121)$$

来确定。因而对于所有 $k_i \geqslant 0$ 的情形，概率分布泛函 $P_i[\underline{p}_{\partial i}]$ 在广义 Kikuchi 自由能泛函的极值点处都可以写成表达式 (4.120) 的形式。

将拉格朗日乘子的表达式 (4.119) 代入表达式 (4.117) 就可得到

$$P_a[\underline{p}_{\partial a}] \propto \mathrm{e}^{-y f_{a+\partial a}} \prod_{i \in \partial a} \prod_{b \in \partial i \backslash a} \exp\Big[y \eta_{ib}\big[\tilde{A}_{a\to i}, \{p_{c\to i} : c \in \partial i \backslash a\}\big]\Big] . \qquad (4.122)$$

由概率分布相容条件 (4.111) 可以进一步发现函数 $\mathrm{e}^{y \eta_{ia}[\underline{p}_{\partial i}]}$ 只与概率分布 $p_{a\to i}$ 有关，且该函数必须满足概观传播方程。因而 $\mathrm{e}^{y \eta_{ia}[\underline{p}_{\partial i}]}$ 等价于概率分布泛函 $P_{a\to i}$ $[p_{a\to i}]$，而式 (4.120) 和 (4.122) 分别等价于表达式 (4.110) 和 (4.109)。这样我们就证明了广义 Kikuchi 自由能泛函的极值点与概观传播方程的不动点有一一对应的关系。

4.9　高阶广义配分函数展开

如果广义 Kikuchi 自由能泛函 (4.112) 只有唯一一个极小点，概观传播方程 (4.35) 的迭代过程将收敛到唯一的稳定不动点。对于这种情况，我们可以说自旋玻璃系统的性质用一阶复本对称破缺平均场理论进行描述就足够了。对于许多自旋玻璃问题 (尤其是两体相互作用自旋玻璃模型)，在给定的低温度 T 下，自由能泛函 (4.112) 的形状可能很复杂，具有多个极值点，导致概观传播方程 (4.35) 具有多个不动点。对于这种复杂的情形，为了全面地描述系统的性质，我们可以类似于广义配分函数 Ξ 的定义式 (4.2)，引入更高阶的广义配分函数。本章的广义配分函数圈图展开过程完全可以应用到这些更高阶的广义配分函数之上。作为结果，将得到更高阶的平均场广义自由能及其圈图修正贡献，以及相应的更高阶消息传播方程。以此类推就可以建立无穷阶复本对称破缺平均场理论及相应的消息传播方程。在该平均场理论中，在每一阶复本对称破缺层次上由圈图导致的对广义自由能的修正贡献都被忽略了。忽略圈图导致的高阶修正贡献，对于网络中回路长度很长的系统应该是很好的近似，例如，随机有限连通网络系统。在这一类系统中，系统中典型回路的长度正比于变量节点数 N 的对数。对于 $N \to \infty$ 的系统，回路长度将对数发散，由此导致的广义自由能修正贡献可能将很小。

当然在实际的应用中人们常常不考虑高阶复本对称破缺平均场理论，主要的原因是数值计算的复杂度太大，人们常常只考虑到一阶复本对称破缺。

本 章 小 结

本章从广义配分函数圈图展开的数学框架出发，推导出了自旋玻璃的一阶复本对称破缺平均场理论的 Monasson-Mézard-Parisi 自由能表达式 (4.56) 及相应的概观传播方程 (4.35)，并讨论了自旋玻璃簇集相变和凝聚相变所对应的物理图像，还详细介绍了确定簇集相变和凝聚相变点的数值计算方案。

我们以规整随机网络上的两体和三体相互作用自旋玻璃模型为例讨论了概观传播方程的简单应用，并说明了自旋玻璃态对于寻找系统基态能量构型的局域算法带来的本性上的计算困难，这一困难可以通过一阶复本对称破缺消息传递全局算法部分地得到解决。

本章还对数值求解概观传播方程进行了较为详细的讨论，希望能够帮助读者在理论和计算两方面都较好地掌握一阶复本对称破缺平均场理论。

本章还引进了广义 Kikuchi 自由能泛函，并证明了概观传播方程（4.56）的不动点一一对应于广义 Kikuchi 自由能泛函（4.112）的极值点，从而将一阶复本对称破缺平均场理论统一到 Kikuchi 团簇变分法的理论框架下。这对于自旋玻璃平均场理论在有限维系统的进一步发展应该是有益的。

第 5 章　最小节点覆盖问题

节点覆盖问题是具有代表性意义的局部约束组合优化问题。它对应于工程应用领域许多实际的资源最优配置问题。节点覆盖问题也是计算复杂性理论研究领域最基本的 NP-完备问题之一，对于理解计算复杂性的本质有重要的意义。从统计物理学的角度来看，节点覆盖问题等价于一类具有排斥体积效应的硬球格点气体模型，因此它与玻璃相变问题以及玻璃动力学过程有深刻的联系。本章将节点覆盖问题视为自旋玻璃系统，研究其统计物理性质，并介绍近似求解最小节点覆盖问题的一些消息传递算法。我们主要希望通过研究随机网络的最小节点覆盖问题, 来演示第 3 章和第 4 章的理论在组合优化问题上的应用。

Hartmann 和 Weigt 在文献 [18] 中全面和详尽地探讨了节点覆盖问题的统计物理理论和算法，该书可以作为进一步系统阅读的资料。

节点覆盖问题的自旋玻璃模型中只有两体相互作用，因而在本章不采用一般的因素网络描述方式，就用简单网络 W（只包含变量节点及变量节点之间的边）来描述并讨论这一问题，变量节点在本章又简称为节点或顶点。将该简单网络的一条连接节点 i 和 j 的边记为 (i,j)，并将节点 i 的最近邻节点集合记为 ∂i，即 $\partial i \equiv \{j:(i,j)\in W\}$。

5.1　节点覆盖和最小节点覆盖

考虑一个网络 W，它由 N 个节点（$i=1,2,\cdots,N$）和这些节点之间的 M 条边构成，每一条边连接两个不同的节点。网络 W 的覆盖（cover）是由 W 中的一部分节点所构成的一个集合，它具有这样的性质，即 W 中每一条边的两个端点至少有一个端点是它的元素。可以将网络 W 想象为一个大型博物馆，网络 W 的每条边对应于该博物馆的一条走廊（两边摆放着展品），网络 W 的每个节点对应于这些走廊的终点以及两条或多条走廊的交汇点。在博物馆的一些走廊终点和走廊交汇点设置了安保岗，有保安在岗上监视展品的安全，防止意外情况发生。为不留死角，每一条走廊必定有一头设置了安保岗。每一种满足这一约束的安保岗设置方式显然就对应于网络 W 的一个覆盖。网络 W 的平庸覆盖包含所有 N 个节点（图 5.1）。对于我们的博物馆例子，平庸覆盖就是所有的走廊终点和交汇点都有一个安保岗。很显然平庸覆盖有冗余存在，是不经济的（博物馆多一个安保岗就要多一份花费）。节点覆盖问题的核心目标就是要使覆盖集合包含的节点数尽可能少。这不是一个平庸的问题。

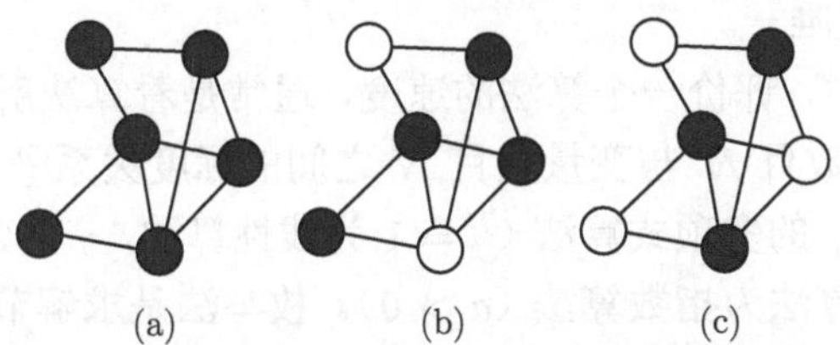

图 5.1 一个小网络（包含 $N = 6$ 个节点和 $M = 9$ 条边）的三种不同覆盖方式

它们的能量分别为 6（平庸覆盖）、4 和 3（最小覆盖）。该网络只有一个最小覆盖

节点覆盖问题与网络的独立节点集问题是等价的。给定网络 W，它的一个独立节点集包含网络的部分节点，这一集合中任意两节点之间没有边直接相连。网络的一个最大独立节点集就是包含最多节点的独立节点集。假设网络 W 中每一条边的长度为一个单位长度，且每个节点上都可以占据一个硬球气体原子。如果硬球原子的直径大于一个单位长度而小于两个单位长度，那么由于排斥体积效应，网络的任意两个相邻节点上不能同时被硬球气体原子所占据。如果一个节点上有一个硬球原子，它的所有最近邻节点必定都是空的。显然这一硬球气体模型的每一种占位方式都是网络 W 的一种独立节点集，而该网络的一个最大独立节点集就是硬球气体的一种最密堆积构型。

习题 5.1 证明网络的独立节点集问题（亦即硬球原子占位问题）与节点覆盖问题互为对偶问题：网络的任意一个覆盖的补集都是一个独立节点集；任意一个最小覆盖的补集都是一个最大独立节点集。

为了和自旋玻璃系统联系起来，定义 N 节点微观构型 $\underline{c} \equiv \{c_1, c_2, \ldots, c_N\}$，其中，$c_i \in \{0,1\}$ 是定义在节点 i 上的微观状态，$c_i = 1$ 表示节点 i 包含于覆盖集合，$c_i = 0$ 则表示 i 不属于覆盖集合。在本章以后的讨论中，如果说“将节点 i 覆盖”，这就意味着将 i 的状态设为 $c_i = 1$；而“将 i 不覆盖”则意味着将其状态设为 $c_i = 0$。微观构型 $\underline{c}$ 需满足的约束条件为

$$c_i + c_j \geqslant 1, \quad \forall (i,j) \in W \, . \tag{5.1}$$

如果约束条件 $c_i + c_j \geqslant 1$ 对一条边 (i,j) 成立，就称该边被覆盖，反之就称该边未被覆盖。满足约束条件式（5.1）的所有微观构型 $\underline{c}$，显然一一对应于网络 W 的覆盖。进一步定义构型 $\underline{c}$ 的能量为

$$E(\underline{c}) = \sum_{i=1}^{N} c_i \, . \tag{5.2}$$

该能量就是 $\underline{c}$ 所对应的覆盖集合中的节点数目。满足约束条件式（5.1）且能量为全

局最小的微观构型 $\underline{c}$ 就是网络 W 的最小覆盖，见图 5.1 (c)。网络 W 的最小覆盖一定存在，但不一定唯一。

在计算机科学中，评价一个算法的速度，通常是看算法所需的基本计算步骤（如加减乘除等）的数目 $\mathcal{N}$ 与变量数目 N 之间的标度关系[58,59]。如果 $\mathcal{N} \sim N^\gamma$，则称算法是幂次为 γ 的多项式算法（$\gamma = 1$ 为线性算法，$\gamma = 2$ 为平方算法，等）；如果 $\mathcal{N} \sim \mathrm{e}^{aN}$，则算法为指数算法（$a > 0$）。枚举法是求解节点覆盖问题的一种指数算法，它遍历所有可能的覆盖构型来确定最低能量，因而 $\mathcal{N} = 2^N$。对于节点数 $N \gg 1$ 的网络，显然枚举法不能在人们可以等待的时间内构造出一个最小覆盖构型。

任意给定一个网络 W，是否存在一个多项式算法能够确定其最小覆盖能量，这一问题目前还没有确切答案，但数学家们通常相信不存在这样的算法。网络的最小覆盖问题属于 NP-困难问题之一，它至少和 NP-完备问题一样难[18,58,59]。

精确求解网络的最小覆盖构型在算法上是极为困难的。在这种情况下，设计一些经验算法获得接近于最小覆盖的解在实用上就有很重要的意义。一个很容易想到的经验算法就是，如果网络中还有未被覆盖的边存在，那么选取一个连有最多未被覆盖边的节点并将其覆盖；重复这一过程直到网络中所有的边都已经被覆盖。这是一种贪心（greedy）算法，它非常简单，每一步都选取一个局部最优进行更新。如果网络 W 是一个完全连通网络，容易验证这一算法将构造出一个最小覆盖。但对于一般的网络 W，该贪心算法没有考虑到网络中不同节点覆盖状态之间的各种关联，它所构造的覆盖构型通常不是最小覆盖，还有一定的改善空间。Weigt 在文献 [181] 中对包含这一贪心算法在内的一些经验算法的动力学过程进行了理论上的探讨。

虽然最小覆盖问题是 NP-困难问题，但该问题并非对于所有的网络 W 同样困难。对于具有某些特殊结构的网络，的确存在一种称为掐叶（leaf removal）的算法[182]，能够快速地构造一个或多个最小覆盖构型。让我们详细地讨论这一算法。

5.2 掐叶算法

掐叶算法的思想非常简单（图 5.2），如果网络 W 中有一个节点 j 只连有一条边 (i,j)，那么将节点 i 的状态设为 $c_i = 1$ 而将 j 的状态设为 $c_j = 0$ 一定是最优的。因为在这种情况下，除了边 (i,j) 被覆盖了以外，所有与 i 相连的其他边都同时被覆盖了。

掐叶算法的程序实现很容易。给定网络 W，对它的一个子网络 w 进行如下的操作：

(0) 初始化子网络 $w = W$，即 w 包含原网络的所有节点和边。初始化集合 L，

使它包含子网络 w 中所有连通度为 1 的节点。

（1）如果集合 L 为空，则停止；反之则从 L 中随机挑选一个节点 j，并覆盖 j 在子网络 w 中的唯一最近邻节点 i。

（2）将节点 i 在子网络 w 的所有边都从 w 中删去；更新集合 L 使之包含化简后的子网络 w 中所有连通度为 1 的节点。

（3）重复步骤（1）和（2）直至程序停止。

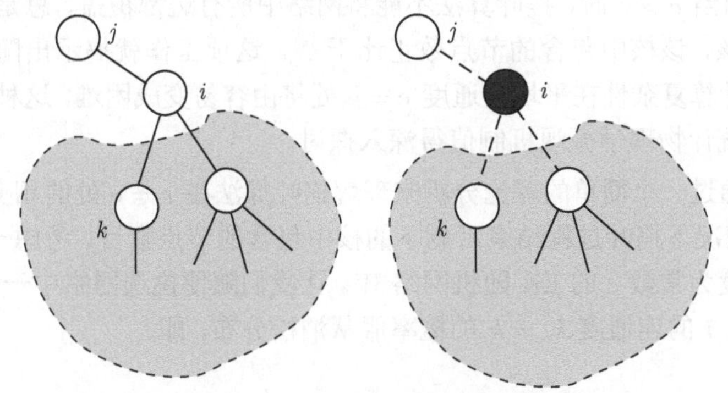

图 5.2 掐叶算法的基本思想

如果网络 W 中有一个节点 j 的连通度为 1，那么将 j 的最近邻节点 i 覆盖而不覆盖 j 一定是一种最优方案。覆盖 i 也就将 i 所连的边都覆盖了，这些边就不用再被考虑了（它们可以被从网络中除去，故在图中用虚线来标记），因而网络 W 得以简化，并有可能在化简后的网络中出现新的连通度为 1 的节点（如节点 k）

用一句话概括，掐叶算法的核心动作就是找出目前网络中一个连通度为 1 的节点并将连到其唯一最近邻节点上的边都从网络中除去，直到网络中不再存在连通度为 1 的节点为止。

如果该掐叶算法能将网络 W 中所有的边都覆盖，那它输出的结果一定是一个最小覆盖。如果掐叶程序不能覆盖所有的边，剩下的一个未被覆盖的子网络就被称为是网络 W 的核（core）[73,182,183]。核中每个节点都连有两条或更多条未被覆盖的边，因而核中存在许多回路。如何尽可能经济地覆盖这一包含许多回路的核是真正的困难所在。一种很简单的经验算法是结合掐叶算法和前面提到的挑选最大连通度节点的贪心算法，见习题 5.2。该算法能够获得一个较为满意的覆盖构型，但通常不是最小覆盖。

习题 5.2 编程实现如下构造节点覆盖构型的掐叶与贪心混合算法（leaf-removal mixed with greedy，LRMG）：如果有一个或多个未被覆盖的节点只连到了一条未被覆盖的边，那么从这些节点中任选一个节点执行掐叶操作；如果不存在这样的节点，那么覆盖网络中一个连有最多未被覆盖边的节点。重复上述过程直到所有的边都已被覆盖。

随机网络作为一个系综在计算复杂性研究中扮演了很重要的角色。通过研究定义于随机网络系综上的给定组合优化问题，人们能够探讨该问题的典型计算复杂性，以及系综参数对典型计算复杂性的影响[20,184–186]。对于平均连通度固定为 c 的 Erdös-Rényi（ER）随机网络系综（见 1.1.3 节），文献 [182]对掐叶算法的性质进行了计算机模拟实验以及随机过程理论分析，发现在 $N \to \infty$ 的热力学极限下，如果网络的平均连通度 $c < \mathrm{e} = 2.71828\cdots$，掐叶算法有接近于 1 的概率找到一个最小覆盖；而当 $c > \mathrm{e}$ 时，掐叶算法不能将网络中所有边都覆盖，总是会剩下一个未被覆盖的核，该核中包含的节点数正比于 N。这项工作就揭示出随机网络覆盖问题的典型计算复杂性在平均连通度 $c = \mathrm{e}$ 处将由容易变成困难。这种计算复杂性突变背后的统计物理学微观机制值得深入探讨。

让我们通过一个简单的理论分析来理解掐叶算法在 $c = \mathrm{e}$ 处的相变，以及计算在 $c > \mathrm{e}$ 的情况下掐叶过程结束后剩下的核中包含的节点数目。考虑一个 $N \to \infty$ 且平均连通度为常数 c 的 ER 随机网络 W。让我们随便挑选网络中一个节点 i。由 1.1.3 节可知，i 的连通度 $k_i = k$ 的概率服从泊松分布，即

$$P_v[k_i = k] = \frac{\mathrm{e}^{-c} c^k}{k!} . \tag{5.3}$$

现在要回答的问题是，完全随机挑选的这一节点 i 不属于核的概率是多少？如果 i 可以在掐叶过程中从网络 W 中被剥离出去，那么有如下几种情况：

（1）i 的连通度 $k_i = 0$ 因而它无需被覆盖，这种情况对应的概率为 e^{-c}。

（2）i 的连通度 $k_i = 1$，假设其最近邻节点为 j。

（a）如果边 (i,j) 可以在保留 i 的情况下通过掐叶过程被除去，那么节点 i 等价于没有任何最近邻节点因而也就无需被覆盖。这种情况对应的概率为 $c\mathrm{e}^{-c}\rho_0$，其中，ρ_0 是网络 W 的一条边在其一个端点被保留的情况下能够通过掐叶过程被剥离出去的概率。

（b）如果 j 是一个叶子型节点（leaf vertex），即 j 除边 (i,j) 以外的所有其他边都可以在保留 i 的情况下通过掐叶过程被除去，j 等价于连通度为 1 的节点，那么覆盖节点 j 和节点 i 在能量上是等效的。边 (i,j) 对系统基态能量的贡献为 1。这种情况对应的概率为 $c\mathrm{e}^{-c}\rho_1$，其中，ρ_1 是网络 W 的一条边在其一个端点被保留的情况下，它的另一个端点是叶子型节点的概率。

（c）如果节点 j 不属于上述两种情况，那么覆盖 j 是比覆盖 i 更经济的方案，因而节点 i 无需被覆盖。这种情况对应的概率为 $c\mathrm{e}^{-c}(1 - \rho_0 - \rho_1)$。

（3）i 的连通度 $k_i \geqslant 2$。

（a）如果 i 所连的所有边都可以在保留 i 的情况下通过掐叶过程被除去，那

么 i 等价于没有任何最近邻节点，它无需被覆盖。这种情况对应的概率为

$$\sum_{k=2}^{\infty} \frac{\mathrm{e}^{-c} c^k}{k!} \rho_0^k \;=\; \mathrm{e}^{-c(1-\rho_0)} - \mathrm{e}^{-c} - c\rho_0 \mathrm{e}^{-c}\,.$$

（b）如果 i 的 k_i 条边中有 (k_i-1) 条可以在保留 i 的情况下通过掐叶过程被除去，而剩下的那一条边的另一端所连为叶子型节点（设为 j），那么 i 和 j 都等价于连通度为 1 的节点，边 (i,j) 对系统基态能量的贡献为 1。这种情况对应的概率为

$$\sum_{k=2}^{\infty} \frac{\mathrm{e}^{-c} c^k}{k!} k\rho_1 \rho_0^{k-1} \;=\; c\rho_1[\mathrm{e}^{-c(1-\rho_0)} - \mathrm{e}^{-c}]\,.$$

（c）如果 i 的 k_i 条边中有 (k_i-1) 条都可以在保留 i 的情况下通过掐叶过程被除去，而剩下的一条不能被除去且另一端所连不是叶子型节点，那么 i 无需被覆盖。这种情况对应的概率为

$$\sum_{k=2}^{\infty} \frac{\mathrm{e}^{-c} c^k}{k!} k(1-\rho_0-\rho_1)\rho_0^{k-1} \;=\; c(1-\rho_0-\rho_1)[\mathrm{e}^{-c(1-\rho_0)} - \mathrm{e}^{-c}]\,.$$

（d）如果 i 的 k_i 条边中至少有两条不能在保留 i 的情况下通过掐叶过程被除去，且其中最少有一条边的另一端点为叶子型节点，那么 i 可以通过掐叶过程被除去，且覆盖它是最为经济的。这一情况对应的概率为

$$\begin{aligned}&\sum_{k=2}^{\infty} \frac{\mathrm{e}^{-c} c^k}{k!} \sum_{m=0}^{k-2} \frac{k!}{m!(k-m)!} \rho_0^m \left[(1-\rho_0)^{k-m} - (1-\rho_0-\rho_1)^{k-m}\right] \\ &= 1 - \mathrm{e}^{-c\rho_1} - c\rho_1 \mathrm{e}^{-c(1-\rho_0)}\,.\end{aligned}$$

如果节点 i 不属于上述几种情况，那么它一定不能通过掐叶过程从网络 W 中被除去。由上述分析可知，任意选取的节点 i 属于不可除去的核的概率为

$$n_{\text{core}} = \mathrm{e}^{-c\rho_1} - \mathrm{e}^{-c(1-\rho_0)}\left[1 + c(1-\rho_0-\rho_1)\right]. \tag{5.4}$$

这一表达式也就给出了核中包含节点数目占全部节点数的比例。由上面的分析也得到在掐叶过程中总共覆盖的节点数占全部节点数的比例为

$$x_0 = 1 - \mathrm{e}^{-c\rho_1} - \frac{c\rho_1}{2} \mathrm{e}^{-c(1-\rho_0)}\,. \tag{5.5}$$

还需要得到 ρ_0 和 ρ_1 的表达式。按照定义，ρ_0 是任选的一条边 (i,j) 在保持一个端点 i 不被覆盖的情况下能够通过掐叶过程从网络 W 中被除去的概率。这对应

于节点 j 的连通度 $k_j \geqslant 2$ 并且它除 i 之外的其他 (k_j-1) 个最近邻节点至少有一个是叶子型节点，即

$$\rho_0 = \sum_{k=2}^{\infty} Q_{nn}(k)\left[1-(1-\rho_1)^{k-1}\right] , \tag{5.6}$$

其中，$Q_{nn}(k)$ 是任意一条边的一个端点的连通度为 k 的概率；ρ_1 是任选的一条边 (i,j) 在保持一个端点 i 不被覆盖的情况下，它的另一个端点 j 的、除 i 之外的所有其他最近邻节点都可以通过掐叶过程被除去的概率。容易看出

$$\rho_1 = \sum_{k=1}^{\infty} Q_{nn}(k)\rho_0^{k-1} . \tag{5.7}$$

让我们记 $N(k)$ 为网络 W 中连通度为 k 的节点总数。沿该随机网络任意一条边走到其中一个端点，该端点连通度为 k 的概率为

$$Q_{nn}(k) = \frac{kN(k)}{\sum\limits_k kN(k)} = \frac{kP_v(k)}{\sum\limits_k kP_v(k)} .$$

随机网络的连通度分布 $P(k)$ 为泊松分布，那么由上式可以导出

$$Q_{nn}(k) = \begin{cases} 0, & k=0; \\ \dfrac{\mathrm{e}^{-c}c^{k-1}}{(k-1)!}, & k \geqslant 1. \end{cases} \tag{5.8}$$

由这一表达式最终可以得到如下的两个耦合方程:

$$\rho_1 = \mathrm{e}^{-c(1-\rho_0)} , \qquad \rho_0 = 1-\mathrm{e}^{-c\rho_1} . \tag{5.9}$$

由它们可以导出 ρ_1 的自洽方程为

$$\rho_1 = \exp\left[-c\mathrm{e}^{-c\rho_1}\right] . \tag{5.10}$$

当随机网络平均连通度 $c \leqslant \mathrm{e}$ 时，方程（5.10）只有一个解，这个解满足

$$\rho_1 = \mathrm{e}^{-c\rho_1} . \tag{5.11}$$

由此可知 $\rho_0+\rho_1=1$。这样就有 $n_{\text{core}}=0$，即掐叶过程结束后，网络中将不会剩下一个未被覆盖的核（更确切地说，是剩下的核中包含的节点数目占全部节点数目 N 的比例为零，但不排除核中仍然含有极少数节点和极少数边）。

但是，当 $c > \mathrm{e}$ 时，虽然满足条件方程（5.11）的解仍然是方程（5.10）的一个解，但它不是该方程的稳定解（故不对应于典型的随机网络，参见 1.1.3 节）；而方

程 (5.10) 的稳定解所对应的 $n_{\rm core} > 0$，即有正比于 N 的节点属于未被覆盖的核。在 $c = {\rm e}$ 处，随机网络中开始出现一个不能通过掐叶过程除去的核。这是随机网络结构性质的一个定性改变[73,182,183]。这一结构相变是连续的，因为在临界连通度 $c = {\rm e}$ 附近 $n_{\rm core}$ 连续地从零变为正值。

由式 (5.4) 所预言的 $n_{\rm core}$ 与 c 的关系曲线显示于图 5.3。这一关系的正确性很容易通过计算机模拟实验来验证。掐叶过程中总共所覆盖的节点的比例 x_0 与平均连通度 c 的关系也显示于图 5.3 中，它与计算机模拟所得出的结果是完全相符的。当 $c < {\rm e}$ 时，x_0 就是 ER 随机网络最小覆盖的能量密度；而当 $c > {\rm e}$ 时，x_0 只是最小覆盖构型能量密度的下限，因为还有一个包含节点数为 $n_{\rm core} \times N$ 的核尚未被覆盖。注意到当网络的节点平均连通度 $c \geqslant 10$ 以后，网络的核包含网络中的几乎所有节点，因而单纯的掐叶过程只能确定非常小的一部分节点的覆盖状态。

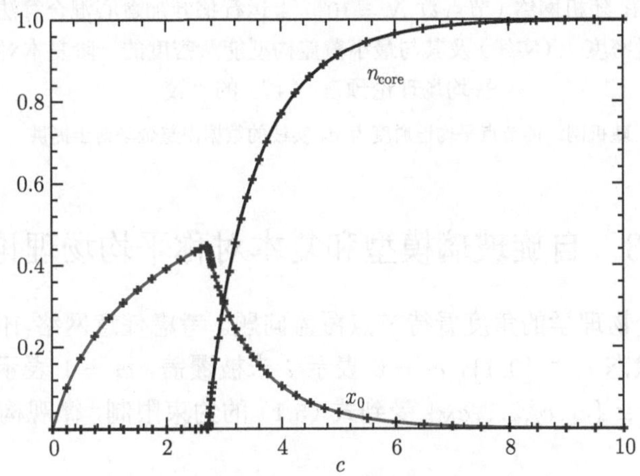

图 5.3 在 ER 随机网络的掐叶过程中总共覆盖的节点数占全部节点数的比例（x_0），以及剩下的核中节点数占全部节点数的比例（$n_{\rm core}$）

实线是理论预言，数据点（“+”）是在包含 $N = 10^6$ 个节点的单一随机网络上的计算机模拟结果

当随机网络中有核存在时，可以将掐叶过程和贪心覆盖过程混合起来运用（见习题 5.2），从而获得最小覆盖构型能量密度的一个上限。图 5.4 给出了该算法在 ER 随机网络上的计算结果。随着节点平均连通度 c 超出临界值 e 越多，该算法给出的覆盖构型的能量密度也就越偏离最小覆盖构型的能量密度。例如，在 ER 随机网络的平均连通度 $c = 10$ 处，该混合算法所获得的覆盖构型的能量密度约为 0.701，相比于一阶复本对称破缺平均场理论（见本章后面的论述）所预言的最小能量密度 0.68175，高出了约 4%。

我们将看到，通过采用消息传递算法可以对单个 ER 随机网络构造出能量密度非常接近最低能量密度的覆盖构型。

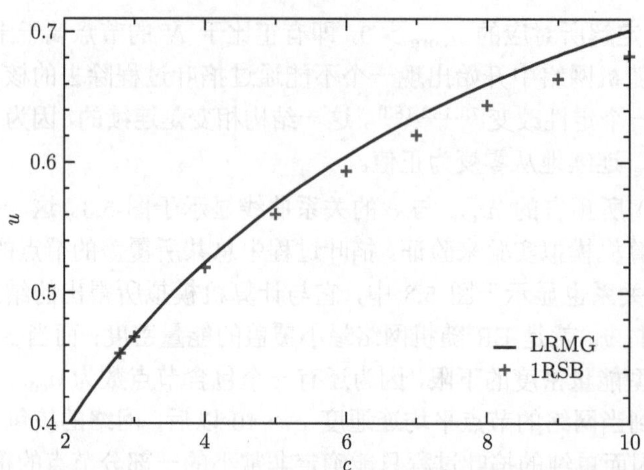

图 5.4　在单个 ER 随机网络（节点数 $N=10^6$）上运行掐叶加贪心混合算法（LRMG）所得到的覆盖构型能量密度 u（实线）及其与最小覆盖构型能量密度的一阶复本对称破缺（1RSB）平均场理论预言（‘+’）的比较

随机网络的节点平均连通度为 c。实线的数据由赵金华博士提供

5.3　自旋玻璃模型和复本对称平均场理论

现在从统计物理学的角度看待节点覆盖问题。考虑任意网络 W，它的每个节点 i 上定义有状态 $c_i \in \{0,1\}$，$c_i=0$ 表示 i 未被覆盖，$c_i=1$ 表示 i 被覆盖。网络的每个构型 $\underline{c} \equiv \{c_1, c_2, \ldots, c_N\}$ 受到式（5.1）的约束限制，微观构型的能量由式（5.2）给出。

5.3.1　配分函数和自由能

定义如下的配分函数

$$Z(\beta)=\sum_{\underline{c}} \prod_{i=1}^{N} \mathrm{e}^{-\beta c_i} \prod_{(j,k)\in W} \left[1-(1-c_j)(1-c_k)\right] . \tag{5.12}$$

式中，每条边 (j,k) 的乘积因子 $[1-(1-c_j)(1-c_k)]$ 保证了对配分函数有贡献的微观构型只能是网络 W 的覆盖构型。对于逆温度 $\beta=0$ 的极限情况，每一个覆盖构型对配分函数都有同样的贡献，$Z(0)$ 就等于网络 W 的所有覆盖构型的总数目。对于 $\beta \to +\infty$ 的另一极限情况，就只有最小覆盖构型才对配分函数有贡献，即

$$\frac{1}{\beta} \ln Z(\beta) = -E_{\min} + \frac{1}{\beta} \ln \Omega_{\min} + O\left(\frac{1}{\beta^2}\right), \quad \beta \to \infty ,$$

其中，$E_{\min}$ 是最小覆盖构型的能量；$\Omega_{\min}$ 是最小覆盖构型的数目。

表达式（5.12）是配分函数（2.6）的一个特例。应用第 3 章的一般理论（式 (3.57)），可以得到节点覆盖问题的 Bethe-Peierls 自由能表达式

$$F_0=\sum_{i=1}^{N}\frac{-1}{\beta}\ln\Big[\mathrm{e}^{-\beta}+\prod_{j\in\partial i}q_{j\to i}(1)\Big]\\-\sum_{(i,j)\in W}\frac{-1}{\beta}\ln\Big[q_{i\to j}(1)+q_{j\to i}(1)-q_{i\to j}(1)q_{j\to i}(1)\Big]\,. \tag{5.13}$$

式中，$q_{i\to j}(c_i)$ 的物理含义是假设边 (i,j) 不存在，那么节点 i 的状态为 c_i 的概率。表达式 (5.13) 的第一项累积了所有的节点对自由能的贡献。节点 i 可以选择状态 $c_i=1$，此时它覆盖了与之相连的所有边，但系统的能量增加了，这对应于玻尔兹曼因子 $\mathrm{e}^{-\beta}$；如果 i 选择状态 $c_i=0$，与之相连的每一条边必须已被另外的那个端点所覆盖，这对应于概率乘积 $\prod_{j\in\partial i}p_{j\to i}(1)$。式 (5.13) 的第二项累积了所有的边对自由能的贡献。如果在边 (i,j) 被加入到网络 W 之前，节点 i 和 j 都处于未被覆盖的状态，由于式 (5.1) 的约束，当 (i,j) 被添加进来后，这样的微观构型对配分函数的贡献就变为零；而 i 和 j 的其他三种容许的覆盖状态的总概率则为 $1-q_{i\to j}(0)q_{j\to i}(0)=q_{i\to j}(1)+q_{j\to i}(1)-q_{i\to j}(1)q_{j\to i}(1)$。每一条边 (i,j) 对自由能的贡献包含于节点 i 的自由能贡献中，也包含于节点 j 的自由能贡献中，因此在式 (5.13) 中需要将每一条边的自由能贡献减去一次。

5.3.2 一般温度下的信念传播方程

根据第 3 章的一般理论，可知概率分布函数 $q_{i\to j}(c_i)$ 由如下的信念传播方程自洽地确定

$$q_{i\to j}(c_i)=\frac{\mathrm{e}^{-\beta}}{\mathrm{e}^{-\beta}+\prod\limits_{k\in\partial i\backslash j}q_{k\to i}(1)}\delta_{c_i}^{1}+\frac{\prod\limits_{k\in\partial i\backslash j}q_{k\to i}(1)}{\mathrm{e}^{-\beta}+\prod\limits_{k\in\partial i\backslash j}q_{k\to i}(1)}\delta_{c_i}^{0}\,, \tag{5.14}$$

类似于式 (5.14)，考虑到所有与节点 i 相连的边的影响后，节点 i 处于状态 c_i 的概率表达式为

$$q_i(c_i)=\frac{\mathrm{e}^{-\beta}}{\mathrm{e}^{-\beta}+\prod\limits_{j\in\partial i}q_{j\to i}(1)}\delta_{c_i}^{1}+\frac{\prod\limits_{j\in\partial i}q_{j\to i}(1)}{\mathrm{e}^{-\beta}+\prod\limits_{j\in\partial i}q_{j\to i}(1)}\delta_{c_i}^{0}\,. \tag{5.15}$$

方程 (5.14) 和方程 (5.15) 很容易从 Bethe-Peierls 近似的物理角度来理解。

习题 5.3 *在节点平均连通度为 c 的单个 ER 随机网络上进行信念传播方程 (5.14) 的迭代，观察该迭代过程在给定的逆温度 β 处是否能收敛到一个不动点，从而获*

得收敛临界逆温度与网络的平均节点连通度 c 的大致关系曲线，并与文献 [74] 的结果进行比较。

给定网络 W，可以在该网络上对信念传播方程（5.14）进行迭代以获得它在逆温度 β 处的不动点，并进而计算 Bethe-Peierls 自由能 F_0 及其他热力学量，这样就获得了网络 W 在逆温度 β 处的节点覆盖构型空间的统计物理性质。也可以利用复本对称种群动力学模拟的方法研究 ER 随机网络或其他随机网络的节点覆盖构型空间的系综平均性质，参见 3.5 节的一般介绍。

5.3.3 信念传播剥离算法

我们也可以利用信念传播方程（5.14）为单个网络构造节点覆盖微观构型。一种简单的算法就是信念传播剥离算法（belief propagation-guided decimation，BPD），其核心思想是利用表达式（5.15）估计出每一个节点 i 处于被覆盖状态的概率 $q_i(1)$，进而利用这一信息确定网络的一小部分节点的覆盖状态。 该算法的具体流程如下[187]：

（0）读入网络 W，将网络的每个节点的覆盖状态设为待定，并初始化覆盖集合 Γ 为空集。对该网络的每条边 (i, j) 上初始化两个消息 $q_{i\to j}(1)$ 和 $q_{j\to i}(1)$，例如，它们可以是区间 $(0,1]$ 上的随机数。设定逆温度 β 为合适的值，例如，$\beta = 10$。

（1）在网络 W 上对信念传播方程（5.14）进行 L_0 步迭代（如 $L_0 = 100$）以达到或尽可能地接近于一个不动点。在每步迭代中，以完全随机地方式遍历网络的每个节点 i 并按照方程（5.14）更新该节点输出给其所有最近邻节点节点 j 的消息 $q_{i\to j}(1)$。做完 L_0 步迭代更新后，利用表达式（5.15）计算每个节点 i 处于被覆盖状态的概率 $q_i(1)$。

（2）将所有未被赋值的节点 i 按其 $q_i(1)$ 值从高到低进行排序，对该序列最前面的比例为 r（如 $r = 0.01$）的节点覆盖状态赋值为 $c_i = 1$，并将这些节点添加到节点覆盖集合 Γ。

（3）将已被覆盖的边从网络 W 删除，然后将已被赋值的节点也从 W 中删除。如果剩下的网络 W 中存在一个或多个连通度为 1 的节点，则从这些节点开始进行一个掐叶进程（5.2 节）并同时将 W 中已有的或新产生的孤立节点删除，直到剩下的网络 W 中每个节点都至少有两个最近邻节点。如果网络 W 不包含任何节点和边，则终止程序并输出节点覆盖集合 Γ。

（4）若化简后的网络 W 还有一些节点，就在该网络上对信念传播方程（5.14）进行 L_1 步迭代（如 $T_1 = 10$），然后重复步骤（2）、（3）、（4）。

文献 [187]在 ER 随机网络上测试了 BPD 算法的效果，发现它能构造出能量密度非常接近于最小能量密度的节点覆盖构型。

5.4 警报传播方程

最小覆盖问题对应于配分函数（5.12）的零温度极限。本节将讨论信念传播方程（5.14）在逆温度 $\beta \to \infty$ 的情况。

在 $\beta \to \infty$ 时，配分函数（5.12）完全由网络 W 的基态构型（最小覆盖）所贡献，这些基态构型组成系统的基态空间。如果网络 W 只有一个基态构型，那么所有节点的状态在基态空间当然都是固定的。如果网络 W 的基态空间包含两个或更多个构型，那么考察某个节点 i 的状态就会有如下三种情况：① i 出现于所有的最小覆盖中，即 $c_i \equiv 1$；② i 不出现于任何最小覆盖中，即 $c_i \equiv 0$；③ i 出现于部分但非全部最小覆盖，即 c_i 在所有基态构型的平均值（记为 $\langle c_i \rangle_0$）属于开区间 $(0,1)$。

在 β 为有限但很大的情况下，配分函数（5.12）将主要由网络 W 的基态构型所贡献，但那些能量接近于基态能量的非最小覆盖构型也对配分函数有一定比例的贡献，这时不会有任何节点 i 的微观状态平均值（记为 $\langle c_i \rangle$）严格等于 0 或严格等于 1，但 $\langle c_i \rangle$ 仍可能极为接近 0 或者 1。参照 4.7.4 节的整数场近似，假设在 $\beta \to \infty$ 的极限情况下，信念传播方程（5.14）中的概率分布函数 $q_{i\to j}(c_i)$ 可以参数化为如下三种情况之一：

$$q_{i\to j}(1) = a_{i\to j}\mathrm{e}^{-\beta}\,, \quad \text{或}\ q_{i\to j}(1) = 1 - b_{i\to j}\mathrm{e}^{-\beta}\,, \quad \text{或}\ q_{i\to j}(1) = \rho_{i\to j}\,, \tag{5.16}$$

其中，$a_{i\to j} \geqslant 0$，$b_{i\to j} \geqslant 0$，而 $\rho_{i\to j}$ 是属于开区间 $(0,1)$ 且与 0.5 为同一量级的实数。参数方程（5.16）的三种情况可以用粗粒化状态 $C_{i\to j} \in \{0,1,*\}$ 来表征，$C_{i\to j} = 0$ 意味着在边 (i,j) 不存在的情况下，节点 i 几乎从不被覆盖；$C_{i\to j} = 1$ 意味着在边 (i,j) 不存在的情况下，节点 i 几乎总是被覆盖；而 $C_{i\to j} = *$ 则意味着在边 (i,j) 不存在的情况下，节点 i 被覆盖和不被覆盖的概率基本相当。

在 $\beta \to \infty$ 的极限，定义一个警报信息为

$$w_{i\to j} = \delta^0_{C_{i\to j}}\,. \tag{5.17}$$

信息 $w_{i\to j}$ 是节点 i 通过边 (i,j) 传递给节点 j 的。如果 $w_{i\to j} = 1$，表示节点 i 不能够将边 (i,j) 覆盖住，需要节点 j 来覆盖这条边；如果节点 i 没有给节点 j 警报信息（$w_{i\to j} = 0$），则意味着节点 i 可以覆盖边 (i,j) 而无需调整节点 j 的状态，这或者是因为 $C_{i\to j} = 1$，即 (i,j) 已被 i 所覆盖，或者是因为 $C_{i\to j} = *$，即 i 可以调整其状态来覆盖边 (i,j) 而保持系统总能量不变。由信念传播方程（式（5.14）），并利用式（5.16）和式（5.17）就可得到如下迭代方程：

$$C_{i\to j}=\begin{cases}1, & \text{if } \sum\limits_{k\in\partial i\backslash j} w_{k\to i}\geqslant 2\,,\\ 0, & \text{if } \sum\limits_{k\in\partial i\backslash j} w_{k\to i}=0\,,\\ *, & \text{if } \sum\limits_{k\in\partial i\backslash j} w_{k\to i}=1\,.\end{cases}\tag{5.18}$$

该方程与方程（5.17）一起构成寻找最小节点覆盖构型的警报传播方程（warning propagation，WP）。

如果能够找到警报传播方程的一个不动点，由式（5.15）就可以导出每一个节点 i 的粗粒化状态 C_i 为

$$C_i=\begin{cases}1\,, & \text{if } \sum\limits_{j\in\partial i} w_{j\to i}\geqslant 2\,,\\ 0\,, & \text{if } \sum\limits_{j\in\partial i} w_{j\to i}=0\,,\\ *\,, & \text{if } \sum\limits_{j\in\partial i} w_{j\to i}=1\,.\end{cases}\tag{5.19}$$

而系统的基态能量 $E_{\min}$（即网络 W 的一个最小覆盖中包含节点的数目）可以通过求自由能表达式（5.13）的零温极限来获得

$$E_{\min}=\lim_{\beta\to\infty}F_0=\sum_{i=1}^{N}\left[1-\delta\left(\sum_{j\in\partial i} w_{j\to i},0\right)\right]-\sum_{(i,j)\in W}\delta^1_{w_{i\to j}}\delta^1_{w_{j\to i}}\,.\tag{5.20}$$

式（5.18）～式（5.20）对网络 W 的基态构型空间性质给出了一种近似描述，它们在直观上是容易理解的，以式（5.19）为例作一些解释。如果节点 i 的粗粒化状态 $C_i=1$，就意味着在基态构型空间中节点 i 总是处于被覆盖的状态；这种情况对应于 i 收到了两个或更多非零警报信息（$\sum_{j\in\partial i}w_{j\to i}\geqslant 2$），即它所连的边中至少有两条边只能由它来覆盖。如果节点 i 处于另一种粗粒化状态 $C_i=0$，则意味着在网络 W 的基态构型空间中 i 总是处于未被覆盖的状态；这种情况对应于 i 没有收到任何非零警报信息（$\sum_{j\in\partial i}w_{j\to i}=0$），即它所连的每一条边都可以被另一个端点覆盖。如果节点 i 处于粗粒化状态 $C_i=*$，则意味着 i 在网络 W 的一部分基态构型的状态为 $c_i=1$ 而在其余基态构型的状态为 $c_i=0$；这种情况对应于 i 恰好收到了一个非零警报信息（$\sum_{j\in\partial i}w_{j\to i}=1$）。为什么节点 i 收到的非零警报信息数目为 1 的情况下它不是总处于被覆盖的状态（$C_i=1$）？假设 i 只收到了从边 (i,j) 发来的警报 $w_{j\to i}=1$，这就意味着如果 (i,j) 不存在的话，节点 j 总是处于未被覆盖的状态 $c_j=1$。当边 (i,j) 添加到网络 W 后，当然可以将节点 i 的状态取为 $c_i=1$，这时边 (i,j) 就被覆盖了；但也可以将节点 i 的状态取为 $c_i=0$ 而

将节点 j 覆盖住，这时边 (i,j) 也被覆盖了。这两种局部覆盖方式在能量上是相同的，所以有 $C_i=*$（对于节点 j，虽然它的粗粒化状态在边 (i,j) 不存在的情况下为 $C_{j\to i}=0$，但当边 (i,j) 加入到网络 W 以后，它的粗粒化状态转变为 $C_j=*$）。

寻找警报传播方程的不动点可以采取随机序列迭代的方法。作为初始条件可将每条边 (i,j) 上的两个警报信息 $w_{i\to j}$ 和 $w_{j\to i}$ 都设为 1（或者以较高的概率设为 1）。在迭代过程的每一轮可将网络的节点进行一个完全随机的排序，然后按这一次序更新每个节点输出给其最近邻节点的警报信息。如果这一迭代过程能收敛到一个不动点，那么就能根据该不动点计算能量 $E_{\min}$ 以及每个节点 i 的粗粒化状态 C_i，还可结合节点粗粒化状态及掐叶过程获得网络 W 的一个覆盖构型。

但警报传播方程是否一定存在不动点？如果存在的话，不动点又是否唯一？对于一般网络 W，计算机模拟的结果表明警报传播方程大多不能达到迭代稳定点，有些边 (i,j) 上面的警报信息 $w_{i\to j}$ 和/或 $w_{j\to i}$ 不停地在 0 和 1 之间跳变。在 5.6 节将对这种不收敛情况背后的物理原因进行理论上的探讨。大致而言，警报传播方程的不收敛性意味着网络 W 中不同节点 i 的覆盖状态 c_i 之间存在很强的关联。但这些很重要的关联没有在方程 (5.18) 中恰当地体现出来。

值得指出来的是，若网络 W 不存在核，那么在其上运行警报传播过程一定会收敛，而且该不动点是唯一的。我们有如下的定理。

定理 5.1 *如果网络 W 所有的边都可以通过掐叶过程被覆盖，那么警报传播方程 (5.17) 和方程 (5.18) 有且只有一个不动点。*

这一定理可以采用递推法证明。首先，对于任意一条边 (i,j)，如果节点 i 的连通度为 1，那么从 i 到 j 的警报信息一定是 $w_{i\to j}=1$，而从 j 到其所有其他最近邻节点 k 的警报信息一定是 $w_{j\to k}=0$。其次，在掐叶过程中，对于任意一条尚未被覆盖的边 (i,j)，如果节点 i 的所有其他边已被覆盖，那么同样有 $w_{i\to j}=1$，且 $w_{j\to k}=0$（其中 $k\in\partial j\backslash i$）。最后，等掐叶过程结束后（此时所有的边都已被覆盖），网络 W 的任意一条边 (i,j) 上的两个警报信息 $w_{i\to j}$ 和 $w_{j\to i}$ 至少有一个已经被赋值，如果还有一个信息尚未被赋值，其值也一定可以由方程 (5.17) 和方程 (5.18) 唯一地确定。

在网络 W 不存在核的情况下，还有如下的结论。

定理 5.2 *如果网络 W 中所有的边都可以通过掐叶过程被覆盖，那么由警报传播方程不动点所计算的能量 $E_{\min}$ 严格等于 W 的最小覆盖中包含的节点数目。*

该定理的证明和定理 5.1 的证明类似，具体证明过程留给读者作为练习。

我们现在从概率论的角度分析警报传播方程在 ER 随机网络上的应用[70,71]。网络 W 包含 N 个节点和 $M=(c/2)N$ 条边。考虑平均连通度 c 为常数而节点数 $N\to\infty$ 的热力学极限，此时任意节点 i 的连通度为 k 的概率由表达式 (5.3) 给出，而任意边 (i,j) 的一个端点 j 的连通度为 k 的概率则由表达式 (5.8) 给出。

网络 W 的每一条边 (i,j) 上面都有两个警报信息 $w_{i\to j}$ 和 $w_{j\to i}$，系统中警报信息的总数目为 $2M = cN$。这些警报信息有 p_1 的比例为 1，而有 $(1-p_1)$ 的比例为 0。对于任意选取的边 (i,j)，警报信息 $w_{j\to i}=1$ 的概率当然等于 p_1。由警报传播方程（5.18）可导出如下的自洽方程:

$$p_1 = \sum_{k=1}^{\infty} Q_{nn}(k)(1-p_1)^{k-1} = \mathrm{e}^{-cp_1} . \tag{5.21}$$

注意该式与式（5.11）有同样的形式。类似地，由式（5.20）可以得到系统的基态能量密度为

$$u_{\min} \equiv \lim_{N\to\infty} \frac{E_{\min}}{N} = 1 - \mathrm{e}^{-cp_1} - \frac{c}{2}p_1^2 . \tag{5.22}$$

当随机网络的平均连通度 $c \leqslant \mathrm{e}$ 时，由式（5.22）所预言的基态能量密度 $u_{\min}$ 与由掐叶过程给出的结果式（5.5）完全一样。这正是我们所预期的，见定理 5.2。

当平均连通度 $c > \mathrm{e}$，即 ER 随机网络存在核的情况下，Weigt 和 Hartmann 比较了表达式（5.22）与计算机模拟结果，发现该表达式比系统实际的最低能量密度要小，它只是系统实际能量密度的一个下限（图 5.5）。我们将在第 5.6 节看到，产生这一差异的根本原因是，在网络 W 存在核的情况下，警报传播方程（5.18）忽略了核中节点状态之间的强关联。实际上，在有核存在的情况下，警报传播方程的迭代过程不能在单个随机网络上达到收敛。

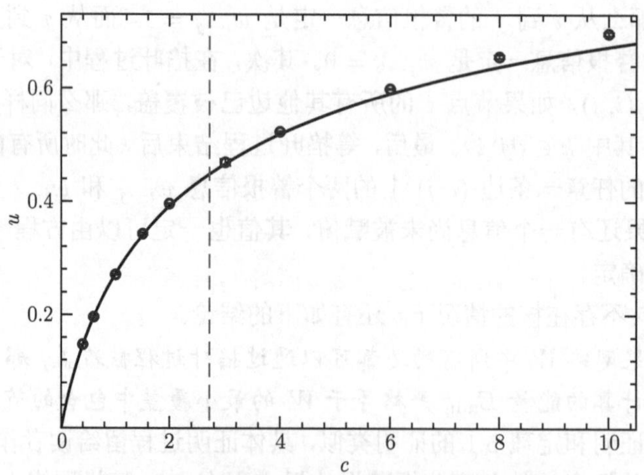

图 5.5 ER 随机网络最小覆盖构型的能量密度

实线是由表达式（5.22）所预言的结果，圆点是 Weigt 和 Hartmann 在单个随机网络上精确求解最小覆盖问题所得到的计算机模拟结果[70,71]。垂直虚线标示随机网络的核开始出现的相变位置（$c = \mathrm{e}$）

5.5 最小覆盖构型的数目

计算最小节点覆盖问题基态构型空间包含的覆盖构型数目，是比确定系统的基态能量更为困难的问题。我们尝试通过 $\beta \to \infty$ 的自旋玻璃理论来计算基态熵。

由 Bethe-Peierls 自由能 F_0 的表达式（5.13）相应可以得到熵的 Bethe-Peierls 近似表达式

$$S = \beta^2 \frac{\partial F_0}{\partial \beta} = \sum_{i=1}^{N} \left[\frac{\beta \mathrm{e}^{-\beta}}{\mathrm{e}^{-\beta} + \prod\limits_{j \in \partial i} q_{j \to i}(1)} + \ln\Big(\mathrm{e}^{-\beta} + \prod_{j \in \partial i} q_{j \to i}(1)\Big) \right]$$
$$- \sum_{(i,j) \in W} \ln\big[q_{i \to j}(1) + q_{j \to i}(1) - q_{i \to j}(1) q_{j \to i}(1)\big] . \tag{5.23}$$

熵的这一表达式在 $\beta \to \infty$ 时可以化简为

$$S = \sum_{i=1}^{N} s_i - \sum_{(i,j) \in W} s_{(i,j)} , \tag{5.24}$$

其中，s_i 和 $s_{(i,j)}$ 分别是节点 i 和边 (i,j) 对基态熵的贡献。在警报传播方程达到不动点后，熵 s_i 的表达式根据 C_i 的不同有三种不同形式: ① 如果 $C_i = 0$，即 i 没有收到任何非零警报因而在基态构型空间总是未被覆盖，那么

$$s_i = \sum_{j \in \partial i} \ln\big[q_{j \to i}(1)\big] ;$$

② 如果 $C_i = 1$，即 i 收到两个或多个非零警报因而在基态构型空间总是被覆盖，那么 $s_i = 0$; ③ 如果 $C_i = *$，即 i 只收到从最近邻节点 j 发送来的一个非零警报，那么

$$s_i = \ln\Big[1 + a_{j \to i} \prod_{k \in \partial i \backslash j} q_{k \to i}(1)\Big] ,$$

其中，$a_{j \to i}$ 表征概率 $q_{j \to i}(1)$，见式（5.16）。至于边 (i,j) 熵贡献 $s_{(i,j)}$ 的表达式，如果 $w_{i \to j} = w_{j \to i} = 1$，即节点 i 收到节点 j 发送的非零警报信息且节点 j 也收到 i 发送的非零警报信息，那么

$$s_{(i,j)} = \ln[a_{i \to j} + a_{j \to i}]$$

其余的情况，即 $w_{i \to j} = 0$ 或者 $w_{j \to i} = 0$，那么

$$s_{(i,j)} = \ln\big[q_{i \to j}(1) + q_{j \to i}(1) - q_{(i \to j}(1) q_{j \to i}(1)\big] .$$

类似于警报传播方程（5.18），由信念传播方程（5.14）可以导出如下的零温自洽迭代方程：

$$
\begin{aligned}
&\text{if} \sum_{k\in\partial i\backslash j} w_{k\to i} \geqslant 2 \quad : \quad q_{i\to j}(1)=1\,, \\
&\text{if} \sum_{k\in\partial i\backslash j} w_{k\to i} = 0 \quad : \quad a_{i\to j}=\prod_{k\in\partial i\backslash j}\frac{1}{q_{k\to i}(1)}\,, \\
\text{if} \sum_{m\in\partial i\backslash j} w_{m\to i}&=1, w_{k\to i}=1 \quad : \quad q_{i\to j}(1)=\frac{1}{1+a_{k\to i}\prod\limits_{l\in\partial i\backslash j,k} q_{l\to i}(1)}\,.
\end{aligned}
\tag{5.25}
$$

当警报传播方程（5.17）和方程（5.18）以及消息传递方程（5.25）稳定到一个迭代不动点后，就可根据式（5.24）计算网络 W 的最小覆盖构型空间的熵。图 5.6 中的实心圆点显示了在单个 ER 随机网络上的计算结果。我们发现，如果 ER 随机网络 W 中不存在核（节点平均连通度 $c<\mathrm{e}$），则消息传递方程（5.25）的迭代不会出现发散，而是会收敛到一个不动点。在该不动点求得的熵给出了系统最小覆盖数目的非常精确的估计值。由图 5.6 可知，ER 随机网络在平均连通度 $c\approx 1$ 时的基态熵密度达到最大，然后熵密度随节点平均连通度 c 继续增大而减少。基态熵密度似乎在 $c=\mathrm{e}$ 处发生凹凸性的改变，从 $c<\mathrm{e}$ 的凹函数变为 $c>\mathrm{e}$ 的凸函数。

对于一个无核的网络 W，定理 5.1 和定理 5.2 保证了警报传播方程（5.17）和方程（5.18）不动点的存在性和唯一性以及基态能量的严格性。对于这样的网络，是否信念传播方程（5.25）的不动点也一定存在并且是唯一的？我们不能证明这一点，而且在一些无核随机网络上的计算机模拟实验似乎表明迭代方程（5.25）不一定能够严格收敛到不动点。在无核的网络中不同节点的状态之间可能还存在一些精细的关联没有在方程（5.25）中得到体现。这些关联不影响系统的基态能量，但对系统的基态熵却可能有微小的贡献。

文献 [75]对 ER 随机网络的系综进行了基态熵密度的计算，即复本对称种群动力学模拟。当 ER 随机网络系综的平均连通度 $c>\mathrm{e}$ 时，基于方程（5.25）的种群动力学过程会出现发散现象，即种群中有一些 $a_{i\to j}$ 值变得越来越大以致在存储时出现溢出现象。我们在 5.6 节将探讨出现发散的原因。如果在种群动力学过程中引进适当的截断，复本对称种群动力学模拟也可以在 $c>\mathrm{e}$ 的区域对熵密度给出估计，但这一估计值低于系统的最小覆盖构型的实际熵密度（图 5.6），并且该估计值在 $c>4.4$ 时变为负值（这意味着复本对称平均场理论完全不适用了）。文献 [75] 还利用一阶复本对称破缺种群动力学模拟对基态熵密度进行了估计，其结果与 Weigt 和 Hartmann 的计算机枚举结果[71] 是较为符合的，参见图 5.6。

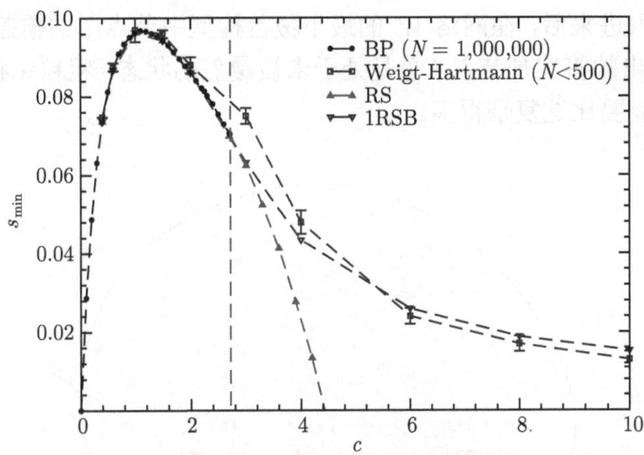

图 5.6 ER 随机网络最小节点覆盖问题的熵密度 $s_{\min}$

圆点是将 $\beta \to \infty$ 的信念传播（BP）方程（5.24）应用于单个 (包含 $N = 10^6$ 个) 节点的 ER 随机网络而得到的结果，方点是 Weigt 和 Hartmann 对包含节点数 N 约为 100 的小随机网络进行枚举计算得到的结果[71]。作为比较，由复本对称（RS）以及一阶复本对称破缺（1RSB）平均场理论预言出的基态熵密度也一并显示于图中[75]。当 ER 随机网络中不存在核时（节点平均连通度 $c < \mathrm{e}$），在单个随机网络上能够获得迭代方程（5.24）的不动点，且在该不动点上计算出来的基态熵密度与由复本对称平均场理论得到的结果吻合。但当 ER 随机网络的平均连通度 $c > \mathrm{e}$ 时信念传播方程（5.24）在单个网络中不收敛，且复本对称平均场理论预言的熵密度比系统真实基态熵密度要低。该图引自文献 [75]

5.6 最小节点覆盖构型中的阻挫现象

警报传播方程（5.17）和方程（5.18）以及节点粗粒化状态方程（5.19）都没有将节点状态之间的关联全面考虑进去，这导致警报传播方程在有核网络中不能收敛。让我们来详细探讨警报传播方程所忽略的关联信息对最小节点覆盖问题的影响。

5.6.1 定性讨论

首先来看一个简单的例子。在图 5.7 中，节点 i 的连通度为 $k_i = 3$，它的最近邻节点分别为 j、k、l。网络 W 除 i 以及与之相连的三条边之外的所有其他部分构成一个子网络 W'。现在考虑子网络 W' 的最小节点覆盖问题。有可能出现这样一种情况，即节点 j、k、l 在子网络 W' 都是非凝固节点，也就是说对于节点 j，在子网络 W' 的有些最小覆盖构型中它的状态为 $c'_j = 1$（被覆盖）①，而在另外一些最小覆盖构型中 $c'_j = 0$（未被覆盖）；对于 k 和 l 也是同样的情况。在这种情况下，

① 这里将节点 j 的状态上加一个上标（$'$），以强调是节点 j 在子网络 W' 中的覆盖状态而不是它在网络 W 的覆盖状态。

当节点 i 被加入进来后，在网络 W 的最小覆盖构型中节点 i 的覆盖状态如何呢？方程 (5.19) 给出的答案是节点 i 总是处于未被覆盖的状态（粗粒化状态 $C_i = 0$）。但实际情况可能要比这复杂得多。

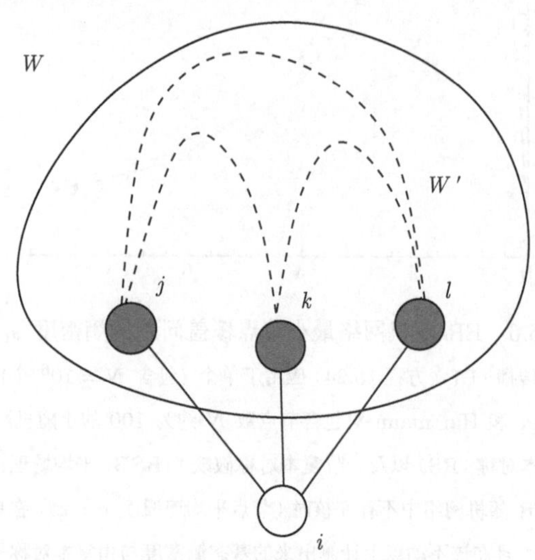

图 5.7　最小节点覆盖问题中的长程阻挫现象

网络 W' 是网络 W 在删除节点 i 及与之相连的边之后余下的子网络。假设该子网络 W' 的节点 j、k、l 都是非凝固节点（用灰色圆点表示），即这三个节点的每一个都在 W' 的一部分最小覆盖构型中处于被覆盖状态，而在另一部分最小覆盖构型中处于未被覆盖的状态。这些节点之间的虚线表示在子网络 W' 中存在于这些节点之间的各种可能路径。如果这些路径导致的关联使这三个节点不能在 W' 的同一个最小覆盖构型中处于被覆盖的状态，那么在网络 W 的最小覆盖构型中，节点 i 就不会总是处于未被覆盖的状态

如果在子网络 W' 中节点 j、k、l 彼此不相连通，那它们的覆盖状态当然是彼此独立的。又由于这三个节点都是非凝固节点，那么子网络 W' 的所有最小覆盖构型中，至少有一个构型具有这样的性质，即节点 j、k、l 都处于被覆盖的状态 ($c'_j = c'_k = c'_l = 1$)。当节点 i 及与之相连的边被加入而形成网络 W 后，在网络 W 的所有最小覆盖构型中，节点 i 都应该是处于未被覆盖的状态（这样处于被覆盖状态的节点数才是最少的）；而相应地，节点 j、k、l 在网络 W 的最小覆盖构型中的状态为 $c_j = c_k = c_l = 1$。

如果在子网络 W' 中，节点 j、k、l 彼此是连通的，它们之间存在一条或多条路径（图 5.7），那么这些路径中每一条边带来的约束必定导致这三个节点在子网络 W' 中的覆盖状态有一些关联。不管这些关联如何地强，只要在子网络 W' 的至少一个最小覆盖构型中节点 j、k、l 同时处于被覆盖的状态，那么上一段的结论仍然成立，即 $C_i = 0$。

但是，如果在子网络 W' 的任意一个最小覆盖构型中，当节点 j 处于被覆盖状态的时候，总是有节点 k 或 l 处于未被覆盖的状态，那么这三个节点就不会在 W' 的任意一个最小覆盖构型中同时处于被覆盖的状态。当节点 i 加入到网络 W' 中并将其扩展成网络 W 后，网络 W 的最小覆盖能量就要在子网络 W' 的最小覆盖能量基础上再增加 1；在网络 W 的有些（甚至是全部）最小覆盖构型中，节点 i 将处于被覆盖的状态，即 $C_i \neq 0$。节点 j、k、l 的覆盖状态出现这种强关联的可能性在方程 (5.19) 中没有被考虑进来。

对于最小节点覆盖问题，子网络 W' 中的两个非凝固节点 j 和 k，如果它们不能在子网络 W' 的任意一个最小覆盖构型中同时处于被覆盖状态，就称它们之间存在阻挫。我们最为关注的阻挫是属于某一个节点 i 的最近邻节点集合的两个或多个节点 $(j,k,l,\cdots)$ 之间的阻挫。在随机网络系统中，当节点 i 被从网络 W 中删除后，节点 j 和 k 之间如果存在路径相连的话，这样的路径也是很长的（为 $\ln N$ 的量级），故节点 j 和 k 之间的阻挫如果存在的话，被称为是长程阻挫。

对于 ER 随机网络的最小节点覆盖问题，节点之间的长程阻挫对能量的影响在文献 [73]、[76] 中已有定量的研究。在该理论工作中，长程阻挫的出现被看成是随机网络中发生的一种渗流相变，对应于一个长程阻挫序参量（记为 R）的值由 $R=0$ 变为 $R>0$。5.6.2 节描述这一平均场理论的要点。

5.6.2 长程阻挫序参量

考虑包含 $N\to\infty$ 个节点且平均连通度为 c 的 ER 随机网络 W。网络 W 的任意一个节点 i 都有粗粒化状态 $C_i \in \{0,*,1\}$，参见 5.4 节。$C_i=0$ 表示节点 i 在网络 W 的所有最小覆盖构型中都处于未被覆盖的状态；$C_i=1$ 表示 i 在网络 W 的所有最小覆盖构型中都处于被覆盖状态；而 $C_i=*$ 则表示 i 在网络 W 的一部分（但不是全部）最小覆盖构型中处于未被覆盖状态，而在剩余的最小覆盖构型中处于被覆盖的状态。处于粗粒化状态 $C=0$ 或 $C=1$ 的节点又称为凝固节点（因其状态不能改变），而处于粗粒化状态 $C=*$ 的节点又称为非凝固节点。在 ER 随机网络 W 中，处于这三种粗粒化状态的节点比例分别记为 r_0、r_* 和 r_1，它们满足归一化条件

$$r_0 + r_* + r_1 = 1 \,. \tag{5.26}$$

任选随机网络 W 的一个节点 i。如果 i 是非凝固节点，那么在 W 的一部分最小覆盖构型中 i 的覆盖状态为 $c_i=0$，而在其余的最小覆盖构型中其覆盖状态为 $c_i=1$。W 的两个非凝固节点 i 和 j 的覆盖状态 c_i 和 c_j 有可能是不独立的，它们之间的关联可能很复杂。我们只关心这样几种最极端的情况，即对于 W 的任意一个最小覆盖构型，(a) 如果节点 i 的覆盖状态为 $c_i=1$（被覆盖），那么总有节点 j 的覆盖状态为 $c_j=0$（未被覆盖），或者 (b) 如果节点 i 的覆盖状态为 $c_i=1$，那

么总有节点 j 的覆盖状态也为 $c_j = 1$（被覆盖）。情况 (a) 也意味着每当节点 j 的覆盖状态为 $c_j = 1$ 时，总有节点 i 的覆盖状态为 $c_i = 0$，即 i 和 j 不能在 W 的任何最小覆盖构型中同时处于被覆盖的状态（阻挫）。现在问这样一个问题，如果将节点 i 的覆盖状态固定为 $c_i = 1$，有多少个其他非凝固节点的覆盖状态也相应地被固定了？

当节点 i 被固定为 $c_i = 1$ 后，作为响应，它周围的一个或多个非凝固节点 j 可能被固定为 $c_j = 0$ 的覆盖状态以使整个系统能量最低；当节点 j 处于 $c_j = 0$ 后，它又可能将节点 i 的一个或多个次近邻节点 k 的覆盖状态固定为 $c_k = 1$；节点 k 的状态固定后，又可能影响 k 周围的其他节点 ······ 最后的结果是在网络 W 中形成一个连通单元，该单元的每一个节点都是非凝固节点，但它们的覆盖状态都因为节点 i 的状态被固定为 $c_i = 1$ 而相应的全部被固定下来了。这个覆盖状态固定的过程是网络 W 上的一个渗流过程。

随机网络的渗流过程已有很多的研究[53,54,188,189]，关于随机网络的连通单元统计性质的一些结论可见附录 A。由这些一般的结论，对于 $N \to \infty$ 的 ER 随机网络 W，可以预料因节点 i 覆盖状态被固定为 $c_i = 1$ 而诱导出的连通单元有两种最为可能的形状，即树状（包含节点数目远小于 N，节点间没有任何回路），或是一个巨连通单元（包含节点数目正比于 N，节点间存在多个回路）。如果非凝固节点 i 所诱导的连通单元为一个巨连通单元，就称 i 为第一类非凝固节点；如果它所诱导的连通单元是一棵树，则称其为第二类非凝固节点[73,76]。

两个相距很远的非凝固节点 i 和 j，如果至少有一个是第二类非凝固节点，那它们所诱导的连通单元（记为 V_i 和 V_j）在概率论的意义上总是不相交的，即 i 和 j 可以在 W 的同一个最小覆盖构型中处于被覆盖的状态（$c_i = c_j = 1$）。如果 i 和 j 都是第一类非凝固节点，那么由于随机网络中只能存在一个巨连通单元，那它们所诱导的连通单元必定相交，而且这个交集中包含的节点数也必定正比于 N。如果 i 和 j 能够在 W 的同一个最小覆盖构型中处于被覆盖的状态，那么交集 $V_i \cap V_j$ 的每一个节点因 i 而被固定的覆盖状态必须与因 j 而被固定的覆盖状态相同。这对于一个包含许多节点的集合 $V_i \cap V_j$，很可能只有当集合 V_i 是集合 V_j 的子集，或者集合 V_j 是集合 V_i 的子集的情况下才能实现。基于这样的分析，将所有的第一类非凝固节点分成两个子集 I_A 和 I_B，每个子集内部的所有节点都可以在 W 的同一个最小覆盖构型中处于被覆盖的状态，而集合 I_A 的任一个节点处于被覆盖状态时，另一个集合 I_B 的所有节点都必须处于未被覆盖的状态。我们预料集合 I_A 和 I_B 包含的节点数目在 $N \to \infty$ 的热力学极限可以认为是一样多的。

假设在网络 W 的 $r_* N$ 个非凝固节点中，有比例为 R 的节点为第一类非凝固节点，其余为第二类非凝固节点，其中，R 就是我们所定义的长程阻挫序参量。

考虑网络 W 任选的一个节点 i。将 i 及其所连的边从 W 中删除就得到子网

络 W'，见图 5.7。我们假设在 $N \to \infty$ 的热力学极限下，子网络 W' 中处于三种粗粒化状态的节点比例与 W 中处于三种粗粒化状态的节点比例完全一样，即分别为 r_0、r_*、r_1，且 W' 中第一类非凝固节点占所有非凝固节点的比例也同样是 R。由于节点 i 的连通度服从平均值为 c 的泊松分布，且由于 i 的每个最近邻节点都是完全随机地从 W' 的所有节点中挑选的，那么节点 i 的所有最近邻节点中，有 m_0 个是 W' 中的粗粒化状态为 $C=0$ 的节点、有 m_1 个是 W' 中粗粒化状态为 $C=1$ 的节点、有 m_1^* 个是 W' 中的第一类非凝固节点、有 m_2^* 个是 W' 中的第二类非凝固节点的联合概率为

$$
\begin{aligned}
P[m_0, m_1, m_1^*, m_2^*] &= P_c(m_0+m_1+m_1^*+m_2^*)\frac{(m_0+m_1+m_1^*+m_2^*)!}{m_0!m_1!(m_1^*)!(m_2^*)!} \\
&\quad \times r_0^{m_0} r_1^{m_1} (r_* R)^{m_1^*} \left[r_*(1-R)\right]^{m_2^*} \\
&= P_{cr_0}(m_0) P_{cr_1}(m_1) P_{cr_* R}(m_1^*) P_{cr_*(1-R)}(m_2^*) ,
\end{aligned} \tag{5.27}
$$

其中，$P_z(k)$ 表示平均值为 z 的泊松分布

$$
P_z(k) \equiv \frac{\mathrm{e}^{-z} z^k}{k!} . \tag{5.28}
$$

在网络 W 中节点 i 凝固于覆盖状态 $c_i = 0$ 的概率是多少？节点 i 在网络 W 的粗粒化状态为 $C_i = 0$，必须是如下两种情形之一：

（1）i 的所有最近邻节点在子网络 W' 中都不是凝固于未被覆盖的状态，也不是第一类非凝固节点。这种情况出现的概率为

$$
P_{cr_0}(0) P_{cr_* R}(0) = \mathrm{e}^{-cr_0 - cr_* R} .
$$

（2）i 的所有最近邻节点在子网络 W' 中都不是凝固于未被覆盖的状态，但这些节点中有一个或多个在 W' 中是第一类非凝固节点，且这些第一类非凝固节点可以在 W' 的某些最小覆盖构型中同时处于被覆盖状态（即它们之间不存在阻挫）。这种情况出现的概率为

$$
P_{cr_0}(0) \sum_{k=1}^{+\infty} P_{cr_* R}(k) 2^{1-k} = 2\mathrm{e}^{-cr_0 - cr_* R}\left(\mathrm{e}^{cr_* R/2} - 1\right) .
$$

对于上述两种情况的任意一种，当节点 i 加入后，其所有最近邻节点在网络 W 中都可以选择处于被覆盖的状态，从而使节点 i 总是处于未被覆盖的状态。系统的基态能量不会因为节点 i 的加入而增加，即能量增量 $\Delta E_{\min} = 0$。由以上分析可知，处于粗粒化状态 $C=0$ 的节点占全部节点的比例 r_0 由如下自洽方程决定：

$$
r_0 = 2\mathrm{e}^{-cr_0 - cr_* R/2} - \mathrm{e}^{-cr_0 - cr_* R} . \tag{5.29}
$$

对于情形（1），节点 i 的加入只会使网络 W' 中少数非凝固节点变为网络 W 的凝固节点，它对系统基态构型空间粗粒化状态的扰动是轻微的；但对于情形（2），i 的加入将使 W' 中有数目正比于 N 的非凝固节点变为 W 的凝固节点，这导致系统的基态构型空间粗粒化状态发生巨大的改变。

如果节点 i 在网络 W 所接触的环境不是上述两种情形，它在 W 的粗粒化状态就只能是 $C_i = *$（非凝固）或 $C_i = 1$（总是处于被覆盖的状态）。粗粒化状态 $C_i = *$ 对应于如下几种情形：

（3）i 有且只有一个最近邻节点在子网络 W' 凝固于未被覆盖的状态，它的所有其他节点都不是第一类非凝固节点。这种情况出现的概率为

$$P_{cr_0}(1)P_{cr_*R}(0) = cr_0\mathrm{e}^{-cr_0-cr_*R} .$$

（4）i 有且只有一个最近邻节点在 W' 凝固于未被覆盖的状态，它还与一个或多个 W' 的第一类非凝固节点相连，但这些第一类非凝固节点之间不存在阻挫，它们在 W' 的某些最小覆盖构型中同时处于被覆盖的状态。这种情况出现的概率为

$$P_{cr_0}(1)\sum_{k=1}^{\infty} P_{cr_*R}(k)2^{1-k} = 2cr_0\mathrm{e}^{-cr_0-cr_*R}\left(\mathrm{e}^{cr_*R/2}-1\right) .$$

（5）i 没有最近邻节点在 W' 凝固于未被覆盖的状态，但它与 W' 的 $k \geqslant 2$ 个第一类非凝固节点相连，这 k 个第一类非凝固节点中有一个与其余 $(k-1)$ 个之间存在阻挫，导致在 W' 的任何一个最小覆盖构型中，这 k 个节点最多可以有 $(k-1)$ 个是处于被覆盖状态的。这种情形出现的概率为

$$\begin{aligned} P_{cr_0}(0)\sum_{k=2}^{\infty} P_{cr_*R}(k)\left[\delta_k^2\frac{1}{2}+(1-\delta_k^2)\frac{k}{2^{k-1}}\right] \\ = cr_*R\mathrm{e}^{-cr_0-cr_*R/2} - \left[cr_*R+(cr_*R)^2/4\right]\mathrm{e}^{-cr_0-cr_*R} . \end{aligned} \tag{5.30}$$

将上述三种情形的概率相加，就得到网络 W 中非凝固节点占全部节点的比例 r_* 所满足的自洽方程

$$r_* = (2cr_0+cr_*R)\mathrm{e}^{-cr_0-cr_*R/2} - \left[cr_0+cr_*R+(cr_*R)^2/4\right]\mathrm{e}^{-cr_0-cr_*R} . \tag{5.31}$$

对于节点 i 是非凝固节点的情况，网络 W 的最小覆盖构型能量比网络 W' 的最小覆盖构型能量要大，能量差为 $\Delta E_{\min} = 1$。

方程（5.26）、方程（5.29）和方程（5.31）是关于 r_0、r_* 和 r_1 的三个自洽方程。我们还需要有一个关于长程阻挫序参量 R 的自洽方程。如果节点 i 在网络 W 中是非凝固节点，它是第二类非凝固节点的概率是多少？

节点 i 为非凝固节点对应于上述 (3) ~ (5) 的情形。对于情形 (5)，没有其他节点会因为 i 的覆盖状态被固定为 $c_i = 1$ 而必须将自己的状态固定，故节点 i 必定是第二类非凝固节点。结合表达式 (5.29) ~ 式 (5.31)，可以得出情形 (5) 出现的条件概率为

$$\frac{1}{r_*}\left\{cr_*R\mathrm{e}^{-cr_0-cr_*R/2} - \left[cr_*R + (cr_*R)^2/4\right]\mathrm{e}^{-cr_0-cr_*R}\right\} = 1 - \frac{cr_0^2}{r_*} .$$

对于情形 (3) 和 (4)，有一个与节点 i 相连的节点 (记为 j) 在子网络 W' 是凝固于 $c_j = 0$ 的，但在网络 W 中它变为非凝固节点。当节点 i 的覆盖状态固定为 $c_i = 1$ 时，节点 j 的状态必定被固定为 $c_j = 0$。如果节点 j 在 W' 中面临的环境类似于节点 i 在 W 中面临的环境 (2)，那么将 j 固定为 $c_j = 0$ 会导致数量正比于 N 的许多其他非凝固节点的覆盖状态也被固定；但如果 j 在 W' 中面临的环境类似于节点 i 在 W 中面临的环境 (1)，那将 j 固定为 $c_j = 0$ 只会影响少数其他非凝固节点的覆盖状态。由前面对于环境情形 (1) 和 (2) 的讨论可知，节点 j 在子网络 W' 中处于情形 (1) 的条件概率为

$$\frac{1}{r_0}\mathrm{e}^{-cr_0-cr_*R} .$$

由这些讨论得出序参量 R 的自洽表达式为

$$R = \frac{cr_0^2}{r_*}\left(1 - \frac{1}{r_0}\mathrm{e}^{-cr_0-cr_*R}\right) . \tag{5.32}$$

通过数值求解方程 (5.29) ~ 方程 (5.32)，我们发现当 ER 随机网络 W 的平均连通度 $c < \mathrm{e}$ 时，长程阻挫序参量R 等于零，即系统中不存在第一类非凝固节点。当 $c > \mathrm{e}$ 时，该序参量变为 $R > 0$，意味着非凝固节点之间出现了强的长程关联。长程阻挫序参量 R 随平均连通度 c 的变化曲线见图 5.8。

在 ER 随机网络最小覆盖问题中，系统从没有长程阻挫到出现长程阻挫的相变点与网络中从没有核到出现核的相变点重合。这种重合是可以预期的，网络中有核出现后，核中包含许多的回路，导致网络节点的状态强烈相关。文献中有一些研究探讨包含奇数条边的回路对最小节点覆盖构型的影响，见文献 [190]、[191]。

当长程阻挫序参量 $R > 0$ 时，网络 W 中有 $r_*R \times N$ 个非凝固节点的状态是紧密相关的，改变其中任何一个节点的状态都将导致该集合所有其他节点状态的改变。但要通过一个高效的局域算法将所有这些强关联的非凝固节点都找寻出来是不可能的。这就从物理的直观角度解释了 ER 随机网络最小节点覆盖问题在平均连通度 $c > \mathrm{e}$ 后变得无比困难的原因。

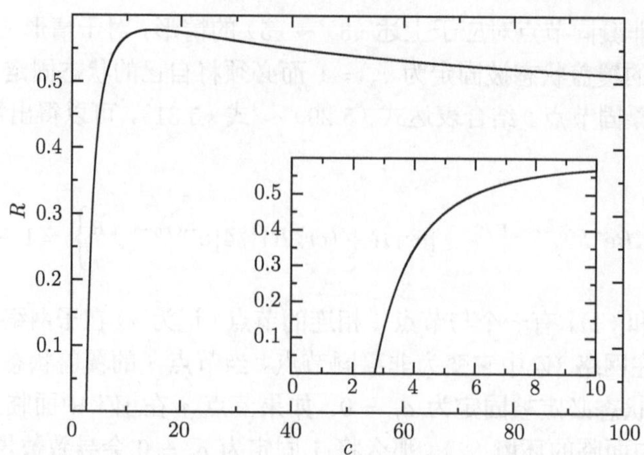

图 5.8　ER 随机网络最小节点覆盖问题中，长程阻挫序参量 R 与网络平均连通度 c 的关系曲线

在 $c=\mathrm{e}$ 处，序参量 R 从 $R=0$ 开始连续增长。该图引自文献 [76]

5.6.3　固定单节点覆盖状态所引起的扰动大小分布

将一个非凝固节点 i 的覆盖状态人为地固定为 $c_i=1$ 可能导致网络中许多其他非凝固节点的覆盖状态也被固定了。如果节点 i 相对于覆盖状态 $c_i=1$ 是第一类非凝固节点，那么该扰动最终所固定的变量数将是正比于网络中非凝固节点总数目 r_*N 的。如果 i 相对于覆盖状态 $c_i=1$ 是第二类非凝固节点，那么该扰动最终将只会将少数一些节点固定。记 $f(s)$ 为给定节点 i 为第二类非凝固节点的条件下，它被固定于 $c_i=1$ 的状态将引起其他 s 个节点的状态相应被固定的概率。该条件概率满足归一化条件，即

$$\sum_{s=0}^{+\infty} f(s)=1\ . \tag{5.33}$$

可以写出 $f(s)$ 的如下迭代表达式：

$$\begin{aligned} f(s)=&\chi_5\delta_s^0+\chi_{3,4}\Big[\mathrm{e}^{-cr_*(1-R)}\delta_s^1\\ &+\sum_{l=1}^{\infty}P_{cr_*(1-R)}(l)\prod_{m=1}^{l}\sum_{s_m=0}^{\infty}f(s_m)\delta_{s_1+\cdots+s_m}^{s-1}\Big]\ , \end{aligned} \tag{5.34}$$

其中

$$\chi_5=\frac{r_*\left(1-cr_0^2/r_*\right)}{r_*(1-R)}=\frac{1-cr_0^2/r_*}{1-R}\ , \tag{5.35}$$

$$
\begin{aligned}
\chi_{3,4} &= \frac{P_{cr_0}(1)\left[P_{cr_*R}(0)+\sum\limits_{k=1}^{\infty}P_{cr_*R}(k)2^{1-k}\right]\dfrac{P_{cr_0}(0)P_{cr_*R}(0)}{r_0}}{r_*(1-R)} \\
&= \frac{cr_0\mathrm{e}^{-cr_0-cr_*R}}{r_*(1-R)} \,.
\end{aligned} \tag{5.36}
$$

χ_5 的意义是给定节点 i 为第二类非凝固节点，它面临着情形（5）所描述的环境的条件概率。而 $\chi_{3,4}$ 的意义是给定节点 i 为第二类非凝固节点，它所面临着情形（3）或（4）所描述的环境的条件概率。容易验证 $\chi_5+\chi_{3,4}=1$。

利用附录 A 的母函数方法可由递推关系式（5.34）得出概率分布 $f(s)$ 的明显表达式为

$$
f(s)=\begin{cases}\chi_5\,, & s=0\,;\\ \dfrac{1}{s!}(1-\chi_5)^s\mathrm{e}^{-cr_*(1-R)(1-\chi_5)s}\big[cr_*(1-R)s\big]^{s-1}\,, & s\geqslant 1\,.\end{cases} \tag{5.37}
$$

5.6.4 最小覆盖构型能量密度

由 5.6.2 节的细致讨论也可以得出网络 W 相对于网络 W' 的平均能量增量为

$$
u_1(c)=\overline{\Delta E_{\min}}=1-r_0\,. \tag{5.38}
$$

式中，$\overline{\Delta E_{\min}}$ 表示将节点 i 所导致的能量增量对随机网络 W 进行系综平均。记 ER 随机网络最小覆盖问题的能量密度函数为 $u(c)$。如果随机网络 W 的平均连通度为 c，那么子网络 W' 的平均连通度就是 $c-c/(N-1)$。随机网络 W 和子网络 W' 的平均能量通过如下的关系式联系起来[157]：

$$
Nu(c)=(N-1)u\big[c-c/(N-1)\big]+u_1(c)\,. \tag{5.39}
$$

式（5.39）在 $N\to\infty$ 的极限情况就是微分方程

$$
u(c)+c\frac{\mathrm{d}u(c)}{\mathrm{d}c}=u_1(c)\,. \tag{5.40}
$$

由此得到 ER 随机网络最小节点覆盖平均能量密度的积分表达式为

$$
u(c)=\frac{1}{c}\int_0^c u_1(\tilde{c})\mathrm{d}\tilde{c}\,. \tag{5.41}
$$

为了精确计算表达式（5.41）中的积分 $\int_0^c u_1(\tilde{c})\mathrm{d}\tilde{c}$，一种简便的方案是先将函数 $u_1(c)$ 在不同平均连通度 c 处的值通过式（5.38）求出来；然后对 $u_1(c)$ 用一些简单函数进行分段拟合，例如，在 $3\leqslant c\leqslant 10$ 区间的拟合函数可取为 $u_1(c)=$

$a_0 + a_1\sqrt{x} + a_2 x + a_3 x^{3/2} + a_4 x^2$，其中，$a_0, a_1, \cdots, a_4$ 为拟合参数；最后对拟合出来的函数求积分。

当随机网络的平均连通度 $c < \mathrm{e}$ 时，长程阻挫序参量 $R = 0$。在这种情况下，由表达式（5.41）得出的平均最小覆盖能量密度为

$$u(c) = 1 - r_0 - \frac{c r_0^2}{2}, \tag{5.42}$$

其中，r_0 是如下方程的根：

$$r_0 = \mathrm{e}^{-c r_0}. \tag{5.43}$$

注意表达式（5.42）和式（5.43）分别和表达式（5.22）及式（5.21）等价。在系统中不存在长程阻挫时（$R = 0$），由式（5.42）预言的理论结果在 ER 随机网络系综的意义下是完全精确的。但当 $R > 0$ 时，式（5.42）只是系综平均最低能量密度的下限。当 $c > 14$ 时，这一下限甚至比数学上已经被严格证明的最低能量下限还要低，见图 5.9。

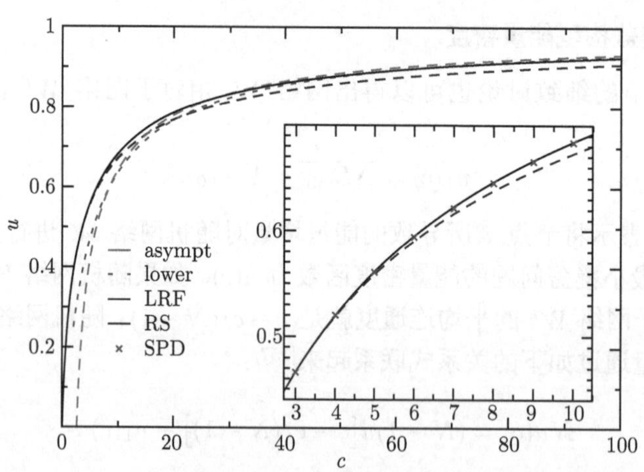

图 5.9 ER 随机网络最小节点覆盖问题的平均基态能量密度

实线是长程阻挫（LRF）平均场理论所预言的结果（式（5.41）），短断线是复本对称（RS）平均场理论所预言的基态能量密度式（（5.42）），长断线（asympt）是严格数学渐进结果[192]，而点线（lower）则是严格数学下界。作为比较，通过概观传播剥离（SPD）算法而得到的单个网络节点覆盖构型的能量密度通过“×”点来表示[193]

当平均连通度 $c > \mathrm{e}$ 时，由于长程阻挫的存在（$R > 0$），系综的平均最小能量密度要高于式（5.42）所预言的结果。由图 5.9 可以看出，表达式（5.41）所预言的能量密度与基于一阶复本对称破缺平均场理论的消息传递算法计算出的能量密度是相符的。当 $c \gg 1$ 时，该表达式的结果与严格数学渐进结果[192] 相符，也与一阶复本对称破缺平均场理论所得出的结果相符。

由长程阻挫平均场理论预言的比例 r_0、r_1 和 r_* 随 ER 随机网络的平均连通度 c 的变化曲线显示于图 5.10 中。可变节点比例 r_* 在平均连通度 $c=\mathrm{e}$ 处达到极大；而凝固节点所占比例 r_0 和 r_1 则都是平均连通度 c 的单调函数。

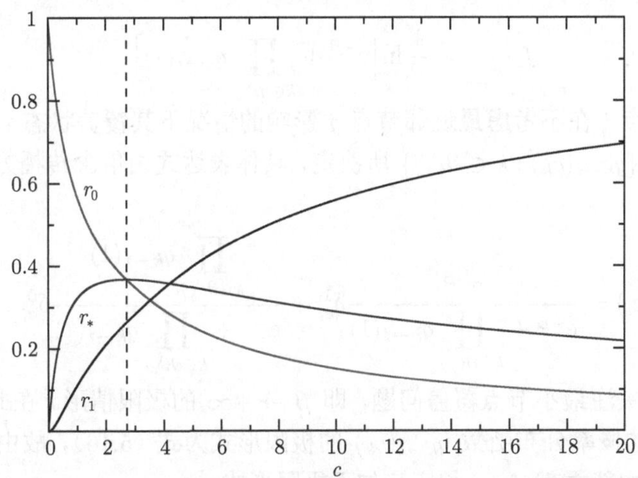

图 5.10 长程阻挫平均场理论预言的平均连通度为 c 的 ER 随机网络中凝固为未被覆盖状态的节点比例 r_0，凝固为被覆盖状态的节点比例 r_1，以及可变节点比例 r_*

垂直虚线标示长程阻挫相变点 $c=\mathrm{e}$ 的位置

5.7 粗粒化概观传播方程

当 ER 随机网络平均连通度 $c>2.718$ 且逆温度 β 足够大时，由于系统中存在非常复杂的长程关联，导致信念传播方程（5.14）通常不能收敛到一个不动点[74]。在这种情况下，可以用一阶复本对称破缺（1RSB）平均场理论及概观传播方程来研究 ER 随机节点覆盖问题的统计物理性质。本节推导的平均场方程也适用于其他类型的网络系统。

一阶复本对称破缺平均场理论最核心的物理图像是假设系统的微观构型空间分裂成许多子空间（即宏观态，参见第 4 章）。由第 4 章的一般理论式（4.52），可知节点覆盖问题的概观传播方程为

$$Q_{i\to j}\left[q_{i\to j}\right]=\frac{\prod\limits_{k\in\partial i\backslash j}\int\mathcal{D}q_{k\to i}Q_{k\to i}\left[q_{k\to i}\right]\mathrm{e}^{-yf_{i\to j}}\delta\left[q_{i\to j}-B_{i\to j}\right]}{\prod\limits_{k\in\partial i\backslash j}\int\mathcal{D}q_{k\to i}Q_{k\to i}\left[q_{k\to i}\right]\exp(-yf_{i\to j})}. \tag{5.44}$$

式中，每一条边 (i,j) 上的泛函 $Q_{i\to j}\left[q_{i\to j}\right]$ 表征概率分布函数 $q_{i\to j}(c_i)$ 在宏观态

层次的概率分布；Parisi 参数 y 是宏观态层次的逆温度，通过改变它可以调节每一宏观态的权重；$f_{i\to j}$ 是节点 i 在不考虑最近邻节点 j 影响的情况下对系统自由能的贡献，它的值由节点 i 所接收的概率分布函数集合 $\{q_{k\to i}(c_k): k\in\partial i\backslash j\}$ 所决定，具体表达式为

$$f_{i\to j}=-\frac{1}{\beta}\ln\Big[\mathrm{e}^{-\beta}+\prod_{k\in\partial i\backslash j}q_{k\to i}(1)\Big]\,; \tag{5.45}$$

而 $B_{i\to j}$ 是节点 i 在不考虑最近邻节点 j 影响的情况下其覆盖状态 c_i 的概率分布函数，它亦由 $\{q_{k\to i}(c_k): k\in\partial i\backslash j\}$ 所决定，具体表达式由信念传播方程（5.14）可知为

$$B_{i\to j}(c_i)=\frac{\mathrm{e}^{-\beta}}{\mathrm{e}^{-\beta}+\prod\limits_{k\in\partial i\backslash j}q_{k\to i}(1)}\delta_{c_i}^{1}+\frac{\prod\limits_{k\in\partial i\backslash j}q_{k\to i}(1)}{\mathrm{e}^{-\beta}+\prod\limits_{k\in\partial i\backslash j}q_{k\to i}(1)}\delta_{c_i}^{0}\,. \tag{5.46}$$

我们主要关注最小节点覆盖问题，即 $\beta\to+\infty$ 的极限情形。在此极限下每一条边 (k,i) 上的概率分布函数 $q_{k\to i}(c_k)$ 的极限形式为式（5.16），故由式（5.45）所定义的节点自由能贡献 $f_{i\to j}$ 相应有如下极限形式：

$$f_{i\to j}=\begin{cases}1-O(\mathrm{e}^{-\beta})\,, & \sum\limits_{k\in\partial i\backslash j}w_{k\to i}\geqslant 2\,,\\ 1-O\big(\dfrac{1}{\beta}\big)\,, & \sum\limits_{k\in\partial i\backslash j}w_{k\to i}=1\,,\\ O\big(\dfrac{1}{\beta}\big)\,, & \sum\limits_{k\in\partial i\backslash j}w_{k\to i}=0\,.\end{cases} \tag{5.47}$$

式中，$w_{k\to i}$ 是边 (k,i) 上的有向警报信息，它由概率分布函数 $q_{k\to i}(c_k)$ 在 $c_k=1$ 处的值决定，是一个粗粒化的信息（参见 5.4 节）；如果 $q_{k\to i}(1)=O(\mathrm{e}^{-\beta})$，则 $w_{k\to i}=1$，而对于其他情况则有 $w_{k\to i}=0$。由这一极限表达式可知，当宏观态层次的逆温度 y 为有限而微观态层次的逆温度 $\beta\to\infty$ 时，权重因子 $\mathrm{e}^{-yf_{i\to j}}$ 只依赖于粗粒化的警报信息集合 $\{w_{k\to i}: k\in\partial i\backslash j\}$。由于这一原因，我们可以相应对概率分布泛函 $Q_{i\to j}[q_{i\to j}]$ 进行粗粒化处理以降低计算复杂度。

对每条边 (i,j) 上的概率分布泛函 $Q_{i\to j}[q_{i\to j}]$ 进行粗粒化处理就得到概率分布函数 $W_{i\to j}(w_{i\to j})$，其中，$W_{i\to j}(1)$ 是警报信息 $w_{i\to j}=1$ 的所有宏观态的总统计权重，而 $W_{i\to j}(0)\equiv 1-W_{i\to j}(1)$ 则是警报信息 $w_{i\to j}=0$ 的所有宏观态的总统计权重。由式（5.44）可以导出 $W_{i\to j}(1)$ 所满足的粗粒化概观传播方程[72,193]

$$W_{i\to j}(1)=\frac{\prod\limits_{k\in\partial i\backslash j}\big[1-W_{k\to i}(1)\big]}{\mathrm{e}^{-y}+(1-\mathrm{e}^{-y})\prod\limits_{k\in\partial i\backslash j}\big[1-W_{k\to i}(1)\big]}\,. \tag{5.48}$$

该表达式在直观上很容易理解。考虑一个宏观态 α，在该宏观态中如果节点 i 的除 j 以外的所有其他最近邻节点 k 都未发出警报信息（$w_{k\to i}=0$，即节点 k 在宏观态 α 中可以处于状态 $c_k=1$ 以将边 (i,k) 覆盖住），那么 i 在不考虑边 (i,j) 的情况下将不用被覆盖，它给节点 j 的警报信息为 $w_{i\to j}=1$（即希望节点 j 处于 $c_j=1$ 的状态以将边 (i,j) 覆盖住）。所有这一类宏观态α 的总权重为 $\prod_{k\in\partial i\backslash j}\left[1-W_{k\to i}(1)\right]$。除这一类宏观态以外的所有其他宏观态 α 中，节点 i 的除 j 以外的至少一个最近邻节点 k 给 i 发送了警报信息（$w_{k\to i}=1$），因而节点 i 在不考虑边 (i,j) 的情况下在该宏观态中不可能总是处于未被覆盖的状态，它或者处于总被覆盖的状态，$C_{i\to j}=1$，或者处于非凝固的粗粒化态，$C_{i\to j}=*$，导致系统的能量增量为 $\Delta E=+1$。在所有这些宏观态中节点 i 给节点 j 的警报信息都是 $w_{i\to j}=0$，而这些宏观态的总权重则为 $\mathrm{e}^{-y}\times\left(1-\prod_{k\in\partial i\backslash j}[1-W_{k\to i}]\right)$，其中，玻尔兹曼因子 e^{-y} 由能量增量引起。

在 $\beta\to\infty$ 而宏观态层次的逆温度 y 为有限值的情况下，节点覆盖问题的广义自由能 G_0 的表达式（式 (4.58)）可写为[72,193]

$$
\begin{aligned}
G_0=&-\frac{1}{y}\sum_{i=1}^{N}\ln\left\{\mathrm{e}^{-y}+(1-\mathrm{e}^{-y})\prod_{k\in\partial i}\left[1-W_{k\to i}(1)\right]\right\}\\
&+\frac{1}{y}\sum_{(i,j)\in W}\ln\left[1-(1-\mathrm{e}^{-y})W_{i\to j}(1)W_{j\to i}(1)\right].
\end{aligned}
\tag{5.49}
$$

广义自由能 G_0 的表达式 (5.49) 及粗粒化概观传播方程 (5.48) 构成最小覆盖问题的一阶复本对称破缺平均场理论。对于给定的一个网络样本，需要先通过迭代得出方程 (5.48) 在不同固定 y 值的不动点，并进而计算广义自由能 G_0 及其他一些热力学量。当 y 值足够大时，粗粒化概观传播方程 (5.48) 在迭代过程中有可能不会收敛。这种情况或者意味着粗粒化过程的整数场假设式 (5.16) 需要改进，或者意味着一阶复本对称破缺平均场理论还不足以描述系统在非常低能量密度处的统计性质。

每一个宏观态 α 的自由能 $F_0^{(\alpha)}$ 在 $\beta\to\infty$ 的极限值就是该宏观态的能量极小值 $E_{\min}^{(\alpha)}$，参见式 (5.20)。在给定 y 下，该能量极小值在宏观态层次的平均值，记为 $\langle E_{\beta=\infty}\rangle_y$，由如下公式进行计算：

$$
\begin{aligned}
\langle E_{\beta=\infty}\rangle_y=&\frac{\partial(yG_0)}{\partial y}\\
=&\sum_{i=1}^{N}\frac{\mathrm{e}^{-y}\left\{1-\prod\limits_{k\in\partial i}[1-W_{k\to i}(1)]\right\}}{\mathrm{e}^{-y}+(1-\mathrm{e}^{-y})\prod\limits_{k\in\partial i}[1-W_{k\to i}(1)]}
\end{aligned}
$$

$$
-\sum_{(i,j)\in W}\frac{\mathrm{e}^{-y}W_{i\to j}(1)W_{j\to i}(1)}{1-(1-\mathrm{e}^{-y})W_{i\to j}(1)W_{j\to i}(1)}. \tag{5.50}
$$

另一方面，系统在宏观态层次的熵密度由复杂度 Σ 表征，它可以由如下表达式求得

$$
\Sigma = y^2\frac{\partial(G_0/N)}{\partial y}=\frac{1}{N}\left[y\langle E_{\beta=\infty}\rangle_y - yG_0\right]. \tag{5.51}
$$

通过在不同的 y 值计算出复杂度和平均极小能量，就可以得到复杂度作为极小能量的函数，从而获得节点覆盖问题在宏观态层次极小能量图景的一些全局统计性质。当 y 值逐渐增加到某一个值 y^* 时，复杂度 Σ 将由正值变为负值，在 $y=y^*$ 处的能量密度就被认为是最小节点覆盖构型的能量密度，即系统的最低能量密度。因为复杂度 Σ 是与广义自由能 G_0 的一阶偏导联系在一起的，见式（5.51），可知广义自由能 G_0 在 $y=y^*$ 处达到极大值。

粗粒化概观传播方程（5.48）也能够给出系统在微观上的一些统计性质，尤其是单个节点 i 处于某种粗粒化状态的概率。记 $\pi_i^{(0)}$ 为节点 i 的粗粒化状态是 $C_i=0$（凝固于未被覆盖状态）的所有宏观态的总权重，类似的 $\pi_i^{(1)}$ 为 i 的粗粒化状态为 $C_i=1$（凝固于被覆盖状态）的所有宏观态的总权重，而 $\pi_i^{(*)}$ 则为 i 的粗粒化状态为 $C_i=*$（未被凝固）的所有宏观态的总权重。这三个统计权重满足归一化条件 $\pi_i^{(0)}+\pi_i^{(*)}+\pi_i^{(1)}=1$。根据 $\beta\to\infty$ 极限的一阶复本对称破缺平均场理论可知这三个统计权重的表达式分别为

$$
\pi_i^{(0)}=\frac{\prod\limits_{k\in\partial i}\left[1-W_{k\to i}(1)\right]}{\mathrm{e}^{-y}+(1-\mathrm{e}^{-y})\prod\limits_{k\in\partial i}\left[1-W_{k\to i}(1)\right]}, \tag{5.52a}
$$

$$
\pi_i^{(*)}=\frac{\mathrm{e}^{-y}\sum\limits_{j\in\partial i}W_{j\to i}(1)\prod\limits_{k\in\partial i\backslash j}\left[1-W_{k\to i}(1)\right]}{\mathrm{e}^{-y}+(1-\mathrm{e}^{-y})\prod\limits_{k\in\partial i}\left[1-W_{k\to i}(1)\right]}, \tag{5.52b}
$$

$$
\pi_i^{(1)}=1-\pi_i^{(0)}-\pi_i^{(*)}. \tag{5.52c}
$$

这些表达式和式（5.48）很类似，它们的直观物理意义也可以类似地进行理解。确定了每个节点的三种粗粒化状态的统计权重后，那么在一个宏观态 α 内部处于 $C=0$、$C=*$ 和 $C=1$ 粗粒化状态的节点比例，分别记为 r_0、r_* 和 r_1，就可以计算出来

$$
r_0=\frac{1}{N}\sum_{i=1}^{N}\pi_i^{(0)}, \tag{5.53a}
$$

$$r_* = \frac{1}{N}\sum_{i=1}^{N}\pi_i^{(*)}, \tag{5.53b}$$

$$r_1 = \frac{1}{N}\sum_{i=1}^{N}\pi_i^{(1)}. \tag{5.53c}$$

这三个比例都与宏观态层次的逆温度 y 有关。

对于给定的随机网络系综，我们以方程（5.48）和方程（5.49）为基础利用种群动力学模拟的方法研究最小节点覆盖问题的系综平均性质[72,193]。图 5.11 是对节点平均连通度为 $c=10$ 的 ER 随机网络系综进行一阶复本对称破缺种群动力学模拟获得的理论结果。在 $y=0$ 处系统的复杂度 $\Sigma=0$，然后复杂度随 y 的增加而增加并在 $y\approx 1.65$ 处达到最大值。然后复杂度随 y 的进一步增加而递减并在 $y=y^*\approx 3.07$ 处变为负值。系统的平均极小能量密度也不是 y 的单调函数，它也在 $y\approx 1.65$ 处达到最大值，然后随着 y 的进一步增加而递减。复杂度作为平均极小能量

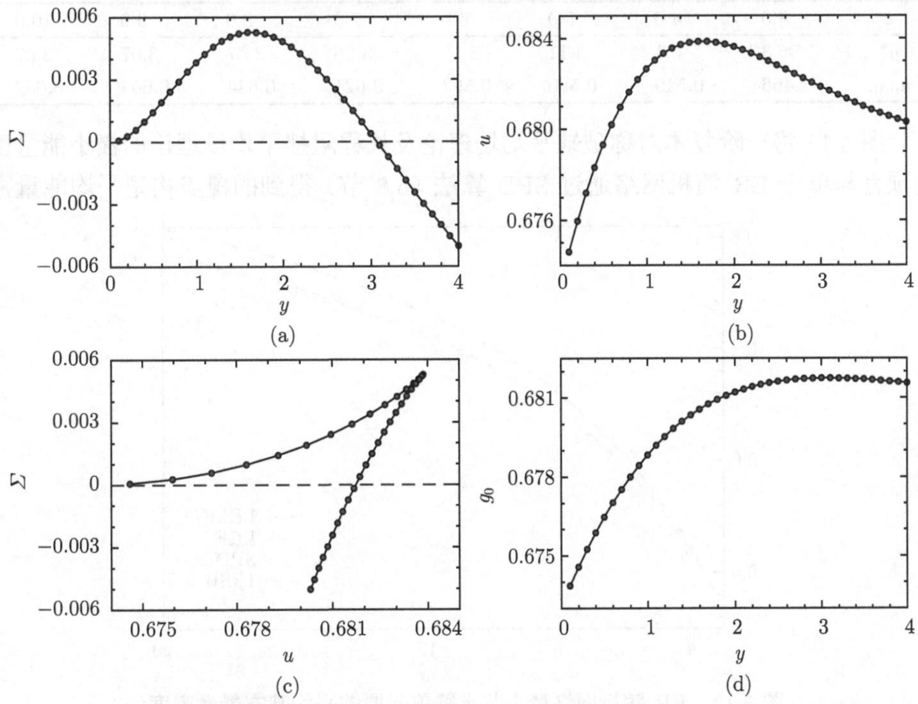

图 5.11 节点平均连通度为 $c=10$ 的 ER 随机网络的节点覆盖问题在零温极限下的一阶复本对称破缺平均场理论结果

（a）复杂度 Σ；（b）宏观态平均极小能量密度 $u=\lim\limits_{N\to\infty}\langle E_{\beta=\infty}\rangle/N$；（c）复杂度作为宏观态极小能量密度的函数 $\Sigma(u)$；（d）Monasson-Mézard-Parisi 自由能密度 $g_0=\lim\limits_{N\to\infty}\frac{G_0}{N}$

密度的函数有上下两个分支，其中，上面的分支是凸函数，而下面的分支则是凹函数。只有凹函数的分支才是有物理意义的，因为只有在这一分支平均极小能量才是宏观态层次逆温度 y 的递减函数。系统的 Monasson-Mézard-Parisi 自由能密度也不是宏观态层次逆温度 y 的单调函数，而是在 $y=y^*$ 处达到最大值。在 $y=y^*$ 处系统的平均极小能量密度约为 0.682（也就是广义自由能密度的最大值）。这一能量密度值就是一阶复本对称破缺平均场理论所预言的系统最小覆盖构型的能量密度 $u_{\min}$。

我们可以在不同的平均节点连通度 c 处进行同样的一阶复本对称破缺种群动力学模拟，从而得到不同 c 值的 ER 随机网络系综的最小能量密度及相应的最优参数值 $y=y^*$。表 5.1 列出了 $c\leqslant 10$ 区间的一些理论计算结果[72,193]。可以注意到参数 y^* 的值并不太依赖于平均连通度 c。

表 5.1　节点平均连通度为 c 的 ER 随机网络最小节点覆盖问题基态能量密度 $u_{\min}$ 的理论预言值及其对应的宏观态层次逆温度 $y=y^*$[72,193]

c	3.0	4.0	5.0	6.0	7.0	8.0	9.0	10.0
y^*	≈ 3	3.1	3.11	3.10	3.08	3.07	3.07	3.07
$u_{\min}$	0.466	0.519	0.560	0.593	0.621	0.644	0.664	0.682

图 5.12 将一阶复本对称破缺平均场理论及长程阻挫平均场理论的极小能量密度预言与单个 ER 随机网络通过 SPD 算法（5.8 节）得到的覆盖构型平均能量密

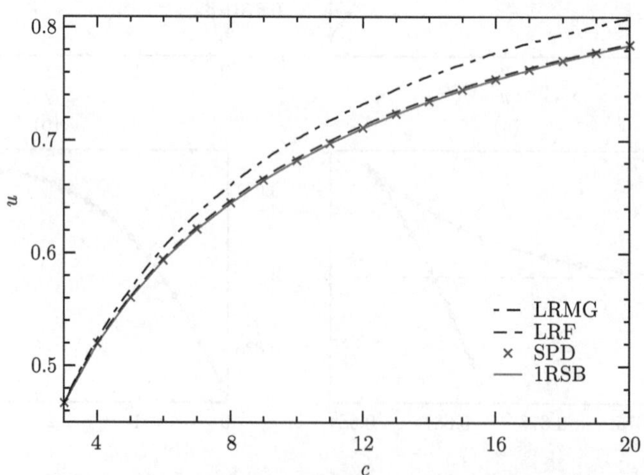

图 5.12　ER 随机网络最小节点覆盖问题的平均基态能量密度

实线是一阶复本对称破缺（1RSB）平均场理论所预言的结果，断线是长程阻挫（LRF）平均场理论所预言的结果（式 (5.41)），数据点（“×”）是通过 SPD 算法在 16 个随机网络样本（节点数 $N=10^5$）获得的覆盖构型的能量密度平均值，点断线是通过掐叶与贪心混合算法（LRMG，见习题 5.2）在一个随机网络样本（节点数 $N=10^5$）上获得的覆盖构型的能量密度。后两组模拟数据由赵金华博士提供

度进行了比较。我们发现这两种理论的理论预言都很好地与消息传递算法得到的模拟结果相符合，这说明一阶复本对称破缺平均场理论和长程阻挫平均场理论都较好地包含了 ER 随机网络最小覆盖问题的主要本质特征。从图 5.12 也可以看出，一阶复本对称破缺平均场理论的能量预言比长程阻挫平均场理论的能量预言更加接近于计算机模拟的实证结果。

5.8 概观传播剥离算法

粗粒化的概观传播方程（5.48）也可以用于研究给定的单个网络系统上的节点覆盖微观构型的统计性质。当宏观态层次的逆温度 y 足够低时，我们很容易通过迭代的方式找到方程（5.48）的不动点，从而利用表达式（5.50）计算系统的平均极小能量。但是当 y 足够大时方程（5.48）可能不再是迭代收敛的，这时由表达式（5.50）所计算出的平均能量可能就不能真实反映系统的性质了。对于节点平均连通度 $c = 10.0$ 的单个 ER 随机网络，我们的计算机模拟结果表明，当 $y > 2.75$ 时，粗粒化概观传播方程（5.48）将不再能收敛。

粗粒化概观传播方程（5.48）不收敛的一个可能原因是：粗粒化过程中用到的整数场假设方程（5.16）在能量非常接近于基态能量的微观构型子空间不再适用，需要引入更复杂的分数场假设。另一个更为本质的可能原因是一阶复本对称破缺平均场理论对描述系统非常接近于基态的微观构型子空间是不够的，需要考虑微观构型空间更多的层次结构，对应于更高阶的配分函数展开方案（参见 4.9 节）。我们不进一步展开讨论粗粒化概观传播方程（5.48）的收敛性问题，有兴趣的读者可以参阅文献 [74]、[194]–[196]。

我们也可以借助一阶复本对称破缺平均场理论来为给定网络 W 构造一个或多个接近于最优的节点覆盖构型。效果极好的一种算法是概观传播剥离算法（survey propagation-guided decimation，SPD）[57,63]。该算法的核心思想是利用式（5.52）估计出每一个节点 i 处于被凝固状态的概率，并将 $\pi_i^{(1)}$ 值最大的一小部分节点的覆盖状态设置为 $c_i = 1$，从而逐步简化网络，使问题变得越来越简单。该算法的具体流程为如下[187,193]：

（0）读入网络 W，将网络的每个节点的覆盖状态设为待定，并初始化覆盖集合 Γ 为空集。对该网络的每条边 (i,j) 上初始化两个粗粒化消息 $W_{i\to j}(1)$ 和 $W_{j\to i}(1)$，例如，它们可以是区间 $(0,1]$ 上的随机数。设定宏观态层次的逆温度 y 为合适的值，如 $y = 3$。

（1）在网络 W 上对粗粒化概观传播方程（5.48）进行 L_0 步迭代（如 $L_0 = 100$）以达到或尽可能接近于一个不动点。在每步迭代中，以完全随机地方式遍历网络的每个节点 i 并按照方程（5.48）更新该节点输出给其所有最近邻节点节点 j 的粗粒

化消息 $W_{i\to j}(1)$。做完 L_0 步迭代更新后，然后利用表达式（5.52）计算每个节点 i 的粗粒化态概率 $(\pi_i^{(0)},\pi_i^{(*)},\pi_i^{(1)})$。

（2）将所有未被赋值的节点 i 按其 $\pi_i^{(1)}$ 值从高到低进行排序，对该序列最前面的比例为 r（如 $r=0.01$）的节点覆盖状态赋值为 $c_i=1$，并将这些节点添加到节点覆盖集合 Γ。

（3）将已被覆盖的边从网络 W 删除，然后将已被赋值的节点也从 W 中删除。如果剩下的网络 W 中存在一个或多个连通度为 1 的节点，则从这些节点开始进行一个掐叶进程（5.2 节）并同时将 W 中已有的或新产生的孤立节点删除，直到剩下的网络 W 中每个节点都至少有两个最近邻节点。如果网络 W 不包含任何节点和边，则终止程序并输出节点覆盖集合 Γ。

（4）若化简后的网络 W 还有一些节点，就在该网络上对粗粒化概观传播方程（5.48）进行 L_1 步迭代（如 $T_1=10$），然后重复步骤（2）、（3）、（4）。

图 5.12 展示了这一 SPD 算法在随机 ER 网络上的计算效果。我们可以发现它构造的节点覆盖构型的能量密度非常接近于长程阻挫平均场理论，以及一阶复本对称破缺平均场理论的理论预言。这说明该算法在随机网络上可以构造非常接近于最优的节点覆盖构型。我们相信该算法在有一些局部结构的网络上也会有很好的计算效果。

文献 [187]也探讨了基于信念传播方程（5.14）和边际覆盖概率表达式（5.15）的信念传播剥离（BPD）算法的计算效果。该 BPD 算法的计算流程与 SPD 算法的流程非常相似，见 5.3.3 节。当微观态层次的逆温度设为较大的值（如 $\beta\approx 10$）时，在随机网络上进行的计算机模拟表明 BPD 算法与 SPD 算法有几乎同样好的效果[187]。这两种算法的计算复杂程度也是相当的。

本章小结

从一阶复本对称破缺和长程阻挫两种不同的角度出发，本章对随机节点覆盖问题的最小能量密度进行了定量计算，并定量讨论了基态构型空间中可变节点状态之间的强关联。从算法的角度，本章将逆温度 β 较大时的信念传播方程与 $\beta\to\infty$ 的粗粒化概观传播方程应用到单个随机网络的节点覆盖问题，获得了非常接近于最小覆盖构型的低能量构型，并对随机网络系综的平均性质进行了定量探讨。

本章所用到的方法当然可以应用到更广泛的组合优化问题。与节点覆盖问题关系特别密切的组合优化问题包括网络的配对问题[77,78]及有向网络配对问题[79]、格点玻璃模型[197]。超网络覆盖问题（又称为 hitting set 问题）[198] 等。感兴趣的读者可以参见相关的文献。

第 6 章　K-满足问题

K-满足问题（K-satisfiability，K-SAT）是具有代表性意义的约束满足问题。它在理论计算机科学研究领域有核心的地位，是第一个被证明具有 NP-完备计算复杂度的问题。任何 NP-完备组合优化问题都可以转化为 K-满足问题进行研究。近年来对随机 K-满足问题的理论工作极大地促进了对 NP-完备问题典型计算复杂性的研究。本章以 K-满足问题为例，探讨自旋玻璃平均场理论和消息传递算法在随机约束满足问题上的应用。

我们将讨论随机 K-满足问题的解空间统计性质及其定性变化，包括簇集相变、凝聚相变、有解-无解相变，以及解空间在发生各态历经破缺之前的社区涌现相变。我们还将介绍一些基于消息传播方程的分布式算法。

6.1　自旋玻璃模型

考虑 N 个布尔（Boolean）变量，记为 x_1，x_2，$\cdots$，x_N，每个变量的值只有两种可能性，即等于TRUE（真）或等于FALSE（假）。如果布尔变量 x_i 的值为TRUE，那么它的反（记为 $\overline{x_i}$）的值就等于FALSE；而若 x_i 的值为FALSE，那 $\overline{x_i}$ 的值就等于TRUE。一个长度为 K 的布尔子句（clause）是 K 个变量或其反的逻辑或（∨，logic or）关系式，它的值也只有TRUE 和FALSE 两种可能性。例如

$$C = (x_i \vee \overline{x}_j \vee x_k) \tag{6.1}$$

就是长度 $K = 3$ 的布尔子句。只有当 $x_i = x_k = \text{FALSE}$ 且同时 $x_j = \text{TRUE}$ 的情况下才有 $C = \text{FALSE}$，而在其余所有情况下 $C = \text{TRUE}$。一个 K-满足公式 F 是由 M 个长度为 K 的布尔子句 C_1，C_2，$\cdots$，C_M 通过逻辑与（∧，logic and）形成的逻辑表达式，即

$$F \equiv C_1 \wedge C_2 \wedge \cdots \wedge C_M \, . \tag{6.2}$$

如果存在布尔变量 x_1，x_2，$\cdots$，x_N 的一种赋值方式使公式 F 的所有子句 C_a（$a = 1, 2, \cdots, M$）同时为TRUE，那 F 就被称为是可满足的（satisfiable，SAT）。如果这 N 个布尔变量的所有 2^N 种不同赋值方式都导致 F 的值为FALSE，那 F 就被称为是不可满足的（unsatisfiable，UNSAT）。K-满足问题的根本任务就是判断一个给定的逻辑表达式（6.2）是否可被满足。

6.1.1 能量函数

K-满足问题可以被转化为自旋玻璃问题进行研究[61,62]。首先，按照统计物理学的习惯，将公式 F 中的布尔变量 x_i 转化为自旋变量 σ_i。定义一个包含 N 个自旋变量的系统。序号为 i（$\in \{1,2,\cdots,N\}$）的变量只有两种自旋态 σ_i，其中 $\sigma_i=+1$ 表示布尔变量 $x_i=$ TRUE，而 $\sigma_i=-1$ 则表示布尔变量 $x_i=$ FALSE。系统的一个自旋微观构型常被记为 $\underline{\sigma}$，

$$\underline{\sigma} \equiv (\sigma_1,\sigma_2,\cdots,\sigma_N)\ .$$

系统的微观自旋构型总数为 2^N。

K-满足式（6.2）中的每个布尔子句 C_a（$a=1,2,\cdots,M$）都可被视为是对微观自旋构型的一个约束，它涉及系统的 K 个变量。可以为序号为 a 的约束 C_a 定义如下的能量 E_a 为

$$E_a(\underline{\sigma}_{\partial a})=\prod_{i\in\partial a}\frac{(1-J_a^i\sigma_i)}{2}\ . \tag{6.3}$$

式中，∂a 表示序号为 a 的逻辑子句（约束）所涉及的 K 个变量的序号组成的集合，$\underline{\sigma}_{\partial a}=\{\sigma_i|i\in\partial a\}$ 是该变量集合的一个自旋构型；而 $\{J_a^i|i\in\partial a\}$ 是约束 a 的耦合参数集合，其中，每个参数 J_a^i 都只能取两个可能的值，+1 或 −1，具体取哪个值由公式 F 确定，且其值是不能被改变的。耦合参数 J_a^i 是约束 a 所希望的序号为 i 的变量的自旋取值，例如，布尔子句式（6.1）所对应的约束能量具有耦合参数 $\{J^i=1,J^j=-1,J^k=1\}$。如果集合 ∂a 中至少有一个序号 i 所对应的自旋 σ_i 等于耦合参数 J_a^i 的值，$\sigma_i=J_a^i$，那么约束能量 $E_a=0$（约束得到满足）。如果集合 ∂a 中每一个序号 i 对应的自旋都不是约束 a 希望的取值，$\{\sigma_i=-J_a^i:i\in\partial a\}$，那么约束能量 $E_a=1$（约束不被满足）。

系统总能量是所有约束能量之和，它作为微观自旋构型 $\underline{\sigma}$ 的函数为

$$E(\sigma_1,\sigma_2,\ldots,\sigma_N)=\sum_{a=1}^{M}\prod_{i\in\partial a}\frac{(1-J_a^i\sigma_i)}{2}\ . \tag{6.4}$$

能量 $E(\underline{\sigma})$ 的值实际上就是微观自旋构型 $\underline{\sigma}$ 不能满足的约束的总数目。如果微观自旋构型 $\underline{\sigma}$ 的能量 $E(\underline{\sigma})=0$，那它就被称为 K-满足能量函数（6.4）的一个解（solution）。所有这些解所构成的集合被称为能量函数（6.4）的解空间（solution space）。如果公式 F 是不可被满足的，那么能量函数（6.4）的解空间为空集。

习题 6.1 证明使式(6.2)的值 $F=$ TRUE 的布尔变量赋值方式 $\{x_1,x_2,\ldots,x_N\}$ 与能量函数(6.4)的零能量自旋构型 $\{\sigma_1,\sigma_2,\ldots,\sigma_N\}$ 是一一对应关系。因而寻找使 F 满足的布尔赋值方式等价于求解 $E(\sigma_1,\sigma_2,\ldots,\sigma_N)=0$。

K-满足公式 F 及其能量函数 (6.4) 可以用一个因素网络 W 来描述。该因素网络包含 N 个变量节点（用字母 $i, j, k, \cdots \in \{1, 2, \cdots, N\}$ 表示）和 M 个因素节点（用字母 $a, b, c, \cdots \in \{1, 2, \cdots, M\}$ 表示）。W 中每个变量节点代表公式 F 中的一个变量，而每个因素节点则代表 F 的一个逻辑子句。在本章中因素节点又被称为约束节点。网络 W 中每个因素节点 a 与集合 ∂a 所对应的 K 个变量节点通过实边或虚边相连。如果变量节点 i 与因素节点 a 之间有一条实边，就表示耦合常数 $J_a^i = +1$，即约束 a 希望自旋 $\sigma_i = +1$；如果它们之间的边为虚边，则表示耦合常数 $J_a^i = -1$，即约束 a 希望自旋 $\sigma_i = -1$。如果因素节点 a 与变量节点 i 之间没有边相连，就意味着约束能量 E_a 与自旋值 σ_i 无关，即 $i \notin \partial a$。示例网络图 6.1 中包含 $N = 4$ 个变量节点和 $M = 2$ 个因素节点，它是如下简单 3-满足（$K = 3$）能量函数的因素网络

$$E(\sigma_1, \sigma_2, \sigma_3, \sigma_4) = \frac{(1-\sigma_1)(1+\sigma_2)(1+\sigma_3)}{8} + \frac{(1+\sigma_1)(1-\sigma_2)(1-\sigma_4)}{8} \, . \tag{6.5}$$

容易验证该能量函数有 12 个能量为零的微观自旋构型。

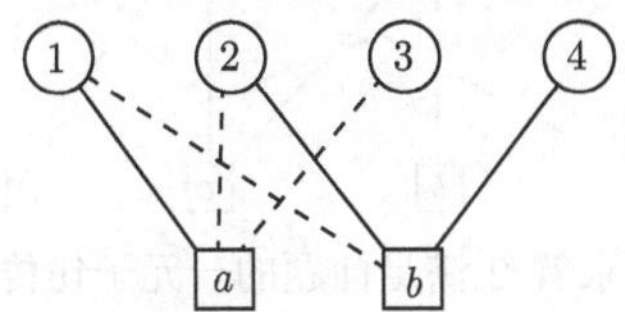

图 6.1　K-满足能量函数（式 (6.5)）的因素网络表示法

图中圆点为变量节点，方点为因素节点。变量节点 i 与因素节点 a 之间的边表示序号为 a 的约束（逻辑子句）涉及序号为 i 的变量；如果该边为实边，即表示耦合参数 $J_a^i = +1$；如果该边为虚边，则表示耦合参数 $J_a^i = -1$

6.1.2　计算复杂性

2-满足问题是 K-满足问题的特例（$K = 2$）。2-满足问题的能量函数（式 (6.4)）的每个约束能量 E_a 都只与两个自旋有关，因而因素网络中每一个因素节点都只和两个变量节点相连。这一性质使判断 2-满足能量函数是否存在能量为零的自旋构型成为非常简单的计算问题。

任选 2-满足公式中一个变量节点 i，将其自旋 σ_i 赋值为 $\sigma_i = \sigma_i^*$，其中，σ_i^* 是随机产生的一个自旋值，它等于 $+1$ 和 -1 的概率相同。当节点 i 的自旋值给定后，一些与之相连的约束 a 可能将不能被 σ_i 所满足，但由于约束节点 a 只与两个变量节点相连，故 a 必定会要求它所连的另外一个节点 j 的自旋取值为 $\sigma_j = J_a^j$。当节点 j 的自旋被固定后，与之相连的另外一些约束节点 b 可能将不能被 σ_j 满足，那么约束节点 b 必定又会要求它所连的另外一个节点 k 的自旋取值为 $\sigma_k = J_b^k$。同

样，当节点 k 的自旋被固定后，可能又会导致其他一些节点的自旋值被固定等。上述的这种级联（cascading）过程被称为一元子句传播（unit clause propagation）过程。如果在一元子句传播过程中出现冲突，即某一个变量节点 l 被一个约束节点要求取自旋值 $\sigma_l = +1$ 而被另一个约束节点要求取自旋值 $\sigma_l = -1$，那初始变量节点 i 取自旋值 $\sigma_i = \sigma_i^*$ 一定不能使该 2-满足公式满足，即 σ_i 必须取值 $\sigma_i = -\sigma_i^*$。但如果 $\sigma_i = -\sigma_i^*$ 所引起的一元子句传播过程也会导致自旋取值冲突，那么该 2-满足公式就必定没有能量为零的构型，因而是不可满足的。反之，如果对于每一个变量节点 $i \in \{1, 2, \cdots, N\}$ 都至少有一个自旋值 $\sigma_i^* \in \{-1, +1\}$，当 i 的自旋被赋值为 $\sigma_i = \sigma_i^*$ 后所引起的一元子句传播过程不会产生任何冲突，那么该 2-满足公式必定存在能量为零的构型，而且一定存在节点 i 取自旋值 σ_i^* 的能量为零的构型。

上面的分析表明，可以利用一元子句传播过程来构造给定 2-满足公式的一个能量为零的微观自旋构型，或证明这样的微观构型不存在。图 6.2 描述了实现这一过程的简单例子。

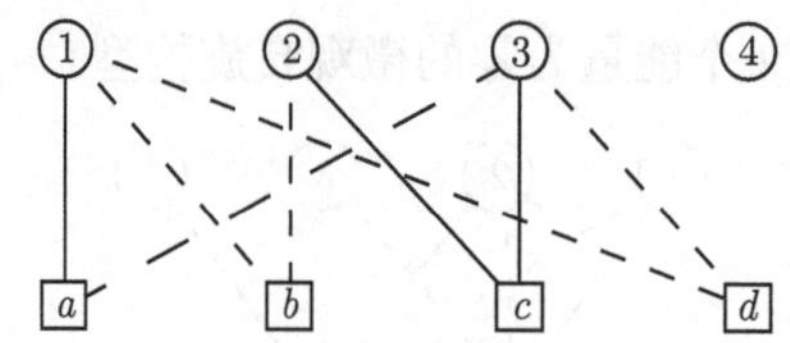

图 6.2　求解 2-满足问题的一元子句传播算法

图中的因素网络包含 $N = 4$ 个变量节点和 $M = 4$ 个约束节点。我们可以首先尝试将自旋 σ_1 赋值为 $+1$，但所引起的一元子句传播将导致冲突的出现，例如，约束 c 要求节点 3 取自旋值 $\sigma_3 = +1$，而约束 d 却要求节点 3 取自旋值 $\sigma_3 = -1$。那么节点 1 只能取自旋值 $\sigma_1 = -1$，这一赋值引发另一个一元子句传播过程，它将变量节点 3 的自旋值固定为 $\sigma_3 = -1$，进而将变量节点 2 的自旋值固定为 $\sigma_2 = +1$。后一个一元子句传播过程没有引起任何冲突，因而是可以接受的。变量节点 4 由于未连接任何约束节点，其自旋值可以任取 $\sigma_4 = +1$ 或 -1

习题 6.2　证明一元子句传播算法能够确定任何一个 2-满足公式是否可被满足。请编程实现这一算法。

2-满足问题属于简单约束满足问题，但 $K \geqslant 3$ 的 K-满足问题都是 NP-完备类型的约束满足问题[58,59]。对于 $K \geqslant 3$ 的一般情形，很可能不存在一个算法能够确保在计算时间为 N^γ 的量级内判断任意一个包含 N 个变量节点的 K-满足公式是否存在能量为零的构型（指数 γ 是不依赖于 N 的常数）。对于那些包含 N 个变量的最为困难的 K-满足公式，可能只能将所有 2^N 个微观构型一个一个代入式 (6.4) 看它们是否使其能量为零。这一枚举算法只能用于处理 $N < 100$ 的 K-满足问题。一个改进的枚举算法是著名的 Davis-Putnam-Logemann-Loveland（DPLL）算法[199,200]。计算机科学家为了提高 DPLL 算法的效率做了许多工作（见综述文

献 [201]），所有这些改进的 DPLL 算法虽然能够处理更大的 K-满足公式，但它们也都是指数型的，对于最为困难的 K-满足问题仍然束手无策。

人们也发展了许多求解 K-满足问题的经验算法（参见综述文献 [201]），这些经验算法的目的是构造满足表达式（6.2）的微观构型。如果找到了一个这样的微观构型，就说明给定的 K-满足问题是可被满足的，但如果这样的微观构型没有找到，却不能由此断定式（6.2）是不可满足的。

近些年来数学家和理论计算机科学家也对 3-满足（$K=3$）问题的不可满足性做了许多工作，参见文献 [202]-[205]。要判定给定 3-满足公式没有能量为零的微观构型，一种计算方案是将该 3-满足公式转化为一个 3-异或满足（3-XORSAT）公式进行研究，并通过证明转化后的 3-异或满足公式的基态能量不可能低于某一阈值而证明了原始的 3-满足公式不可能有解。本章不再进一步展开讨论这一更为困难的问题，有兴趣的读者可以参考文献 [204]、[206]。

6.1.3 随机 K-满足问题

随机 K-满足问题是 K-满足问题的一个子集合，它在 K-满足问题的典型计算复杂性研究中发挥了重要的作用[184–186]。

包含 N 个变量节点和 M 个约束节点的一个随机 K-满足问题的因素网络 W 可以这样产生，对于每一个约束节点 $a \in \{1, 2, \cdots, M\}$，先从 N 个变量节点中任选 K 个不同节点 $i_1, i_2, \cdots, i_K$ 作为 a 在网络 W 里的邻居，即 $\partial a = \{i_1, i_2, \cdots, i_K\}$；然后对于集合 ∂a 的每一个变量节点 i，将 a 和 i 通过实边或虚边连接起来，实边对应于耦合常数 $J_a^i = +1$，虚边对应于 $J_a^i = -1$，且边 (i, a) 为实边和虚边的概率各为 $\dfrac{1}{2}$。

随机 K-满足问题所对应的因素网络 W 是一个随机网络。当 $N \gg 1$ 时，该随机网络的大部分统计性质只与两个结构参量有关，即参数 K 和约束密度（constraint density）α

$$\alpha \equiv \frac{M}{N} . \tag{6.6}$$

在本章中，我们只关心 α 为常数的随机 K-满足问题。参数 K 和 α 都为常数的随机因素网络的局域结构是树状的，网络中只有非常少数目的长度为 $O(1)$ 量级的回路，而网络中典型回路的长度为 $O(\ln N)$ 量级，该典型长度在 $N \to \infty$ 的热力学极限将趋向于无穷。这一重要结构特征使随机 K-满足问题的一些统计性质可以精确地进行理论上的描述。对随机 K-满足问题的统计物理理论研究起始于 Monasson 和 Zecchina 的工作[61,62]，现在已经结出了丰硕的成果[19]。

随机 K-满足因素网络 W 中边的总数目为 $K \times M = K\alpha \times N$，其中，每条边为实边和虚边的概率都是 $\dfrac{1}{2}$。任选一个约束节点，它与某一特定变量节点 i 之间有

边相连的概率 p 为

$$p = \frac{\begin{pmatrix} N-1 \\ K-1 \end{pmatrix}}{\begin{pmatrix} N \\ K \end{pmatrix}} = \frac{K}{N} .$$

任选网络 W 中的一个变量节点，该节点连有 k 条边的概率服从二项式分布

$$\begin{pmatrix} M \\ k \end{pmatrix} p^k (1-p)^{M-k} .$$

在 $N \gg 1$ 的情况下，该二项式分布趋向于平均值为 αK 的泊松分布，即变量节点的连通度分布 $P_v(k)$ 为

$$P_v(k) = \frac{(\alpha K)^k \mathrm{e}^{-\alpha K}}{k!}, \qquad k \geqslant 0 . \tag{6.7}$$

我们还容易验证一个变量节点所连的边中有 k_+ 条实边以及 k_- 条虚边的联合概率 $P_v(k_+, k_-)$，在 $N \gg 1$ 时的渐进表达式为两个平均值为 $(\alpha/2)K$ 的泊松分布之积

$$P_v(k_+, k_-) = \frac{(\alpha K/2)^{k_+} \mathrm{e}^{-\alpha K/2}}{k_+!} \frac{(\alpha K/2)^{k_-} \mathrm{e}^{-\alpha K/2}}{k_-!} . \tag{6.8}$$

式 (6.8) 说明一个变量节点 i 的实边数目 k_+ 及虚边数目 k_- 是相互独立的随机非负整数。

习题 6.3 任意挑选随机 K-满足因素网络 W 的一条边 (i, a)。这条边所连的变量节点 i 除了边 (i, a) 外可能还连有一些实边和虚边。记这些额外的实边和虚边数目分别为 k_+^c 和 k_-^c，参见示意图6.3。证明当变量节点数 $N \to \infty$ 时，这些额外连通度的联合概率分布，记为 $P_v^{(c)}(k_+^c, k_-^c)$，也同样是平均值为 $K\alpha/2$ 的两个泊松分布的乘积

$$P_v^{(c)}(k_+^c, k_-^c) = \frac{(\alpha K/2)^{k_+^c} e^{-\alpha K/2}}{k_+^c!} \frac{(\alpha K/2)^{k_-^c} e^{-\alpha K/2}}{k_-^c!} . \tag{6.9}$$

除了上面介绍的变量节点连通度为泊松分布的随机因素网络外，文献中也经常考虑规整随机因素网络上的 K-满足问题。在规整随机因素网络中每个变量节点上连的边数都相同，因而网络结构的无序程度要稍微小一些。本章局限于讨论变量节点连通度为泊松分布（式（6.7））的随机因素网络上的 K-满足问题。但本章的理论和方法也同样可用于规整随机因素网络。

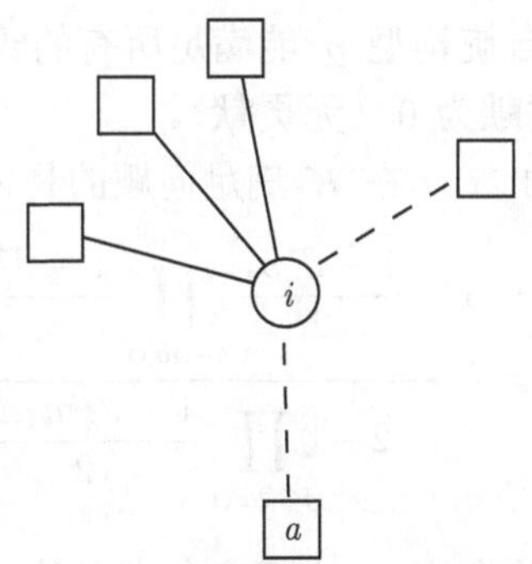

图 6.3 图中变量节点 i 除边 (i,a) 之外的额外正连通度为 $k_+^c = 3$，而额外负连通度则为 $k_-^c = 1$，该节点的总连通度为 $k_i = 5$

6.2 解空间熵密度

K-满足问题的能量函数（6.4）具有表达式（2.1）的形式，故它所对应的配分函数和自由能可以通过第 3 章和第 4 章的一般理论来计算。在这一节我们局限于考虑存在至少一个解的 K-满足公式，即能量函数（6.4）存在能量为零的微观构型。所有这些零能量微观构型构成系统的解空间，它包含的微观构型总数目记为 Ω（$\Omega \geqslant 1$）。对于这种可满足的 K-满足公式，描述解空间大小的一个重要统计物理学量是解空间的熵 S，即

$$S \equiv \ln \Omega \,. \tag{6.10}$$

K-满足问题的解空间对应于系统配分函数在温度 $T = 0$（即逆温度 $\beta \to \infty$）的极限。现在我们利用自旋玻璃复本对称平均场理论的零温极限来计算熵 S。

6.2.1 信念传播方程

对于 K-满足问题，变量节点 i 的玻尔兹曼因子是 $\psi_i(\sigma_i) = 1$（参见 2.2 节），即变量节点 i 对它的自旋 σ_i 没有任何偏好；而每个约束 a 的能量或者为 0 或者为 1，在 $\beta \to \infty$ 的情况下，其玻尔兹曼因子 $\psi_a(\underline{\sigma}_{\partial a})$ 可以写为

$$\psi_a(\underline{\sigma}_{\partial a}) = 1 - \prod_{j \in \partial a} \frac{(1 - J_a^j \sigma_j)}{2} \,. \tag{6.11}$$

如果约束 a 能被周围的变量节点的自旋态满足，那么 $\psi_a = 1$，反之则有 $\psi_a = 0$。在这一零温度极限下，系统的配分函数就是解空间中包含的解的总数目 Ω，即

$$Z = \Omega = \sum_{\underline{\sigma}} \prod_{a=1}^{M} \psi_a(\underline{\sigma}_{\partial a}) = \sum_{\underline{\sigma}} \prod_{a=1}^{M} \left[1 - \prod_{j \in \partial a} \frac{(1 - J_a^j \sigma_j)}{2} \right] \,. \tag{6.12}$$

式 (6.12) 说明只有当微观自旋构型 $\underline{\sigma}$ 能满足所有的约束时它才对配分函数有贡献，贡献为 $+1$，反之它的贡献为 0 (无贡献)。

信念传播 (BP) 方程 (3.27b) 在 K-满足问题的具体形式为

$$p_{a\to i}(\sigma_i)=\frac{1-\dfrac{1-J_a^i\sigma_i}{2}\displaystyle\prod_{j\in\partial a\backslash i}\frac{1-J_a^j m_{j\to a}}{2}}{2-\displaystyle\prod_{j\in\partial a\backslash i}\frac{1-J_a^j m_{j\to a}}{2}}\,,\tag{6.13}$$

其中，$m_{j\to a}$ 是变量节点 j 的自旋 σ_j 在概率分布函数 $q_{j\to a}(\sigma_j)$ 下的平均值，即

$$m_{j\to a}\equiv\sum_{\sigma_j}\sigma_j q_{j\to a}(\sigma_j)\,.\tag{6.14}$$

概率分布函数 $p_{a\to i}(\sigma)$ 表示的是变量节点 i 在只受到约束 a 的限制的情况下，它的自旋态 σ_i 为 ±1 的相应概率；而概率分布函数 $q_{j\to a}(\sigma)$ 则表示的是变量节点 j 在不受到约束 a 影响 (但受所有其他最近邻因素节点影响) 的情况下，它的自旋态 σ_j 为 ±1 的相应概率。我们很容易从 Bethe-Peierls 近似的角度理解表达式 (6.13)。如果变量节点 i 的自旋态为 $\sigma_i=J_a^i$，则无论约束 a 的其他最近邻变量节点为何种自旋态，约束 a 总是被满足了。我们就以变量节点 i 处于这一自旋态的权重作为基准权重 1，也即 $\sigma_i=J_a^i$ 时式 (6.13) 的分子的值。只有当约束 a 至少能被它的另外一个最近邻变量节点所满足的情况下，变量节点 i 的自旋才被允许取值为 $\sigma_i=-J_a^i$。设变量节点 j 是 a 的其他最近邻变量节点中的一员，它的自旋在不受约束 a 的影响的情况下取值为 $\sigma_j=-J_a^j$ 的概率为 $q_{j\to a}(-J_a^j)$，由式 (6.14) 可知该概率等于 $\dfrac{1-J_a^j m_{j\to a}}{2}$。若假定约束 a 的所有这些其余的变量节点在不受其影响的情况下是彼此独立的，那 a 至少能被它们之中某一个所满足的概率就等于

$$1-\prod_{j\in\partial a\backslash i}\frac{1-J_a^j m_{j\to a}}{2}\,.$$

上式就是变量节点 i 的自旋为 $\sigma_i=-J_a^i$ 的统计权重 (当然是相对于自旋值 $\sigma_i=J_a^i$ 的统计权重)，它就是 $\sigma_i=-J_a^i$ 时式 (6.13) 的分子的值。将 $\sigma_i=\pm J_a^i$ 的统计权重归一化以后就可以得到表达式 (6.13)。为方便以后的讨论，对于每一条边 (i,a)，定义约束节点 a 加给变量节点 i 的内场 (internal field) $h_{a\to i}$ 为

$$h_{a\to i}\equiv\frac{1}{2}\ln\left[1-\prod_{j\in\partial a\backslash i}\frac{1-J_a^i m_{j\to a}}{2}\right].\tag{6.15}$$

由于 $m_{i\to a}$ 是在不考虑约束 a 的情况下变量节点 i 的自旋 σ_i 的统计平均值，那我们利用信念传播方程 (3.27a) 以及方程 (6.13) 就可以得到 $m_{i\to a}$ 的自洽迭代方程

为

$$m_{i\to a}=\frac{\prod\limits_{b\in\partial i^-\backslash a}\left[1-\prod\limits_{j\in\partial b\backslash i}\frac{1-J_b^j m_{j\to b}}{2}\right]-\prod\limits_{c\in\partial i^+\backslash a}\left[1-\prod\limits_{k\in\partial c\backslash i}\frac{1-J_c^k m_{k\to c}}{2}\right]}{\prod\limits_{b\in\partial i^-\backslash a}\left[1-\prod\limits_{j\in\partial b\backslash i}\frac{1-J_b^j m_{j\to b}}{2}\right]+\prod\limits_{c\in\partial i^+\backslash a}\left[1-\prod\limits_{k\in\partial c\backslash i}\frac{1-J_c^k m_{k\to c}}{2}\right]}, \tag{6.16}$$

其中，∂i^- 与 ∂i^+ 分别表示与变量节点 i 通过一条虚边（耦合常数为 -1）相连的因素节点构成的集合以及与之通过一条实边（耦合常数为 $+1$）相连的因素节点所构成的集合。这两个集合没有交集，且 $\partial i^-\cup\partial i^+=\partial i$。从 Bethe-Peierls 近似的角度可以发现式（6.16）的分子和分母的第一项是在变量节点 i 的自旋固定为 $\sigma_i=+1$ 的情况下该变量节点所连的所有除约束 a 以外的其他约束节点都可被满足的概率，而分子和分母的第二项则是 $\sigma_i=-1$ 的情况下这些约束节点都可被满足的概率。只有零能量的微观构型对统计权重有贡献，因而自旋平均值 $m_{i\to a}$ 由式（6.16）确定。该式的一种更紧凑形式为

$$m_{i\to a}=\tanh\left(\sum_{b\in\partial i^-\backslash a}h_{b\to i}-\sum_{c\in\partial i^+\backslash a}h_{c\to i}\right). \tag{6.17}$$

方程（6.16）就是 K-满足问题的信念传播方程，它的不动点可以在给定 K-满足因素网络 W 上通过随机迭代的方法得到。作为初始条件，因素网络 W 的每一条边 (i,a) 上的平均值可以初始化为 $m_{i\to a}=0$。在信念传播方程（6.16）达到一个不动点后，系统熵的 Bethe-Peiels 近似表达式（参见 3.4 节）有如下的形式：

$$\begin{aligned}S=\ln Z=&\sum_{a=1}^{M}\ln\left[1-\prod_{i\in\partial a}\frac{1-J_a^i m_{i\to a}}{2}\right]\\&+\sum_{i=1}^{N}\ln\left[\frac{\prod\limits_{b\in\partial i^-}\left(1-\prod\limits_{j\in\partial b\backslash i}\frac{1-J_b^j m_{j\to b}}{2}\right)+\prod\limits_{c\in\partial i^+}\left(1-\prod\limits_{k\in\partial c\backslash i}\frac{1-J_c^k m_{k\to c}}{2}\right)}{\prod\limits_{a\in\partial i}\left(2-\prod\limits_{j\in\partial a\backslash i}\frac{1-J_a^j m_{j\to a}}{2}\right)}\right]\\&-\sum_{(i,a)\in W}\ln\left[\frac{1-\frac{1-J_a^i m_{i\to a}}{2}\prod\limits_{j\in\partial a\backslash i}\frac{1-J_a^j m_{j\to a}}{2}}{2-\prod\limits_{j\in\partial a\backslash i}\frac{1-J_a^j m_{j\to a}}{2}}\right].\end{aligned} \tag{6.18}$$

将式（6.18）稍作整理可以得到

$$S=\sum_{i=1}^{N}\ln\left[\prod_{b\in\partial i^-}\left(1-\prod_{j\in\partial b\backslash i}\frac{1-J_b^j m_{j\to b}}{2}\right)+\prod_{c\in\partial i^+}\left(1-\prod_{k\in\partial c\backslash i}\frac{1-J_c^k m_{k\to c}}{2}\right)\right]$$

$$
-\sum_{a=1}^{M}\left(|\partial a|-1\right)\ln\left[1-\prod_{j\in\partial a}\frac{1-J_a^j m_{j\to a}}{2}\right]. \tag{6.19}
$$

式中，$|\partial a|$ 是约束节点 a 的连通度（对于 K-满足问题，$|\partial a|\equiv K$）。由 S 就可得到解空间的熵密度 s 为

$$
s\equiv\frac{S}{N}. \tag{6.20}
$$

变量节点 i 在解空间的平均磁矩 m_i，由式（3.67）可知有如下近似表达式：

$$
m_i=\frac{\prod\limits_{b\in\partial i^-}\left[1-\prod\limits_{j\in\partial b\setminus i}\frac{1-J_b^j m_{j\to b}}{2}\right]-\prod\limits_{c\in\partial i^+}\left[1-\prod\limits_{k\in\partial c\setminus i}\frac{1-J_c^k m_{k\to c}}{2}\right]}{\prod\limits_{b\in\partial i^-}\left[1-\prod\limits_{j\in\partial b\setminus i}\frac{1-J_b^j m_{j\to b}}{2}\right]+\prod\limits_{c\in\partial i^+}\left[1-\prod\limits_{k\in\partial c\setminus i}\frac{1-J_c^k m_{k\to c}}{2}\right]}. \tag{6.21}
$$

该表达式非常类似于式（6.16），因此也可以很容易从 Bethe-Peierls 近似的角度加以理解。平均磁矩 m_i 描述变量节点 i 自旋取向的偏好，如果 $m_i\approx 0$，说明变量 i 在 K-满足公式的解空间中 $\sigma_i=+1$ 和 $\sigma_i=-1$ 的概率非常接近，而如果 $m_i\approx 1$（或 ≈ -1），则说明变量 i 在解空间的绝大部分微观构型中都取 $\sigma_i=+1$（或 $\sigma_i=-1$）。变量节点 i 感受到的来自所有周围约束节点的总内场 $h_i^{(\mathrm{int})}$ 为

$$
h_i^{(\mathrm{int})}=\sum_{b\in\partial i^-}h_{b\to i}-\sum_{c\in\partial i^+}h_{c\to i}, \tag{6.22}
$$

而式（6.21）则可写成了更紧凑的形式

$$
m_i=\tanh(h_i^{(\mathrm{int})}). \tag{6.23}
$$

Edwards-Anderson 序参量 q_{EA}[1] 描述的是解空间不同微观构型之间的平均交叠度

$$
\begin{aligned}
q_{\mathrm{EA}}&=\frac{1}{N}\langle\underline{\sigma}^{(1)}\cdot\underline{\sigma}^{(2)}\rangle=\frac{1}{N}\sum_{i=1}^{N}\langle\sigma_i^{(1)}\sigma_i^{(2)}\rangle\\
&=\frac{1}{N}\sum_{i=1}^{N}m_i^2.
\end{aligned} \tag{6.24}
$$

式中，$\underline{\sigma}^{(1)}\equiv\{\sigma_1^{(1)},\sigma_2^{(1)},\ldots,\sigma_N^{(1)}\}$ 和 $\underline{\sigma}^{(2)}\equiv\{\sigma_1^{(2)},\sigma_2^{(2)},\ldots,\sigma_N^{(2)}\}$ 表示解空间的两个微观构型，而 $\langle\cdot\rangle$ 代表对解空间的所有微观构型求平均。如果 q_{EA} 的值接近于 1，这说明解空间中的不同微观构型相似度很高，因而解空间的熵也较小；若 $q_{\mathrm{EA}}\approx 0$，则说明解空间的不同微观构型之间的相似度很低。

对于不包含任何回路的因素网络，由第 3 章的理论可知，熵的表达式（6.19）及平均磁矩的表达式（6.21）都是完全精确的。当因素网络含有许多回路时，这两个表达式都只是近似表达式。对于随机因素网络，由于系统中典型回路的长度为 $O(\ln N)$ 的量级，在信念传播方程（6.16）能够收敛的情况下，可以期望熵及平均磁矩的圈图修正贡献将随着变量节点数目 $N \to \infty$ 而变得可以完全忽略，从而使式（6.19）和式（6.21）在热力学极限下趋向于精确的结果。

6.2.2 单个样本

图 6.4 显示了由式（6.19）和式（6.24）所得到的单个随机 3-满足公式的解空间熵密度及 Edwards-Anderson 序参量随约束密度 α 的变化曲线。熵密度 s 随着 α 的增加而递减，而序参量 q_{EA} 则随 α 的增加而递增。

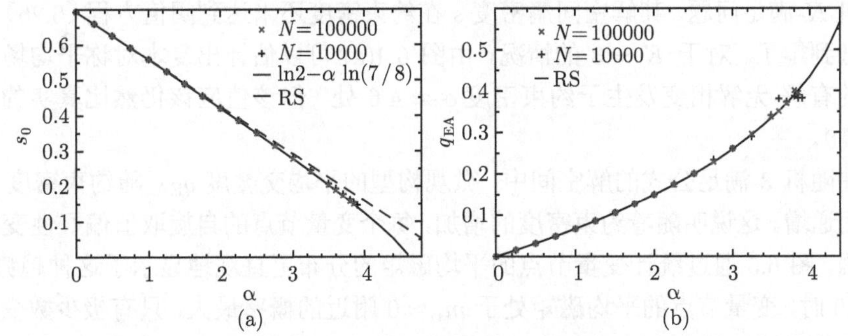

图 6.4 随机 3-满足问题的解空间统计性质

(a) 熵密度 s；(b) Edwards-Anderson 序参量 q_{EA}。符号“+”和“×”标示的数据是对于一个包含 N 个变量的随机 3-满足公式的前 $M = \alpha N$ 个约束所构成的子公式用信念传播方程（6.16）得到的结果（“+”：$N = 10^4$；“×”：$N = 10^5$）；实线是由复本对称（RS）种群动力学模拟所得到的系综平均结果。虚线是表达式 $s = \ln 2 + \alpha \ln(7/8)$，当 $\alpha < 1$ 时它是解空间熵密度的极好近似，但当 α 较大时它明显比实际熵密度要大

在 α 接近于零时，s 随 α 的变化可以近似写为

$$s \approx \ln 2 + \alpha \ln(1 - 2^{-K}) . \tag{6.25}$$

这一近似表达式很容易理解，当约束数目 $M = 0$ 时，解空间的体积为 2^N，系统中每一个变量节点 i 自旋取 $+1$ 和-1 的概率相同；当第一个约束 a 加入公式后，解空间的体积缩小为 $2^N\left(1 - \dfrac{1}{2^K}\right)$，但系统中每一个变量节点 i 自旋取 $\sigma_i = +1$ 的概率仍然非常接近于它取$\sigma_i = -1$ 的概率；当第二个约束 b 加入公式后，解空间的体积进一步缩小为 $2^N\left(1 - \dfrac{1}{2^K}\right)^2$；依此类推，假设系统中每一个节点 i 自旋取 $+1$ 和 -1 的概率都非常接近于 $\dfrac{1}{2}$，那么解空间中包含的构型数目就将很接近于

$2^N\left(1-\frac{1}{2^K}\right)^M$，即得到熵密度的上述近似表达式。

对于随机 3-满足公式，由图 6.4(a) 可知式（6.25）在 $\alpha<1$ 时是解空间熵密度的极好近似。但当 $\alpha>2$ 时，由于系统中有许多变量的自旋取 $+1$ 的概率显著地不同于其自旋为 -1 的概率（见图 6.5），导致解空间的熵密度小于由式（6.25）预言的结果。由式（6.25）可以看出，如果随机 K-满足公式的约束密度超过如下阈值：

$$\frac{\ln 2}{-\ln(1-2^{-K})}, \tag{6.26}$$

那么解空间的熵密度 s 将变为负数，也不存在满足所有约束的微观自旋构型。由于式（6.25）只是熵密度的上限，随机 K-满足公式在比上述阈值更小的约束密度处就不可满足了。利用 6.2.3 节的复本对称种群动力学模拟可以发现，对于 K 值有限的随机 K-满足问题，其解空间熵密度 s 在约束密度还未达到阈值方程（6.26）就已经降低到零了。对于 $K=3$ 的情况，由图 6.4(a) 可以估计出复本对称平均场理论预言的有解-无解相变发生于约束密度 $\alpha\approx 4.6$ 处（但该值应该仍然比真实的相变点要高）。

在随机 3-满足公式的解空间中，微观构型的平均交叠度 $q_{\rm EA}$ 随约束密度 α 的增加而递增。这说明随着约束密度的增加，每个变量节点的自旋取值偏好性变得越来越强。图 6.5 通过统计变量节点的平均磁矩的分布更直观地显示了这种趋势。当 $\alpha=2.0$ 时，变量节点的平均磁矩处于 $m_i\approx 0$ 附近的概率最大，只有极少数变量节点的平均磁矩接近 $m_i\approx\pm 1$；此时的平均磁矩直方图只在 $m_i\approx 0$ 处有一个峰值。但当约束密度增至 $\alpha=3.85$ 时，处于 $m_i\approx +1$ 和 $m_i\approx -1$ 的变量节点比例显著增加，它们对应于平均磁矩的两个峰值。

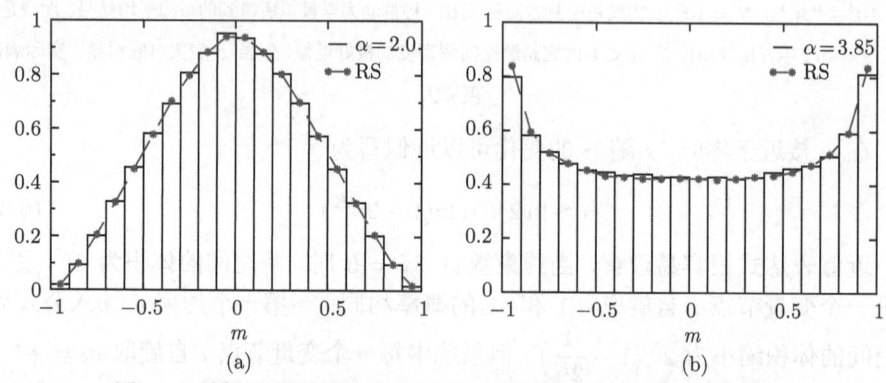

图 6.5　随机 3-满足问题中变量节点平均磁矩 m 的概率分布情况

直方图是通过信念传播迭代过程在单个随机 3-满足公式上得到的结果，该公式包含 $N=10^5$ 个变量，我们只考虑它的前 $M=\alpha N$ 个逻辑子句，$\alpha=2.0$（图（a））或 $\alpha=3.85$（图（b））。曲线则是通过复本对称（RS）种群动力学模拟得到的系综平均结果（对应于 $N\to\infty$）

在单个随机 3-满足公式的因素网络上进行信念传播方程（6.16）的迭代时，我们注意到如果约束密度 $\alpha < 3.86$，那么迭代过程通常很快就收敛到一个稳定不动点，但如果约束密度超过 3.86，迭代过程则通常不能完全收敛。类似的不收敛现象在约束密度足够大的随机 K-满足公式中也会出现（$K \geqslant 4$）。我们将在本章后一部分讨论随机 K-满足公式的解空间结构随约束密度的增加而出现的一些相变现象，从而将更多地理解信念传播方程迭代不收敛的原因。

6.2.3 系综平均

由图 6.4 也可以看出，随机 3-满足问题的解空间熵密度 s 及序参量 $q_{\rm EA}$ 与系统中变量节点数目 N 或者具体的随机 3-满足公式基本无关。这是因为熵密度 s 和 $q_{\rm EA}$ 都是强度量，具有"自平均"性质。这样，就可以通过对多个 K-满足样本的结果进行平均来比较精确地揭示随机 K-满足问题的典型统计性质。

但我们也可以在不给定任何 K-满足公式样本的情况下，通过信念传播方程预言出 K-满足问题的典型统计性质。这就是复本对称种群动力学模拟方法，它能给出变量节点数 $N \to \infty$ 热力学极限下的熵密度及其他一些统计物理学量。

考察随机 K-满足因素网络的一条边 (i,a)。由信念传播方程（6.16）知，在这条边上有两个统计平均值（即 $m_{i\to a}$ 和 $w_{a\to i}$）作为消息在信念传播过程中不断在更新，其中

$$w_{a\to i} \equiv 1 - \prod_{j\in\partial a\backslash i} \frac{1 - J_a^j m_{j\to a}}{2} \, . \tag{6.27}$$

消息 $w_{a\to i}$ 的物理意义是约束 a 无需变量节点 i 就已经被它周围的其他变量节点所满足的概率。当信念传播方程（6.16）达到一个不动点后，在不同的边 (i,a) 上统计平均值 $m_{i\to a}$ 和 $w_{a\to i}$ 的取值各不相同。记 $P(m)$ 和 $Q(w)$ 分别为系统中 $m_{i\to a} = m$ 的边的比例及 $w_{a\to i} = w$ 的边的比例，即

$$P(m) \equiv \frac{1}{KM} \sum_{(i,a)\in W} \delta\big(m - m_{i\to a}\big) \, , \tag{6.28a}$$

$$Q(w) \equiv \frac{1}{KM} \sum_{(i,a)\in W} \delta\big(w - w_{a\to i}\big) \, . \tag{6.28b}$$

这两个分布 $P(m)$ 和 $Q(w)$ 是彼此相关的，它们将通过一组自洽方程来决定。我们现在来推导出这组方程的具体形式。

在随机 K-满足问题中，约束节点 a 和变量节点 i 如果有一条边相连的话，这条边上的耦合常数 J_a^i 是一个随机数，有相同的概率等于 ± 1；而一个变量节点 i 与 $k = k_+ + k_-$ 个约束节点相连，其中，k_+ 条边的耦合参数为 $J = +1$，而另外 k_- 条边的耦合参数为 $J = -1$ 的概率由式（6.8）可以得出（$N \to \infty$）。我们更关心的

是连到一条给定边 (i,a) 的变量节点 i 的除边 (i,a) 以外的其他正边 k_+ 和负边 k_- 数目的联合概率分布。对于随机 K-满足问题，这一联合概率分布的表达式同样是式（6.8），参见习题 6.3。这样由式（6.27）和式（6.16）就可得到随机 K-满足问题中 $P(m)$ 和 $Q(w)$ 之间的自洽方程

$$Q(w)=\prod_{j=1}^{K-1}\left[\frac{1}{2}\sum_{J_j=-1}^{+1}\int_{-1}^{+1}P(m_j)\mathrm{d}m_j\right]\delta\left(w-1+\prod_{j=1}^{K-1}\frac{1-J_jm_j}{2}\right), \tag{6.29a}$$

$$\begin{aligned}P(m)=&\sum_{k^-=0}^{\infty}\frac{(\alpha K/2)^{k_-}\mathrm{e}^{-\alpha K/2}}{k_-!}\prod_{b=1}^{k_-}\int_0^1 Q(w_b)\mathrm{d}w_b\\&\times\sum_{k^+=0}^{\infty}\frac{(\alpha K/2)^{k_+}\mathrm{e}^{-\alpha K/2}}{k_+!}\prod_{c=1}^{k_+}\int_0^1 Q(w_c)\mathrm{d}w_c\delta\left(m-\frac{\prod_{b=1}^{k_-}w_b-\prod_{c=1}^{k_+}w_c}{\prod_{b=1}^{k_-}w_b-\prod_{c=1}^{k_+}w_c}\right).\end{aligned} \tag{6.29b}$$

解析求解耦合方程（6.29a）和方程（6.29b）通常是不可能的（而且也无必要），但这两个方程可以通过种群动力学模拟的方法来数值求解[116]。可以用一个包含 $\mathcal{N}$ 个元素 $\{w_1,w_2,\cdots\}$ 的集合来表示分布 $Q(w)$，并用另外一个包含同样多元素 $\{m_1,m_2,\cdots\}$ 的集合来表示分布 $P(m)$。然后我们不断更新这两个集合的元素，直到这两个集合所对应的统计直方图不再随时间改变。

更新集合 $\{w_1,w_2,\cdots\}$ 可以采取如下的简单方式，从集合 $\{m_i\}$ 中以彼此独立和完全随机的方式挑选 $K-1$ 个元素 $m_1,m_2,\ldots,m_{K-1}$，并以彼此独立和完全随机的方式产生 $K-1$ 个耦合参数 $J_1,J_2,\cdots,J_{K-1}$；由此可计算出一个新的 w 值

$$w=1-\prod_{j=1}^{K-1}\frac{1-J_jm_j}{2}\ ;$$

然后用该 w 值替代集合 $\{w_i\}$ 中任选的一个元素。

更新集合 $\{m_i\}$ 要稍微复杂一点，首先按照均值为 $\alpha K/2$ 的泊松分布产生相互独立的两个随机整数 k_+ 和 k_-；如果 $k_+=0$，则设实数 $C=1$，如果 $k_+>0$，则从集合 $\{w_i\}$ 中以彼此独立和完全随机的方式挑选 k_+ 个元素 w_c，并令

$$C=\prod_{c=1}^{k_+}w_c\ ;$$

类似地，如果 $k_-=0$，则设实数 $B=1$，不然就从集合 $\{w_i\}$ 中以彼此独立和完全

随机的方式挑选 k_- 个元素 w_b，并令

$$B=\prod_{b=1}^{k_-} w_b\,;$$

然后计算出一个新的 m 值为

$$m=\frac{B-C}{B+C}\,,$$

并将其替代集合 $\{m_i\}$ 中任意的一个元素。

对集合 $\{w_i\}$ 和 $\{m_i\}$ 的更新可以交替进行。当更新次数足够多以后，可以期望这两个集合所对应的分布将达到一个稳态，分别为 $Q(w)$ 和 $P(m)$。在随机 K-满足问题中，任选变量节点 i 的连通度分布方程（6.8）与从任选一条边 (i,a) 到达的变量节点 i 的额外连通度分布方程（6.9）完全一样，因此 $P(m)$ 也就是系统中任选节点的平均磁矩的概率分布。图 6.5 比较了由上述种群动力学模拟所得出的随机 3-满足问题的 $P(m)$ 概率分布与单个 3-满足公式中的计算结果的比较。可以发现系综平均分布与单个样本中的分布二者符合得很好。

随机 K-满足问题的熵密度s 系综平均值的种群动力学表达式为

$$\begin{aligned}s=&\alpha(1-K)\prod_{j=1}^{K}\sum_{J_j=-1}^{+1}\frac{1}{2}\int_{-1}^{1}\mathrm{d}m_jP(m_j)\ln\Big[1-\prod_{j=1}^{K}\frac{1-J_jm_j}{2}\Big]\\&+\sum_{k^+=0}^{\infty}\sum_{k^-=0}^{\infty}\frac{(\alpha K/2)^{k_++k_-}e^{-\alpha K}}{k_+!k_-!}\prod_{b=1}^{k_-}\int_0^1 Q(w_b)\mathrm{d}w_b\prod_{c=1}^{k_+}\int_0^1\mathrm{d}w_cQ(w_c)\\&\times\ln\Big(\prod_{b=1}^{k_-}w_b+\prod_{c=1}^{k_+}w_c\Big)\,.\end{aligned}\tag{6.30}$$

而 Edwards-Anderson 序参量的种群动力学表达式则为

$$q_{\mathrm{EA}}=\int_{-1}^{+1}m^2P(m)\mathrm{d}m\,.\tag{6.31}$$

图 6.4 比较了由种群动力学模拟得到的熵密度s 及序参量q_{EA} 与单个有限大小的 3-满足公式的计算结果。我们可以发现单个系统的结果与种群动力学模拟所得的结果是非常一致的。

种群动力学模拟的结果预言随机 3-满足的解空间熵密度在约束密度$\alpha\approx 4.6$ 时由正值变为负值，也即约束密度大于 4.6 的典型随机 3-满足公式没有能够满足所有约束的微观构型。我们将在以后的讨论中看到，由于复本对称平均场理论仍然忽略了解空间微观状态之间的一部分关联，它给出的有解-无解相变点预言实际上只是真实相变点的一个上限。随机 3-满足问题真正的有解-无解相变发生于 $\alpha\approx 4.2667$ 处。

6.3　信念传播启发的算法

当随机 K-满足公式的约束密度足够低时，很容易通过局部算法找到满足所有约束的一个或多个微观自旋构型。最为“懒惰”的一个局部算法流程如下：首先，所有的变量节点都处于未被赋值的状态；然后重复以完全随机的方式从所有尚未被赋值的变量节点中选取一个节点 i，将其自旋 σ_i 完全随机地设定为 $+1$ 或 -1，并将所有被 i 满足的约束节点删除。该算法在约束密度 $\alpha < 2.82$ 的区间能够成功求解随机 3-满足公式。人们对随机 K-满足问题还发展了很多其他局部搜索算法，参见文献 [201]、[207]及其引文。许多这样的局部搜索算法都能够成功求解约束密度$\alpha < 4.2$ 的随机 3-满足公式[208,209]，但其所需搜索时间随着 α 的增加而变得越来越长。

我们在本节介绍基于信念传播方程（6.16）的消息传递算法，这一类算法能够处理较为难解的约束满足问题。随着约束密度 α 的增加，随机 K-满足公式一些变量节点的自旋取向偏向性变得越来越明显。例如，图 6.5 显示在 $\alpha = 3.85$ 时，一个随机 3-满足公式中大约有 16% 的变量节点的平均磁矩绝对值超过 0.9。单个变量节点的自旋偏好性包含了公式解空间的重要统计信息。通过信念传播方程的迭代过程获得每个变量节点自旋平均值以后，就可以在这些信息的指导下构造能满足 K-满足公式的微观自旋构型。有两种常用的算法都能实现这一目的，即信念传播剥离（belief propagation-guided decimation，BPD）算法和信念传播强化（belief propagation-guided reinforcement，BPR）算法。

6.3.1　信念传播剥离算法

信念传播剥离算法的关键点是通过信念传播迭代过程估计出每个变量节点的自旋偏好性，并将偏好性最强的那些变量节点的自旋态固定[57,175]。这一算法的具体流程如下：

（0）读入给定约束满足公式并构造出它所对应的因素网络 W。将该因素网络任意一条边 (i,a) 上的平均磁矩消息初始化为 $m_{i\to a} = 0$。

（1）在因素网络 W 上将信念传播方程（6.16）迭代 L 步。在每一步迭代中，按照完全随机的顺序遍历网络 W 的每个变量节点 i 并更新该节点所连的每条边 (i,a) 上的平均磁矩消息 $m_{i\to a}$。在完成这 L 步迭代之后信念传播方程有可能仍未收敛到不动点，但无论是否收敛，我们都按照方程（6.21）计算 W 中每个变量节点 i 的平均磁矩 m_i。

（2）将网络 W 的变量节点按其平均磁矩绝对值由大到小进行排序，然后将排在最前面的比例为 r 的变量节点 i 的自旋态固定为 $\sigma_i = \mathrm{sgn}(m_i)$，即 σ_i 和平均磁

矩 m_i 的方向相同（如果平均磁矩 m_i 恰好等于零，则 σ_i 的赋值完全随机）。

（3）对因素网络 W 进行化简。将所有已被赋值的变量节点以及所有已被满足的约束节点从网络中删除。如果更新后的网络 W 中存在一个约束节点 b 只连有一个变量节点 j，则将 j 的自旋设为满足 b，即 $\sigma_j = J_b^j$，并进一步化简网络，直到 W 中所有约束节点都连有两条或更多条边。如果在网络的化简过程中发现某个约束节点未被满足但它所连的变量节点都已被赋值，则输出“出现冲突”并终止程序。

（4）若在网络的化简过程中没有出现冲突并且化简后的因素网络W 仍然有变量节点，则重复第（1）、（2）、（3）步。反之则输出所有变量节点的自旋值，由这些自旋值构成的微观构型即为输入约束满足公式的一个解。

BPD 算法的参数（迭代步数 L 和固定比例 r）可以根据输入约束满足公式的难易程度进行调整。一般而言，若约束密度 α 较大，则 r 值应取较小的值（如 $r = 0.01$ 或甚至更小）而 L 应取较大的值（如 $L = 10$ 或更大）。有时需要采用不同的随机数序列（如利用 TRNG 随机数生成函数库[211]）多次运行 BPD 程序才能成功构造公式的一个解。

6.3.2 信念传播强化算法

信念传播强化算法和 BPD 算法的主要思想是相同的，但它允许变量节点调整先前已被赋予的自旋状态，因而相较于 BPD 更具灵活性[210]。BPR 算法的最主要特点是在搜索过程中有强化记忆效应，这通过在每个变量节点 i 上引入可随时间变化的外场（external field）而实现。记这一外场为 h_i^0，参见式（3.31）。那么变量节点 i 平均磁矩 m_i 的表达式就要在式（6.23）的基础上稍作改动为

$$m_i(t) = \tanh(h_i^0 + h_i^{(int)}) , \tag{6.32}$$

而空腔磁矩 $m_{i\to a}$ 的表达式（6.17）也需要被修改为

$$m_{i\to a} = \tanh\left(h_i^0 + \sum_{b\in\partial i^-\backslash a} h_{b\to i} - \sum_{c\in\partial i^+\backslash a} h_{c\to i} \right) . \tag{6.33}$$

我们按照如下的流程更新每个变量节点 i 的自旋态 σ_i 和外场 h_i^0 以及输入输出消息：（0）读入给定约束满足公式并构造出它所对应的因素网络 W。将该因素网络任意一条边 (i,a) 上的平均磁矩消息初始化为 $m_{i\to a} = 0$，且初始化每个节点 i 上的外场为 $h_i^0 = 0$。以完全随机且相互独立的方式给每个变量节点 i 的自旋态赋值，并将该微观自旋构型的能量作为系统当前所达到的最小能量 $E_{\min}$。将总迭代时间设为 $t = 0$，并将等待时间（即搜索到另一个能量低于当前最小能量 $E_{\min}$ 所用时间）设为 $\Delta t = 0$。

（1）在因素网络 W 上进行一步信念传播迭代过程。在该过程中，以完全随机的方式遍历网络的每一个约束节点 a，按照表达式（6.15）逐一更新 a 的输出内场 $h_{a\to i}$ 并随即按表达式（6.22）更新最近邻变量节点 i 上的内场 $h_i^{(\text{int})}$。

（2）将等待时间 Δt 增加 1。对于因素网络 W 的每个变量节点 i，以概率

$$1-(\Delta t)^{-\gamma} \tag{6.34}$$

更新其外场为 $h_i^0 \leftarrow h_i^0 + \epsilon\,\text{sgn}(h_i^{(\text{int})})$，其中，$\epsilon$ 是预先设定的小量，而以 $(\Delta t)^{-\gamma}$ 的概率不更新 h_i^0。不同节点的外场更新与否是彼此独立的。更新每个节点 i 的自旋态为 $\sigma_i = \text{sgn}(h_i^{(\text{int})} + h_i^0)$。

（3）计算新的微观自旋构型的能量，如果该能量 E 低于最低能量 $E_{\min}$，则更新最低能量为 $E_{\min} = E$ 并将总迭代时间更新为 $t \leftarrow t + \Delta t$，然后输出该微观自旋构型及其能量，并将等待时间复位为 $\Delta t = 0$。

（4）如果 $E_{\min} = 0$，则输出“解已被找到”，输出相应的自旋微观构型并终止程序。如果最低能量 $E_{\min} > 0$ 且等待时间 Δt 不超过某个预先设定的最大值 W_t，则重复进行第（1）、（2）、（3）、（4）步，反之则输出“解未被找到”并终止程序。

在 BPR 算法搜寻能量低于当前最低能量 $E_{\min}$ 的过程中，随着搜索时间 Δt 的增加，每一变量节点的外场被更新的概率越来越大，且每次更新的绝对值都等于 ϵ，但正负号由该节点当前内场的符号而定。这样，如果某一节点 i 的内场 $h_i^{(\text{int})}$ 在大多数信念传播迭代步骤中都为正（负）值，那么该节点 i 的外场 h_i^0 的值就会变得越来越大（小）；而如果该节点的内场 $h_i^{(\text{int})}$ 在信念传播的迭代过程中频繁地改变符号，那么外场 h_i^0 就会在 0 附近涨落。

在图 6.6 所示的数值模拟实验中，将 BPR 算法的参数设置为 $\gamma = 0.01$，$\epsilon = 0.0025$，$W_t = 20\,000$。注意这组参数并不一定是最优的，而且更新外场的概率随等待时间的演化方式（方程（6.34））也不一定是最优的。参数及外场更新方式的最优设置可能与具体约束满足公式的类型有关，需要通过计算机实验的结果进行调整。

由后面几节的讨论可知，根据自旋玻璃平均场理论，随机 3-满足问题在约束密度 $\alpha < 4.267$ 时都是可解的[57,63,212]。图 6.6 显示了 BPR 算法在随机 3-满足公式上的运行效果。如果随机 3-满足公式的约束密度 $\alpha \leqslant 4.2$，BPR 算法能够较快地构造出一个解，但如果 $\alpha > 4.2$ 那该算法就很难构造一个解。BPD 算法在处理约束密度 $\alpha > 4.2$ 的随机 3-满足公式时也面临同样的困难。

当随机 K-满足公式的约束密度 α 接近于有解-无解相变阈值时，人们已经发现无论用何种算法求解该 K-满足公式都变得非常困难[184,208,209,213,214]。我们将在接下来的几节从随机 K-满足问题解空间结构随约束密度演化的角度来探讨这一计算复杂性激增背后的原因。

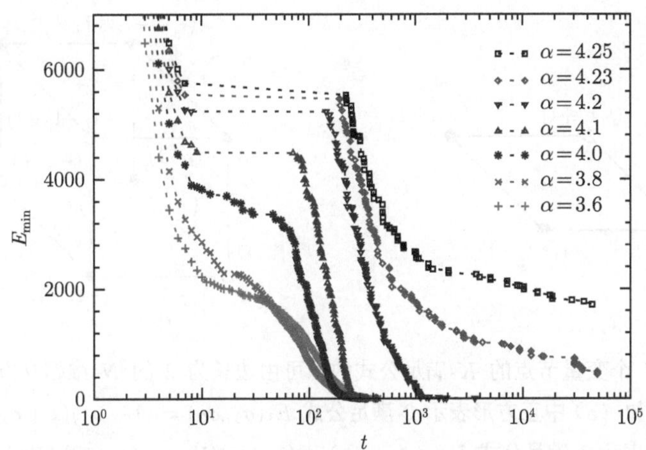

图 6.6 用 BPR 算法寻找随机 3-满足公式的解

横轴是 BPR 算法的演化时间 t，纵轴是在演化时间 t 内 BPR 算法达到的最低能量 $E_{\min}$。每一条曲线和相应数据点是在一个 3-满足公式上运行一次 BPR 算法的结果。所有这些 3-满足公式由同一个包含 $N=10^5$ 个变量的随机 3-满足公式的前 αN 个约束所组成

6.4 解空间结构相变

作为一种几何表示方法，可以将自旋微观态 $\underline{\sigma}=(\sigma_1,\sigma_2,\cdots,\sigma_N)$ 看成是边长为 2 的 N 维超立方体的一个顶点。那么该 N 维超立方体的部分顶点就代表一个包含 N 个变量的随机 K-满足公式的解，可以将这些顶点用实心点来表示而将所有其他顶点用空心点来表示，参见图 6.7。随着约束密度 α 的增加，随机 K-满足公式解的数目将越来越少，因而该 N 维超立方体的实心顶点数目也相应地越来越少。当约束密度 α 超过某个临界值以后，实心顶点在超立方体的分布可能将涌现出一些非平庸的统计性质。我们最为关心的性质是 N 维超立方体中实心点簇集成团的可能性，即 K-满足公式的解聚集于超立方体中的一些局部区域，这些局部区域的实心点密度远远大于超立方体中实心点的平均密度，导致实心点在 N 维超立方体上的分布具有非常强的异质性。

当约束密度 α 充分大时，超立方体中空心点的数目远远多于实心点的数目。如果随机 K-满足公式的解在超立方体中聚集成许多解簇（solution cluster），这些解簇之间的区域必定将主要由空心点占据。形象地说就是 K-满足公式的每个实心点富集的团簇在超立方体中都被空心点（非解）包围住。这就可能导致不同解簇之间在 N 维超立方体上只是通过相对而言极少数完全由实心点构成的路径相连（甚至完全没有这样的连通路径）。例如，图 6.7（b）的立方体中的 5 个实心点就被 3 个空心点分割成了两个互不连通的子集合。

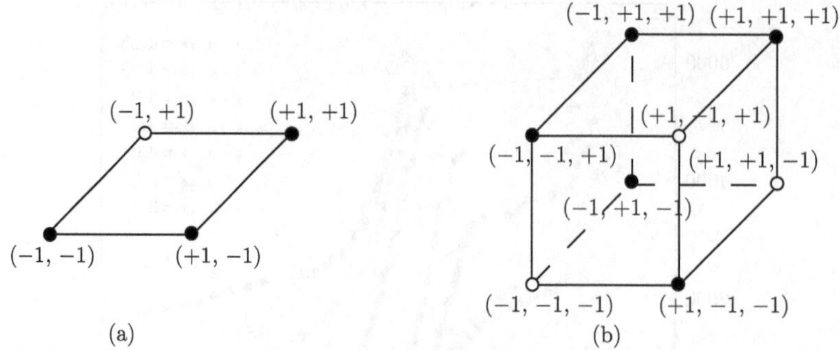

图 6.7　包含 N 个变量节点的 K-满足公式的解可由边长为 2 的 N 维超立方晶格中的实心格点来代表。例如，(a) 中正方形表示 2-满足公式 $E_1(\sigma_1,\sigma_2)=(1-\sigma_1)(1+\sigma_2)/4$ 的解空间，而 (b) 中立方体表示 3-满足公式 $E_2(\sigma_1,\sigma_2,\sigma_3)=(1-\sigma_1)(1-\sigma_2)(1-\sigma_3)/8+(1+\sigma_1)(1+\sigma_2)\cdot(1\text{-}\sigma_3)/8+(1+\sigma_1)(1-\sigma_2)(1+\sigma_3)/8$ 的解空间

在自旋玻璃一阶复本对称破缺平均场理论中，随机 K-满足公式的解空间被假设成是由许多宏观态构成的。每一宏观态对应于上面所描述的一个解簇，它包含能量函数 (6.4) 的一部分解，即能量等于零的微观构型，这些微观构型的相似程度较大，因而聚集于 N 维超立方体的同一个局部区域。不同宏观态的微观构型之间的相似程度则较小，它们分布于 N 维超立方体的不同局部区域。

在这一节利用一阶复本对称破缺平均场理论来定量描述这些直观物理图像，这些物理图像有的已经被严格证明是正确的[215−217]。

6.4.1　一阶复本对称破缺平均场理论

按照第 4 章描述的一阶复本对称破缺平均场理论，可以将随机 K-满足公式解空间的一个解簇看成系统的一个宏观态 α。宏观态 α 对应于信念传播方程 (6.16) 的一个不动点，它的熵的 Bethe-Peierls 近似值，记为 $S^{(\alpha)}$，可由表达式 (6.19) 计算出，而该宏观态中包含的解的数目就近似等于 $\mathrm{e}^{S^{(\alpha)}}$。

当系统存在超过一个宏观态时，系统的广义配分函数 Ξ 可以定义为对所有宏观态的加权求和[218]

$$\Xi=\sum_{\alpha}\exp\left[yS^{(\alpha)}\right]. \tag{6.35}$$

式中，宏观态层次的逆温度 y 起到了调节宏观态权重的作用。如果取 $y=0$，那么每一个宏观态对广义配分函数的贡献都相同 $(=1)$，则 $\Xi(y=0)$ 就等于系统中宏观态的总数目；如果取 $y=1$，那么宏观态对广义配分函数的贡献就正比于该宏观态中解的数目，则 $\Xi(y=1)$ 就等于 K-满足公式解的总数目。

变量节点 i 在解空间的每个宏观态 α 有自旋平均值 $m_i^{(\alpha)}$，该平均值随宏观态 α 的不同而有一定的涨落。相对于因素网络的一条边 (i,a)，变量节点 i 在每个

宏观态 α 还可以定义另外一个自旋平均值 $m_{i\to a}^{(\alpha)}$，它是节点 i 在不考虑约束 a 影响的情况下在宏观态 α 的自旋平均值，参见式（6.14）。自旋平均值 $m_{i\to a}^{(\alpha)}$ 也随宏观态 α 的不同而有一定的涨落，我们可以引入概率分布函数 $Q_{i\to a}(m)$ 来描述平均值 $m_{i\to a}^{(\alpha)}$ 在解空间宏观态层次的概率分布。

由第 4 章的一般理论（式（4.52））以及熵的 Bethe-Peierls 近似表达式（6.18），可以推导出广义配分函数（6.35）所对应的概观传播方程为

$$Q_{i\to a}(m)=\frac{1}{\Xi_{i\to a}}\prod_{b\in\partial i\backslash a}\prod_{j\in\partial b\backslash i}\int \mathrm{d}m_{j\to b}Q_{j\to b}(m_{j\to b})\left[\Omega_{i\to a}\right]^{y}$$
$$\times\delta\Big[m-M_{i\to a}(\{m_{j\to b}\})\Big]\,. \tag{6.36}$$

式中，权重因子 $\Omega_{i\to a}$ 的表达式为

$$\Omega_{i\to a}=\prod_{b\in\partial i^{-}\backslash a}\left(1-\prod_{j\in\partial b\backslash i}\frac{1-J_{b}^{j}m_{j\to b}}{2}\right)+\prod_{c\in\partial i^{+}\backslash a}\left(1-\prod_{j\in\partial c\backslash i}\frac{1-J_{c}^{j}m_{j\to c}}{2}\right)\,; \tag{6.37}$$

$M_{i\to a}(\{m_{j\to b}\})$ 则代表信念传播方程（6.16）等号右侧的表达式，即

$$M_{i\to a}(\{m_{j\to b}\})\equiv\frac{\prod\limits_{b\in\partial i^{-}\backslash a}\left(1-\prod\limits_{j\in\partial b\backslash i}\frac{1-J_{b}^{j}m_{j\to b}}{2}\right)-\prod\limits_{c\in\partial i^{+}\backslash a}\left(1-\prod\limits_{k\in\partial c\backslash i}\frac{1-J_{c}^{k}m_{k\to c}}{2}\right)}{\prod\limits_{b\in\partial i^{-}\backslash a}\left(1-\prod\limits_{j\in\partial b\backslash i}\frac{1-J_{b}^{j}m_{j\to b}}{2}\right)+\prod\limits_{c\in\partial i^{+}\backslash a}\left(1-\prod\limits_{k\in\partial c\backslash i}\frac{1-J_{c}^{k}m_{k\to c}}{2}\right)}\,;$$

而归一化常数 $\Xi_{i\to a}$ 的表达式则为

$$\Xi_{i\to a}=\prod_{b\in\partial i\backslash a}\prod_{j\in\partial b\backslash i}\int \mathrm{d}m_{j\to b}Q_{j\to b}(m_{j\to b})\left[\Omega_{i\to a}\right]^{y}\,. \tag{6.38}$$

概观传播方程（6.36）是 $K\times M$ 个概率分布函数之间的一组自洽方程。原则上可以通过在给定的因素网络进行迭代来获得这一组方程的不动点。在 $y=0$ 的极限情况下，由于权重因子 $[\Omega_{i\to a}]^{y}=1$，方程（6.36）的迭代求解将变得较为简单；$y=1$ 是另一个特例情况，此时通过引进新的辅助概率分布函数来简化概观传播方程（6.36），参见 4.6 节的详细讨论。但在 $y\neq 0$ 和 1 的一般情况下，权重因子 $[\Omega_{i\to a}]^{y}$ 的存在将导致计算复杂程度有很大的增加。文献中对于数值求解方程（6.36）形式的方程组有一些初步的讨论，见文献 [69], [174]、[177]、[218]。

与解空间广义配分函数（6.35）相对应的是解空间广义自由能 G

$$G\equiv-\frac{1}{y}\ln\Xi. \tag{6.39}$$

在一阶复本对称破缺平均场理论中，用 Monasson-Mézard-Parisi 自由能 G_0 作为广义自由能 G 的近似（忽略广义自由能的圈图修正贡献）。当概观传播方程（6.36）收敛后，广义自由能可通过不动点处的概率分布函数 $\{Q_{i\to a}(m_{i\to a})\}$ 求出来。根据第 4 章的一般理论公式（4.58）可知 G_0 的表达式为

$$\begin{aligned} G_0 = &-\frac{1}{y}\sum_{i=1}^{N}\ln\left[\prod_{a\in\partial i}\prod_{j\in\partial a\backslash i}\int \mathrm{d}m_{j\to a}Q_{j\to a}(m_{j\to a})\big[\Omega_i\big]^y\right] \\ &+\frac{1}{y}\sum_{a=1}^{M}(|\partial a|-1)\ln\Big[\prod_{j\in\partial a}\int \mathrm{d}m_{j\to a}Q_{j\to a}(m_{j\to a})\big[\Omega_a\big]^y\Big], \end{aligned} \tag{6.40}$$

其中，权重因子 Ω_i 和 Ω_a 的表达式分别为

$$\Omega_i = \prod_{b\in\partial i^-}\left(1-\prod_{j\in\partial b\backslash i}\frac{1-J_b^j m_{j\to b}}{2}\right)+\prod_{c\in\partial i^+}\left(1-\prod_{j\in\partial c\backslash i}\frac{1-J_c^j m_{j\to c}}{2}\right), \tag{6.41a}$$

$$\Omega_a = 1-\prod_{j\in\partial a}\frac{1-J_a^j m_{j\to a}}{2}. \tag{6.41b}$$

由广义配分函数（6.35）可以计算出宏观态的熵的平均值为

$$\begin{aligned} \langle S\rangle &\equiv \frac{\mathrm{d}\ln\Xi}{\mathrm{d}y} \approx -\frac{\mathrm{d}[yG_0]}{\mathrm{d}y} \\ &=\sum_{i=1}^{N}\frac{\prod\limits_{a\in\partial i}\prod\limits_{j\in\partial a\backslash i}\int \mathrm{d}m_{j\to a}Q_{j\to a}(m_{j\to a})\big[\Omega_i\big]^y\ln\Omega_i}{\prod\limits_{a\in\partial i}\prod\limits_{j\in\partial a\backslash i}\int \mathrm{d}m_{j\to a}Q_{j\to a}(m_{j\to a})\big[\Omega_i\big]^y} \\ &\quad -\sum_{a=1}^{M}(|\partial a|-1)\frac{\prod\limits_{j\in\partial a}\int \mathrm{d}m_{j\to a}Q_{j\to a}(m_{j\to a})\big[\Omega_a\big]^y\ln\Omega_a}{\prod\limits_{j\in\partial a}\int \mathrm{d}m_{j\to a}Q_{j\to a}(m_{j\to a})\big[\Omega_a\big]^y}. \end{aligned} \tag{6.42}$$

在给定的宏观态逆温度 y 处计算出广义自由能 G_0 及宏观态平均熵 $\langle S\rangle$ 以后，宏观态层次的熵密度（解空间的复杂度 Σ）就可以很容易地求得

$$\Sigma = -\frac{y}{N}\big[G_0+\langle S\rangle\big]. \tag{6.43}$$

复杂度 Σ 定量表征熵密度为$\frac{1}{N}\langle S\rangle_y$ 的宏观态的数量多少，参见 4.2 节的一般讨论。通过在不同的 y 值计算出复杂度和宏观态熵密度，就可以得到复杂度作为熵密度的函数，从而对随机 K-满足公式的解空间统计性质有一个较为完整的描述。我

们还可以对概观传播方程 (6.36)、广义自由能表达式 (6.40) 及宏观态平均熵方程 (6.42) 进行种群动力学模拟，从而在系综的层次对随机 K-满足问题的解空间性质进行定量刻画，参见 4.4.4 节。

6.4.2 簇集相变和凝聚相变

现在来考虑 $y=1$ 的特殊情况，此时每一个宏观态 α 对广义配分函数 Ξ 贡献的权重等于宏观态 α 中包含的解的数目。在 $y=1$ 时解空间每个微观构型都对广义配分函数 Ξ 有同样的贡献 ($=1$)。因而 $y=1$ 显然是控制参数 y 最为自然的选择。

我们采用 4.6 节介绍的方法引进一些新的辅助概率分布函数，从而将 $y=1$ 处的概观传播方程 (6.36)、广义自由能方程 (6.40) 及宏观态平均熵方程 (6.42) 写成另一种方便于数值计算的形式。首先定义边 (i,a) 上平均磁矩 $m_{i\to a}$ 的宏观态平均值为 $\overline{m}_{i\to a}$

$$\overline{m}_{i\to a}\equiv\int \mathrm{d}m\ Q_{i\to a}(m)m\ . \tag{6.44}$$

容易由概观传播方程 (6.36) 验证 $\overline{m}_{i\to a}$ 满足信念传播方程 (6.16)

$$\overline{m}_{i\to a}=\frac{\prod\limits_{b\in\partial i^-\backslash a}\left(1-\prod\limits_{j\in\partial b\backslash i}\frac{1-J_b^j\overline{m}_{j\to b}}{2}\right)-\prod\limits_{c\in\partial i^+\backslash a}\left(1-\prod\limits_{k\in\partial c\backslash i}\frac{1-J_c^k\overline{m}_{k\to c}}{2}\right)}{\prod\limits_{b\in\partial i^-\backslash a}\left(1-\prod\limits_{j\in\partial b\backslash i}\frac{1-J_b^j\overline{m}_{j\to b}}{2}\right)+\prod\limits_{c\in\partial i^+\backslash a}\left(1-\prod\limits_{k\in\partial c\backslash i}\frac{1-J_c^k\overline{m}_{k\to c}}{2}\right)}\ . \tag{6.45}$$

利用 $\{\overline{m}_{i\to a}\}$ 则可将广义自由能 G_0 的表达式 (6.40) 写成与熵 S 的表达式 (6.19) 完全相同的形式

$$\begin{aligned}G_0=&-\sum_{i=1}^{N}\ln\left[\prod_{b\in\partial i^-}\left(1-\prod_{j\in\partial b\backslash i}\frac{1-J_b^j\overline{m}_{j\to b}}{2}\right)+\prod_{c\in\partial i^+}\left(1-\prod_{k\in\partial c\backslash i}\frac{1-J_c^k\overline{m}_{k\to c}}{2}\right)\right]\\&+\sum_{a=1}^{M}\big(|\partial a|-1\big)\ln\left(1-\prod_{j\in\partial a}\frac{1-J_a^j\overline{m}_{j\to a}}{2}\right)\ .\end{aligned} \tag{6.46}$$

为了将概观传播方程 (6.36) 改写成方便于数值计算的形式，先在每条边 (i,a) 上定义辅助概率分布函数 $Q_{i\to a}(m|\sigma_i)$ 为

$$Q_{i\to a}(m|\sigma_i)\equiv\frac{\big[(1+\sigma_i m)/2\big]Q_{i\to a}(m)}{\big[(1+\sigma_i\overline{m}_{i\to a})/2\big]}, \tag{6.47}$$

式中，$\sigma_i=\pm1$ 是变量节点 i 的自旋值。由于 $(1+\sigma_i m_{i\to a})/2$ 是节点 i 在不考虑约束 a 影响的情况下在某一宏观态中自旋值为 σ_i 的概率，$Q_{i\to a}(m|\sigma_i)$ 的物理含义

就是在已观测到节点 i 的自旋为 σ_i 的情况下，该节点的自旋平均值为 m 的条件概率（不考虑约束 a 对节点 i 的影响）。由式（6.36）出发可以推导出 $y=1$ 时条件概率分布 $Q_{(i\to a)}(m|\sigma_i)$ 所满足的自洽方程为

$$Q_{i\to a}(m|\sigma_i)=\prod_{b\in\partial i\backslash a}\sum_{\underline{\sigma}_{\partial b\backslash i}} w_{b\to i}(\underline{\sigma}_{\partial b\backslash i}|\sigma_i)\prod_{j\in\partial b\backslash i}\int \mathrm{d}m_{j\to b}Q_{j\to b}(m_{j\to b}|\sigma_j) \times\delta\Big[m-M_{i\to a}(\{m_{j\to b}\})\Big], \tag{6.48}$$

其中，$\underline{\sigma}_{\partial b\backslash i}$ 表示约束节点 b 的最近邻变量节点（除去 i）的一个微观状态，$\underline{\sigma}_{\partial b\backslash i}\equiv\{\sigma_j : j\in\partial b\backslash i\}$，而 $w_{b\to i}(\underline{\sigma}_{\partial b\backslash i}|\sigma_i)$ 则是该微观态的一种特定概率分布，其表达式为

$$w_{b\to i}(\underline{\sigma}_{\partial b\backslash i}|\sigma_i)\equiv\frac{1-\dfrac{1-J_b^i\sigma_i}{2}\displaystyle\prod_{j\in\partial b\backslash i}\frac{1-J_b^j\sigma_j}{2}}{1-\dfrac{1-J_b^i\sigma_i}{2}\displaystyle\prod_{j\in\partial b\backslash i}\frac{1-J_b^j\overline{m}_{j\to b}}{2}}\prod_{k\in\partial b\backslash i}\frac{1+\sigma_k\overline{m}_{k\to b}}{2}. \tag{6.49}$$

容易验证 $w_{b\to i}(\underline{\sigma}_{\partial b\backslash i}|\sigma_i)$ 是非负且归一化的，$\sum_{\underline{\sigma}_{\partial b\backslash i}} w_{b\to i}(\underline{\sigma}_{\partial b\backslash i}|\sigma_i)\equiv 1$。这一概率分布实际上给出的是在已知变量 i 的自旋值为 σ_i 的情况下约束 a 的其他最近邻变量节点的自旋态在整个解空间的联合概率分布，因而它是一个条件概率分布。注意到如果 $\sigma_i=J_b^i$ 因而约束 a 已被节点 i 满足，那么条件概率表达式（6.49）将简化为单自旋边际概率分布乘积的形式，即

$$w_{b\to i}(\underline{\sigma}_{\partial b\backslash i}|\sigma_i=J_b^i)\equiv\prod_{k\in\partial b\backslash i}\frac{1+\sigma_k\overline{m}_{k\to b}}{2}. \tag{6.50}$$

习题 6.4 验证自洽方程 (6.48) 可由 $y=1$ 处的概观传播方程 (6.36) 推导出来，并仔细推敲其直观物理意义。

利用条件概率分布 $\{Q_{i\to a}(m|\sigma_i)\}$ 可将 $y=1$ 处的平均熵表达式（6.42）改写为如下的形式

$$\langle S\rangle=\sum_{i=1}^{N}\sum_{\sigma_i}w_i(\sigma_i)\prod_{a\in\partial i}\sum_{\underline{\sigma}_{\partial a\backslash i}}w_{a\to i}(\underline{\sigma}_{\partial a\backslash i}|\sigma_i)\prod_{j\in\partial a\backslash i}\int\mathrm{d}m_{j\to a}Q_{j\to a}(m_{j\to a}|\sigma_j)$$
$$\times\ln\left[\prod_{b\in\partial i-}\left(1-\prod_{j\in\partial b\backslash i}\frac{1-J_b^j m_{j\to b}}{2}\right)+\prod_{c\in\partial i+}\left(1-\prod_{j\in\partial c\backslash i}\frac{1-J_c^j m_{j\to c}}{2}\right)\right]$$

$$-\sum_{a=1}^{M}(|\partial a|-1)\sum_{\underline{\sigma}_{\partial a}} w_a(\underline{\sigma}_{\partial a})\prod_{j\in\partial a}\int \mathrm{d}m_{j\to a}Q_{j\to a}(m_{j\to a}|\sigma_j)$$
$$\times\ln\left(1-\prod_{j\in\partial a}\frac{1-J_a^j m_{j\to a}}{2}\right). \tag{6.51}$$

式中，$w_i(\sigma_i)$ 是变量节点 i 的自旋态在整个解空间的边际概率分布，其表达式为

$$w_i(\sigma_i)\equiv\frac{\prod\limits_{b\in\partial i^-}\left(1-\prod\limits_{j\in\partial b\backslash i}\frac{1-J_b^j\overline{m}_{j\to b}}{2}\right)\delta_{\sigma_i}^{+1}+\prod\limits_{c\in\partial i^+}\left(1-\prod\limits_{k\in\partial c\backslash i}\frac{1-J_c^k\overline{m}_{k\to c}}{2}\right)\delta_{\sigma_i}^{-1}}{\prod\limits_{b\in\partial i^-}\left(1-\prod\limits_{j\in\partial b\backslash i}\frac{1-J_b^j\overline{m}_{j\to b}}{2}\right)+\prod\limits_{c\in\partial i^+}\left(1-\prod\limits_{k\in\partial c\backslash i}\frac{1-J_c^k\overline{m}_{k\to c}}{2}\right)}; \tag{6.52}$$

而 $w_a(\underline{\sigma}_{\partial a})$ 则是约束 a 的最近邻变量节点的自旋微观态 $\underline{\sigma}_{\partial a}\equiv\{\sigma_j: j\in\partial a\}$ 在整个解空间的联合概率分布，其表达式为

$$w_a(\underline{\sigma}_{\partial a})\equiv\frac{1-\prod\limits_{j\in\partial a}\frac{1-J_a^j\sigma_j}{2}}{1-\prod\limits_{j\in\partial a}\frac{1-J_a^j\overline{m}_{j\to a}}{2}}\prod_{k\in\partial a}\frac{1+\sigma_k\overline{m}_{k\to a}}{2}. \tag{6.53}$$

我们可以对变换后的条件概率自洽方程（6.48）、广义自由能方程（6.46）及平均熵方程（6.48）进行种群动力学模拟，从而获得随机 K-满足问题解空间统计性质在系综层次的描述[174,175]，[175, 174] 具体的种群动力学模拟方案可参考 4.7 节。

种群动力学模拟的结果表明，当系统的约束密度 α 小于某个临界值 $\alpha_d(K)$ 时，概观传播方程（6.36）在 $y=1$ 处只有一个平庸不动点，在该不动点处每一条边 (i,a) 上的空腔概率分布函数 $Q_{i\to a}(m)$ 都是狄拉克尖峰函数

$$Q_{i\to a}(m)=\delta(m-\overline{m}_{i\to a}), \tag{6.54}$$

其中，平均磁矩 $\overline{m}_{i\to a}$ 满足信念传播方程（6.16）。在这种情况下，概观传播方程（6.36）就退化为信念传播方程（6.16），而且复杂度严格等于零

$$\Sigma\equiv 0,\qquad (\alpha<\alpha_d(K)\,,\ y=1). \tag{6.55}$$

根据复杂度 Σ 的定义式（4.4）可知宏观态的数目等于 $\mathrm{e}^{N\Sigma}$。复杂度为零说明随机 K-满足问题的解空间只存在一个有统计重要性的宏观态。

但当 α 超过 $\alpha_d(K)$ 时自洽方程（6.36）在 $y=1$ 处将出现非平庸解，该非平庸解对应的复杂度 $\Sigma\neq 0$，见图 6.8。这说明在 $\alpha>\alpha_d(K)$ 以后将有多个宏观态对随机 K-满足问题的解空间统计性质有贡献。

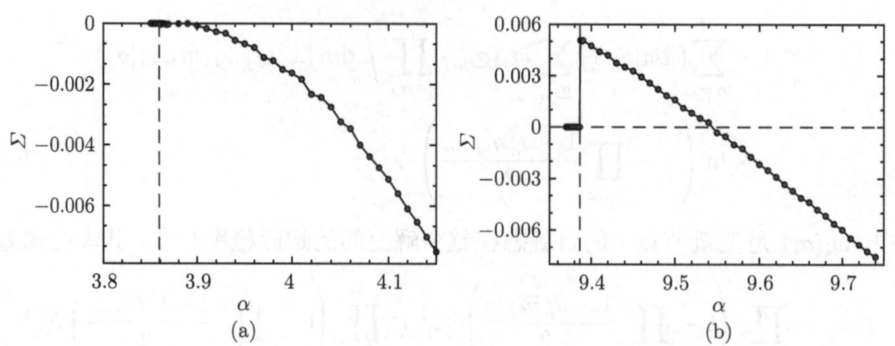

图 6.8　随机 K-满足问题解空间复杂度 Σ 在 $y=1$ 处的值作为约束密度 α 的函数

复杂度在给定 α 的值通过一阶复本对称破缺种群动力学模拟得到。竖直虚线标记簇集相变位置

(a) $K=3$; (b) $K=4$

上述平均场理论预言随机 K-满足问题的解空间在临界约束密度 $\alpha_d(K)$ 处在结构上发生定性改变，解空间宏观态的数目突然增多，即解空间分裂成数目众多的子空间，每个子空间包含一定数目的解，但不同子空间的统计性质各不相同，且不同子空间的解之间的相似度远远低于同一个子空间内部的解的相似度。这一突变现象在热力学极限 $N\to\infty$ 下被称为是簇集相变，而 $\alpha_d(K)$ 则被称为是簇集相变约束密度。由图 6.8 可知，随机 3-满足问题的 $\alpha_d\approx 3.86$[175,176]，而随机 4-满足问题的 $\alpha_d\approx 9.38$[174−175]。

当约束密度 α 从零逐渐增大并接近于 $\alpha_d(K)$ 时，解空间在统计显著性的意义下虽然只有一个宏观态，但该宏观态中却已经累积了越来越明显的局部社区结构[117,179,180,219]和越来越强的点到集合关联[158, 159, 163, 174]。点到集合特征关联长度随着差距 $(\alpha_d(K)-\alpha)$ 的变小而趋向于无穷大，参见示意图 3.5，这意味着在因素网络上以某个特定变量节点 i 为中心，将在因素网络上与该节点的最短距离为 l 的所有变量节点作为边界，则不管 l 多大，中心节点的自旋态 σ_i 总能感受到边界微观构型整体上的影响。换句话说，对于变量节点数处于热力学极限 $N\to\infty$ 的系统，每一个变量节点 i 都受到了无穷远处的边界状态的影响，而且该节点本身也作为许多其他变量节点的无穷远边界中的一员影响这些节点的状态。由于单个变量节点受到无穷远边界的影响，它对于自己的初始自旋态就有非常长的记忆效应。从动力学的角度而言系统解空间的各态历经性质在 $\alpha=\alpha_d(K)$ 处就完全破碎了。因而 $\alpha_d(K)$ 又称为是动力学相变约束密度。我们将在 6.6 节更详细地从结构和关联的角度研究 $\alpha\nearrow\alpha_d(K)$ 的过程。

对于随机 3-满足和随机 4-满足问题，复杂度 $\Sigma(y=1)$ 作为约束密度 α 的函数显示于图 6.8 中。对于 $K=3$ 的情形，复杂度在 $\alpha>\alpha_d$ 的区间都是负数，这说明发生簇集相变时，解空间虽然分裂成非常多的子空间，但只有少数一些最大的子空间在统计上起着决定性的作用，参见第 4.2 节。

而对于 $K=4$（以及 $K>4$ 的一般情形[175]），$y=1$ 处的复杂度在 $\alpha=\alpha_d$ 处从零跃变到一个正值。这说明发生簇集相变时，有为数众多的子空间对解空间的统计性质起着决定性的贡献，这些子空间并不是包含微观构型最多的那些子空间，参见第 4.2 节。当 α 超过 $\alpha_d(K)$ 后，复杂度 $\Sigma(y=1)$ 又随着 α 的增加而逐渐减少，直到当约束密度达到另一个临界值 $\alpha_c(K)$ 时它的值减少到 $\Sigma(y=1)=0$。在 $\alpha=\alpha_c(K)$ 处，随机 K-满足问题的解空间发生一个凝聚相变，它标志着包含微观构型最多但数目很少的那些子空间开始决定解空间的统计性质。决定解空间统计性质的子空间数目在临界约束密度 $\alpha_c(K)$ 处由 $O(\mathrm{e}^{cN})$ 的量级（其中，c 为常数）变为 $O(N^b)$ 的量级（其中，b 是常数，$b\geqslant 0$），这一定性变化在物理图像上类似于理想玻色气体的玻色–爱因斯坦凝聚现象[23, 24, 150]。

当 $\alpha>\alpha_c(K)$ 时，由于 $\Sigma(y=1)<0$，那么决定解空间统计性质的子空间就只能由 $y<1$ 得出。图 6.9 以 $K=3$ 为例显示了 $\Sigma(y)$ 形状随约束密度 α 的改变而改变的情况。对于一般的随机 K-满足问题有类似的情况。在 $\Sigma(y=1)<0$ 的情况下，对 K-满足问题的解空间统计性质起最主要作用的是复杂度等于零处所对应的 y 值，即 $y=y^*$，它由方程

$$\Sigma(y^*)=0 \tag{6.56}$$

来决定。y^* 的值在 $\alpha=\alpha_c(K)$ 处等于 1，然后随着 α 继续增加，y^* 的值递减，直到当 α 达到另一个临界值 $\alpha=\alpha_s(K)$ 时，y^* 的值减少到 $y^*=0$。

临界值 $\alpha_s(K)$ 是随机 K-满足问题的解空间从非空变为空集的相变点，称为 K-满足问题的有解-无解相变临界约束密度。我们将在下一节详细讨论这一相变。

表 6.1 列出了 $2\leqslant K\leqslant 6$ 时随机 K-满足问题的临界约束密度 α_d、α_c 和 α_s。

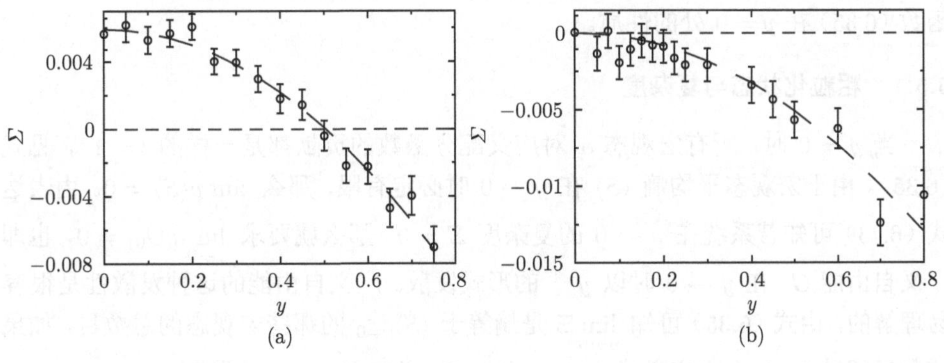

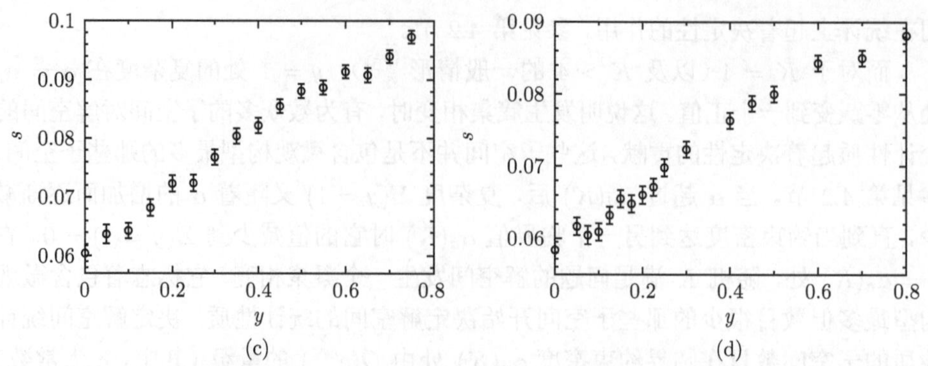

图 6.9　随机 3-满足问题解空间复杂度 Σ 及宏观态平均熵密度 s 与控制参数 y 的关系

(a) 和 (c) 分别是约束密度 $\alpha = 4.2$ 时的复杂度和宏观态平均熵密度，而 (b) 和 (d) 分别是约束密度 $\alpha = 4.2667$ 时的复杂度和宏观态平均熵密度。在 $\alpha = 4.2$ 时，$\Sigma(y=0) > 0$，而当 α 增加到 $\alpha = 4.2667$ 时，复杂度 $\Sigma(y=0) = 0$。数据点通过一阶复本对称破缺种群动力学模拟得到，而 (a) 和 (b) 中的虚曲线则是对复杂度 Σ 数据点的数值拟合结果。该图数据来源于文献 [176]

表 6.1　通过一阶复本对称破缺种群动力学模拟计算出的随机 K-满足问题的簇集相变点 $\alpha_d(K)$[174,175]、凝聚相变点 $\alpha_c(K)$[174,175] 以及有解–无解相变点 $\alpha_s(K)$[63,212]

K	2	3	4	5	6
α_d	1	3.859	9.386	19.16	36.53
α_c	1	3.859	9.547	20.80	43.08
α_s	1	4.267	9.930	21.12	43.40

6.5　概观传播方程的 $y \to 0$ 极限情况

当约束密度 α 超过凝聚相变点 $\alpha_c(K)$ 而接近有解-无解相变点 $\alpha_s(K)$ 时，由方程 $\Sigma(y) = 0$ 确定的控制参数 y 值越来越接近于 $y = 0$。现在我们考虑广义配分函数 (6.35) 在 $y = 0$ 处的性质。

6.5.1　粗粒化状态与复杂度

当 $y = 0$ 时，所有宏观态 α 对广义配分函数的贡献都是一样的 ($= 1$)，见式 (6.35)。由于宏观态平均熵 $\langle S \rangle$ 在 $y \to 0$ 时必定有限，那么 $\lim\limits_{y\to 0} y\langle S \rangle = 0$。由表达式 (6.43) 可知若系统在 $y \to 0$ 的复杂度 $\Sigma \neq 0$，那么就要求 $\lim\limits_{y\to 0}[yG_0] \neq 0$，也即广义自由能 G_0 在 $y \to 0$ 时以 y^{-1} 的形式发散。广义自由能的这种发散性是很容易理解的，由式 (6.35) 可知 $\lim\limits_{y\to 0} \Xi$ 是熵等于 $\langle S \rangle_{y=0}$ 的那些宏观态的总数目，如果该数目超过 1，那么由定义式 (6.39) 可知 G_0 必定在 $y = 0$ 处发散。

通过仔细考察表达式（6.40）可以发现，在 $y \to 0$ 的极限情况，函数 $[yG_0]$ 的值不依赖于每一个概率分布函数 $Q_{i\to a}(m_{i\to a})$ 的细节，而只依赖于平均磁矩 $m_{i\to a}$ 有多大的概率等于 $+1$ 以及有多大的概率等于 -1。因此让我们定义如下三个粗粒化参数：

$$\rho_{i\to a}^{+} \equiv \int \mathrm{d}m_{i\to a} Q_{i\to a}(m_{i\to a})\delta(m_{i\to a}-1)\,, \tag{6.57a}$$

$$\rho_{i\to a}^{-} \equiv \int \mathrm{d}m_{i\to a} Q_{i\to a}(m_{i\to a})\delta(m_{i\to a}+1)\,, \tag{6.57b}$$

$$\rho_{i\to a}^{*} \equiv 1-\rho_{i\to a}^{+}-\rho_{i\to a}^{-}\,. \tag{6.57c}$$

参数 $\rho_{i\to a}^{+}$ 和 $\rho_{i\to a}^{-}$ 分别表示边 (i,a) 上的平均磁矩 $m_{i\to a}=+1$ 和 -1 的那些宏观态在解空间的比重（每个宏观态的权重都为 1），而 $\rho_{i\to a}^{*}$ 则是 $-1<m_{i\to a}<1$ 的宏观态在解空间的比重。注意 $\rho_{i\to a}^{+}+\rho_{i\to a}^{-}+\rho_{i\to a}^{*}\equiv 1$。

由表达式（6.40）以及式（6.43）可知，当 $y \to 0$ 时

$$\Sigma = -\frac{1}{N}\lim_{y\to 0}[yG_0] \tag{6.58a}$$

$$\begin{aligned} &= \frac{1}{N}\sum_{i=1}^{N}\ln\left(\prod_{b\in\partial i^{+}}\eta_{b\to i}+\prod_{c\in\partial i^{-}}\eta_{c\to i}-\prod_{b\in\partial i^{+}}\eta_{b\to i}\prod_{c\in\partial i^{-}}\eta_{c\to i}\right) \\ &\quad -\frac{1}{N}\sum_{a=1}^{M}(|\partial a|-1)\ln\left(1-\prod_{j\in\partial a^{+}}\rho_{j\to a}^{-}\prod_{k\in\partial a^{-}}\rho_{k\to a}^{+}\right)\,, \end{aligned} \tag{6.58b}$$

其中，$\eta_{a\to i}$ 是定义在边 (i,a) 上的如下表达式：

$$\eta_{a\to i} \equiv 1-\prod_{j\in\partial a^{+}\backslash i}\rho_{j\to a}^{-}\prod_{k\in\partial a^{-}\backslash i}\rho_{k\to a}^{+}\,. \tag{6.59}$$

我们可以将 $\eta_{a\to i}$ 看成是约束 a 传递给变量节点 i 的消息，它是 $[0,1]$ 区间的实数，其值等于解空间的一部分宏观态的权重之和，在这部分宏观态中约束 a 可被除 i 之外的其他变量节点满足。

复杂度表达式（6.58b）的第一项是每个变量节点 i 及与之相连的所有约束节点 a 对复杂度的贡献。当节点 i 及其所有最近邻约束节点 a 被添加到因素网络后，旧的因素网络的一部分宏观态将不再是新的因素网络的宏观态。这是因为在这些宏观态中无论 σ_i 取 $+1$ 还是 -1，总会有节点 i 的一个或多个最近邻约束节点不被满足。这一部分宏观态在旧的因素网络中的总比例为

$$\left(1-\prod_{b\in\partial i^{+}}\eta_{b\to i}\right)\times\left(1-\prod_{c\in\partial i^{-}}\eta_{c\to i}\right).$$

由此可知新旧因素网络的宏观态数目之比，因而得出变量节点 i 及其所有最近邻约束节点的加入对解空间复杂度的贡献，即式（6.58b）的第一个求和项。

一个约束节点 a 出现在 $|\partial a|$ 个变量节点的最近邻约束节点集合里，它对复杂度的贡献在表达式（6.58b）的第一项求和中被考虑了 $|\partial a|$ 次，因而式（6.58b）的第二个求和项对这些重复考虑进行了必要的修正。为了计算单个约束节点 a 对解空间复杂度的贡献，我们需要考察 a 被挖掉的因素网络的宏观态数目以及将 a 添上之后的新因素网络的宏观态数目。当约束节点 a 被加入到因素网络以后，它在旧的因素网络的一部分宏观态中并不能处于被满足的状态，因而这部分宏观态将不再是新的因素网络的宏观态。这一部分需要舍弃的宏观态占旧因素网络的宏观态的总比例为

$$\prod_{j\in\partial a^+}\rho^-_{j\to a}\times\prod_{k\in\partial a^-}\rho^+_{k\to a}.$$

由新旧因素网络宏观态数目之比就可得出约束节点 a 对解空间复杂度的贡献，进而得到式（6.58b）的第二个求和项。

习题 6.5　请根据表达式（6.40）以及式（6.43）推导出 $y=0$ 时的复杂度表达式（6.58b）。

由概观传播方程（6.36）在 $y\to 0$ 的极限形式，可以推导出每一条边 (i,a) 上的粗粒化参数 $\rho^+_{i\to a}$、$\rho^-_{i\to a}$、$\rho^*_{i\to a}$ 所满足的自洽方程为[57, 63, 212, 220]

$$\rho^+_{i\to a}=\frac{\left(1-\prod\limits_{b\in\partial i^+\backslash a}\eta_{b\to i}\right)\prod\limits_{c\in\partial i^-\backslash a}\eta_{c\to i}}{\prod\limits_{b\in\partial i^+\backslash a}\eta_{b\to i}+\prod\limits_{c\in\partial i^-\backslash a}\eta_{c\to i}-\prod\limits_{b\in\partial i^+\backslash a}\eta_{b\to i}\prod\limits_{c\in\partial i^-\backslash a}\eta_{c\to i}},\tag{6.60a}$$

$$\rho^-_{i\to a}=\frac{\left(1-\prod\limits_{c\in\partial i^-\backslash a}\eta_{c\to i}\right)\prod\limits_{b\in\partial i^+\backslash a}\eta_{b\to i}}{\prod\limits_{b\in\partial i^+\backslash a}\eta_{b\to i}+\prod\limits_{c\in\partial i^-\backslash a}\eta_{c\to i}-\prod\limits_{b\in\partial i^+\backslash a}\eta_{b\to i}\prod\limits_{c\in\partial i^-\backslash a}\eta_{c\to i}},\tag{6.60b}$$

$$\rho^*_{i\to a}=\frac{\prod\limits_{b\in\partial i^+\backslash a}\eta_{b\to i}\prod\limits_{c\in\partial i^-\backslash a}\eta_{c\to i}}{\prod\limits_{b\in\partial i^+\backslash a}\eta_{b\to i}+\prod\limits_{c\in\partial i^-\backslash a}\eta_{c\to i}-\prod\limits_{b\in\partial i^+\backslash a}\eta_{b\to i}\prod\limits_{c\in\partial i^-\backslash a}\eta_{c\to i}}.\tag{6.60c}$$

让我们对这一组自洽方程做一些简单的解释。任一条边 (i,b) 上的消息 $\eta_{b\to i}$ 的概率意义很清楚，参见式（6.59）及其说明。由 $\eta_{b\to i}$ 的概率意义以及 Bethe-Peierls 近似可知，乘积项 $\prod\limits_{b\in\partial i^+\backslash a}\eta_{b\to i}$ 等于解空间的一部分宏观态的权重之和，在每个这样

的宏观态中所有与变量节点 i、通过正边相连的约束节点 b（但不包括 a）都可被除 i 之外的其他最近邻变量节点满足。类似的，乘积项 $\prod\limits_{c\in\partial i^-\backslash a} \eta_{c\to i}$ 也是解空间的一部分宏观态的权重之和，在每个这样的宏观态中所有与变量节点 i 通过负边相连的约束节点 c（但不包括 a）都可被除 i 之外的其他最近邻变量节点满足。因而表达式（6.60c）的分子也就是解空间的一部分宏观态的权重之和，在每个这样的宏观态中无论变量节点 i 取何种自旋值，它的所有最近邻约束节点（但不包括 a）都可被满足。而表达式（6.60a）的分子则就是解空间的另一部分宏观态的权重之和，在每个这样的宏观态中变量节点 i 必须取 $\sigma_i = +1$ 方可使它的所有最近邻约束节点（但不包括 a）都被满足。表达式（6.60b）的分子有类似的概率意义，它对应于 σ_i 必须取负值的情形。

如果所有的边 (i,a) 上都有 $\rho^*_{i\to a} = 1$ 而 $\rho^+_{i\to a} = \rho^-_{i\to a} = 0$，自洽方程（6.60）当然是被满足的，但这只是该方程的平庸不动点。为了获得该方程的一个非平庸不动点，需要将 $\rho^*_{i\to a}$ 初始化为 0 或者接近于 0，而将 $\rho^+_{i\to a}$ 或 $\rho^-_{i\to a}$ 初始化为接近于 1。如果在一个给定的因素网络 W 上对方程（6.60）进行迭代能够收敛到一个非平庸不动点，那系统的复杂度就可以通过表达式（6.58b）估计出来。作为例子，我们在图 6.10(a) 显示了随机 3-满足问题上的计算结果。一般情况下如果 $\Sigma(y=0) > 0$，则表明系统的解空间还存在许多宏观态，因而给定的 K-满足公式应该是可解的；$\Sigma(y=0) < 0$ 则表明系统的解空间不存在宏观态（即解空间为空集），因而 K-满足公式没有能量为零的微观构型。

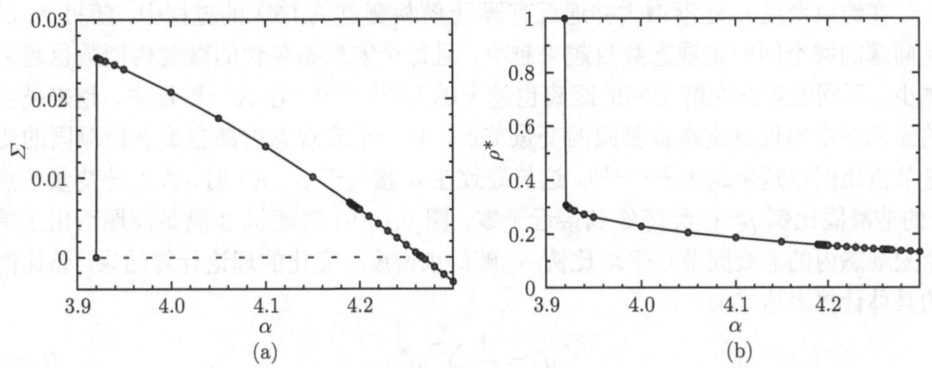

图 6.10 一阶复本对称破缺平均场理论在参数 $y = 0$ 时对随机 3-满足问题的解空间统计性质的预言

(a) 解空间复杂度 $\Sigma(y=0)$ 随约束密度 α 的变化情况；(b) 解空间一个宏观态内部非凝固变量节点的比例 ρ^*

当方程（6.60）达到不动点后，还可以利用该不动点的信息计算每个变量节点在解空间宏观态层次的粗粒化状态。在一个宏观态 α 中，变量节点 i 的自旋粗粒化状态（记为 c_i）有三种，即 $c_i=1$，表示 i 的自旋值 σ_i 在 α 的所有微观构型中都是 +1（即自旋态被凝固于 +1）；$c_i=-1$，表示自旋值 σ_i 在 α 的所有微观构型中都是 −1（即被凝固于 −1）；$c_i=*$，表示自旋值 σ_i 在 α 的一部分但不是全部微观构型中取值为 +1，而在其余微观构型中取值为 −1（即处于未被凝固状态）。记 ρ_i^+、ρ_i^- 和 ρ_i^* 分别为变量节点 i 的粗粒化状态为 $c_i=+1$、$c_i=-1$ 和 $c_i=*$ 的那些宏观态在解空间中的比例，它们满足归一化条件 $\rho_i^++\rho_i^-+\rho_i^*=1$。参考表达式 (6.60)，我们很容易就可以写出

$$\rho_i^+=\frac{\left(1-\prod\limits_{b\in\partial i^+}\eta_{b\to i}\right)\prod\limits_{c\in\partial i^-}\eta_{c\to i}}{\prod\limits_{b\in\partial i^+}\eta_{b\to i}+\prod\limits_{c\in\partial i^-}\eta_{c\to i}-\prod\limits_{b\in\partial i^+}\eta_{b\to i}\prod\limits_{c\in\partial i^-}\eta_{c\to i}}, \tag{6.61a}$$

$$\rho_i^-=\frac{\left(1-\prod\limits_{c\in\partial i^-}\eta_{c\to i}\right)\prod\limits_{b\in\partial i^+}\eta_{b\to i}}{\prod\limits_{b\in\partial i^+}\eta_{b\to i}+\prod\limits_{c\in\partial i^-}\eta_{c\to i}-\prod\limits_{b\in\partial i^+}\eta_{b\to i}\prod\limits_{c\in\partial i^-}\eta_{c\to i}}, \tag{6.61b}$$

$$\rho_i^*=\frac{\prod\limits_{b\in\partial i^+}\eta_{b\to i}\prod\limits_{c\in\partial i^-}\eta_{c\to i}}{\prod\limits_{b\in\partial i^+}\eta_{b\to i}+\prod\limits_{c\in\partial i^-}\eta_{c\to i}-\prod\limits_{b\in\partial i^+}\eta_{b\to i}\prod\limits_{c\in\partial i^-}\eta_{c\to i}}. \tag{6.61c}$$

在约束密度 α 逐渐增大并逼近有解-无解相变点 $\alpha_s(K)$ 的过程中，随机 K-满足问题的解空间的宏观态数目越来越少，且每个宏观态包含的微观构型数也越来越少，不同宏观态在解空间的距离也越来越大[215−217]。在这一过程中，越来越多的宏观态中出现自旋态被凝固的变量节点，且一个宏观态内部自旋态被凝固的变量节点比例也越来越大[221−223]。这就导致在 α 接近于 $\alpha_s(K)$ 时，大部分变量节点 i 的非凝固比例 ρ_i^* 已经降低到接近于零。图 6.10(b) 对随机 3-满足问题给出了单个宏观态内的非凝固节点平均比例 ρ^* 随约束密度α 变化的理论计算结果。该比例的具体计算表达式为

$$\rho^*=\frac{1}{N}\sum_{i=1}^{N}\rho_i^*\,. \tag{6.62}$$

6.5.2 粗粒化概观传播剥离算法

变量节点 i 的粗粒化状态 c_i 在解空间宏观态的概率分布 $(\rho_i^+,\rho_i^-,\rho_i^*)$ 包含了给定约束满足公式解空间的部分统计信息。可以在这些信息的指导下恰当选取变量节点的自旋值，从而在较短时间内构造出一个微观构型来满足给定公式的所有约束。

如果变量节点 i 取粗粒化态 $c_i = +1$ 的概率 $\rho_i^+ \approx 1$，那意味着 i 的自旋值在很大比例的宏观态中凝固为 $\sigma_i = +1$，而 $\sigma_i = -1$ 的宏观态在解空间只占很小的比例。换句话说，与自旋值 $\sigma_i = +1$ 相容的宏观态在解空间的比例（$= \rho_i^+ + \rho_i^*$）远大于与自旋值 $\sigma_i = -1$ 相容的宏观态在解空间的比例（$= \rho_i^- + \rho_i^*$）。从这个角度考虑，我们给节点 i 赋予正的自旋值更有可能实现对约束满足公式的求解，因为解空间中 $\sigma_i = +1$ 的宏观态占很大的比例。类似的我们可以期望，如果 $\rho_i^- \gg \rho_i^+$，那给节点 i 赋予负的自旋值更有可能实现对公式的求解。

我们介绍一种具体的粗粒化的概观传播剥离（SPD）算法来实现上面描述的思想。应用于随机 3-满足公式，该 SPD 算法能够在约束密度 α 很接近于有解-无解相变点 $\alpha_s = 4.267$ 的最困难区域构造出公式的解（如 $\alpha \approx 4.25$），从而超越了 6.3 节的 BPD 算法和 BPR 算法[57, 63, 220]。

SPD 算法的基本流程很简单，即重复进行剥离-化简-更新操作：

（1）在给定约束满足公式的因素网络 W 上对粗粒化概观传播方程（6.60）进行 L_0 步迭代（如 $L_0 = 100$）以达到或尽可能接近于一个不动点，在每步迭代中因素网络 W 的每一条边 (i, a) 上的消息 $(\rho_{i\to a}^+, \rho_{i\to a}^-, \rho_{i\to a}^*)$ 都被更新一次。利用表达式（6.61）计算每个变量节点 i 的粗粒化态概率 $(\rho_i^+, \rho_i^-, \rho_i^*)$。每个变量节点的自旋都处于未被赋值的状态。

（2）剥离。将所有未被赋值的变量节点 i 按其 $|\rho_i^+ - \rho_i^-|$ 值从高到低进行排序，对该序列最前面的比例为 r（如 $r = 0.01$）的变量节点的自旋进行赋值（若 $\rho_i^+ \geqslant \rho_i^-$，则 $\sigma_i = +1$，反之则 $\sigma_i = -1$）。

（3）化简。将已被满足的约束节点从因素网络 W 删除，然后将已被赋值的变量节点也从 W 中删除。然后重复进行一元子句传播进程以简化因素网络，若剩下的网络 W 中存在约束 a 只和一个变量节点 j 相连，那么将节点 j 的自旋赋值为 $\sigma_j = J_a^j$。

（4）更新。在简化后的因素网络 W 上对粗粒化概观传播方程（6.60）进行 L_1 步迭代（如 $L_1 = 10$），然后返回步骤（2）进行新一轮剥离-化简-更新过程。

这一粗粒化 SPD 算法的程序代码可从 Reccardo Zecchina 教授的网页获取[224]。如果在上述步骤（3）出现一个未被满足的约束节点 b 不和任何变量节点相连，则说明求解过程失败，需要终止进程。另一方面，如果因素网络 W 经过步骤（3）的化简后其约束密度已经足够小了，则也需要退出 SPD 进程，转而采用 BPD 或 BPR 算法（或其他随机搜索算法，如 WalkSAT [225]）继续给剩下的变量节点赋值，直到所有的变量节点都被赋值（求解成功）或是出现冲突（求解失败）。

在粗粒化 SPD 进程中，变量节点的自旋值一经指定就不再改变。如果某个自旋值选取的不合适，它的效果会在程序执行过程中不断累积，因而降低成功求解的概率。也可以参照 6.3.2 节 BPR 算法的思想，通过引入外场的方式获得相应的概观传播强化（survey propagation-guided reinforcement，SPR）算法。引入外场的优点是每个变量节点的自旋取值可以根据外场的变化而调整，从而有可能对初始自旋赋值进行修正。

在 SPD（或 SPR）算法中，每个变量节点 i 都只有三种粗粒化状态，即 $c_i = +1$、-1 和 $*$，因而解空间宏观态内部的熵完全被忽略了。这会导致那些数目众多但体积（即包含的解的数目）很小的那些宏观态被着重考虑。但当约束密度接近于有解-无解相变点时，真正决定解空间性质的是那些体积最大但数目很少的宏观态。由于忽略了不同宏观态的体积差异，通过 SPD 算法得到的解通常不属于体积最大的宏观态，即它只是解空间的非典型微观构型。

如何能将宏观态的体积尽可能全面地考虑进来却又不导致计算复杂程度的激增，这个问题还没被解决，值得后续的深入研究。

6.5.3　有解-无解相变

复杂度 $\Sigma(y = 0)$ 是强度量，它的值在热力学极限 $N \to \infty$ 时不依赖于 N。因而可以期望 $\Sigma(y = 0)$ 具有自平均性质，在不同随机 K-满足样本上得到的 $\Sigma(y = 0)$ 值只在系综平均值附近做微小的涨落。我们可以对粗粒化概观传播方程（6.60）及复杂度表达式（6.58b）进行种群动力学模拟来计算 $\Sigma(y = 1)$ 的系综平均值。这一种群动力学模拟的具体实现方法和 6.2.3 节中计算熵密度的系综平均值时用到的方法完全相同，因此不再赘述。

图 6.10(a) 显示了在随机 3-满足问题上得到的理论计算结果。在约束密度 $\alpha < 3.92$ 的区域，种群动力学模拟过程总是收敛到平庸不动点，每个变量节点 i 处于粗粒化状态 $c_i = *$ 的概率 $\rho_i^* = 1$，系统的复杂度 $\Sigma(y = 0) = 0$。这说明在 $\alpha < 3.92$ 的区域，每个变量节点的自旋在解空间几乎所有的宏观态都是可变的，那些包含一定比例凝固变量节点的宏观态几乎不存在。由于没有考虑宏观态内部的熵，$y = 0$ 极限处的一阶复本对称破缺平均场理论无法区分全部变量节点都是非凝固节点的不同宏观态，所有这些宏观态都被平均场理论归并到一个宏观态，导致理论预言出 $\Sigma(y = 0) = 0$。

在随机 3-满足问题中，复杂度 $\Sigma(y = 0)$ 在 $\alpha = 3.92$ 处从零跃变到一个正值，然后复杂度随着 α 的增加而递减，并在 $\alpha = 4.267$ 处递减到零。因此，按照一阶复本对称破缺平均场理论，解空间在约束密度 $\alpha = 3.92$ 处涌现出数目为指数量级的包含凝固变量节点的宏观态。由于每个这样的宏观态中还有一定比例的凝固变量节点，当新的约束节点加入到随机 3-满足公式后，有一部分这样的宏观态将不能满足新的约束节点。这些宏观态将从解空间消失，导致 $\Sigma(y = 0)$ 随 α 递减。在 $\alpha = 4.267$ 处，解空间的宏观态数目递减到量级为 $O(1)$，因此如果约束密度进一步增加解空间将变成空集。换句话说，一阶复本对称破缺平均场理论预言随机 3-满足问题的有解-无解相变发生于 $\alpha = 4.267$ 处。这个值很接近于数学上已被严格证明的有解 -无解相变点的上限 4.506 [215, 226, 227]。

通过这样的平均场理论计算就可以确定随机 K-满足问题的有解-无解相变点，$\alpha_s(K)$，见表 6.1 的最后一行[212]。文献 [212] 还研究了 $K \gg 1$ 时 $\alpha_s(K)$ 的渐近表达式，发现

$$\alpha_s(K) = 2^K \ln 2 - \frac{\ln 2 + 1}{2} + O(2^{-K}) \,. \tag{6.63}$$

该表达式的最主要项 $2^K \ln 2$ 是与粗略估计式（6.26）一致的。该公式也与数学上严格给出的有解–无解相变点上限相符合[227, 228]。

图 6.10(b) 显示了随机 3-满足问题的解空间对应于 $y = 0$ 的一个宏观态内部非凝固变量节点占全部变量节点的比例，可以看到该比例在 $\alpha = 3.92$ 处从 1 突然减少到 ≈ 0.32，然后随着 α 的增加而缓慢递减。

6.6 解空间的非均匀性及社区结构的涌现

一阶复本对称破缺平均场理论预言随机 K-满足问题的解空间在约束密度 $\alpha = \alpha_d(K)$ 处突然分裂成数目众多的子空间。为了更深入理解系统向各态历经破缺演化的过程，我们现在探讨随机 K-满足公式的解空间在约束密度 α 略低于簇集相变点 $\alpha_d(K)$ 时的一些精细统计性质。

我们将一个随机 K-满足公式的解空间记为 $\mathcal{S}$，它是由 N 维超立方晶格的一部分顶点构成的，参见示意图 6.7。对空间 $\mathcal{S}$ 作两次均匀采样可获得两个微观构型 $\underline{\sigma}^1$ 和 $\underline{\sigma}^2$

$$\begin{aligned} \underline{\sigma}^1 &\equiv \{\sigma_1^1, \sigma_2^1, \ldots, \sigma_N^1\} \,, \\ \underline{\sigma}^2 &\equiv \{\sigma_1^2, \sigma_2^2, \ldots, \sigma_N^2\} \,. \end{aligned}$$

这两个微观构型的相似程度可由它们的交叠度来表征，即

$$q(\underline{\sigma}^1, \underline{\sigma}^2) \equiv \frac{1}{N} \sum_{i=1}^{N} \sigma_i^1 \sigma_i^2 \,. \tag{6.64}$$

交叠度越大说明两个微观构型的相似度越高。例如，若 $\underline{\sigma}^1$ 与 $\underline{\sigma}^2$ 是同一个解，那么它们之间的交叠度等于 1；若 $\underline{\sigma}^1$ 与 $\underline{\sigma}^2$ 有超过 $N/2$ 的自旋值不同，那么交叠度为负数。解空间中交叠度等于 q 的微观构型对应的数目记为 $\mathcal{N}(q)$，即

$$\mathcal{N}(q) \equiv \frac{1}{2} \sum_{\underline{\sigma}^1 \in \mathcal{S}} \sum_{\underline{\sigma}^2 \in \mathcal{S}} \delta\Big(q - q(\underline{\sigma}^1, \underline{\sigma}^2)\Big) \,. \tag{6.65}$$

当 $N \gg 1$ 时，$\mathcal{N}(q)$ 是 N 的指数函数，因此可以定义微观构型对熵密度 $s(q)$ 来表征 $\mathcal{N}(q)$

$$s(q) \equiv \frac{1}{N} \ln \mathcal{N}(q) \, . \tag{6.66}$$

换句话说，就是 $\mathcal{N}(q) = \mathrm{e}^{Ns(q)}$。我们称 $s(q)$ 为解对熵密度（solution-pair entropy density）。

随着约束密度 α 的增加，解对熵密度的形状会出现一些定性变化[117, 179, 180]。首先是 $s(q)$ 凹凸性的改变，这对应于一个临界约束密度，记为 α_{cm}。其次是 $s(q)$ 函数极大点数目的改变，我们将看到这刚好对应于簇集相变约束密度 α_d。当约束密度 α 低于临界值 α_{cm} 时，解空间的微观构型接近于完全均匀地分布在 N 维超立方单位晶格上，$s(q)$ 是交叠度 q 的凹函数；当 α 超过 α_{cm} 以后，$s(q)$ 函数不再对所有 q 值都保持凹性，而会在某一 q 值区间呈现为 q 的凸函数，参见示意图 6.11。但在 $\alpha_{\mathrm{cm}} \leqslant \alpha \leqslant \alpha_d$ 的约束密度区间，解对熵密度 $s(q)$ 仍只有一个极大点，只有当 $\alpha > \alpha_d$ 以后才变成多峰（通常是双峰）函数，见图 6.11。

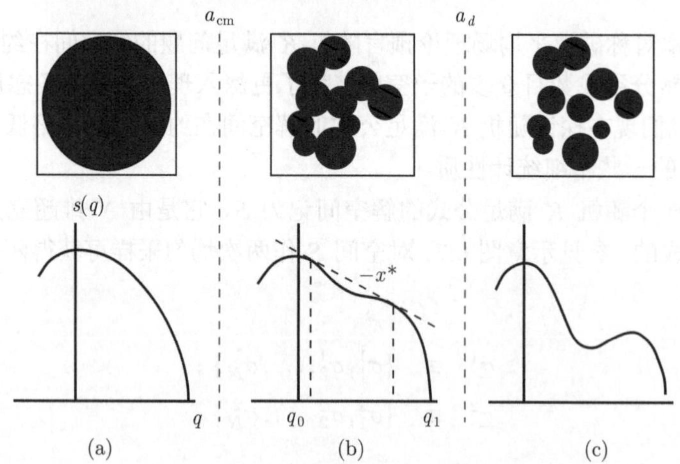

图 6.11 随机 K-满足问题解空间的微观构型分布不均匀性与解对熵密度 $s(q)$ 凹凸性之间的定性联系

该图引自文献 [117]

解对熵密度 $s(q)$ 的凹凸性以及极大点数目的改变是该函数性质的定性改变，因而它们反映的是解空间拓扑结构的定性变化。

为了比较透彻地理解这一论断，让我们考虑如下的配分函数：

$$Z_{\mathrm{pair}}(x) = \sum_{\underline{\sigma}^1 \in \mathcal{S}} \sum_{\underline{\sigma}^2 \in \mathcal{S}} \exp\Big(x \sum_{i=1}^{N} \sigma_i^1 \sigma_i^2\Big). \tag{6.67}$$

解空间 $\mathcal{S}$ 的每一对解 $(\underline{\sigma}^1,\underline{\sigma}^2)$ 对 $Z_{\mathrm{pair}}(x)$ 都贡献权重因子 $\mathrm{e}^{xNq(\underline{\sigma}^1,\underline{\sigma}^2)}$。如果耦合参数 $x>0$，则解对的交叠度越大它对配分函数的贡献就越大。在给定耦合参数 x 处，解对的平均交叠度，$\langle q\rangle_x$，可通过如下表达式计算出来：

$$\langle q\rangle_x \equiv \frac{1}{Z_{\mathrm{pair}}(x)} \sum_{\underline{\sigma}^1\in\mathcal{S}} \sum_{\underline{\sigma}^2\in\mathcal{S}} q(\underline{\sigma}^1,\underline{\sigma}^2) \exp\Big(x\sum_{i=1}^{N} \sigma_i^1\sigma_i^2\Big) . \tag{6.68}$$

$Z_{\mathrm{pair}}(x)$ 也可写成如下的形式：

$$Z_{\mathrm{pair}}(x) = \sum_q \mathrm{e}^{N[s(q)+xq]} . \tag{6.69}$$

由式 (6.69) 可知在 $N\to\infty$ 的极限情况，$Z_{\mathrm{pair}}(x)\approx \exp\Big(\max_q[s(q)+xq]\Big)$。

函数 $s(q)+xq$ 的最大值对应的交叠度可由方程

$$\frac{\mathrm{d}s(q)}{\mathrm{d}q} = -x \tag{6.70}$$

确定。如果 $s(q)$ 是凹函数（见图 6.11(a)），那么在耦合参数 x 由很大的正值逐渐减少到零的过程中，方程 (6.70) 都只有一个解。但如果 $s(q)$ 不是凹函数（见图 6.11(b)），那么当耦合参数 x 降低到某个临界值 x^* 时，方程 (6.70) 将有两个不同的解 q_0 和 q_1（不妨设 $q_0<q_1$）。在 $x\geqslant x^*$ 的区间，平均交叠度$\langle q\rangle_x\geqslant q_1$；在 $x\leqslant x^*$ 的区间，平均交叠度$\langle q\rangle_x\leqslant q_0$。因此平均交叠度在 $x=x^*$ 处将发生跳变，意味着一种非连续相变。

这一非连续相变的存在说明解对的交叠度有两个不同的典型值，因而解对按其交叠度可以分成两组，不妨记为 P_I 和 P_E。P_I 包含交叠度$q\geqslant\dfrac{q_0+q_1}{2}$ 的所有解对，而 P_E 则包含交叠度$q<\dfrac{q_0+q_1}{2}$ 的所有解对。集合 P_I 的解对平均交叠度在 q_1 附近，集合 P_E 的解对平均交叠度则在 q_0 附近。集合 P_E 的体积远大于集合 P_{I} 的体积，二者之间有如下的关系

$$|P_I|\mathrm{e}^{Nx^*q_1} \approx |P_E|\mathrm{e}^{Nx^*q_0} . \tag{6.71}$$

当 x 由 $x=x^*+\epsilon$ 降低到 $x=x^*-\epsilon$ 时（ϵ 代表微小量），决定配分函数 $Z_{\mathrm{pair}}(x)$ 性质的解对集合由 P_I 替换为 P_E，解对的平均交叠度突然下降，而解对熵密度则突然上升。

解对熵密度$s(q)$ 的非凹性揭示出的上述性质（存在两个典型交叠度值以及两个解对集合，且 P_E 的体积远大于 P_I 的体积），只能由一种微观图像解释，即解空间$\mathcal{S}$ 中有为数众多的社区，每个社区内部又包含数量众多的微观构型，社区内部的解彼此之间比较相似，它们的平均交叠度在值 q_1 附近，由它们形成的解对都属于

集合 P_I；而不同社区的解之间则差异性较大，平均交叠度位于值 q_0 附近，由它们形成的解对则属于集合 P_E，参见图 6.11(b)。换句话说，在约束密度 $\alpha > \alpha_{\rm cm}$ 的区域，解空间 $\mathcal{S}$ 中微观构型的分布不均匀性变得很显著。

我们可以利用复本对称平均场理论计算平均交叠度 $\langle q\rangle_x$ 随耦合参数 x 的变化曲线，具体的计算方法类似于 6.2 节用到的方法，也可参考文献 [117]。图 6.12(a) 显示了在随机 3-满足问题上的复本对称平均场理论计算结果（定性相同的结果在一般的随机 K-满足问题上也可以得到）。在约束密度 $\alpha = 3.72$ 处，平均交叠度 $\langle q\rangle_x$ 是耦合参数 x 的一条较为平缓的曲线；随着 α 越接近于 3.75 该曲线在交叠度为 0.45~0.5 变得越来越陡；在 $\alpha > 3.75$ 以后，曲线 $\langle q\rangle_x$ 出现迟滞回线（某些 x 值对应有两个不同的平均交叠度），这是非连续相变的典型现象。

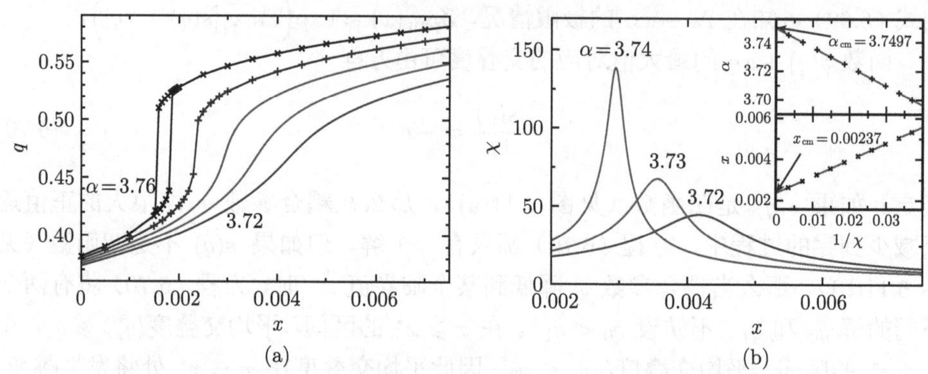

图 6.12　复本对称平均场理论预言的随机 3-满足问题解空间非均匀性质

(a) 解对平均交叠度 q；(b) 交叠敏感度 χ。在 (a) 中约束密度 α 从右到左为 3.72、3.73、3.74、3.75、3.76。在 (b) 的子图中显示了敏感度函数 $\chi(x)$ 极大值的倒数在 $\alpha = \alpha_{\rm cm} = 3.7497$ 处达到零，而相应的耦合参数值为 $x = x_{\rm cm} = 0.00237$。该图引自文献 [117]

平均交叠度 $\langle q\rangle_x$ 对耦合参数 x 的一阶导数称为交叠敏感度（overlap susceptibility），记为 $\chi(x)$

$$\chi(x) \equiv \frac{{\rm d}\langle q\rangle_x}{{\rm d}x} . \tag{6.72}$$

$\chi(x)$ 的绝对值越大，说明 x 的微小改变对平均交叠度的影响越大。我们也可以从涨落的角度理解交叠敏感度，即 $\chi(x)$ 的值反映了交叠度的涨落程度。这可以从如下表达式看出来

$$\chi(x) = \frac{1}{N}\sum_{i=1}^{N}\sum_{j=1}^{N}\Big[\big\langle\sigma_i^1\sigma_i^2\sigma_j^1\sigma_j^2\big\rangle_x - \big\langle\sigma_i^1\sigma_i^2\big\rangle_x\big\langle\sigma_j^1\sigma_j^2\big\rangle_x\Big] . \tag{6.73}$$

式中，$\langle A\rangle_x$ 表示对物理量 A 按照配分函数 Z_x 所对应的玻尔兹曼分布求平均。

对于随机 3-满足问题，图 6.12(b) 显示了交叠敏感度 $\chi(x)$ 的曲线形状。我们发现随着约束密度 α 的增加，$\chi(x)$ 的峰值变得越来越大，并且该峰值在 $\alpha \approx 3.75$ 处发散。通过分析 $\chi(x)$ 的峰值随 α 的变化情况，就能确定出临界约束密度为 $\alpha_{\rm cm} = 3.7497$，相对应的临界 x 值为 $x_{\rm cm} = 0.00237$。当由参数 α 和 x 组成的矢量 (α, x) 离由矢量 $(\alpha_{\rm cm}, x_{\rm cm})$ 代表的临界点的距离越来越近，解对交叠度的涨落越来越大。在临界点 $(\alpha_{\rm cm}, x_{\rm cm})$ 处交叠度的涨落等于无穷大，这说明在该点处解空间社区的边界完全模糊了，即在约束密度 $\alpha = \alpha_{\rm cm}$ 处解空间发生一个从结构均匀到结构不均匀的社区涌现相变，表现为解空间出现社区结构。注意到临界点的耦合参数 $x_{\rm cm}$ 的值接近于零。对于随机 4-满足问题，复本对称平均场理论预言的解空间社区涌现相变为 $\alpha_{\rm cm}(4) = 8.4746$，相应的 $x_{\rm cm}(4) = 0.0311$。

在 $\alpha_{\rm cm} < \alpha < \alpha_d$ 的区域，随机 K-满足公式的解空间仍然处于连通状态，并没有分裂成许多互不连通的子空间。但由于解空间存在社区结构，导致解空间的扩散过程将出现动力学非均匀性。通过考虑解空间的一个简单随机行走过程来解释这一点。首先对一个给定的随机 K-满足公式（约束密度 $\alpha < \alpha_d(K)$）构造一个初始解。系统的微观构型然后从该初始构型出发在解空间不停演化。假设在时刻 t 的微观构型为 $\underline{\sigma}(t) = (\sigma_1^t, \sigma_2^t, \ldots, \sigma_N^t)$，那么在 $\delta t = \frac{1}{N}$ 的时间区间，从变量节点集合以完全随机的方式选择一个节点 i 并将该节点的自旋翻转。如果这一翻转导致一个或多个约束节点不被满足，则拒绝这一翻转，反之，则以 $\dfrac{1}{2}$ 的概率拒绝这一翻转，而以 $\dfrac{1}{2}$ 的概率接受这一翻转。在时刻 $t' = t + \delta t$，系统的微观构型 $\underline{\sigma}(t')$ 或者与 $\underline{\sigma}(t)$ 完全一样，或者与 $\underline{\sigma}(t)$ 在变量节点 i 上有唯一的不同。这一单自旋翻转过程的单位时间就相当于 N 次自旋翻转尝试。在演化了非常长的时间后，系统将有可能访问与初始构型处于同一连通子空间的所有微观构型，并且处于每一个这样的微观构型的概率都完全相同[117, 229]。

在该微观构型演化轨迹上，相距时间为 τ 的两个微观构型之间的交叠度平均值 $q(\tau)$，可以通过如下的表达式计算出来

$$q(\tau) = \frac{1}{t_1 - t_0 - \tau + 1} \sum_{t=t_0}^{t_1-\tau} \frac{\sum\limits_{i=1}^{N} \sigma_i^t \sigma_i^{t+\tau}}{N}, \tag{6.74}$$

其中，t_0 和 t_1 分别是计数起始和终止时间。而微观构型交叠度的涨落大小则可由交叠度的方差 $\varDelta(\tau)$ 定量表征

$$\varDelta(\tau) = \frac{1}{t_1 - t_0 - \tau + 1} \sum_{t=t_0}^{t_1-\tau} \frac{\sum\limits_{i,j=1}^{N} \sigma_i^t \sigma_j^t \sigma_i^{t+\tau} \sigma_j^{t+\tau}}{N^2} - \big[q(\tau)\big]^2 . \tag{6.75}$$

图 6.13 显示了随机行走动力学过程的一些模拟结果。与期望完全一致，我们发现在 $\alpha < \alpha_d(K)$ 的区域平均交叠度随着时间间隔 τ 的增加基本上是单调减少，最终会趋向于与 τ 无关的一个极限值，该极限值就等于耦合参数 $x = 0$ 处的解对平均交叠度。我们还注意到在 $\alpha > \alpha_{\mathrm{cm}}$ 的区域交叠度方差 $\varDelta(\tau)$ 出现一个峰值，而且该峰值随着 α 超过 α_{cm} 越多而变得越来越大，而且峰值所对应的时间间隔 τ 也越来越大。这一峰值的出现及其增大是由于解空间的社区结构引起的。由于解空间存在社区结构，解空间的随机行走就会需要一定的时间才能从一个社区逃逸出去抵达另一个不同的社区。因此存在一个特征时间，在该特征时间，两个微观构型处于同一个社区以及处于不同社区的概率是接近的，因此交叠度的涨落为最大。由此可见，对于有限系统，$\varDelta(\tau)$ 的最大值与交叠敏感度$\chi(x)$ 的极大值之间有如下的关系，即

$$\max_{\tau} \varDelta(\tau) \approx \max_{x} \frac{\chi(x)}{N}. \tag{6.76}$$

注意该表达式左侧是系统在耦合参数 $x = 0$ 时的动力学性质，而右侧是模型式（6.67）的平衡统计物理性质。

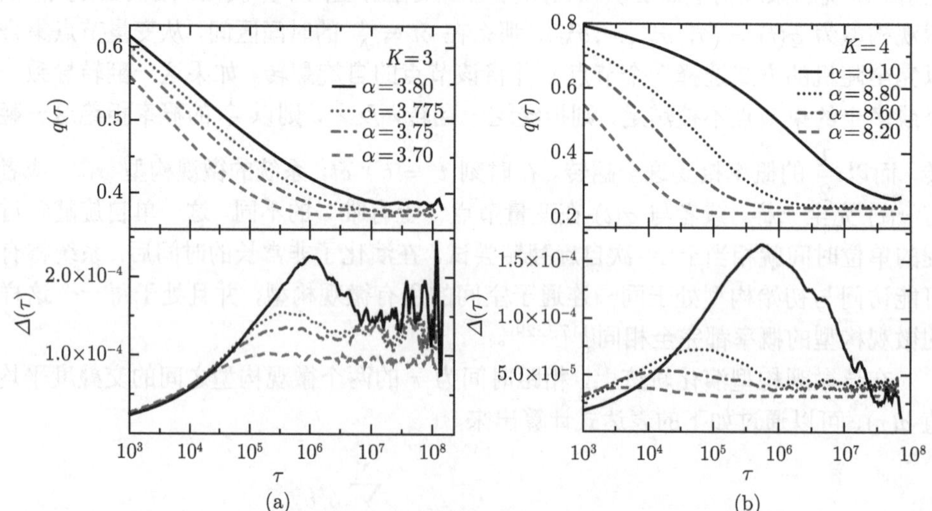

图 6.13 在随机 K-满足公式解空间的单自旋随机行走动力学过程中，时间差为 τ 的两个微观构型之间交叠度平均值 $q(\tau)$ 以及方差 $\varDelta(\tau)$

在（a）和（b）中的 K 分别为 $K=3$ 和 $K=4$。模拟结果是在包含 $N=10^5$ 个变量节点的单个随机 K-满足公式得到的，每条曲线只采用了该公式的前 $\alpha \times N$ 个约束节点，其中，α 的值为 3.70、3.75、3.775、3.80（a）和 8.20、8.60、8.80、9.10（b）。该图数据来自文献 [117]

类似于图 6.13 所显示的交叠度方差 $\varDelta(\tau)$ 的峰值出现及增长的现象在结构玻璃实验和计算机模拟研究中也被观察到了[230, 231]，而且这一现象引起了极大的理

论研究兴趣[15]。

当约束密度 α 增加到 $\alpha_d(K)$ 时，随机 K-满足的解空间发生簇集相变，因而就算是耦合参数 $x=0$，两个最初处于同一社区的微观构型也能永远处于这一个社区。这说明解对熵密度的极大点数目由一个变成了两个（参见示意图 6.11(c)），导致不同的解空间社区可以认为是互不连通的[215−217]。

本 章 小 结

本章对随机 K-满足问题的统计物理性质进行了较为系统的研究，描述了随机 K-满足问题的解空间随着约束密度 α 的增加而在特定临界值发生的一些结构相变，并通过一阶复本对称破缺平均场理论计算出了有解-无解相变所对应的约束密度 $\alpha_s(K)$。本章还介绍了一些基于自旋玻璃平均场理论的消息传递算法，这些算法可以为一些不平庸的约束满足公式构造出一个或多个满足所有约束的微观自旋构型。本章的方法对于许多其他约束满足问题，如网络着色问题，也同样适用。

当随机 K-满足问题的约束密度超出有解-无解相变点 $\alpha_s(K)$ 以后，相应的问题就变为确定系统的最低能量以及构造能量非常接近于最小能量的微观自旋构型。处理这一优化问题可以采用前一章所介绍的平均场理论和消息传递算法。

要严格证明某一约束密度 $\alpha>\alpha_s(K)$ 的随机 K-满足公式没有能量为零的微观自旋构型却是非常困难的问题。目前用统计物理学的方法还不能处理这一问题。

第 7 章 最小反馈节点集问题

反馈节点集问题是带有全局约束的组合优化问题，它在集成计算机芯片设计工程等领域有重要应用。本章将反馈节点集问题的全局约束转化为局部约束，进而用自旋玻璃统计物理方法研究该问题。本章的理论建模方法对于其他带有全局约束的组合优化问题也有一定的借鉴意义。

反馈节点集问题分为两大类，一类为无向网络反馈节点集问题，另一类为有向网络反馈节点集问题，它们都是 NP-完备类型问题。无向网络的边是没有方向性的，而有向网络的每条边都有特定的方向。为方便读者理解，本章侧重于讨论无向网络系统。

7.1 无向网络的反馈节点集

考虑一个无向网络 W，它由 N 个节点和 M 条（无向）边构成。为方便起见，假设 W 是一个简单网络，即每条边 (i,j) 连接两个不同的节点 i 和 j，且任意两个节点之间最多存在一条边。网络中的一条路径是由一条或多条边形成的序列，该序列中的任意两条次第出现的边都共有一个节点。例如，在图 7.1 中

$$(1,6),(6,7),(7,10),(10,11)$$

就是连接节点 1 和节点 11 的一条路径，它经过中间节点 6、7、10。如果一条路径的两个端点 i 和 j 是同一个节点，那么这样的路径就称为环（又称为回路）。图 7.1 中的路径

$$(1,4),(4,8),(8,11),(11,6),(6,1)$$

就是一个环。

网络 W 的一个反馈节点集（feedback vertex set），记为 Γ，是该网络的一些节点组成的子集，它具有如下的性质，即 W 中任何一个环都至少有一个节点属于集合 Γ。换句话说，如果将集合 Γ 的所有节点都从网络 W 中删除，那么剩下的网络将不存在环，而只包含一个或多个树状连通单元。作为简单示例，考察图 7.1 中的小网络。集合 $\Gamma=\{4,5,11,13\}$ 就是该网络的一个反馈节点集，它将网络分隔为三个树状连通单元。

反馈节点集问题的核心，同时也是最困难的部分，是最小反馈节点集问题，即构造一个反馈节点集，要求该集合中包含的节点数目（或者这些节点的权重之和）为

全局最小值。这一优化问题是最先被证明为 NP-完备问题的 21 个问题之一[58, 232]，在计算复杂性研究领域占有重要的位置。该问题有很广泛的实际应用，例如，计算机操作系统设计和计算机集成芯片设计[233]，复杂调控网络的动力学性质以及影响动力学性质最关键节点的确定[234, 235]，网络动力学性质的控制和引导[79, 236] 等。例如，一个两体相互作用动力学系统可以表示为由节点和边构成的网络。可以将这样一个动力学系统分解成两部分进行研究，即“边界”和“内部系统”；边界由反馈节点集中的所有节点及这些节点之间的边构成，内部系统则由所有其他节点及它们之间的边构成。由于内部系统不存在环，因而原则上它的动力学性质在给定边界节点的状态后就可完全描述。这样，通过控制边界节点的状态就能控制整个网络的动力学性质。显然边界节点的数目越少对系统的调控就越为有利。

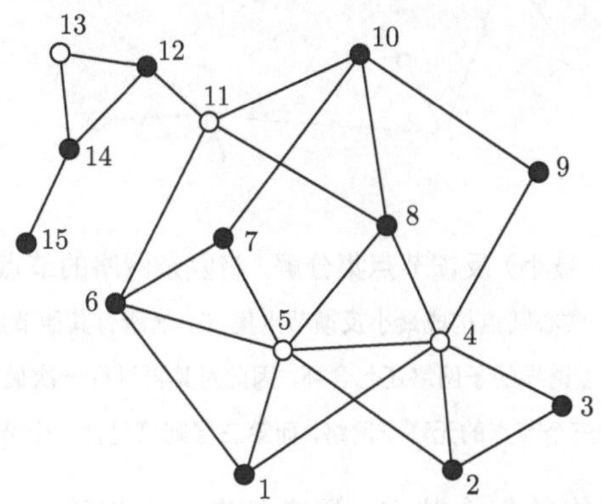

图 7.1 图中网络包含 $N = 15$ 个节点和 $M = 25$ 条边，集合 $\Gamma = \{4, 5, 11, 13\}$ 是该网络的一个反馈节点集

为清楚起见，属于反馈节点集 Γ 的节点用空心圆点标记，而网络的其他节点则用实心圆点标记

反馈节点集问题在复杂网络科学研究中还有另外一种潜在应用可能性[237]，即将一个复杂网络分解成不同的层，每一层内部都没有环，而不同的层通过层与层之间的边相连，参见图 7.2。网络的第一层由一个包含尽可能多节点的无环子网络组成。网络的所有其他节点则构成一个（接近于）最优的反馈节点集 Γ，它们对系统的动力学性质起着非常重要的作用。如果由集合 Γ 中的节点所构成的子网络还存在环，那我们继续对其进行（最小）反馈节点集分解，将 Γ 中的节点分成两部分，一部分节点构成网络的第二层，而其余节点则构成一个（接近于）最优的反馈节点集 Γ'。如果 Γ' 所诱导的子网络中还存在环，那我们再对其进行（最小）反馈节点集分解等，整个过程结束后，网络的节点就被归类到不同的层级，每一层形成一个无环子网络。一般而言，第一层包含的节点数最多，第二层的节点数次之，$\cdots$，最后一层的节点数最少。这样一种层级结构划分方法虽然得到的结果不具有唯一性，

但可以帮助人们理解和研究一个复杂动力学系统。对于一个异质性复杂系统，那些属于越高层级的节点对系统动力学性质的影响可能就越大。

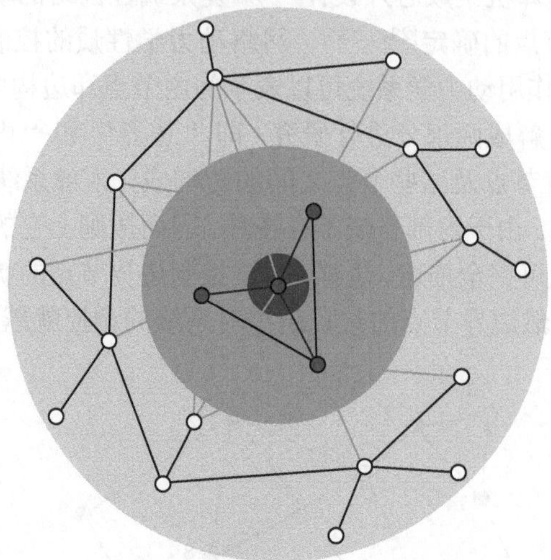

图 7.2　通过迭代的（最小）反馈节点集分解，将复杂网络的节点划分到不同的层级

对于该示例网络，中间的四个实心圆点构成最小反馈节点集 Γ，而所有其他节点则被归类到网络的第一层（浅色区域）。集合 Γ 中的节点诱导的子网络还包含环，因此对其再进行一次最小反馈节点集分解，就得到网络的第二层为一个包含三个节点的无环子网络，而第三层则只包含一个节点。该图引自文献[237]

在实际应用中，网络的每个节点 i 通常都有一个权重 w_i，它是正实数，且被假设为不随时间改变。权重 w_i 的具体含义依赖于具体的问题，例如，在网络控制问题中，w_i 可看成是调控节点 i 的成本。如果网络中每个节点的权重都一样，则可将该权重都设为 $w_i = 1$（本章的数值计算考虑的就是这种最简单情况）。反馈节点集 Γ 的权重 $W(\Gamma)$ 就是该集合中所有节点权重之和，即

$$W(\Gamma) \equiv \sum_{j \in \Gamma} w_j \,. \tag{7.1}$$

当所有节点 i 的权重 w_i 都等于 1 时，$W(\Gamma)$ 就是集合 Γ 包含的节点数目。记 $W_{\min}$ 为反馈节点集的权重可能达到的最小值。如果反馈节点集 Γ 的权重 $W(\Gamma) = W_{\min}$，则该反馈节点集就是一个最优（或最小）反馈节点集。

虽然反馈节点集问题在理论和实际应用上都非常重要，但该问题在统计物理学中并未被透彻研究。环是网络的全局性质，它可能涉及网络中非常多的节点。因此，与统计物理学通常研究的局部相互作用模型不同，我们无法只通过观察单个节点或边的局部结构性质来断定网络中一定不存在环。本章将介绍一种将环这一全局约束改变为边上的局部约束的映射方法，并在此基础上提出一个自旋玻璃模型。

我们将通过该自旋玻璃模型所对应的复本对称平均场理论估计给定网络的最小反馈节点集权重 $W_{\min}$，并且将通过信念传播方程构造权重尽可能接近 $W_{\min}$ 的反馈节点集。

7.2 无向网络自旋玻璃模型

环不一定是网络的局部结构，因而子网络不存在环这一要求是非常强的全局约束。类似的全局约束也出现于网络的哈密顿环问题、Steiner 树问题[238−240]，等。这一节我们将全局的环约束映射到局部的边约束[241]。该映射基于这样的一种考虑，既然网络 W 在删除反馈节点集 Γ 后剩下的子网络不包含任何环，那么对于该子网络的每一个树状连通单元，都可以任意指定其中一个节点为根节点，这就为该连通单元的所有其他节点确定了唯一的父节点。以图 7.1 中实心节点构成的子网络为例，如果我们指定节点 6 为根节点，那么节点 7 的父节点就是 6，节点 10 的父节点就是 7，而节点 8 和 9 的父节点都是 10。

7.2.1 节点状态

我们用正整数 $1, 2, \cdots, N$ 来标记每个节点。每个节点 $i \in \{1, 2, \cdots, N\}$ 的连通度记为 k_i，它的最近邻节点集合记为 ∂i，因此 $k_i = |\partial i|$。在每个节点 i 上定义一个状态 A_i，且只允许 A_i 取 $k_i + 2$ 个不同的值，即 $A_i = 0$，或 $A_i = i$，或 $A_i = j \in \partial i$。如果状态 $A_i = 0$，就说节点 i 未被占据（即该节点被从网络 W 中删除）；如果 $A_i = j$，其中 $j \in \partial i$，则说节点 i 处于被占据态且以节点 j 为其父节点（相应地，我们称 i 为节点 j 的子节点）；如果 $A_i = i$，则说节点 i 处于被占据态且为一个根节点，即它不是任何其他节点的子节点。如果一条边 (i, j) 的两个端点 i 和 j 都处于被占据态（$A_i > 0, A_j > 0$），则该边称为处于被占据态，反之则称该边为处于未被占据态。

对每个节点定义了状态后，网络 W 的一个微观构型就是所有节点状态的集合，记为 $\underline{A}$，即

$$\underline{A} \equiv \{A_1, A_2, \cdots, A_N\} .$$

该微观构型可以在网络 W 上用如下的方式表示出来：

（1）如果节点 i 的状态 $A_i = 0$，则将该节点用空心圆点表示（意味着该节点未被占据）。

（2）如果节点 i 的状态 $A_i \neq 0$，则将该节点用实心圆点表示（意味着该节点被占据）。

（3）如果节点 i 的状态 $A_i = j \in \partial i$，则在边 (i, j) 上添加从 i 到 j 的箭头（意味着 i 是 j 的子节点，而 j 是 i 的父节点）。

图 7.3 给出了这种直观表示法的一个例子。

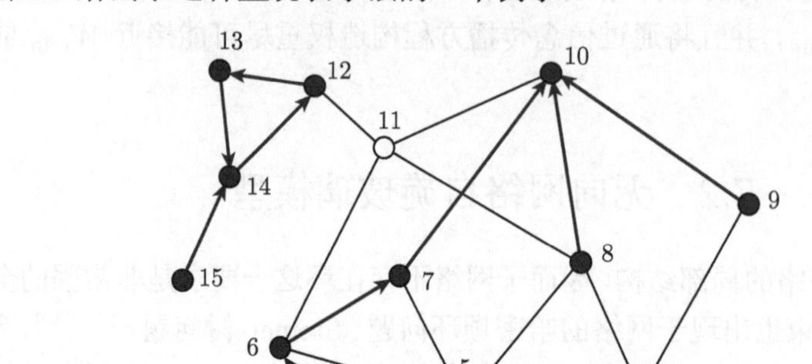

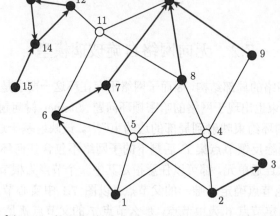

图 7.3 微观构型 $\{A_1=6, A_2=3, A_3=3, A_4=0, A_5=0, A_6=7, A_7=10, A_8=10, A_9=10, A_{10}=10, A_{11}=0, A_{12}=13, A_{13}=14, A_{14}=12, A_{15}=14\}$ 在图 7.1 的网络 W 上的直观表示

该图引自文献 [241]

7.2.2 局部约束

对于给定无向网络 W，所有可能微观构型的总数目为

$$\prod_{i=1}^{N}(2+k_i) .$$

当节点数 $N \gg 1$ 时这是一个很大的数目。但绝大多数微观构型都不是我们真正感兴趣的。我们感兴趣的微观构型 $\underline{A}$ 需要满足一个条件，即由 $\underline{A}$ 的所有被占据节点构成的子网络是无环的。为了挑选出符合要求的微观构型，我们在网络的每条边 (i,j) 上定义边因子 $C_{ij}(A_i,A_j)$ 为

$$\begin{aligned} C_{ij}(A_i,A_j) \equiv\, & \delta_{A_i}^{0}\delta_{A_j}^{0} + \delta_{A_i}^{0}\big(1-\delta_{A_j}^{0}-\delta_{A_j}^{i}\big) + \delta_{A_j}^{0}\big(1-\delta_{A_i}^{0}-\delta_{A_i}^{j}\big) \\ & + \delta_{A_i}^{j}\big(1-\delta_{A_j}^{0}-\delta_{A_j}^{i}\big) + \delta_{A_j}^{i}\big(1-\delta_{A_i}^{0}-\delta_{A_i}^{j}\big) . \end{aligned} \tag{7.2}$$

式中，δ_m^n 是克罗内克符号，即如果 $m=n$，则 $\delta_m^n=1$，反之则 $\delta_m^n=0$。

$C_{ij}(A_i,A_j)$ 的取值只有两种可能性，即 $C_{ij}=0$ 或 $C_{ij}=1$。只有在如下五种情况下，边因子 $C_{ij}(A_i,A_j)$ 才会等于 1：

（1）$A_i=A_j=0$，即 i 和 j 都未被占据。

（2）$A_i=0$ 且 $0<A_j\neq i$，即 i 未被占据而 j 被占据，且 i 不是 j 的父节点。

（3）$A_j=0$ 且 $0<A_i\neq j$，即 j 未被占据而 i 被占据，且 j 不是 i 的父节点。

（4）$A_i=j$ 且 $0<A_j\neq i$，即 i 和 j 都被占据，且 j 是 i 的父节点但 i 不是 j 的父节点。

（5）$A_j=i$ 且 $0<A_i\neq j$，即 i 和 j 都被占据，且 i 是 j 的父节点但 j 不是 i 的父节点。

对于 A_i 和 A_j 取其他值的情况，即 $A_i=0$ 且 $A_j=i$，或 $A_j=0$ 且 $A_i=j$，或 $A_i=j$ 且 $A_j=i$，或 $0<A_i\neq j$ 且 $0<A_j\neq i$，边因子的值都为 $C_{ij}(A_i,A_j)=0$。

网络 W 每条边可被视为是对微观构型的一个局部约束。给定微观构型 $\underline{A}$，如果 $C_{ij}(A_i,A_j)=1$，则认为边 (i,j) 被微观构型 $\underline{A}$ 满足，反之则认为该微观构型不满足这条边。如果微观构型 $\underline{A}$ 满足网络 W 中所有的边，那么它就被称为该网络的一个解。

图 7.3 显示了示例网络 W 的一个解 $\underline{A}$，其中，被占据的节点形成三个连通单元。由节点 2 和 3 形成的单元以及由节点 1、6、7、8、9、10 形成的单元都没有环，而由节点 12、13、14、15 形成的连通单元则包含一个环。这个简单例子说明边上的局部约束并不能保证被占据节点一定不形成环。

一个树状子网络有 $n\geqslant 1$ 个节点和 $n-1$ 条边。我们将树状子网络的概念稍作推广，将包含一个且只有一个环的连通子网络称为 C-树（cycle-tree）。一个 C-树有 $n\geqslant 3$ 个节点和刚好 n 条边，它是网络中除树以外最为简单的连通结构。

定理 7.1　*如果给定无向网络 W 的一个微观构型 $\underline{A}$ 满足该网络每一条边 (i,j) 上的约束条件 $C_{ij}(A_i,A_j)=1$，那么由该微观构型的所有被占据节点及这些节点之间的边形成的子网络只包含一些互不连通的树状连通单元和 C-树连通单元。*

不难证明这一定理。将微观构型 $\underline{A}$ 中的所有被占据节点及这些节点之间的边形成的子网络记为 F，它包含一个或多个连通单元。我们首先证明，如果 F 的某一连通单元P 有一节点 i 的状态为 $A_i=i$，那么该连通单元必定为树状。假设这一论断不成立，即 P 存在至少一个环 O。如果节点 i 属于环 O，那么从 i 出发沿着该环的一个方向绕行，遇到的第一个节点 j 的状态必定为 $A_j=i$；第二个节点 k 的状态必定为 $A_k=j$ 等；当沿环 O 绕回节点 i 后，我们就发现 i 的状态 $A_i=m$，其中，m 是 i 在环 O 上除节点 j 之外的另一最近邻节点。这就与初始假设 $A_i=i$ 相冲突。因此节点 i 必定不属于环 O，且 i 与环 O 只通过一条路径 L 相连（图 7.4）。设节点 k 是环 O 上离 i 最近的节点，那么该节点的状态必定为 $A_k=j$，其中，j 是节点 k 在路径 L 上的最近邻节点。对环 O 从节点 k 绕行一周，我们又会发现节点 k 的状态不可能同时满足环 O 上与之相连的两条边的约束。综合上面这些分析可知，连通单元 P 必定不存在任何环。

另一方面，如果子网络 F 某一连通单元 P' 不存在根节点，那么 P' 中每一个节点 i 的状态都指向它的某一最近邻节点 j，即 $A_i=j$。从 P' 中任选节点 i 出发，

跳到它的状态 A_i 所指的最近邻节点 j，然后又从 j 跳到其状态 $A_j = k$ 所指的最近邻节点 k，并持续这一跳跃过程。由于连通单元 P' 是有限的且其中没有根节点，这一跳跃过程最终会进入到一个环 O，并一直在环 O 内绕行。对于连通单元 P' 的每条边 (k,l)，$A_k = l$ 和 $A_l = k$ 二者必居其一，所以环 O 作为一个子网络看待的话，它的每个节点连通度必定为 2，而且按照上述跳跃过程从 P' 的任意节点出发都会到达环 O。综合这些分析可知，连通单元 P' 必定是一个 C-树。这样我们就证明了子网络 F 的每个连通单元只能是树或者 C-树。

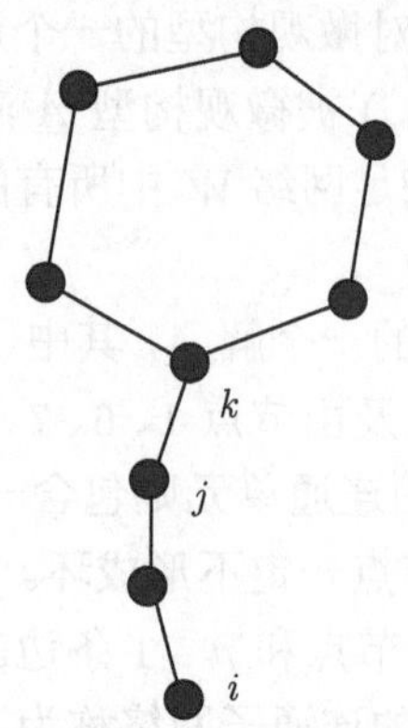

图 7.4　如果节点 i 是一个根节点（$A_i = i$），那它不能和任何环相连，因而该图显示的情况在由被占据节点组成的子网络中不会出现

对于每个 C-树，我们只需将它唯一的环上一个最小权重节点删除就可将它变为树。因此，从网络 W 的解 $\underline{A}$ 出发构造一个反馈节点集 Γ 是非常容易的事情。而微观构型 $\underline{A}$ 中未被占据节点的总权重加上每个 C-树需被删除节点的权重就是该反馈节点集 Γ 的总权重。解 $\underline{A}$ 与反馈节点集之间关系的更多讨论可参见文献 [241]，我们仅指出如下的事实，即解 $\underline{A}$ 和反馈节点集并不是一对一的对应关系，而是每个反馈节点集 Γ 都对应于多个解 $\underline{A}$。

7.2.3　配分函数和能量

为讨论方便起见，我们定义任意微观构型 $\underline{A}$ 的能量为

$$E(\underline{A}) \equiv \sum_{i=1}^{N} \delta_{A_i}^{0} w_i \, . \tag{7.3}$$

该能量实际就是微观构型 $\underline{A}$ 的未被占据节点的总权重。如果微观构型 $\underline{A}$ 的未被占据节点构成一个反馈节点集 Γ，则能量 $E(\underline{A})$ 就等于集合 Γ 的权重 $W(\Gamma)$，参见式 (7.1)。

在定义了节点的状态、边上的局部约束、微观构型的能量以后，就可以在无向

网络 W 上定义如下的配分函数：

$$Z(x) = \sum_{\underline{A}} \exp\Big[x \sum_{i=1}^{N} (1 - \delta^0_{A_i}) w_i\Big] \prod_{(i,j) \in W} C_{ij}(A_i, A_j) , \tag{7.4}$$

其中，$x > 0$ 是对能量的加权因子。只要网络 W 的至少一条边不能被微观构型 $\underline{A}$ 所满足，那该构型对配分函数 $Z(x)$ 就没有贡献。因此 $Z(x)$ 的贡献全部来自于满足所有边约束的解 $\underline{A}$，且该解的能量越小，它对配分函数的贡献 $\mathrm{e}^{x[W - E(\underline{A})]}$ 就越大（此处的常数 $W \equiv \sum_{i=1}^{N} w_i$ 是网络 W 的节点总权重)。

在给定的 x 值处，系统的平均能量表达式为

$$\langle E \rangle_x \equiv \sum_{i=1}^{N} q^0_i w_i , \tag{7.5}$$

其中，q^0_i 是节点 i 处于未被占据状态 $A_i = 0$ 的边际概率

$$q^0_i \equiv \frac{\displaystyle\sum_{\underline{A}} \delta^0_{A_i} \exp\left[x \sum_{j=1}^{N} (1 - \delta^0_{A_j}) w_j\right] \prod_{(k,l) \in W} C_{kl}(A_k, A_l)}{\displaystyle\sum_{\underline{A}} \exp\left[x \sum_{i=1}^{N} (1 - \delta^0_{A_i}) w_i\right] \prod_{(i,j) \in W} C_{ij}(A_i, A_j)} . \tag{7.6}$$

随着加权参数 x 值的增加，系统的平均能量 $\langle E \rangle_x$ 将变得越来越小。当 x 的值足够大时，$\langle E \rangle_x$ 将趋向于系统的基态能量。也就是说，当 x 的值足够大时，配分函数 $Z(x)$ 的性质将由能量最小的那些解 $\underline{A}$ 决定。因此我们就能通过研究 $Z(x)$ 在足够大的 x 值处的性质来获得系统最小能量的信息。

由于有可能需要往解 $\underline{A}$ 的未被占据节点集合中再添加极少一些节点才能得到一个反馈节点集，系统式（7.4）的最低能量将只是反馈节点集的最小权重的下限。但二者的差异应该最多只有 $\ln N$ 的量级，这相比于节点数目 N 而言，在 $N \to \infty$ 的热力学极限可以忽略不计[241]。

7.3 无向网络复本对称平均场理论

配分函数（式（7.4））具有表达式（2.6）的一般形式，因此可以利用第 3 章介绍的复本对称平均场理论来研究这一模型。由于系统只涉及两体相互作用，为讨论简单起见，我们不引入因素节点，就在由（变量）节点 $i = 1, 2, \cdots, N$ 和节点之间的边构成的普通网络 W 上表达平均场理论 (参见方程（3.57)，其中，因素节点 $a, b, \cdots$ 就是 W 中的边 $(i,j), (i,k), \cdots$)。

考虑网络 W 中的节点 i。该节点可以处于 k_i+2 个不同的状态 A_i，对应的边际概率记为 $q_i^{A_i}$。对于 $A_i=0$ 和 $A_i=i$ 两种状态，根据复本对称平均场理论可分别写出它们的边际概率 q_i^0 和 q_i^i 表达式为

$$q_i^0 = \frac{1}{1+\mathrm{e}^{xw_i}\left[\prod\limits_{j\in\partial i}(q_{j\to i}^0+q_{j\to i}^j)+\sum\limits_{j\in\partial i}(1-q_{j\to i}^0)\prod\limits_{k\in\partial i\backslash j}(q_{k\to i}^0+q_{k\to i}^k)\right]}, \tag{7.7a}$$

$$q_i^i = \frac{\mathrm{e}^{xw_i}\prod\limits_{j\in\partial i}(q_{j\to i}^0+q_{j\to i}^j)}{1+\mathrm{e}^{xw_i}\left[\prod\limits_{j\in\partial i}(q_{j\to i}^0+q_{j\to i}^j)+\sum\limits_{j\in\partial i}(1-q_{j\to i}^0)\prod\limits_{k\in\partial i\backslash j}(q_{k\to i}^0+q_{k\to i}^k)\right]}, \tag{7.7b}$$

其中，$q_{j\to i}^{A_j}$ 表示节点 j 在未受节点 i 影响的情况下状态 A_j 的边际概率。

我们从 Bethe-Peierls 近似[19,131,132] 的角度来直观地解释表达式 (7.7)。如果节点 i 不是孤立节点，那它的状态 A_i 很受其最近邻节点的影响，而且它也会强烈地影响这些周围节点的状态。为了计算状态 A_i 的边际概率，就有必要先了解节点 i 被删除的情况下这些最近邻节点的状态分布。在示意图 7.5 中，节点 i 有四个最近邻节点 j、k、l、m。当节点 i 被删除后，这些节点就不会通过 i 而互相影响，但它们的状态仍然会因为网络中存在的其他路径而彼此关联。在复本对称平均场理论中，这样的关联被忽略，因此节点 j、k、l、m 在 i 被删除后的空腔系统中的状态联合概率分布，记为 $P_{\backslash i}(\{A_j: j\in\partial i\})$，就是各节点状态边际概率分布的乘积

$$P_{\backslash i}(\{A_j: j\in\partial i\}) \approx \prod_{j\in\partial i} q_{j\to i}^{A_j}. \tag{7.8}$$

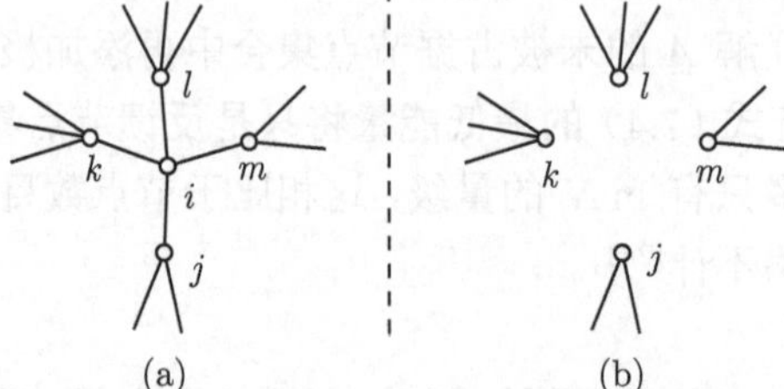

图 7.5 基于 Bethe-Peierls 近似计算节点 i 状态 A_i 的边际概率分布

节点 i 的存在会引起其最近邻节点（j、k、l、m）的状态之间的较强关联（a），但如果节点 i 被删除，那节点 j、k、l、m 的状态就不会因为 i 而关联起来（b）。作为最简单的近似，我们假设 i 的最近邻节点的状态在 i 被删除的情况下是彼此独立的。该图引自文献 [241]

如果在 i 被删除的空腔系统中，i 的所有最近邻节点 j 的状态或者为 $A_j=0$，或者为 $A_j=j$（j 是树状子网络的根节点），那当 i 又被重新添加到网络以后，它

可以处于状态 $A_i = i$（i 是树状子网络的根节点）。这是因为所有的最近邻节点 j 都可以因为 i 的加入而调整其状态为 $A_j = i$。结合 Bethe-Peierls 近似，式（7.8）就可以解释表达式（7.7b）的分子，以及该表达式分母的第二项。类似的，如果在 i 被删除的空腔系统中，i 的某一个最近邻节点 j 的状态 $A_j \neq 0$（即它属于某个树状子网络或者 C-树子网络）而所有其他最近邻节点 k 的状态或者为 $A_k = 0$，或者为 $A_k = k$，那当 i 又被重新添加到网络以后，它可以处于状态 $A_i = j$（i 以节点 j 为其父节点）。这就解释了表达式（7.7b）的分母第三项。

习题 7.1 请依据 Bethe-Peierls 近似对节点 i 写出其状态 $A_i = k$ 的边际概率 q_i^k 的表达式，其中 $k \in \partial i$。

在计算出每个节点的状态边际概率分布后，处于未被占据的节点数目占全部节点数的比例就可依据下面的表达式计算出来

$$\rho_0 = \frac{1}{N}\sum_{i=1}^{N} q_i^0 \,. \tag{7.9}$$

而系统的平均能量密度，记为 $u(x)$，根据表达式（7.5）可知为

$$u(x) \equiv \frac{\langle E\rangle_x}{N} = \frac{1}{N}\sum_{i=1}^{N} w_i q_i^0 \,. \tag{7.10}$$

我们已经指出，在表达式（7.7）中，$q_{j\to i}^{A_j}$ 代表着节点 j 在未受到节点 i 影响的情况下状态的边际概率分布。对于网络 W 的任意一条边 (i,j)，我们可以基于同样的 Bethe-Peierls 近似推导出 $q_{i\to j}^{A_i}$ 和 $q_{j\to i}^{A_j}$ 的表达式。例如，$q_{i\to j}^{0}$ 和 $q_{i\to j}^{i}$ 满足的迭代方程分别为

$$q_{i\to j}^{0} = \frac{1}{1+\mathrm{e}^{xw_i}\left[\prod\limits_{k\in\partial i\backslash j}(q_{k\to i}^0+q_{k\to i}^k)+\sum\limits_{k\in\partial i\backslash j}(1-q_{k\to i}^0)\prod\limits_{m\in\partial i\backslash j,k}(q_{m\to i}^0+q_{m\to i}^m)\right]}, \tag{7.11a}$$

$$q_{i\to j}^{i} = \frac{\mathrm{e}^{xw_i}\prod\limits_{k\in\partial i\backslash j}(q_{k\to i}^0+q_{k\to i}^k)}{1+\mathrm{e}^{xw_i}\left[\prod\limits_{k\in\partial i\backslash j}(q_{k\to i}^0+q_{k\to i}^k)+\sum\limits_{k\in\partial i\backslash j}(1-q_{k\to i}^0)\prod\limits_{m\in\partial i\backslash j,k}(q_{m\to i}^0+q_{m\to i}^m)\right]}, \tag{7.11b}$$

其中，$\partial i\backslash j,k$ 表示将节点 j 和 k 从节点 i 的最近邻节点集合 ∂i 中删除后剩下的子集。迭代方程（7.11）就是无向网络反馈节点集合问题的信念传播方程。

与配分函数（7.4）相对应的自由能可定义为

$$F = \frac{1}{x} \ln Z(x) . \tag{7.12}$$

按照复本对称平均场理论(见方程（3.57）)，我们用 Bethe-Peierls 自由能 F_0 作为系统真实自由能 F 的一种近似。Bethe-Peierls 自由能 F_0 可以分解成节点贡献和边贡献两部分，即

$$F \approx F_0 = \sum_{i=1}^{N} f_{i+\partial i} - \sum_{(i,j)\in W} f_{(i,j)} . \tag{7.13}$$

式中，$f_{i+\partial i}$ 是节点 i 及其所连的边的自由能贡献，而 $f_{(i,j)}$ 则是单一条边 (i,j) 的自由能贡献，它们的表达式分别为

$$f_{i+\partial i} = \frac{1}{x} \ln \left[1 + \mathrm{e}^{x w_i} \prod_{j\in\partial i} (q_{j\to i}^0 + q_{j\to i}^j) + \mathrm{e}^{x w_i} \sum_{j\in\partial i} (1 - q_{j\to i}^0) \prod_{k\in\partial i\setminus j} (q_{k\to i}^0 + q_{k\to i}^k) \right] , \tag{7.14a}$$

$$f_{(i,j)} = \frac{1}{x} \ln \Big[q_{i\to j}^0 q_{j\to i}^0 + (1 - q_{i\to j}^0)(q_{j\to i}^0 + q_{j\to i}^j) + (1 - q_{j\to i}^0)(q_{i\to j}^0 + q_{i\to j}^i) \Big] . \tag{7.14b}$$

表达式（7.13）和式（7.14）也可以从 Bethe-Peierls 近似的角度来直观理解。由表达式（7.13）就可以得到复本对称平均场理论下的自由能密度为

$$f \equiv \frac{1}{N} F = \frac{1}{N} \sum_{i=1}^{N} f_{i+\partial i} - \frac{1}{N} \sum_{(i,j)\in W} f_{(i,j)} . \tag{7.15}$$

配分函数 $Z(x) \approx \mathrm{e}^{Nx\left[w - u(x)\right]} \times \mathrm{e}^{Ns}$，其中，$s$ 是熵密度，而 $w \equiv \sum_{i=1}^{N} w_i / N$ 则是节点的平均权重。由此可得熵密度 s 的表达式为

$$s = x\big[f - w + u(x)\big] . \tag{7.16}$$

我们可以在单个网络 W 上对信念传播方程（7.11）进行迭代。如果在给定的参数 x 下该迭代过程能收敛到一个不动点，那系统的平均能量密度 $u(x)$ 和熵密度 s 等热力学量都可以在该不动点处计算出来。图 7.6（圆点）显示了在一个包含 $N = 10^5$ 个节点且平均连通度为 $c = 10$ 的 Erdös-Rényi（ER）随机网络上的计算结果。可以注意到 u 和 s 都随着参数 x 的增加而递减，而且由此得到熵密度作为能量密度的函数 $s(u)$ 是递增的凹函数。这是完全合乎预期的。图中只显示了 $x \leqslant 8$ 时的信念传播迭代结果，这是因为当 $x > 8$ 以后，信念传播迭代过程

在该网络中不再收敛。由于 x 足够大时信念传播方程不能收敛到一个不动点，因此我们不能由信念传播方程确定该网络系统在能量密度接近基态能量密度时的熵密度。

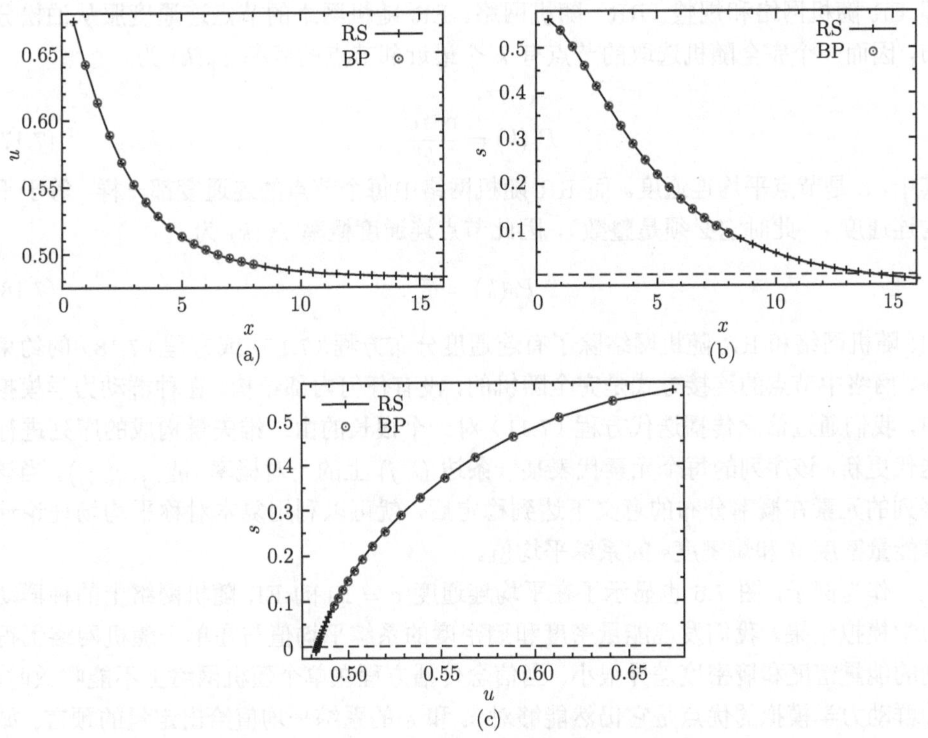

图 7.6 平均连通度 $c=10$ 的 ER 随机网络反馈节点集问题的复本对称平均场理论预言（每个节点 i 的权重设为 $w_i=1$）

“+”点是系综平均结果（通过复本对称种群动力学模拟得到，对应于节点数 $N\to\infty$）；圆点是单个网络样本结果（通过信念传播方程不动点得到，节点数 $N=10^5$）(a) 平均能量密度 u，也就是反馈节点集的节点数占所有节点数的比例平均值；(b) 熵密度 s；(c) 熵密度作为能量密度的函数 $s(u)$。该图基于文献 [241] 的计算结果

我们也在其他平均连通度 $c\geqslant 4$ 的 ER 随机网络样本上观察到了信念传播方程在 x 较大时不收敛的现象。按照第 4 章的讨论，这种不收敛的现象起源于系统的微观构型空间的低能量区域有非常复杂的地貌及其所导致的各态历经破缺。在能量密度足够低时，系统的微观构型子空间分裂成许多可认为彼此互不连通的区域，每个区域可认为是系统的一个宏观态。在这种情况下，Bethe-Peierls 近似及相应的信念传播方程就不足以描述微观构型子空间的统计性质，而需要引入一阶复本对称破缺平均场理论，见第 4 章。本章不深入探讨这一更为复杂的议题，但我们

将在一篇论文中专门对它进行详细讨论。

我们也可以用信念传播方程所对应的复本对称种群动力学模拟方法研究随机网络反馈节点集问题的系综平均性质，参见 3.5 节。我们考虑两类随机网络系综，即 ER 随机网络和规整（RR）随机网络。ER 随机网络的节点连通度服从泊松分布，因而一个完全随机选取的节点有 k 个最近邻节点的概率 $P_v(k)$ 为

$$P_v(k) = \frac{\mathrm{e}^{-c} c^k}{k!} \,, \tag{7.17}$$

其中，c 是节点平均连通度。而 RR 随机网络中每个节点的连通度都一样（等于平均连通度 c，此时它必须是整数），因此节点连通度概率 $P_v(k)$ 为

$$P_v(k) = \delta_k^c \,. \tag{7.18}$$

ER 随机网络和 RR 随机网络除了有连通度分布方程（7.17）或方程（7.18）的约束外，网络中节点的连接方式是完全随机的，没有任何内部结构。在种群动力学模拟中，我们通过信念传播迭代方程（7.11）对一个很长的由二维矢量构成的序列进行迭代更新，该序列的每个元素代表某一条边 (i,j) 上的一对概率 $(q_{i\to j}^0, q_{i\to j}^i)$。当该序列的元素在概率分布的意义下达到稳定后，就可以利用复本对称平均场理论计算能量密度 u 和熵密度s 的系综平均值。

作为例子，图 7.6 也显示了在平均连通度 $c = 10$ 的 ER 随机网络上的种群动力学模拟结果。我们发现能量密度和熵密度的系综平均值与在单个随机网络上得到的能量密度和熵密度差异很小。当信念传播方程在单个随机网络上不能收敛时，种群动力学模拟的优点是它仍然能够对 u 和 s 的系综平均值给出定量的预言。如果熵密度 s 在 $x \to \infty$ 的极限情况下仍然为正，那么我们就将能量密度 u 在 $x \to \infty$ 的极限值作为随机反馈节点集问题的最小能量密度系综平均值。另一方面，如果熵密度 s 在较大但有限的 x 值处为负数，则我们就将熵密度为零处所对应的能量密度作为最小能量密度的系综平均值。对于 $c = 10$ 的 ER 随机网络系综，由图 7.6 可知最小能量密度的系综平均值为 0.483（所有节点 i 的权重 $w_i = 1$），即最小反馈节点集约包含网络中 48.3% 的节点。

通过这种方式，我们可以将 ER 或者 RR 随机网络的平均最小能量密度与网络连通度参数 c 的关系定量求出来，见图 7.7(a) 和图 7.7(b)。由于复本对称平均场理论忽略了微观构型空间的一部分关联，也由于配分函数（7.4）的最小能量是最小反馈节点集权重方程（7.1）的下限，因而通过复本对称种群动力学模拟所获得的最小能量密度应被视为最小反馈节点集问题的最小能量密度系综平均值的下限。由 7.4 节的算法结果可以看出来，这一下限非常接近于真正的最小能量密度。对于 RR 随机网络，用自旋玻璃方法得到的最小能量密度下限要比通过数学方法获得的下限[243] 稍微高一点，参见图 7.7(b)。

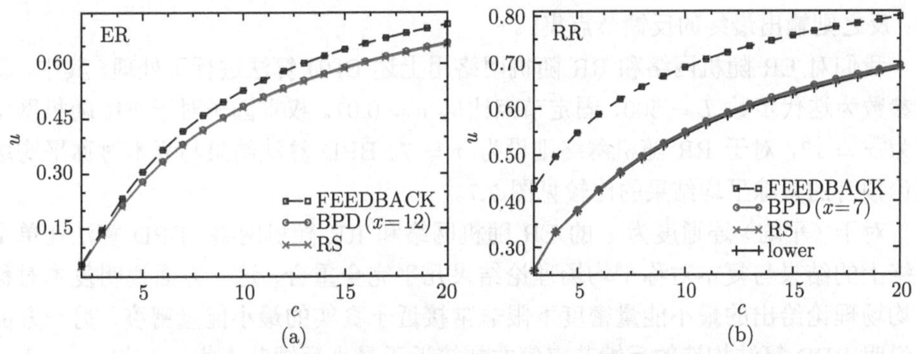

图 7.7 无向网络最小反馈节点集能量密度 u 的复本对称平均场理论预言及算法结果

(a) ER 随机网络；(b) RR 随机网络。“×” 点是复本对称（RS）种群动力学模拟理论结果；圆点是由 BPD 算法获得的 96 个随机网络（$N = 10^5$）的反馈节点集的节点数密度平均值；方点是通过 FEEDBACK 算法[242] 在这些随机网络上获得的反馈节点集的节点数密度平均值。在 (b) 中的 “+” 点是最小反馈节点集能量密度下限（lower）[243]。在理论和算法计算中，为方便起见每个节点 i 的权重设为 $w_i = 1$。该图引自文献 [241]

7.4 无向网络信念传播剥离算法

复本对称平均场理论除了能够估计能量密度和熵密度等热力学量，还可以用于对给定无向网络 W 构造出能量（权重）接近最优的反馈节点集。基于信念传播方程 (7.11) 可以设计一些不同的算法，这些算法的核心思想是在信念传播方程估计出的边际概率分布的引导下给网络的节点进行赋值。

本节简单地介绍信念传播剥离（BPD）算法，它的主要流程如下：

(0) 读入网络 W 并在每条边 (i, j) 上定义两组信息 $(q^0_{i\to j}, q^i_{i\to j})$ 和 $(q^0_{j\to i}, q^j_{j\to i})$，并将这些信息设定初值。将反馈节点集 Γ 初始化为空集。设定权重因子 x 为合适的值。

(1) 将信念传播迭代过程重复 L 步。在每步中先对网络的节点进行完全随机的排序，然后按该顺序更新每一个节点 i 的所有输出信息 $\{(q^0_{i\to j}, q^i_{i\to j}) : j \in \partial i\}$。做完这 L 步迭代后，每个节点 i 处于未被占据态 $A_i = 0$ 的概率 q^0_i 就可由表达式 (7.7a) 估计出来。然后对所有节点 i 按其 q^0_i 值从高到低进行排序，并将排在最前面的比例为 r 的节点添加到集合 Γ 中去，并将这些节点以及它们所连的边从网络 W 中删除。

(2) 对网络 W 进一步进行简化，重复将网络中连通度为 0 或者 1 的节点删除，直到网络中剩下的每一个节点都至少有两个最近邻节点。

(3) 如果剩下的网络 W 仍然包含节点，则重复执行上述第 (1) 和第 (2) 步操作；反之则输出最终的反馈节点集Γ。

我们对 ER 随机网络和 RR 随机网络用上述 BPD 算法进行了处理，其中，算法参数为迭代步数 $L = 500$，固定节点比例 $r = 0.01$。权重因子对于 ER 随机网络设为 $x = 12$，对于 RR 随机网络则设为 $x = 7$。BPD 算法结果与复本对称平均场理论预言的系综平均结果的比较见图 7.7。

对于（平均）连通度为 c 的 ER 随机网络和 RR 随机网络，BPD 算法在单个网络上的结果与复本对称平均场理论结果几乎完全重合，这一方面说明复本对称平均场理论给出的最小能量密度下限非常接近于真实的最小能量密度，另一方面也说明 BPD 算法构造的反馈节点集非常接近于最小反馈节点集。

Bafna 等在文献 [242] 中发展了一种称为 FEEDBACK 的局域搜索算法，该算法的核心思想是将网络中连通度最大的那些节点添加到反馈节点集中。该算法的优点是它所获得的反馈节点集的能量密度总是不超过最低能量密度的二倍。我们在 ER 和 RR 随机网络上也运行了 FEEDBACK 算法，但发现它构造的反馈节点集的能量密度显著地高于 BPD 算法所达到的能量密度，见图 7.7。这说明 BPD 算法比 FEEDBACK 算法有很大的优越性。

我们也发展了一种基于模拟退火的局部搜索算法，该局部搜索算法构造的反馈节点集的能量密度也很接近于复本对称平均场理论预言的值。有兴趣的读者可参见文献 [237]，以了解该模拟退火算法的更多计算细节。

我们也将 BPD 算法应用到二维正方晶格和三维立方晶格网络（二者都考虑周期性边界条件）。对于二维正方晶格，BPD 算法构造的反馈节点集包含网络中 35.2% 的节点，该结果接近于数学上的严格下限 1/3 [243, 245]；而对于三维立方晶格，BPD 算法构造的反馈节点集包含网络中 42.2% 的节点，该结果也接近于数学上的严格下限 2/5 [243, 245]。

7.5 有向网络反馈节点集

有向网络与无向网络的区别在于前者的边是有方向的。一个有向网络 W 包含 N 个节点以及 M 条有向边，每一条有向边连接两个节点并从其中一个节点指向另一个节点。在本节我们用 $[i,j]$ 表示一条从（首）节点 i 指向（尾）节点 j 的有向边，因而 $[i,j]$ 与 $[j,i]$ 就是连接相同两个节点但方向相反的两条有向边。有向网络在文献中被广泛用于描述技术、生物、社会系统中的复杂有向相互作用。例如，细胞内的基因调控网络就是一个有向网络，其中，每一个节点代表一个基因，而从节点 i 指向节点 j 的有向边则表示基因 i 能够调控基因 j 的表达[246, 247]。

我们假定有向网络 W 是简单的，即 W 中不存在从一个节点 i 指向它自己的有向边 $[i,i]$，且从一个节点指向另一个节点的有向边的数目最多为 1（没有重边）。

网络中有向边的密度 α 就是有向边数目与节点数目的比值

$$\alpha \equiv \frac{M}{N} . \tag{7.19}$$

7.5.1 问题描述

如果有一条有向边 $[i,j]$ 连接节点 i 和 j，但反向边 $[j,i]$ 不存在，那节点 j 就被称为是 i 的子节点而 i 则被称为是 j 的父节点。如果节点 i 和 j 之间有两条方向相反的有向边（$[i,j]$ 和 $[j,i]$），那么 i 和 j 就是彼此的兄弟节点。例如，图 7.8 的节点 5 是节点 1 的父节点和节点 6 的子节点，而节点 1 和 6 则互为兄弟节点。

网络 W 的一条有向路径是由一些有向边形成的序列，在该序列中每条有向边的尾节点都是下一条有向边的首节点。例如，图 7.8 中的序列

$$[12,11],\ [11,8],\ [8,5],\ [5,1],\ [1,6],\ [6,7],\ [7,10]$$

就是从节点 12 到节点 10 的一条有向路径。如果一条有向路径的起始节点 i 和终止节点 j 是同一个节点（$i=j$），则它就是网络的一条有向环。图 7.8 的网络中存在有向环，例如，$[1,6],[6,7],[7,5],[5,1]$。

如果将网络 W 的每一个有向环中的一个或多个节点删除，那么剩下的子网络就不存在有向环了，它被称为一个有向无环网络。而被删除节点所构成的集合，记为 Γ，则被称为是网络的一个反馈节点集。换句话说，集合 Γ 包含网络 W 的每一个有向环的至少一个节点。例如，集合 $\Gamma=\{1,13\}$ 就是图 7.8 中网络的一个反馈节点集。一个反馈节点集 Γ 的总权重（或能量）就是它包含的节点权重之和，即

$$W(\Gamma) \equiv \sum_{i\in\Gamma} w_i , \tag{7.20}$$

其中，w_i 是节点 i 的权重，其意义依赖于具体的问题。

有向网络反馈节点集问题的核心目标就是构造总权重尽可能小的反馈节点集 Γ。这是一个 NP-完备型组合优化问题[58, 59, 232]，因此其精确求解非常困难。应用数学家和计算机科学家已经对该问题进行了非常深入的研究，参见文献 [248]-[253]。

有向网络的（接近）最小反馈节点集的确定也有非常重要的实际应用价值。真实动力学系统中通常存在许多反馈相互作用和控制机制，因此这些系统所对应的有向网络包含非常多的有向环。这些有向环将给网络上的动力学演化过程带来许多反馈影响，使动力学行为变得更丰富和复杂。从理解和管控复杂系统的角度而言，如果对有向网络 W 构造出一个包含尽可能少节点的反馈节点集，那我们就能将该系统分解成“内部”（I）和“边界”（B）两部分，其中，边界 B 由反馈节点集中的节点及这些节点间的有向边组成，而内部 I 则是由所有其余节点及它们之间的有向边组成的一个没有任何有向环的子网络。由于 I 中没有有向环，那么给定边界

B 中所有节点的一个动力学态，I 的动力学性质原则上就能完全确定。这样，整个系统的动力学性质研究就转化成研究各种边界条件下子动力学系统的动力学性质，以及研究如何选择合适的边界条件。从这个角度而言，一个包含最小数目节点的反馈节点集中的节点可以认为是对系统动力学性质起着非常关键的作用[234, 235]。

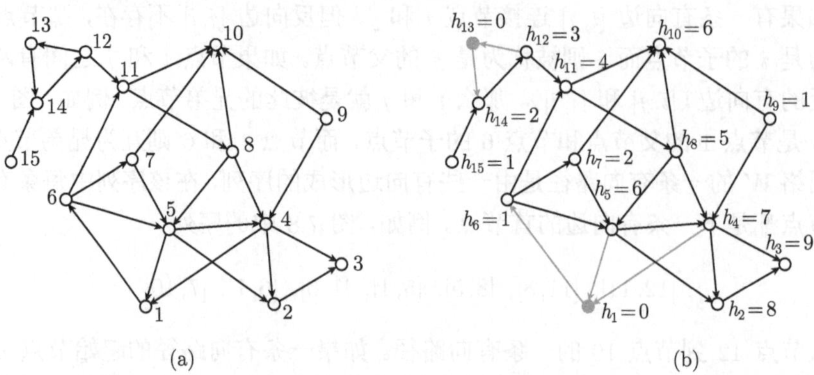

图 7.8　一个包含 $N = 15$ 个节点和 $M = 25$ 条有向边的有向网络（a）以及它的一个微观构型（b）

假设网络中每个节点的权重相同，则集合 $\Gamma = \{1, 13\}$ 就是该网络的一个最小反馈节点集

7.5.2　自旋玻璃模型

我们可以用统计物理的方法研究有向网络反馈节点集问题。为此目的，可以在网络的每个节点 i 上引进一个高度变量 h_i，该变量是非负整数，$0 \leqslant h_i \leqslant D$，其中，$D$ 是模型参数，其意义是容许的最大高度。将 D 设为较大的数能够导致更好的理论结果，但计算时间和计算机存储空间都将随着 D 线性增加。如果节点 i 的高度 $h_i = 0$，那该节点就被称为是未被占据节点；若 $h_i \geqslant 1$，则该节点就是一个已被占据的节点。系统的一般的微观构型被记为是 $\underline{h} \equiv \{h_1, h_2, \cdots, h_N\}$。

为了保证被占据节点构成的子网络中没有有向环，可以在网络 W 的每一条有向边 $[i, j]$ 上附加如下的约束条件：如果节点 i 和 j 都被占据（$h_i > 0, h_j > 0$），那节点 i 的高度必须小于节点 j 的高度，即 $h_i < h_j$。如果微观构型 $\underline{h}$ 在每一条有向边处都满足上述约束条件，则称该微观构型为合法的。如果 $\underline{h}$ 是一个合法的微观构型，那沿着任意一条由被占据节点构成的有向路径上，这些节点的高度必定形成一个严格递增序列，见图 7.8 给出的示例[241, 254]。因此由被占据节点构成的子网络中必定不存在有向环，也即微观构型 $\underline{h}$ 中所有高度为零的节点组成一个反馈节点集，$\Gamma \equiv \{i : h_i = 0\}$。换句话说，每一个合法微观构型 $\underline{h}$ 对应于有向网络 W 一个反馈节点集。

但另一方面，由于两个或多个合法微观构型的未被占据节点集合可能完全相同，因此网络 W 的一个反馈节点集 Γ 常对应于不止一个合法微观构型。这就是说，反馈节点集与合法微观构型之间是一对多的关系。如果要实现一对一的对应关系也是容易的，但需要将有向边上的约束加强，相应的计算复杂性也会有一定程度的增加。有兴趣的读者可以思考如何实现这一目标。

为了描述复本对称平均场理论，如果节点 i 和 j 之间有一条有向边 $[i,j]$，但反向的有向边 $[j,i]$ 不存在，则将这种情形记为 $(i \to j)$；如果有向边 $[i,j]$ 和 $[j,i]$ 都存在，则将这一情形记为 $(i \Leftrightarrow j)$。在接下来的讨论中 $(i \to j)$ 和 $(i \Leftrightarrow j)$ 都被称为是网络 W 中的连接（link）。在每一条单向连接 $(i \to j)$ 上可以引入如下的连接因子：

$$C_{(i\to j)}(h_i, h_j) = \delta_{h_j}^0 + \left(1 - \delta_{h_j}^0\right)\Theta(h_j - h_i)\ , \tag{7.21}$$

其中，$\Theta(n)$ 是赫维赛德（Heaviside）阶跃函数，即 $\Theta(n) = 0$（对于 $n \leqslant 0$）或 $\Theta(n) = 1$（对于 $n \geqslant 1$）。如果节点 j 的高度 $h_j = 0$（即 j 未被占据），或者 j 已被占据且其高度 h_j 高于节点 i 的高度（即 $h_j > h_i$），那么 $C_{i\to j} = 1$；而对于所有其他情况都有 $C_{i\to j} = 0$。我们在每一条双向连接$(i \Leftrightarrow j)$ 上也引入一个类似的连接因子：

$$C_{(i\Leftrightarrow j)}(h_i, h_j) = \delta_{h_i h_j}^0\ . \tag{7.22}$$

该连接因子只有当 i 和 j 不是同时被占据的情况下才等于 1，反之则等于 0。

我们在有向网络 W 上定义如下的配分函数 $Z(x)$：

$$Z(x) = \sum_{\underline{h}} \exp\left[x\sum_{i=1}^{N}(1-\delta_{h_i}^0)w_i\right] \prod_{(i\to j)\in W} C_{(i\to j)}(h_i, h_j) \prod_{(k\Leftrightarrow l)\in W} C_{(k\Leftrightarrow l)}(h_k, h_l)\ . \tag{7.23}$$

因为式（7.23）中的连接因子乘积项的缘故，只有合法微观构型才对配分函数有非零贡献。参数 x 调节合法微观构型对配分函数贡献的权重。与表达式（7.23）类似的配分函数在研究 Steiner 树问题[238, 239] 以及网络决定性观念扩散问题[255, 256] 中也被引进了。

我们也可以将第 3 章的一般理论用于配分函数（式（7.23）），并发展相应的消息传递算法。对这一模型的详细研究将在研究论文中进行报告，我们在这只列出一小部分计算结果。

通过先产生一个节点（平均）连通度为 $c = 2\alpha$ 的 ER 随机无向网络或 RR 随机无向网络，然后对该无向网络的每条边以完全随机且相互独立的方式指定一个方向，就可得到一个有向边密度为 α 的 ER 随机有向网络或 RR 随机有向网络。对于有向边密度 α 属于区间 $[0,20]$ 的 ER 随机有向网络和 RR 随机有向网络，图 7.9 显示了在设定 $D = 200$ 的情况下复本对称平均场理论预言的最小反馈节点集的能量密度（即反馈节点集中节点数占网络所有节点的比例）。可以看到，当 $\alpha \leqslant 1$ 时，最小反馈节点集的能量密度为 0；而当 α 从 1 开始逐渐变大时，该能量密度则随 α 连续增加。如果删除反馈节点集后剩下的有向无环子网络中有向路径的最大容许长度 D 被设成更大的值，则最小反馈节点集的能量密度可以进一步被降低，但降低的幅度并不显著。对于实际的节点数 N 有限的有向网络，$D = 200$ 应该是一个足够大的参数。

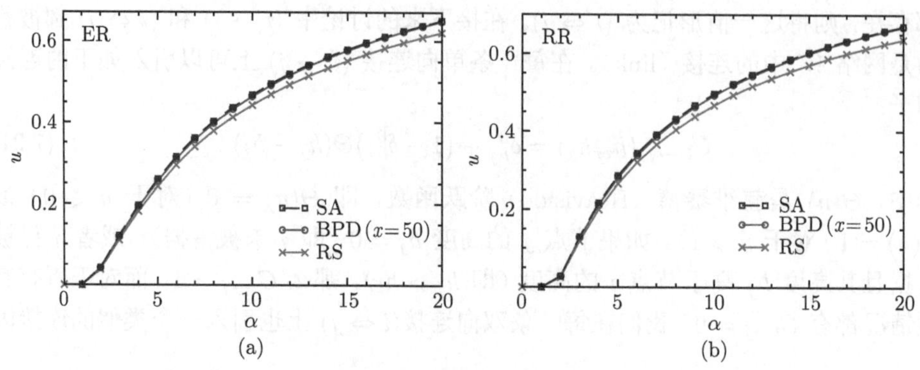

图 7.9　有向网络最小反馈节点集能量密度 u 的复本对称平均场理论结果和算法结果

(a) ER 随机有向网络；(b) RR 随机有向网络。"×" 符号代表在最大容许高度为 $D = 200$ 时的复本对称平均场理论结果（对应于节点数 $N \to \infty$）；圆点是在 96 个随机有向网络样本（节点数 $N = 10^4$）上运行一次信念传播剥离（BPD）算法所得结果的平均值（$D = 200$，加权参数 $x = 50$）；方点是在这相同的 96 个网络样本上运行一次模拟退火（SA）局部搜索算法（使用文献 [253] 中建议的算法参数）所得结果的平均值

我们同样也基于有向网络复本对称平均场理论发展了相应的信念传播剥离（BPD）算法（算法参数为 $D = 200, x = 50$）。图 7.9 也显示了该算法在单个有向随机网络样本上的计算结果。当有向边密度 $\alpha > 5$ 以后，BPD 算法得到的结果明显地高出复本对称平均场理论预言的结果。我们现在还难以判断哪个结果更接近于真实的最小反馈节点集能量密度，目前似乎也没有严格计算出的最小反馈节点集能量密度下限可资比较。希望我们的数值计算结果能激发应用数学家在这个问题上的研究兴趣。

文献中也存在一些构造有向反馈节点集的经验算法，其中之一是 Pardalos 和合作者提出的GRASP 算法[252]。该算法的核心思想是重复将网络中 $k_{\text{in}} \times k_{\text{out}}$ 值最大的节点删除掉，其中，k_{in} 和 k_{out} 分别是网络中某个节点的输入（指向该节点）边和输出（从该节点出发）边的数目。另外一种颇为高效的算法是基于模拟退火思想的局部搜索算法[253]。由图 7.9 可以看出，对于 ER 随机有向网络和 RR 随机网络，模拟退火算法与 BPD 算法给出的有向反馈节点集从能量密度而言是不相上下的。

对于给定的随机有向网络 W，虽然 BPD 算法和模拟退火算法所构造的反馈节点集，分别记为 Γ_{BPD} 和 Γ_{SA}，包含的节点数是大致相同的，但与 Γ_{BPD} 互补的有向无环子网络显著地不同于与 Γ_{SA} 互补的有向无环子网络。我们发现前者的有向边密度比后者的有向边密度更高，参见图 7.10。从这个意义上而言，BPD 算法比模拟退火算法要优越，因为它在消除有向环的过程中保留了网络 W 中更多的有向边。

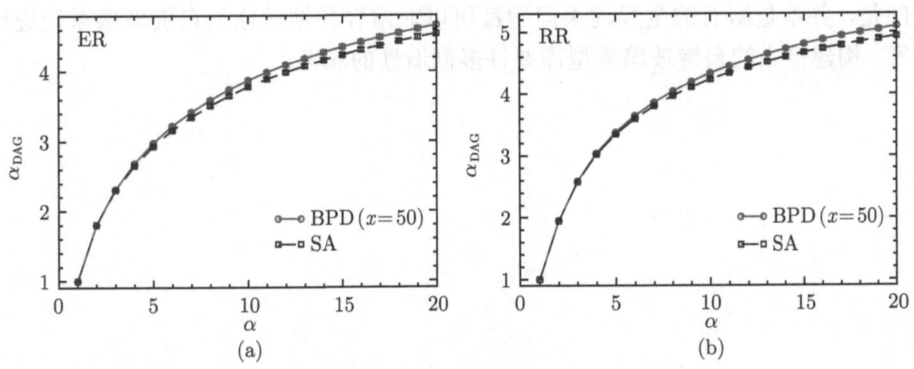

图 7.10 删除反馈节点集以后剩下的有向无环子网络（directed acyclic graph，DAG）的有向边密度 α_{DAG} 与初始有向网络边密度 α 的关系

（a）ER 随机有向网络；（b）RR 随机有向网络。圆点是在 96 个随机有向网络样本（节点数 $N=10^4$）上运行一次信念传播剥离（BPD）算法所到结果的平均值（$D=200$，加权参数 $x=50$）；方点是在这相同的 96 个网络样本上运行一次模拟退火局部搜索算法（使用文献 [253] 中建议的算法参数）所得结果的平均值

本节的模型经过适当改进后对处理无向和有向网络上的确定性动力学过程（如疾病传播过程）也是适用的。对于网络上的确定性动力学过程，一个非常有趣的优化问题是选取合适的初始节点以激发网络向目标动力学状态演化。例如，考虑如下的动力学系统。该动力学系统包含 N 个节点，每个节点 i 开始都处于不活跃的状态。该系统的动力学规则是局域多数规则，即如果一个节点 j 有至少一半的最近邻节点已经处于活跃状态，那么它也会从不活跃状态跃变为活跃状态并保持在该状态。为了使网络中所有的节点最终都处于活跃状态，可以人为地将网络中一部分节点的状态从不活跃态改变为活跃态。如果随机选取这些初始节点的话，显然大约需要将网络中一半的节点都人为地干预成活跃状态[257]。但通过优化初始节点的选取，可能只需要改变很少一部分节点的状态就能使网络中所有节点的状态都变为活跃[257]。这一类优化问题与有向网络反馈节点集问题有很多类似之处，我们将在研究论文中专门讨论它们。

本章小结

无向网络和有向网络的反馈节点集问题是带有全局性约束的组合优化问题。在本章中，我们成功地将全局约束转化为局部约束，进而利用自旋玻璃理论和消息传递算法对这两个问题进行了探讨。

本章演示的方法对于其他全局约束问题也有一定的借鉴意义。但是，值得指出来的是，并不是所有的全局约束问题都可以非常轻易地转化为自旋玻璃系统进行研究。构建恰当的自旋玻璃模型需要许多创造性的思考。

参考文献

[1] Edwards S F, Anderson P W. Theory of spin glasses. J. Phys. F: Met. Phys., 1975, 5: 965–974.

[2] Cannella V, Mydosh J A, Budnick J I. Magnetic susceptibility of au-fe alloys. J. Appl. Phys., 1971, 42: 1689–1690.

[3] Cannella V, Mydosh J A. Magnetic ordering in gold-ion alloys. Phys. Rev. B, 1972, 6: 4220–4237.

[4] Binder K, Young A P. Spin glasses: Experimental facts, theoretical concepts, and open questions. Rev. Mod. Phys., 1986, 58: 801–976.

[5] Fischer K H, Hertz J A. Spin Glasses. Cambridge, UK: Cambridge Univ. Press, 1991.

[6] Mézard M, Parisi G, Virasoro M A. Spin Glass Theory and Beyond. Singapore: World Scientific, 1987.

[7] Fisher D S, Huse D A. Ordered phase of short-range Ising spin-glasses. Phys. Rev. Lett., 1986, 56: 1601–1604.

[8] Kirkpatrick S, Gelatt Jr. C D, Vecchi M P. Optimization by simulated annealing. Science, 1983, 220: 671–680.

[9] Marinari E, Parisi G. Simulated tempering: a new Monte Carlo scheme. Eur. Phys. Lett., 1992, 19: 451–458.

[10] Hukushima K, Nemoto K. Exchange Monte Carlo method and application to spin glass simulations. J. Phys. Soc. Jpn, 1996, 65: 1604–1608.

[11] Belletti F, Cotallo M, Cruz A, et al. Nonequilibrium spin-glass dynamics from picoseconds to a tenth of a second. Phys. Rev. Lett., 2008, 101: 157201.

[12] Gardner E. Spin glasses with p-spin interactions. Nucl. Phys. B, 1985, 257: 747–765.

[13] Kirkpatrick T R, Thirumalai D. p-spin-interaction spin-glass models: Connections with the structural glass problem. Phys. Rev. B, 1987, 36: 5388–5397.

[14] Binder K, Kob W. Glassy Materials and Disordered Solids: An Introduction to Their Statistical Mechanics. Singapore: World Scientific, 2005.

[15] Cavagna A. Supercooled liquids for pedestrians. Phys. Rep. 2009, 476: 51–124.

[16] Parisi G, Zamponi F. Mean-field theory of hard sphere glasses and jamming. Rev. Mod. Phys., 2010, 82: 789–845.

[17] Nishimori H. Statistical Physics of Spin Glasses and Information Processing: An Introduction. Oxford, UK: Clarendon Press, 2001.

[18] Hartmann A K, Weigt W. Phase Transitions in Combinatorial Optimization Problems. Weinheim, Germany: Wiley-VCH, 2005.

[19] Mézard M, Montanari A. Information, Physics, and Computation. New York: Oxford Univ. Press, 2009.

[20] Saitta L, Giordana A, Cornuéjols A. Phase Transitions in Machine Learning. Cam-

bridge, UK: Cambridge University. Press, 2011.

[21] Barabási A L. The network takeover. Nature Physics, 2012, 8: 14–16.

[22] Stein D L, Newman C M. Spin glasses: old and new complexity. Complex Systems, 2011, 20: 115–126.

[23] 李政道. 李政道讲义 —— 统计力学. 上海: 上海科学技术出版社, 2006.

[24] 林宗涵. 热力学与统计物理学. 北京: 北京大学出版社, 2007.

[25] Toulouse G. Theory of the frustration effect in spin glasses: I. Commun. Phys., 1977, 2: 115–119.

[26] Loh Y L, Carlson E W. Efficient algorithm for random-bond Ising models in 2d. Phys. Rev. Lett., 2006, 97: 227205.

[27] Wu X T, Zhao J Y. Efficient algorithm for computing correlation functions of the two-dimensional random-bond ising model. Phys. Rev. B, 2009, 80: 104402.

[28] Thomas C K, Huse D A, Middleton A A. Zero and low-temperature behavior of the two-dimensional $\pm j$ Ising spin glass. Phys. Rev. Lett., 2011, 107: 047203.

[29] Newman C M, Stein D L. Non-mean-field behavior of realistic spin glasses. Phys. Rev. Lett., 1996, 76: 515–518.

[30] Belletti F, Cruz A, Fernandez L A, et al. An in-depth view of the microscopic dynamics of Ising spin glasses at fixed temperature. J. Stat. Phys., 2009, 135: 1121–1158.

[31] Newman C M, Stein D L. Simplicity of state and overlap structure in finite-volume realistic spin glasses. Phys. Rev. E, 1998, 57: 1356–1366.

[32] Alvarez B R, Cruz A, Fernandez L A, et al. Nature of the spin-glass phase at experimental length scales. J. Stat. Mech.: Theor. Exp., 2010: P06026.

[33] Billoire A, Fernandez L A, Maiorano A, et al. Comment on "evidence of non-mean-field-like low-temperature behavior in the Edwards-Anderson spin-glass model". Phys. Rev. Lett., 2013, 110: 219701.

[34] Yucesoy B, Katzgraber H G, Machta J. Evidence of non-mean-field-like low temperature behavior in the Edwards-Anderson spin-glass model. Phys. Rev. Lett., 2012, 109: 177204.

[35] Sherrington D, Kirkpatrick S. Solvable model of a spin-glass. Phys. Rev. Lett., 1975, 35: 1792–1796.

[36] Gross D J, Mézard M. The simplest spin glass. Nucl. Phys. B, 1984, 240: 431–452.

[37] Zhou H J, Li K. Distribution of equilibrium free energies in a thermodynamic system with broken ergodicity. Commun. Theor. Phys., 2008, 49: 659–664.

[38] Castellani T , Cavagna A. Spin-glass theory for pedestrians. J. Stat. Mech.: Theo. Exp., 2005, 2005: P05012.

[39] Guerra F. Sum rules for the free energy in the mean field spin glass model. Fields Institute Communications, 2001, 30: 161–170.

[40] Guerra F. Broken replica symmetry bounds in the mean field spin glass model. Com-

mun. Math. Phys., 2003, 233: 1–12.

[41] Guerra F, Toninelli F L. The thermodynamic limit in mean field spin glass models. Commun. Math. Phys., 2002, 230: 71–79.

[42] Talagrand M. Spin Glasses: A Challengt for Mathematicians. Berlin, Germany: Springer-Verlag, 2003.

[43] Panchenko D. The Sherrington-Kirkpatrick model: an overview. J. Stat. Phys., 2012, 149: 362–383.

[44] De Dominicis C, Giardina I. Random Fields and Spin Glasses: A Field Theory Approach. New York: Cambridge Univ. Press, 2006.

[45] Wu Y L. Selected papers of K C Chou world scientific series in 20th century physics, vol. 42. Singapre: World Scientific, 2009.

[46] Su Z B, Yu L, Zhou G Z. On a dynamic theory of quenched random system. Commun. Theor. Phys., 1983, 2: 1181–1189.

[47] Su Z B, Yu L, Zhou G Z. A dynamical theory of the infinite range Ising model. Commun. Theor. Phys., 1983, 2: 1191–1201.

[48] Lin J C, Shen Y, Zhou G Z. Symmetry and ward identities for disordered electron systems. Commun. Theor. Phys., 1984, 3: 139–148.

[49] Chou K C, Su Z B, Hao B L, et al. Equilibrium and nonequilibrium formalisms made unified. Phys. Rep., 1985, 118: 1–131.

[50] Solomonoff R, Rapoport A. Connectivity of random nets. Bull. Math. Biophys., 1951, 13: 107–117.

[51] Rapoport A. Contribution to the theory of random and biased nets. Bull. Math. Biophys., 1957, 19: 257–277.

[52] Erdös P, Rényi A. On random graphs. Publ. Math. Debrecen, 1959, 6: 290–297.

[53] Bollobás B. Random Graphs. London: Academic Press, 1985.

[54] Albert R , Barabási A L. Statistical mechanics of complex networks. Rev. Mod. Phys., 2002, 74: 47–97.

[55] Milo R, Kashtan N, Itzkovitz S, et al. On the uniform generation of random graphs with prescribed degree sequences. e-print: cond-mat/0312028, 2003.

[56] Viana L, Bray A J. Phase diagrams for dilute spin glasses. J. Phys. C: Solid State Phys., 1985, 18: 3037–3051.

[57] Mézard M, Parisi G, Zecchina R. Analytic and algorithmic solution of random satisfiability problems. Science, 2002, 297: 812–815.

[58] Cook S A. The complexity of theorem-proving procedures. // Proceedings of the 3rd Annual ACM Symposium on Theory of Computing. New York: ACM, 1971: 151–158.

[59] Garey M, Johnson D S. Computers and Intractability: A Guide to the Theory of NP-Completeness. San Francisco, CA, USA: Freeman, 1979.

[60] Papadimitriou C H. Computational Complexity. Reading, MA, USA: Addison-Wesley,

1994.

[61] Monasson R, Zecchina R. Entropy of the k-satisfiability problem. Phys. Rev. Lett., 1996, 76: 3881–3885.

[62] Monasson R, Zecchina R. Statistical mechanics of the random k-SAT problem. Phys. Rev. E, 1997, 56: 1357–1361.

[63] Mézard M, Zecchina R. The random k-satisfiability problem: from an analytic solution to an efficient algorithm. Phys. Rev. E, 2002, 66: 056126.

[64] Appel K, Haken W. Every planar map is four colorable. Part I: Discharging. Illinois J. Math., 1977, 21: 429–490.

[65] Appel K, Haken W. Solution of the four color map problem. Scientific American, 1977, 237 (4): 108–121.

[66] Appel K, Haken W, Koch J. Every planar map is four colorable. Part II: Reducibility. Illinois J. Math., 1977, 21: 491–567.

[67] Mulet R, Pagnani A, Weigt M, et al. Coloring random graphs. Phys. Rev. Lett., 2002, 89: 268701.

[68] Krzakala F, Pagnani A, Weigt M. Threshold values stability analysis, and high-q asymptotics for the coloring problem on random graphs. Phys. Rev. E, 2004, 70: 046705.

[69] Zdeborová L, Krzakala F. Phase transitions in the coloring of random graphs. Phys. Rev. E, 2007, 76: 031131.

[70] Weigt M, Hartmann A K. Number of guards needed by a museum: A phase transition in vertex covering of random graphs. Phys. Rev. Lett., 2000, 84: 6118–6121.

[71] Weigt M, Hartmann A K. Minimal vertex covers on finite-connectivity random graphs: A hard-sphere lattice-gas picture. Phys. Rev. E, 2001, 63: 056127.

[72] Zhou H J. Vertex cover problem studied by cavity method: Analytics and population dynamics. Eur. Phys. J. B, 2003, 32: 265–270.

[73] Zhou H J. Long-range frustration in a spin-glass model of the vertex-cover problem. Phys. Rev. Lett., 2005, 94: 217203.

[74] Zhang P, Zeng Y, Zhou H J. Stability analysis on the finite-temperature replica-symmetric and first-step replica-symmetry-broken cavity solutions of the random vertex cover problem. Phys. Rev. E, 2009, 80: 021122.

[75] Zhou J, Zhou H J. Ground-state entropy of the random vertex-cover problem. Phys. Rev. E, 2009, 79: 020103(R).

[76] Zhou H J. Erratum: Long-range frustration in a spin-glass model of the vertex-cover problem. Phys. Rev. Lett., 2012, 109: 199901.

[77] Zhou H J, Ou-Yang Z C. Maximum matching on random graphs. e-print: cond-mat/0309348, 2003.

[78] Zdeborová L, Mézard M. The number of matchings in random graphs. J. Stat. Mech.:

Theo. Exp., 2006: P05003.

[79] Liu Y Y, Slotine J J, Barabási A L. Controllability of complex networks. Nature, 2011, 473: 167–173.

[80] Girvan M, Newman M E J. Community structure in social and biological networks. Proc. Natl. Acad. Sci. USA, 2002, 99: 7821–7826.

[81] Newman M E J. Assortative mixing in networks. Phys. Rev. Lett., 2002, 89: 208701.

[82] Fu Y, Anderson P W. Application of statistical mechanics to NP-complete problems in combinatorial optimisation. J. Phys. A: Math. Gen., 1986, 19: 1605–1620.

[83] Sulc P, Zdeborová L. Belief propagation for graph partitioning. J. Phys. A: Math. Theor., 2010, 43: 285003.

[84] Decelle A, Krzakala F, Moore C, et al. Inference and phase transitions in the detection of modules in sparse networks. Phys. Rev. Lett., 2011, 107: 065701.

[85] Decelle A, Krzakala F, Moore C, et al. Asymptotic analysis of the stochastic block model for modular networks and its algorithmic applications. Phys. Rev. E, 2011, 84: 066106.

[86] Shannon C E. A mathematical theory of communication. I. Bell Syst. Tech. J, 1948, 27: 379–423.

[87] Shannon C E. A mathematical theory of communication. II. Bell Syst. Tech. J, 1948, 27: 623–655.

[88] Gallager R G. Low-Density Parity-Check Codes. Cambridge, MA, USA: MIT Press, 1963.

[89] Gallager R G. Low-density parity-check codes. IEEE Trans. Infor. Theory, 1962, 8: 21–28.

[90] Richardson T, Urbanke R. Modern Coding Theory. New York: Cambridge Univ. Press, 2008.

[91] Ricci-Tersenghi F, Weigt M, Zecchina R. Simplest random k-satisfiability problem. Phys. Rev. E, 2001, 63: 026702.

[92] Franz S, Leone M, Ricci-Tersenghi F, et al. Exact solutions for diluted spin glasses and optimization problems. Phys. Rev. Lett., 2001, 87: 127209.

[93] Franz S, Mézard M, Ricci-Tersenghi F, et al. A ferromagnet with a glass transition. Europhys. Lett., 2001, 55: 465–471.

[94] Mézard M, Ricci-Tersenghi F, Zecchina R. Two solutions to diluted p-spin models and XORSAT problems. J. Stat. Phys., 2003, 111: 505–533.

[95] Cocco S, Dubois O, Mandler J, et al. Rigorous decimation-based construction of ground pure states for spin-glass models on random lattices. Phys. Rev. Lett., 2003, 90: 047205.

[96] Mézard M, Parisi G. The cavity method at zero temperature. J. Stat. Phys., 2003, 111: 1–34.

[97] Sourlas N. Spin-glass models as error-correcting codes. Nature, 1989, 339: 693–695.

[98] Huang H, Zhou H J. Cavity approach to the Sourlas code system. Phys. Rev. E, 2009, 80: 056113.

[99] Viterbi A J. CDMA: Principles of Spread Spectrum Communication. Reading, MA, USA: Addison-Wesley, 1995.

[100] Tanaka T. Statistical mechanics of CDMA multiuser demodulation. Euro. Phys. Lett., 2001, 54: 540–546.

[101] Nelson P. 生物物理学：能量、信息、生命. 上海: 上海科学技术出版社, 2006.

[102] Schneidman E, Berry II M J, Segev R, et al. Weak pairwise correlations imply strongly correlated network states in a neural population. Nature, 2006, 440: 1007–1012.

[103] Ganmor E, Segev R, Schneidman E. Sparse low-order interaction network underlies a highly correlated and learnable neural population code. Proc. Natl. Acad. Sci. USA, 2011, 108: 9679–9684.

[104] Sessak V, Monasson R. Small-correlation expansions for the inverse Ising problem. J. Phys. A: Math. Theor., 2009, 42: 055001.

[105] Mézard M, Mora T. Constraint satisfaction problems and neural networks: A statistical physics perspective. J. Physiol. Paris, 2009, 103: 107–113.

[106] Aurell E, Ekeberg M. Inverse Ising inference using all the data. Phys. Rev. Lett., 2012, 108: 090201.

[107] Nguyen H C, Berg J. Mean-field theory for the inverse Ising problem at low temperatures. Phys. Rev. Lett., 2012, 109: 050602.

[108] Weigt M, White R A, Szurmant H, et al. Identification of direct residue contacts in protein-protein interaction by message-passing. Proc. Natl. Acad. Sci. USA, 2009, 106: 67–72.

[109] Morcos F, Pagnani A, Lunt B, et al. Direct-coupling analysis of residue coevolution captures native contacts across many protein families. Proc. Natl. Acad. Sci. USA, 2011, 108: E1293.

[110] Ekeberg M, Lövkvist C, Lan Y, et al. Improved contact prediction in proteins: Using pseudolikelihoods to infer Potts models. Phys. Rev. E, 2013, 87: 012707.

[111] Eldar Y C, Kutyniok G. Compressed Sensing: Theory and Applications. Cambridge, UK: Cambridge Univ. Press, 2012.

[112] Donoho D L, Maleki A, Montanari A. Message-passing algorithms for compressed sensing. Proc. Natl. Acad. Sci. USA, 2009, 106: 18914–18919.

[113] Krzakala F, Mézard M, Sausset F, et al. Statistical physics-based reconstruction in compressed sensing. Phys. Rev. X, 2012, 2: 021005.

[114] Pearl J. Probabilistic Reasoning in Intelligent Systems: Networks of Plausible Inference. San Francisco, CA, USA: Morgan Kaufmann, 1988.

[115] Yedidia J S, Freeman W T, Weiss Y. Constructing free-energy approximations and

generalized belief-propagation algorithms. IEEE Trans. Infor. Theory, 2005, 51: 2282–2312.

[116] Mézard M, Parisi G. The Bethe lattice spin glass revisited. Eur. Phys. J. B, 2001, 20: 217–233.

[117] Zhou H J, Wang C. Ground-state configuration space heterogeneity of random finite-connectivity spin glasses and random constraint satisfaction problems. J. Stat. Mech.: Theor. Exp., 2010: P10010.

[118] Derrida B. Random-energy model: An exactly solvable model of disordered systems. Phys. Rev. B, 1981, 24: 2613–2626.

[119] Bouchaud J P, Dean D S. Aging on Parisi's tree. J. Phys. I France, 1995, 5: 265–286.

[120] Mora T, Zdeborová L. Random subcubes as a toy model for constraint satisfaction problems. J. Stat. Phys., 2008, 131: 1211–1138.

[121] Bapst V, Foini L, Krzakala F, et al. The quantum adiabatic algorithm applied to random optimization problems: The quantum spin glass perspective. Phys. Rep., 2013, 523: 127–205.

[122] Monasson R. Structural glass transition and the entropy of the metastable states. Phys. Rev. Lett., 1995, 75: 2847–2850.

[123] Xiao J Q, Zhou H J. Partition function loop series for a general graphical model: free-energy corrections and message-passing equations. J. Phys. A: Math. Theor., 2011, 44: 425001.

[124] Zhou H J, Wang C, Xiao J Q, et al. Partition function expansion on region-graphs and message-passing equations. J. Stat. Mech.: Theo. Exp., 2011, 2011: L12001.

[125] Zhou H J, Wang C. Region graph partition function expansion and approximate free energy landscapes: Theory and some numerical results. J. Stat. Phys., 2012, 148: 513–547.

[126] Stein D L, Newman C M. Spin Glasses and Complexity. Princeton, NJ, USA: Princeton University Press, 2013.

[127] Wang C, Zhou H J. Simplifying generalized belief propagation on redundant region graphs. J. Phys.: Conf. Series, 2013, 473: 012004.

[128] Frey B J. Graphical Models for Machine Learning and Digital Communication. Cambridge, MA, USA: MIT Press, 1998.

[129] Kschischang F R, Frey B J, Loeliger H A. Factor graphs and the sum-product algorithm. IEEE Trans. Infor. Theory, 2001, 47: 498–519.

[130] Cover T M, Thomas J A. Elements of Information Theory. New York: John Wiley, 1991.

[131] Bethe H A. Statistical theory of superlattices. Proc. R. Soc. London A, 1935, 150: 552–575.

[132] Peierls R. On Ising's model of ferromagnetism. Proc. Camb. Phil. Soc., 1936, 32:

477–481.

[133] Peierls R. Statistical theory of superlattice with unequal concentrations of the components. Proc. R. Soc. London A, 1936, 154: 207–222.

[134] Chang T S. An extension of Bethe's theory of order-disorder transitions in metallic alloys. Proc. R. Soc. London A, 1937, 161: 546–563.

[135] Suzuki M, Hu X , Hatano N, et al. Coherent Anomaly Method: Mean Field, Fluctuations and Systematics. Singapore: World Scientific, 1995.

[136] Kikuchi R. A theory of cooperative phenomena. Phys. Rev., 1951, 81: 988–1003.

[137] An G. A note on the cluster variation method. J. Stat. Phys., 1988, 52: 727–734.

[138] Morita T, Suzuki M, Wada K, et al. Foundations and Applications of Cluster Variation Method and Path Probability Method. Prog. Theor. Phys. Suppl. Physical Society of Japan, 1994, 115: 1–378.

[139] Opper M, Saad D. Advanced Mean Field Methods: Theory and Practice. Cambridge, MA, USA: MIT Press, 2001.

[140] Pelizzola A. Cluster variation method in statistical physics and probabilistic graphical models. J. Phys. A: Meth. Gen., 2005, 38: R309–R339.

[141] Rizzo T, Lage-Castellanos A, Mulet R, et al. Replica cluster variational method. J. Stat. Phys., 2010, 139: 375–416.

[142] Rota G C. On the fundations of combinatorial theory I. Theory of Möbius functions. Z. Wahrsch., 1964, 2: 340–368.

[143] Levin M, Nave C P. Tensor renormalization group approach to two-dimensional classical lattice models. Phys. Rev. Lett., 2007, 99: 120601.

[144] Xie Z Y, Jiang H C, Chen Q N, et al. Second renormalization of tensor-network states. Phys. Rev. Lett., 2009, 103: 160601.

[145] Xie Z Y, Chen J, Qin M P, et al. Coarse-graining renormalization by higher-order singular value decomposition. Phys. Rev. B, 2012, 86: 045139.

[146] Wang C, Qin S, Zhou H J. Tensor renormalization group method for spin glasses. Preprint, 2013.

[147] Newman M E J, Barkema G T. Monte Carlo Methods in Statistical Physics. New York: Oxford University Press, 1999.

[148] Kemeny J G, Snell J L. Finite Markov Chains; with a New Appendix "Generalization of a Fundamental Matrix". New York: Springer-Verlag, 1983.

[149] Friedberg R. Dual trees and resummation theorems. J. Math. Phys., 1975, 16: 20–30.

[150] Pathria R K. Statistical Mechanics. 2nd. Singapore: Elsevier (Singapore) Pte Ltd., 2001.

[151] Brout R. Phase Transitions. New York: Benjamin, 1965.

[152] Plefka T. Convergence condition of the TAP equation for the infinite-ranged Ising spin glass model. J. Phys. A: Math. Gen., 1982, 15: 1971–1978.

[153] Georges A, Yedidia J S. How to expand around mean-field theory using high-temperature expansions. J. Phys. A: Math. Gen., 1991, 24: 2173–2192.

[154] Sessak V. Problémes inverses dans les modéles de spin. Ph.D thesis, l'Université Pierre et Marie CURIE. Paris, France: 2010.

[155] Chertkov M, Chernyak V Y. Loop calculus in statistical physics and information science. Phys. Rev. E, 2006, 73: 065102(R).

[156] Chertkov M, Chernyak V Y. Loop series for discrete statistical models on graphs. J. Stat. Mech.: Theor. Exp., 2006: P06009.

[157] Zhou H J. Long-range frustration in finite connectivity spin glasses: a mean-field theory and its application to the random k-satisfiability problem. New J. Phys., 2005, 7: 123.

[158] Mézard M, Montanari A. Reconstruction on trees and spin glass transition. J. Stat. Phys., 2006, 124: 1317–1350.

[159] Montanari A, Semerjian G. On the dynamics of the glass transition on Bethe lattices. J. Stat. Phys., 2006, 124: 103–189.

[160] Kramers H A, Wannier G H. Statistics of the two-dimensional ferromagnet. Part I. Phys. Rev., 1941, 60: 252–262.

[161] Kramers H A, Wannier G H. Statistics of the two-dimensional ferromagnet. Part II. Phys. Rev., 1941, 60: 263–276.

[162] Onsager L. Crystal statistics I. A two-dimensional model with an order-disorder transition. Phys. Rev., 1944, 65: 117–149.

[163] Montanari A, Semerjian G. Rigorous inequalities between length and time scales in glassy systems. J. Stat. Phys., 2006, 125: 23–54.

[164] Welling M, Teh Y W. Belief optimization for binary networks: A stable alternative to loopy belief propagation. // Proceedings of the 17th Conference on Uncertainty in Artificial Intelligence (Seattle, Washington, USA). San Fransisco, CA, USA: Morgan Kaufmann, 2001: 554–561.

[165] Yuille A L. CCCP algorithms to minimize the bethe and kikuchi free energies: Convergent alternatives to belief propgation. Neural Comput., 2002, 14: 1691–1722.

[166] Shin J. The complexity of approximating a Bethe equilibrium. IEEE Trans. Infor. Theory, 2014, 60: 3959.

[167] Lage-Castellanos A, Mulet R, Ricci-Tersenghi F, et al. Inference algorithm for finite-dimensional spin glasses: Belief propagation on the dual lattice. Phys. Rev. E, 2011, 84: 046706.

[168] Domínguez E, Lage-Catellanos A, Mulet R, et al. Characterizing and improving generalized belief propagation algorithms on the 2d Edwards-Anderson model. J. Stat. Mech.: Theor. Exp., 2011: P12007.

[169] Lage-Castellanos A, Mulet R, Ricci-Tersenghi F, et al. Replica cluster variational

method: the replica symmetric solution for the 2d random bond Ising model. J. Phys. A: Math. Theor., 2013, 46: 135001.

[170] Thouless D J, Anderson P W, Palmer R G. Solution of 'solvable model of a spin glass'. Phil. Mag., 1977, 35: 593–601.

[171] Lage-Castellanos A, Mulet R, Ricci-Tersenghi F. Message passing and Monte Carlo algorithms: connecting fixed points with metastable states. Eur. Phys. J. B, 2014, 87: 273.

[172] Zhou H J. Cyclic heating-annealing and boltzmann distribution of free energies in a spin-glass system. Commun. Theor. Phys., 2007, 48: 179–182.

[173] Montanari A, Ricci-Tersenghi F. Cooling-schedule dependence of the dynamics of mean-field glasses. Phys. Rev. B, 2004, 70: 134406.

[174] Montanari A, Ricci-Tersenghi F, Semerjian G. Clusters of solutions and replica symmetry breaking in random k-satisfiability. J. Stat. Mech.: Theor. Exp., 2008: P04004.

[175] Krzakala F, Montanari A, Ricci-Tersenghi F, et al. Gibbs states and the set of solutions of random constraint satisfaction problems. Proc. Natl. Acad. Sci. USA, 2007, 104: 10318–10323.

[176] Zhou H J. $T \to 0$ mean-field population dynamics approach for the random 3-satisfiability problem. Phys. Rev. E, 2008, 77: 066102.

[177] Zdeborová L. Statistical physics of hard optimization problems. Acta Physica Slovaca, 2009, 59: 169–303.

[178] Efron B. Computers and the theory of statistics: Thinking the unthinkable. SIAM Rev., 1979, 21: 460–480.

[179] Zhou H J. Solution space heterogeneity of the random k-satisfiability problem: Theory and simulations. J. Phys.: Conf. Series, 2010, 233: 012011.

[180] Zhou H J. Criticality and heterogeneity in the solution space of random constraint satisfaction problems. Int. J. Mod. Phys. B, 2010, 24: 3479–3487.

[181] Weigt M. Dynamics of heuristic optimization algorithms on random graphs. Eur. Phys. J. B, 2002, 28: 369–381.

[182] Bauer M, Golinelli O. Core percolation in random graphs: A critical phenomena analysis. Eur. Phys. J. B, 2001, 24: 339–352.

[183] Liu Y Y, Csóka E, Zhou H J, et al. Core percolation on complex networks. Phys. Rev. Lett., 2012, 109: 205703.

[184] Cheeseman P, Kanefsky B, Taylor W. Where the really hard problems are // Proceedings 12th Int. Joint Conf. on Artificial Intelligence IJCAI'91 vol. 1. San Francisco, CA, USA: Morgan Kaufmann, 1991: 163–169.

[185] Mitchell D, Selman B, Levesque H. Hard and easy distributions of sat problems. In: Proceedings of the 10th National Conference on Artificial Intelligence (AAAI-92). San Jose, California, 1992: 459–465.

[186] Kirkpatrick S, Selman B. Critical behavior in the satisfiability of random Boolean expressions. Science, 1994, 264: 1297–1301.

[187] Zhao J H, Zhou H J. Statistical physics of hard combinatorial optimization: Vertex cover problem. Chin. Phys. B, 2014, 23: 078901.

[188] Stauffer D, Aharony A. Introduction to Percolation Theory. London: Taylor and Francis, 1991.

[189] Newman M E J, Strogatz S H, Watts D J. Random graphs with arbitrary degree distributions and their applications. Phys. Rev. E, 2001, 64: 026118.

[190] Wei W, Zhang R, Guo B, et al. Determining the solution space of vertex-cover by interactions and backbones. Phys. Rev. E, 2012, 86: 016112.

[191] Dewenter T, Hartmann A K. Phase transition for cutting-plane approach to vertex-cover problem. Phys. Rev. E, 2012, 86: 041128.

[192] Frieze A M. On the independence number of random graphs. Discrete Math., 1990, 81: 171–175.

[193] Weigt M, Zhou H J. Message passing for vertex covers. Phys. Rev. E, 2006, 74: 046110.

[194] Zhou J, Ma H, Zhou H J. Long-range frustration in $T=0$ first-step replica-symmetry-broken solutions of finite-connectivity spin glasses. J. Stat. Mech.: Theor. Exp., 2007, 2007: L06001.

[195] Montanari A, Ricci-Tersenghi F. On the nature of the low-temperature phase in discontinuous mean-field spin glasses. Eur. Phys. J. B, 2003, 33: 339–346.

[196] Montanari A, Parisi G, Ricci-Tersenghi F. Instability of one-step replica-symmetry-broken phase in satisfiability problems. J. Phys. A: Math. Gen., 2004, 37: 2073–2091.

[197] Biroli G, Mézard M. Lattice glass models. Phys. Rev. Lett., 2002, 88: 025501.

[198] Mézard M, Tarzia M. Statistical mechanics of the hitting set problem. Phys. Rev. E, 2007, 76: 041124.

[199] Davis M, Putnam H. A computing procedure for quantification theory. Journal of the ACM, 1960, 7: 201–215.

[200] Davis M, Logemann G, Loveland D. A machine program for theorem proving. Communications of the ACM, 1962, 5: 394–397.

[201] Gomes C P, Kautz H, Sabharwal A, et al. Satisfiability solvers // Handbook of Knowledge Representation, chap. 2. Amsterdam: Elsevier Science, 2008: 89–134.

[202] Goerdt A, Krivelevich M. Efficient recognition of random unsatisfiable k-sat instances by spectral methods. Lect. Notes Comput. Sci., 2010: 294–304.

[203] Feige U, Ofek E. Easily refutable subformulas of large random 3CNF formulas. Lect. Notes Comput. Sci., 2004, 3142: 519–530.

[204] Feige U, Kim J H, Ofek E. Witnesses for non-satisfiability of dense random 3CNF formulas // Proceedings of 47th Annual IEEE Symposium on Foundations of Computer

Science (FOCS'06). Los Alamitos, CA, USA: IEEE Computer Society, 2006: 497–508.

[205] Coja-Oghlan A, Mossel E, Vilenchik D. A spectral approach to analyzing belief propagation for 3-coloring. Combinat. Prob. Comput., 2009, 18: 881–912.

[206] Wu L L, Zhou H J, Alava M, et al. Witness of unsatisfiability for a random 3-satisfiability formula. Phys. Rev. E, 2013, 87: 052807.

[207] Papadimitriou C H. On selecting a satisfying truth assignment // Proceedings of the 32nd Annual Symposium on Froundations of Computer Science. New York: IEEE Computer Society Press, 1991: 163–169.

[208] Ardelius J, Aurell E. Behavior of heuristics on large and hard satisfiability problems. Phys. Rev. E, 2006, 74: 037702.

[209] Zhou H J. Glassy behavior and jamming of a random walk process for sequentially satisfying a constraint satisfaction formula. Eur. Phys. J. B, 2010, 73: 617–624.

[210] Braunstein A, Zecchina R. Learning by message passing in networks of discrete synapses. Phys. Rev. Lett., 2006, 96: 030201.

[211] Bauke H, Mertens S. Random numbers for large-scale distributed Monte Carlo simulations. Phys. Rev. E, 2007, 75: 066701.

[212] Mertens S, Mézard M, Zecchina R. Threshold values of random k-sat from the cavity method. Rand. Struct. Algorithms, 2006, 28: 340–373.

[213] Krzakala F, Kurchan J. Landscape analysis of constraint satisfaction problems. Phys. Rev. E, 2007, 76: 021122.

[214] Alava M, Ardelius J, Aurell E, et al. Circumspect descent prevails in solving random constraint satisfaction problems. Proc. Natl. Acad. Sci. USA, 2008, 105: 15253–15257.

[215] Achlioptas D, Naor A, Peres Y. Rigorous location of phase transitions in hard optimization problems. Nature, 2005, 435: 759–764.

[216] Mézard M, Mora T, Zecchina R. Clustering of solutions in the random satisfiability problem. Phys. Rev. Lett., 2005, 94: 197205.

[217] Mora T, Mézard M. Geometrical organization of solutions to random linear boolean equations. J. Stat. Mech.: Theor. Exp., 2006: P10007.

[218] Mézard M, Palassini M, Rivoire O. Landscape of solutions in constraint satisfaction problems. Phys. Rev. Lett., 2005, 95: 200202.

[219] Zhou H J, Ma H. Communities of solutions in single solution clusters of a random k-satisfiability formula. Phys. Rev. E, 2009, 80: 066108.

[220] Braunstein A, Mézard M, Zecchina R. Survey propagation: An algorithm for satisfiability. Random Struct. Algori., 2005, 27: 201–226.

[221] Krzakala F, Zdeborová L. Potts glass on random graphs. Euro. Phys. Lett., 2007, 81: 57005.

[222] Krzakala F, Zdeborová L. Phase transitions and computational difficulty in random constraint satisfaction problems. J. Phys.: Conf. Series, 2008, 95: 012012.

[223] Ardelius J, Zdeborová L. Exhaustive enumeration unveils clustering and freezing in the random 3-satisfiability problem. Phys. Rev. E, 2008, 78: 040101(R).

[224] Zecchina R. http://users.ictp.it/ zecchina/SP.

[225] Selman B, Kautz H, Cohen B. Local search strategies for satisfiability testing. In: Cliques, Coloring, and Satisfiability, DIMACS Series in Discrete Mathematics and Theoretical Computer Science, vol. 26, pp. 521–532. Providence, RI, USA: Ameri. Math. Society, 1996.

[226] Dubois O, Boufkhad Y, Mandler J. Typical random 3-sat formulae and the satisfiability threshold // Proc. 11st ACM-SIAM Symp. on Discrete Algorithms. New Nork: ACM, 2000: 126–127

[227] Kirousis L M, Kranakis E, Krizanc D, et al. Approximating the unsatisfiability threshold of random formulas. Random Struct. Algori., 1998, 12: 253–269.

[228] Dubois O, Boufkhad Y. A general upper bound for the satisfiability threshold of random r-sat formulae. J. Algorithms, 1997, 24: 395–420.

[229] Barthel W, Hartmann A K. Clustering analysis of the ground-state structure of the vertex-cover problem. Phys. Rev. E, 2004, 70: 066120.

[230] Ediger M D. Spatially heterogeneous dynamics in supercooled liquids. Annu. Rev. Phys. Chem., 2000, 51: 99–128.

[231] Glotzer S C. Spatially heterogeneous dynamics in liquids: insights from simulation. J. Non-Cryst. Solids, 2000, 274: 342–355.

[232] Karp R M. Reducibility among combinatorial problems // Complexity of Computer Computations. New York: Plenum Press, 1972: 85–103.

[233] Zöbel D. The deadlock problem: a classifying bibliography. SIGOPS Oper. Syst. Rev., 1983, 17 (4): 6–15.

[234] Fiedler B, Mochizuki A, Kurosawa G, et al. Dynamics and control at feedback vertex sets. I: Informative and determining nodes in regulatory networks. J. Dynam. Differ. Equat., 2013, 25: 563–604.

[235] Mochizuki A, Fiedler B, Kurosawa G, et al. Dynamics and control at feedback vertex sets. II: A faithful monitor to determine the diversity of molecular activities in regulatory networks. J. Theor. Biol., 2013, 335: 130–146.

[236] Liu Y Y, Slotine J J, Barabási A L. Observability of complex systems. Proc. Natl. Acad. Sci. USA, 2013, 110: 2460–2465.

[237] Qin S M, Zhou H J. Solving the undirected feedback vertex set problem by local search. Eur. Phys. J. B, 2014, 87: 273

[238] Bayati M, Borgs C, Braunstein A, et al. Statistical mechanics of Steiner trees. Phys. Rev. Lett., 2008, 101: 037208.

[239] Bailly-Bechet M, Borgs C, Braunstein A, et al. Finding undetected protein associations in cell signaling by belief propagation. Proc. Natl. Acad. Sci. USA, 2011, 108:

882–887.

[240] Biazzo I, Braunstein A, Zecchina R. Performance of a cavity-method-based algorithm for the prize-collecting Steiner tree problem on graphs. Phys. Rev. E, 2012, 86: 026706.

[241] Zhou H J. Spin glass approach to the feedback vertex set problem. Eur. Phys. J. B, 2013, 86: 455.

[242] Bafna V, Berman P, Fujito T. A 2-approximation algorithm for the undirected feedback vertex set problem. SIAM J. Discrete Math., 1999, 12: 289–297.

[243] Bau S, Wormald N C, Zhou S. Decycling numbers of random regular graphs. Random Struct. Alg., 2002, 21: 397–413.

[244] Yang Y, Wang J, Motter A E. Network observability transitions. Phys. Rev. Lett., 2012, 109: 258701.

[245] Beineke L W, Vandell R C. Decycling graphs. J. Graph Theory, 1997, 25: 59–77.

[246] Li F, Long T, Lu Y, et al. The yeast cell-cycle network is robustly designed. Proc. Natl. Acad. Sci. USA, 2004, 101: 4781–4786.

[247] Lan Y, Mezić I. On the architecture of cell regulation networks. BMC Syst. Biol., 2011, 5: 37.

[248] Festa P, Pardalos P M, Resende M G C. Feedback set problems. In: Handbook of combinatorial optimization. Berling, Germany: Springer, 1999.

[249] Even G, Naor J S, Schieber B, et al. Approximating minimum feedback sets and multicuts in directed graphs. Algorithmica, 1998, 20: 151–174.

[250] Cai M C, Deng X , Zang W. An approximation algorithm for feedback vertex sets in tournaments. SIAM J. Comput., 2001, 30: 1993–2007.

[251] Chen J, Liu Y, O'sullivan S L B, et al. A fixed-parameter algorithm for the directed feedback vertex set problem. J. ACM, 2008, 55: 21.

[252] Pardalos P M, Qian T B, Resende M G C. A greedy randomized adaptive search procedure for the feedback vertex set problem. J. Combinatorial Optimization, 1999, 2: 399–412.

[253] Galinier P, Lemamou E, Bouzidi M W. Applying local search to the feedback vertex set problem. J. Heuristics, 2013, 19: 797–818.

[254] Lucas A. Ising formulations of many NP problems. Front. Physics, 2014, 2: 5

[255] Altarelli F, Braunstein A, Dall'Asta L, et al. Optimizing spread dynamics on graphs by message passing. J. Stat. Mech.: Theor. Exp., 2013: P09011.

[256] Altarelli F, Braunstein A, Dall'Asta L, et al. Large deviations of cascade processes on graphs. Phys. Rev. E, 2013, 87: 062115.

[257] Zhou H J, Lipowsky R. Dynamic pattern evolution on scale-free networks. Proc. Natl. Acad. Sci. USA, 2005, 102: 10052–10057.

[258] 何大韧，刘宗华，汪秉宏. 复杂系统与复杂网络. 北京：高等教育出版社, 2009.

[259] Stauffer D, Aharony A. Introduction to percolation theory. 2nd. Boca Roton, FL,

USA: CRC Press, 1994.

[260] Cohen R, Erez K, ben-Avraham D, et al. Resilience of the internet to random breakdowns. Phys. Rev. Lett., 2000, 85: 4626–4628.

[261] Callaway D S, Newman M E J, Strogatz S H, et al. Network robustness and fragility: Percolation on random graphs. Phys. Rev. Lett., 2000, 85: 5468–5471.

[262] Wilf H S. Generating functionology. 2nd. San Diego, CA, USA: Academic Press, 1994.

[263] 潘忠诚. 数学物理方法教程. 天津: 南开大学出版社, 1993.

[264] Zhao J H, Zhou H J, Liu Y Y. Inducing effect on the percolation transition in complex networks. Nature Communications, 2013, 4: 2412.

[265] Chalupa J, Leath P L, Reich G R. Bootstrap percolation on a Bethe lattice. J. Phys. C: Solid State Phys., 1979, 12: L31–L35.

[266] Pittel B, Spencer J, Wormald N. Sudden emergence of a giant k-core in a random graph. J. Combin. Theory B, 1996, 67: 111–151.

[267] Dorogovtsev S N, Goltsev A V, Mendes J F F. K-core organization of complex networks. Phys. Rev. Lett., 2006, 96: 040601.

[268] Baxter G J, Dorogovtsev S N, Goltsev A V, et al. Bootstrap percolation on complex networks. Phys. Rev. E, 2010, 82: 011103.

[269] Kitsak M, Gallos L K, Havlin S, et al. Identification of influential spreaders in complex networks. Nature Phys., 2010, 6: 888–893.

附录A　Erdös-Rényi 随机网络的一些结构相变

Erdös-Rényi（ER）随机网络在自旋玻璃理论研究及随机组合优化问题研究中有广泛的应用。我们在第 1 章已经介绍了这一随机网络系综的部分统计性质，现在进一步讨论 ER 随机网络的一些结构相变。这一附录中用到的分析方法也适用于其他类型的随机网络。

A.1　简单渗流相变

给定由节点和两个节点之间的边构成的网络 W，如果两个节点 i 和 j 之间存在一条路径，则这两个节点就被认为是属于同一个连通单元（connected component）。如果一个连通单元包含的节点数目正比于网络 W 的节点数，那该连通单元就被称为是一个巨连通单元（giant connected component）。

当网络 W 中边的数目很少时，网络中每一个连通单元包含的节点数都很少，因而网络不存在巨连通单元。当网络中边的数目非常多时，很可能网络的绝大多数节点之间都存在路径，因而网络存在一个巨连通单元。我们现在探讨 ER 随机网络在节点数 $N \to +\infty$ 的热力学极限情况下巨连通单元的涌现问题。

考虑网络 W 中随机选取的一个节点 i。该节点如果不属于巨连通单元，它的所有最近邻节点也必须都不属于巨连通单元。由于随机网络中回路的长度为 $\ln N$ 的量级，如果 i 所处的连通单元只包含数量集为 $O(1)$ 的节点，那该连通单元一定是树状的。基于这两方面的考虑可知节点 i 不属于巨连通单元的概率 p 的表达式为

$$p = \sum_{k=0}^{+\infty} \frac{\mathrm{e}^{-c} c^k}{k!} q^k = \mathrm{e}^{-c(1-q)} . \tag{A.1}$$

在式 (A.1) 的推导过程中我们用到了节点 i 的连通度分布服从平均值为 c 的泊松分布这一性质，参见式（1.9），并且用符号 q 来表示节点 i 的任一最近邻节点 j，*在节点 i 不存在的情况下*不属于巨连通单元的概率。由于节点 j 是通过一条边达到的，那么 j 的连通度 k_j 越大，它就有更高的概率被访问到。因此节点 j 的连通度为 k_j 的概率就正比于 k_j 与泊松分布 $\mathrm{e}^{-c} c^{k_j}/k_j!$ 的乘积，参见式（5.8）[258]。基于这一考虑可知概率 q 的表达式为

$$q = \sum_{k=1}^{+\infty} \frac{\mathrm{e}^{-c} c^{k-1}}{(k-1)!} q^{k-1} = \mathrm{e}^{-c(1-q)} . \tag{A.2}$$

由方程（A.1）及方程（A.2）可知，对于 ER 随机网络，网络中不属于巨连通单元的节点数的比例 p 满足自洽方程

$$p = \mathrm{e}^{-c(1-p)} . \tag{A.3}$$

那么巨连通单元中包含的节点数占全部节点数的比例，$\rho \equiv 1-p$，就是如下方程的解：

$$\rho = 1 - \mathrm{e}^{-c\rho} . \tag{A.4}$$

当网络的节点平均连通度 $c < 1$ 时，方程（A.4）只有一个平庸解 $\rho = 0$。这表明网络中不存在包含 $O(N)$ 个节点的巨连通单元，所有的连通单元都与节点总数 N 不成比例。当平均连通度 $c > 1$ 时，平庸解 $\rho = 0$ 不再是方程（A.4）的稳定解，该方程的稳定解是 $\rho > 0$，即网络中有一个巨连通单元，它包含了 ρN 个节点。在平均连通度 $c = 1$ 处，ER 随机网络在结构上出现一个渗流（percolation）相变，即网络出现一个巨连通单元[259–261]。

网络中巨连通单元的数目只有一个，它包含 ρN 个节点。除了该巨连通单元之外，网络中所有其他连通单元都只包含有限个节点，它们被称为是小连通单元（small connected components）。随机选取一个节点 i，该节点处于巨连通单元的概率为 ρ，而它属于一个小连通单元的概率则为 $p = 1-\rho$。若已知节点 i 属于一个小连通单元，那么该连通单元一共包含 n 个节点的概率是多少？记这一概率为 $f(n)$。由于小连通单元都是树状（参见 1.1.3 节），故可以写出如下的迭代表达式：

$$f(n) = \frac{1}{p}\left[\mathrm{e}^{-c} + \sum_{k=1}^{+\infty}\frac{\mathrm{e}^{-c}c^k}{k!}q^k \sum_{\{s_1,s_2,\cdots,s_k\}} \delta_{n_1+\cdots+n_k}^{n-1}\prod_{l=1}^{k}\tilde{f}(n_l)\right] , \tag{A.5}$$

其中，$\tilde{f}(n)$ 是通过一条边 (i,j) 所达到的节点 j 当边 (i,j) 被切断后，如果它是属于一个小连通单元的话，该连通单元包含 n 个节点的概率。这一概率也有类似的迭代表达式，即

$$\tilde{f}(n) = \frac{1}{q}\left[\mathrm{e}^{-c} + \sum_{k=2}^{+\infty}\frac{\mathrm{e}^{-c}c^{k-1}}{(k-1)!}q^{k-1} \sum_{\{s_1,s_2,\cdots,s_{k-1}\}} \delta_{n_1+\cdots+n_{k-1}}^{n-1}\prod_{l=1}^{k-1}\tilde{f}(n_l)\right] . \tag{A.6}$$

为了获得 $f(n)$ 及 $\tilde{f}(n)$ 的明显表达式，应用母函数法[262]，定义如下两个母函数$H(z)$ 及 $\tilde{H}(z)$ 为

$$H(z) \equiv \sum_{n=1}^{+\infty} z^n f(n) , \tag{A.7a}$$

$$\tilde{H}_(z) \equiv \sum_{n=1}^{+\infty} z^n \tilde{f}(n) . \tag{A.7b}$$

通过一点简单的推导，由方程（A.5）及方程（A.6）可得

$$\tilde{H}(z) = z\exp\Big[-cq\big(1-\tilde{H}(z)\big)\Big], \tag{A.8a}$$

$$H(z) = z\exp\Big[-cq\big(1-\tilde{H}(z)\big)\Big]. \tag{A.8b}$$

上两式说明 $H(z)$ 和 $\tilde{H}(z)$ 对于 ER 随机网络是同一个函数。若将变量 z 看成 H 的函数，并考虑到 $q=p=1-\rho$，则有

$$z = H\exp\big[c(1-\rho)(1-H)\big]. \tag{A.9}$$

根据复变函数理论的留数定理（可参见文献 [263]），可知概率分布 $f(n)$ 与母函数$H(z)$ 的关系为

$$f(n) = \frac{1}{2\pi i}\oint\frac{H(z)}{z^{n+1}}\mathrm{d}z. \tag{A.10}$$

利用上式以及 z 与 H 的关系式（A.9），可求得

$$\begin{aligned} f(n) &= \frac{1}{2\pi i}\oint\frac{H}{H^{n+1}\mathrm{e}^{(n+1)c(1-\rho)(1-H)}}\frac{\mathrm{d}z}{\mathrm{d}H}\mathrm{d}H \\ &= \frac{\mathrm{e}^{-c(1-\rho)n}\big[c(1-\rho)n\big]^{n-1}}{n!}. \end{aligned} \tag{A.11}$$

可以证明 $f(n)$ 是归一化的，即 $\sum_{n=1}^{+\infty} f(n) = 1$。对于 ER 随机网络，概率分布 $\tilde{f}(n)$ 的表达式与 $f(n)$ 的表达式完全一样。

在渗流相变点 $c=1$ 处，可以发现概率分布函数 $f(n)$ 在 $n \gg 1$ 时具有如下的幂律（power-law）形式

$$f(n) \propto n^{-\frac{3}{2}} \quad (c=1). \tag{A.12}$$

上述幂律关系说明在渗流相变点处 ER 随机网络在结构上处于一种临界状态。任选一个节点 i，该节点所处的连通单元包含的节点数 n 涨落很大，并且其平均值是发散的。

上面列出的这些统计性质（相变点位置、巨连通单元包含节点数目、小连通单元包含节点数目的概率分布函数等）很容易通过计算机模拟进行验证。

如果 ER 网络的平均连通度 $c>1$，那么该网络中就存在一个巨连通单元。在这种情况下，如果将网络的一部分节点或者一部分边删除掉，则巨连通单元的统计性质将受到影响。当删除掉的节点或边的比例超过某一临界值时，网络中的巨连通单元将被完全破坏掉。这一临界点也可以利用上面介绍的理论精确地计算出来。关于这类渗流相变以及更复杂的渗流相变的更多讨论请参见文献 [264]。

A.2 K-核渗流相变

给定由节点和两节点之间的边构成的简单网络 W，它的 K-核（K-core）可以通过如下的方法得到，如果网络中存在一个连通度小于 K 的节点，则将该节点及其所连的每一条边从网络中删除，直到剩下的子网络中每个节点在子网络中的连通度都至少是 K[265–269]。可以通过如下的平均场理论来研究 ER 随机网络中 K-核的存在与否，以及如果它存在的话，K-核中节点数占整个网络节点数的比例 ρ。该比例 ρ 实际上也就是网络中随机选取的一个节点属于 K-核的概率。

任选 ER 随机网络的一个节点 i。该节点的连通度为 k 的概率等于 $\mathrm{e}^{-c}c^k/k!$。如果该节点属于 K-核，那么它至少应该有 K 个最近邻节点也属于 K-核。因此节点 i 属于 K-核的概率 ρ 的表达式为

$$\rho = \sum_{k=K}^{\infty} \frac{\mathrm{e}^{-c}c^k}{k!} \sum_{s=K}^{k} C_k^s (1-\alpha)^s \alpha^{k-s} \,. \tag{A.13}$$

式中，符号 α 表示节点 i 的任一最近邻节点 j 在节点 i 尚未被删除的情况下可以被从网络中删除的概率。由于节点 j 有 k 个最近邻节点的概率等于 $\mathrm{e}^{-c}c^{k-1}/(k-1)!$，那么概率 α 的表达式就是

$$\alpha = \sum_{k=1}^{+\infty} \frac{\mathrm{e}^{-c}c^{k-1}}{(k-1)!} \sum_{s=0}^{\min(k-1,K-2)} C_{k-1}^s (1-\alpha)^s \alpha^{k-1-s} \,. \tag{A.14}$$

当 $K=2$ 时，方程（A.14）简化为

$$\alpha = \mathrm{e}^{-c(1-\alpha)} \,. \tag{A.15}$$

该方程在 $c<1$ 时只有一个解 $\alpha=0$，相应地有 $\rho=0$，即 2-核中节点数与网络节点总数 N 相比可以忽略不计。当 $c>1$ 时，方程（A.15）有两个解，一个解是平庸解 $\alpha=1$（它是不稳定的解），而另一个是稳定解，其值 $\alpha<1$。与稳定解相对应的 $\rho>0$，即网络中出现一个包含 ρN 个节点的 2-核。在平均连通度 $c=1$ 处，2-核包含的节点数比例 ρ 连续地从 $\rho=0$ 变为 $\rho>0$，因而随机 ER 网络在 $c=1$ 处发生一个连续的 2-核相变。

当 $K=3$ 时，方程（A.14）简化为

$$\alpha = \left[1+c(1-\alpha)\right]\mathrm{e}^{-c(1-\alpha)} \,. \tag{A.16}$$

当平均连通度 $c<3.36$ 时方程（A.16）的解是唯一的，即 $\alpha=1$。这意味着 ER 随机网络在 $c<3.36$ 的区域不存在 3-核，$\rho=0$。在 $c\approx 3.36$ 处方程（A.16）出现一个

新的稳定解，且其值严格小于 1，与之对应的 3-核的节点比例为 $\rho \approx 0.299$。这意味着 ER 随机网络在 $c \approx 3.36$ 处发生一个非连续的 3-核相变，网络中突然出现一个巨大的 3-核。随着 c 进一步增加，3-核中包含的节点比例 ρ 进一步连续增加，并且在 $c \to \infty$ 时 $\rho \to 1$。

当 $K > 3$ 时的情况与 $K = 3$ 的情况类似，即方程（A.14）在平均连通度 c 足够小时只有一个平庸解 $\alpha = 1$，因而网络不存在 K-核（$\rho = 0$）；但当 c 超过某个阈值 c^* 时，方程（A.14）有三个解，其中，α 最接近于零的解是有物理意义的，它所对应的 ρ 值是一个严格大于零的正数，即网络存在一个包含很多节点的 K-核。在临界点 $c = c^*$ 处 K-核包含的节点比例从 $\rho = 0$ 跃变为一个非零正值，因而 K-核（$K \geqslant 3$）的涌现是一个非连续相变。

作为示例，图 A.1 显示了 ER 随机网络中的 2-核和 3-核包含节点数的比例 ρ 随网络平均连通度 c 的变化情况。由该图可以看出，上述的平均场理论结果是与计算机模拟的结果完全相符的。

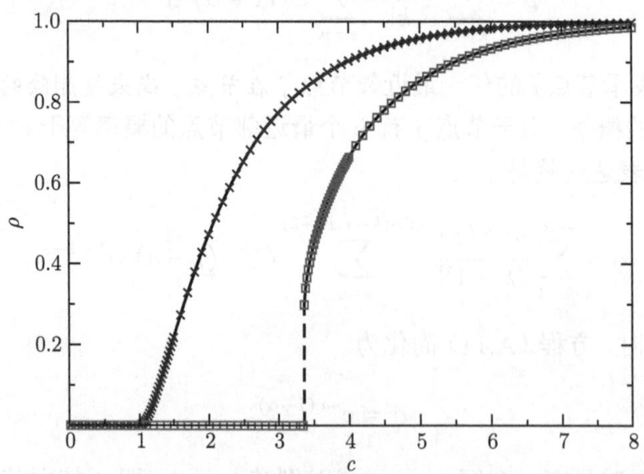

图 A.1　ER 随机网络中 2-核和 3-核中节点数占网络总节点数的比例 ρ 作为网络平均连通度 c 的函数

曲线是平均场理论预言的结果（左边曲线对应于 2-核，右边曲线对应于 3-核），而“×”点和方点则是在一个包含 $N = 10^6$ 个节点的随机 ER 网络样本上得到的结果。该图的数据由赵金华博士提供

除了前面介绍的简单渗流相变和 K-核渗流相变之外，还有其他更为复杂的网络渗流相变。例如，第 5 章详细研究过的网络的核的涌现以及长程阻挫现象就是网络的连续渗流相变。文献中还研究过局部诱导效应（inducing effect）导致的非连续渗流相变[264]、网络的可观察（observability）相变[244] 等其他一些渗流相变，在此就不再展开讨论。

附录B　一些数值计算技巧

B.1　随机递增序列采样

考虑如下一个常见的约束采样问题，在 $[0,1]$ 区间采样以获得 n 个最为随机的实数 $r_1, r_2, \cdots, r_n$，唯一的要求是这些实数要形成一个递增序列，即 $0 \leqslant r_1 \leqslant r_2 \leqslant \cdots \leqslant r_n \leqslant 1$。

这一约束采样问题并不困难。最直接的采样方案是先以相互独立且完全随机的方式产生 $[0,1]$ 区间的 n 个实数，然后进行一个递增排序操作。但对 n 个实数进行排序将带来额外的计算量。现在介绍一种无需排序的采样方案，它将产生 $[0,1]$ 区间最为随机的 n 个实数，且这些实数自动形成一个递增序列。

首先，让我们产生 $n+1$ 个相互独立的随机非负实数 $x_1, x_2, \cdots, x_{n+1}$，其中，每个随机数都服从期望值为 1 的指数分布，即

$$P(x) = \mathrm{e}^{-x}, \qquad (x \geqslant 0). \tag{B.1}$$

然后，根据这 $n+1$ 个随机非负实数计算出 n 个比值 $r_1, r_2, \cdots, r_n$，其中，r_m 是前 m 个随机数 x_i 的部分和与所有这 $(n+1)$ 个随机数的总和之比，即

$$r_m \equiv \frac{x_1 + x_2 + \cdots + x_m}{x_1 + x_2 + \cdots + x_m + x_{m+1} + \cdots + x_{n+1}}. \tag{B.2}$$

比值 $r_1, r_2, \cdots, r_n$ 构成一个递增随机序列。经过一些简单的推导可知这 n 个比值的联合概率分布表达式 $P_{n+1}(r_1, r_2, \cdots, r_n)$ 为

$$\begin{aligned} P_{n+1}(r_1, r_2, \cdots, r_n) &\equiv \prod_{j=1}^{n+1} \int_0^\infty \mathrm{d}x_j \mathrm{e}^{-x_j} \prod_{m=1}^{n} \delta\left(r_m - \frac{x_1 + x_2 + \cdots + x_m}{x_1 + x_2 + \cdots + x_{n+1}}\right) \\ &= \int_0^\infty \mathrm{d}t \mathrm{e}^{-t} t^n \\ &= n! \quad (0 \leqslant r_1 \leqslant r_2 \leqslant \cdots \leqslant r_n \leqslant 1). \end{aligned} \tag{B.3}$$

这一联合概率分布函数不依赖于比值 $r_1, r_2, \cdots, r_n$ 的具体取值，因而它是 n 个递增实数在 $[0,1]$ 区间的最随机分布。

上述的递增实数采样方案在文献 [177] 中被用于自旋玻璃一阶复本破缺平均场方程的种群动力学迭代过程中，参见 4.4.3 节。

为了加深读者对这一简洁采样方案的理解，我们稍微讨论一下随机实数序列 $\{x_i\}$ 部分和以及随机比值 r_m 的统计性质。将随机实数序列 $\{x_i\}$ 前 m 个数的部分和记为 y_m，即

$$y_m \equiv x_1 + x_2 + \cdots + x_m . \tag{B.4}$$

容易通过围道积分法（参见文献 [263]）验证 y_m 服从如下的伽马（Gamma）分布：

$$\begin{aligned} P_\Gamma(y_m) &\equiv \prod_{j=1}^{m} \int_0^\infty \mathrm{d}x_j \mathrm{e}^{-x_j} \delta\big(y_m - x_1 - x_2 - \cdots - x_m\big) \\ &= \frac{1}{2\pi} \int_{-\infty}^{\infty} \mathrm{d}q \mathrm{e}^{iqy_m} \left[\int_0^\infty \mathrm{d}x \mathrm{e}^{-x} \mathrm{e}^{-iqx} \right]^m \\ &= \frac{y_m^{m-1} \mathrm{e}^{-y_m}}{(m-1)!} , \qquad (y_m \geqslant 0) . \end{aligned} \tag{B.5}$$

y_m 的期望值为 m，方差也等于 m。比值 r_m 是 $[0,1]$ 区间的一个随机数，它服从的概率分布函数 $f_{n+1,m}(r_m)$ 为

$$\begin{aligned} f_{n+1,m}(r_m) &\equiv \prod_{j=1}^{n+1} \int_0^\infty \mathrm{d}x_j \mathrm{e}^{-x_j} \delta\left(r_m - \frac{x_1 + x_2 + \cdots + x_m}{x_1 + \cdots + x_m + x_{m+1} + \cdots + x_{n+1}} \right) \\ &= \int_0^\infty \mathrm{d}a \frac{\mathrm{e}^{-a} a^{m-1}}{(m-1)!} \int_0^\infty \mathrm{d}b \frac{\mathrm{e}^{-b} b^{n-m}}{(n-m)!} \delta\left(r_m - \frac{a}{a+b} \right) \\ &= \int_0^\infty \mathrm{d}t \int_0^\infty \mathrm{d}a \frac{\mathrm{e}^{-a} a^{m-1}}{(m-1)!} \int_0^\infty \mathrm{d}b \frac{\mathrm{e}^{-b} b^{n-m}}{(n-m)!} \delta\left(r_m - \frac{a}{t} \right) \delta(t - a - b) \\ &= \int_0^\infty \mathrm{d}t \frac{\mathrm{e}^{-t} t^n}{(m-1)!(n-m)!} r_m^{m-1} (1 - r_m)^{n-m} \\ &= \frac{n!}{(m-1)!(n-m)!} r_m^{m-1} (1 - r_m)^{n-m} . \end{aligned} \tag{B.6}$$

这是一个贝塔（Beta）分布。由分布函数 $f_{n+1,m}(r)$ 可定义随机比值 r_m 的累积分布为

$$P_{n+1,m}(R) \equiv \int_0^R f_{n+1,m}(r) \mathrm{d}r . \tag{B.7}$$

累积分布 $P_{n+1,m}(R)$ 满足如下的迭代方程

$$P_{n+1,m}(R) = P_{n+1,m+1}(R) + \frac{n!}{m!(n-m)!} R^m (1-R)^{n-m} . \tag{B.8}$$

如果前 $m+1$ 个比值都处于区间 $[0,R]$，那么前 m 个比值一定也处于该区间，这就解释了表达式（B.8）右侧的第一项。式（B.8）右侧第二项是前 m 个比值都处于区间 $[0,R]$，而后 $n-m$ 个比值都处于区间 $(R,1]$ 这样一个事件发生的概率。由迭代

方程（B.8）出发并利用如下的事实，即 $P_{n+1,n}(R)=R^n$，就可得到 $P_{n+1,m}(R)$ 的级数表达式为

$$P_{n+1,m}(R)=\sum_{j=m}^{n}\frac{n!}{j!(n-j)!}R^j(1-R)^{n-j}=1-\sum_{j=0}^{m-1}\frac{n!}{j!(n-j)!}R^j(1-R)^{n-j}\ . \tag{B.9}$$

根据随机递增序列 $\{r_1,r_2,\cdots,r_n\}$ 并约定 $r_0\equiv 0$，就可以定义 n 个非负实数 $d_1,d_2,\cdots,d_n$，其中，d_m 为相邻随机比值 r_m 与 r_{m-1} 之间的距离，即

$$d_m\equiv r_m-r_{m-1}\ . \tag{B.10}$$

这 n 个距离之和等于 r_n（$\leqslant 1$）。这些距离的联合概率分布 $g_{n+1}(d_1,d_2,\cdots,d_n)$ 为

$$\begin{aligned}g_{n+1}(d_1,d_2,\cdots,d_n)&\equiv\prod_{j=1}^{n+1}\int_0^{\infty}\mathrm{d}x_j\mathrm{e}^{-x_j}\prod_{m=1}^{n}\delta\left(d_m-\frac{x_m}{x_1+x_2+\cdots+x_{n+1}}\right)\\&=n!\quad\left(d_m\geqslant 0\ \forall m\in[0,n]\,,\sum_{m=1}^{n}d_m\leqslant 1\right)\ .\end{aligned} \tag{B.11}$$

由于该概率分布的表达式与随机距离 $d_1,d_2,\cdots,d_n$ 的具体取值无关，因而这些距离服从的是约束 $\sum\limits_{m=1}^{n}d_m\leqslant 1$ 下的均匀分布，即 $d_1,d_2,\cdots,d_n$ 是满足和不超过 1 这一约束的一组最为随机的非负实数。

将这一约束采样问题稍作推广就得到如下更具一般性的采样问题，产生 n 个非负实数 $d_1,d_2,\cdots,d_n$，要求每个实数 d_m 不超过 1，即 $0\leqslant d_m\leqslant 1$，且要求这些实数之和不超过 D，即 $\sum\limits_{i=1}^{n}d_i\leqslant D$。刚刚已经讨论过 $D=1$ 情况的解决方案。该采样方案也可以推广到所有 $D<1$ 的情况，只需将所有由表达式（B.10）得到的随机实数都乘以 D，就得到满足约束 $\sum\limits_{i=1}^{n}d_i\leqslant D\leqslant 1$ 的一组最为随机的非负实数。$D\geqslant n$ 的情况实际上是一个没有任何约束的采样问题，因为约束 $\sum\limits_{i=1}^{n}d_i\leqslant D$ 显然总是被满足的。$1<D<n$ 的情况不能转化为 $D=1$ 的情况进行处理，需要采用其他采样方案；在此不作进一步讨论，感兴趣的读者可以将此问题作为一个研究题目进行文献调研和思考。

B.2 Bootstrap 数据分析方法简介

在本书中介绍了复本对称种群动力学模拟方法和一阶复本对称破缺种群动力学模拟方法。在对这些模拟过程得到的数据进行处理时，一种很方便的处理方法是 Bootstrap 方法。现在简要介绍这一方法的要点[178]。要解决的数据分析问题是假设已经通过某种方法获得了物理学量 A 的 n 个彼此独立无关的观测值 $a_1, a_2, \cdots, a_n$ ($n \gg 1$)，那么如何估计观测的平均值以及该平均值的误差?

Bootstrap 方法解决该问题的思路是这样的：

(1) 以完全随机且彼此独立的方式从集合 $\{a_1, a_2, \cdots, a_n\}$ 中选取 n 个元素（这些选出的元素可能有些是相同的），计算这些选出的 n 个元素的平均值，记为 $\overline{a}_1$。

(2) 重复步骤 (1) 足够多的次数 M（如 $M = 10000$），从而得到 M 个平均值 $\overline{a}_1$，$\overline{a}_2$，$\cdots$，$\overline{a}_M$。

(3) 计算这 M 个平均值的均值 $\overline{a}$ 以及它们的均方差 σ

$$\overline{a} = \frac{1}{M}\sum_{s=1}^{M}\overline{a}_s , \tag{B.12}$$

$$\sigma = \left[\frac{\sum\limits_{s=1}^{M}(\overline{a}_s - \overline{a})^2}{M-1}\right]^{1/2} . \tag{B.13}$$

我们可以将平均值 $\overline{a}$ 和均方差 σ 作为物理学量 A 的平均值和统计误差。

B.3 按照概率分布方程 (4.93) 或方程 (4.97) 进行取样

概率分布表达式 (4.93) 和式 (4.97) 的形式完全一样。以 $\overline{p}_a(\underline{\sigma}_{\partial a})$ 为例探讨取样问题。

考虑示意图 B.1。我们面临的问题是对因素节点 a 的每一个最近邻变量节点 j 都赋予一个自旋值 σ_j，使这些自旋值的联合概率分布服从表达式 (4.97)。一种最为直接的采样方法是先由式 (4.97) 计算出所有 $2^{|\partial a|}$ 种不同自旋赋值的概率，然后产生一个随机数，根据该随机数的值来选择其中一种自旋赋值方式。这种直接采样方案的缺点是需要先计算每一种自旋取值组合方式的概率，因而不适合处理 $|\partial a| \gg 1$ 的情形。

另外一种更为方便的方式是顺序采样，即首先确定变量节点 i 的值 σ_i；在给定 σ_i 后再确定变量节点 j 的值 σ_j；在给定 σ_i 和 σ_j 后再确定变量节点 k 的自旋值 σ_k；依此类推，直到 a 的所有最近邻变量节点都被赋值为止。

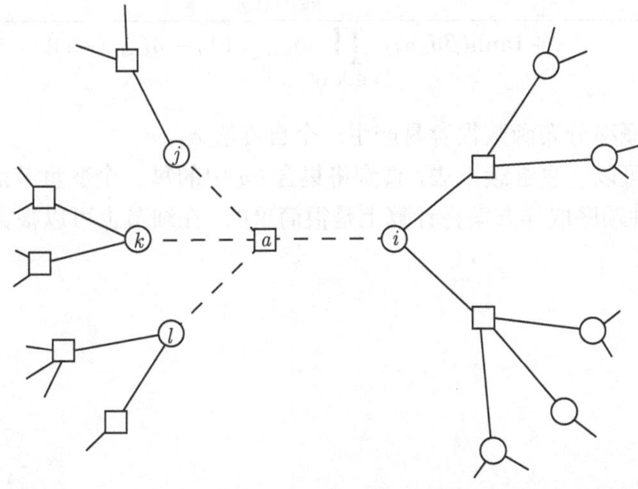

图 B.1 由因素节点 a 代表的相互作用及该相互作用所涉及的四个变量节点 i, j, k, l

在给定自旋态的联合概率分布 $\overline{p}_a(\sigma_i, \sigma_j, \sigma_k, \sigma_l)$ 的情况下，我们的任务是根据这一概率分布函数给每一个变量节点赋予一个自旋值

首先，由联合概率分布 $\overline{p}_a(\underline{\sigma}_{\partial a})$ 表达式（4.97）可以推导出变量节点 i 的边际概率分布为

$$P(\sigma_i) = \frac{\overline{q}_{i\to a}(\sigma_i)\left[1 + \tanh(\beta J_a \sigma_i) \prod\limits_{j\in\partial a\backslash i} [\overline{q}_{j\to a}(+1) - \overline{q}_{j\to a}(-1)]\right]}{1 + \tanh(\beta J_a) \prod\limits_{j\in\partial a} [\overline{q}_{j\to a}(+1) - \overline{q}_{j\to a}(-1)]} . \tag{B.14}$$

根据这一边际概率分布函数很容易产生一个自旋值 σ_i。

在给定 σ_i 后，其他变量节点 $j \in \partial a\backslash i$ 的联合概率分布为

$$P(\underline{\sigma}_{\partial a\backslash i}) = \frac{\exp\left(\beta J_a \sigma_i \prod\limits_{j\in\partial a\backslash i} \sigma_j\right) \prod\limits_{j\in\partial a\backslash i} \overline{q}_{j\to a}(\sigma_j)}{\sum\limits_{\underline{\sigma}_{\partial a\backslash i}} \exp\left(\beta J_a \sigma_i \prod\limits_{j\in\partial a\backslash i} \sigma_j\right) \prod\limits_{j\in\partial a\backslash i} \overline{q}_{j\to a}(\sigma_j)} , \tag{B.15}$$

它和表达式（4.97）的形式完全一样，因而可得变量节点 j 的条件边际概率分布函

数为

$$P(\sigma_j|\sigma_i) = \frac{\overline{q}_{j\to a}(\sigma_j)\left[1+\tanh(\beta J_a\sigma_i\sigma_j)\prod\limits_{k\in\partial a\backslash i,j}[\overline{q}_{k\to a}(+1)-\overline{q}_{k\to a}(-1)]\right]}{1+\tanh(\beta J_a\sigma_i)\prod\limits_{k\in\partial a\backslash i}[\overline{q}_{k\to a}(+1)-\overline{q}_{k\to a}(-1)]}. \quad (B.16)$$

根据这一边际概率分布函数很容易产生一个自旋值 σ_j。

上述过程可以一直继续下去，直到将集合 ∂a 中的每一个变量节点都赋予了一个自旋值。这种顺序取样方案在计算上是很简单的，在细节上可以根据具体的问题而进一步优化。

索　　引

《现代物理基础丛书》已出版书目

(按出版时间排序)

1. 现代声学理论基础	马大猷 著	2004.03
2. 物理学家用微分几何 (第二版)	侯伯元, 侯伯宇 著	2004.08
3. 数学物理方程及其近似方法	程建春 编著	2004.08
4. 计算物理学	马文淦 编著	2005.05
5. 相互作用的规范理论 (第二版)	戴元本 著	2005.07
6. 理论力学	张建树, 等 编著	2005.08
7. 微分几何入门与广义相对论 (上册 · 第二版)	梁灿彬, 周彬 著	2006.01
8. 物理学中的群论 (第二版)	马中骐 著	2006.02
9. 辐射和光场的量子统计	曹昌祺 著	2006.03
10. 实验物理中的概率和统计 (第二版)	朱永生 著	2006.04
11. 声学理论与工程应用	朱海潮, 等 编著	2006.05
12. 高等原子分子物理学 (第二版)	徐克尊 著	2006.08
13. 大气声学 (第二版)	杨训仁, 陈宇 著	2007.06
14. 输运理论 (第二版)	黄祖洽 著	2008.01
15. 量子统计力学 (第二版)	张先蔚 编著	2008.02
16. 凝聚态物理的格林函数理论	王怀玉 著	2008.05
17. 激光光散射谱学	张明生 著	2008.05
18. 量子非阿贝尔规范场论	曹昌祺 著	2008.07
19. 狭义相对论 (第二版)	刘 辽, 等 编著	2008.07
20. 经典黑洞与量子黑洞	王永久 著	2008.08
21. 路径积分与量子物理导引	侯伯元, 等 著	2008.09
22. 量子光学导论	谭维翰 著	2009.01
23. 全息干涉计量——原理和方法	熊秉衡, 李俊昌 编著	2009.01
24. 实验数据多元统计分析	朱永生 编著	2009.02
25. 微分几何入门与广义相对论(中册 · 第二版)	梁灿彬, 周彬 著	2009.03

26. 中子引发轻核反应的统计理论　张竞上 著　2009.03
27. 工程电磁理论　张善杰 著　2009.08
28. 微分几何入门与广义相对论(下册 · 第二版)　梁灿彬, 周彬 著　2009.08
29. 经典电动力学　曹昌祺 著　2009.08
30. 经典宇宙和量子宇宙　王永久 著　2010.04
31. 高等结构动力学(第二版)　李东旭 著　2010.09
32. 粉末衍射法测定晶体结构(第二版 · 上、下册)　梁敬魁 编著　2011.03
33. 量子计算与量子信息原理　Giuliano Benenti 等 著
——第一卷：基本概念　王文阁, 李保文 译　2011.03
34. 近代晶体学(第二版)　张克从 著　2011.05
35. 引力理论(上、下册)　王永久 著　2011.06
36. 低温等离子体　B. M. 弗尔曼, И. M. 扎什京 编著
——等离子体的产生、工艺、问题及前景　邱励俭 译　2011.06
37. 量子物理新进展　梁九卿, 韦联福 著　2011.08
38. 电磁波理论　葛德彪, 魏 兵 著　2011.08
39. 激光光谱学　W. 戴姆特瑞德 著
——第 1 卷：基础理论　姬 扬 译　2012.02
40. 激光光谱学　W. 戴姆特瑞德 著
——第 2 卷：实验技术　姬 扬 译　2012.03
41. 量子光学导论(第二版)　谭维翰 著　2012.05
42. 中子衍射技术及其应用　姜传海, 杨传铮 编著　2012.06
43. 凝聚态、电磁学和引力中的多值场论　H. 克莱纳特 著
姜 颖 译　2012.06
44. 反常统计动力学导论　包景东 著　2012.06
45. 实验数据分析(上册)　朱永生 著　2012.06
46. 实验数据分析(下册)　朱永生 著　2012.06
47. 有机固体物理　解士杰, 等 著　2012.09
48. 磁性物理　金汉民 著　2013.01
49. 自旋电子学　翟宏如, 等 编著　2013.01

50. 同步辐射光源及其应用(上册)	麦振洪，等 著	2013.03
51. 同步辐射光源及其应用(下册)	麦振洪，等 著	2013.03
52. 高等量子力学	汪克林 著	2013.03
53. 量子多体理论与运动模式动力学	王顺金 著	2013.03
54. 薄膜生长（第二版）	吴自勤，等 著	2013.03
55. 物理学中的数学物理方法	王怀玉 著	2013.03
56. 物理学前沿——问题与基础	王顺金 著	2013.06
57. 弯曲时空量子场论与量子宇宙学	刘 辽，黄超光 著	2013.10
58. 经典电动力学	张锡珍，张焕乔 著	2013.10
59. 内应力衍射分析	姜传海，杨传铮 编著	2013.11
60. 宇宙学基本原理	龚云贵 著	2013.11
61. B 介子物理学	肖振军 著	2013.11
62. 量子场论与重整化导论	石康杰，等 编著	2014.06
63. 粒子物理导论	杜东生，杨茂志 著	2015.01
64. 固体量子场论	史俊杰，等 著	2015.03
65. 物理学中的群论（第三版）——有限群篇	马中骐 著	2015.03
66. 中子引发轻核反应的统计理论（第二版）	张竞上 著	2015.03
67. **自旋玻璃与消息传递**	**周海军 著**	**2014.12**